生物产业高等教育系列教材（丛书主编：韦革宏）

生物分离工程

（第二版）

主　编　王瑞刚　满都拉

副主编　张文广　刘占英　陈玉萍　王媛媛

参　编　（以姓氏汉语拼音为序）

安红波　段　申　郜晋楠　侯文洁

李国光　梅余霞　秦宝福　任　敏

特日根　田洪涛　肖莉杰　杨玉红

赵国芬

科 学 出 版 社

北 京

内 容 简 介

本教材属于"生物产业高等教育系列教材"丛书，由多所农业院校合作编写。本教材全面系统地介绍了生物分离工程原理、技术和应用实例，使学生掌握生物分离工程技术的基本理论、方法原理、基本设备，熟悉常见物质的分离纯化过程。全书共分为 11 章，包括绪论，发酵液的预处理，细胞分离技术，沉淀技术，萃取技术，膜分离过程，吸附与离子交换，色谱分离技术，离心技术，蒸发浓缩与干燥，生物分离技术在生物制造产业中的应用。高校授课教师可申请教学课件。

本教材可供高等院校的生物技术、生物工程、食品科学与工程等本科专业或高等职业院校教学使用，也可供相关专业的研究生或科技工作者参考。

图书在版编目（CIP）数据

生物分离工程/王瑞刚，满都拉主编. -- 2 版. 北京：科学出版社，2025.3. -- ISBN 978-7-03-080371-9

I. Q81

中国国家版本馆 CIP 数据核字第 2024XM3319 号

责任编辑：王玉时　赵萌萌 / 责任校对：严　娜
责任印制：赵　博 / 封面设计：马晓敏

科 学 出 版 社 出版

北京东黄城根北街 16 号
邮政编码：100717
http://www.sciencep.com

保定市中画美凯印刷有限公司印刷
科学出版社发行　各地新华书店经销

*

2008 年 2 月第 一 版　开本：787×1092　1/16
2025 年 3 月第 二 版　印张：19 1/4
2025 年 10 月第二十次印刷　字数：518 000

定价：79.80 元

（如有印装质量问题，我社负责调换）

丛 书 序

人类社会的发展历程始终伴随着对各类自然资源的开发和利用。生物资源因其具有的易用性、可再生性和功能多样性等特征，在社会生产中扮演着重要角色。随着科技进步，人们基于生物学原理，通过生物技术和生物工程手段，开发出一系列服务于食品、医药、能源、环境等领域的产品与技术，推动了现代生物产业的蓬勃发展。生物产业涵盖农业、畜牧业、渔业、林业、食品、生物医药、生物能源和环境保护等多个领域，已成为 21 世纪最具创新活力、影响最为深远的新兴产业之一。以生命科学前沿领域的不断创新为主要动力，通过保护性开发与利用生物资源，大力发展生物产业，有助于应对目前人口增长、粮食安全、气候变化和环境污染等全球性挑战，既是我国经济高质量发展的强大助力，也是新质生产力发展的重要增长点。

生物产业的发展关键在于科技创新，这既包括生命科学领域基础理论的突破，也涉及生物技术和生物工程的工艺与设备的革新和升级，是一个横跨多学科的系统性工程。在这一发展过程中，迫切需要大量具备坚实理论基础、创新理念素养和综合实践能力的优秀人才，在生物产业发展的各环节发挥关键性支撑作用。国家和社会发展的这种强烈需求对我国高校的生物相关专业教育教学提出了更高的要求，不仅要夯实基础教学，还要加强知识更新、学科交叉、实践能力培养，以及学科体系的综合性和系统性建设。为此，西北农林科技大学牵头组织福建农林大学、内蒙古农业大学、东北农业大学、湖北大学等多所国内院校的百余位教师，联合科学出版社，合作编写了本套"生物产业高等教育系列教材"，期望以新形态教材建设带动课程建设，通过构建系统化、现代化的教材体系，完善生物产业课程教学体系，满足新兴生物产业发展对创新人才培养的需求。

"生物产业高等教育系列教材"的编写人员均为长期从事生命科学领域教学的一线教师，并且具有丰富的生物产业技术研发与生产实践经验。他们基于自己对生物产业发展历程和趋势的深刻理解，按照本领域课程教学的要求与学生学习的习惯和规律，围绕着生物产业发展这一主线，编写了 13 本教材，涵盖了从基础研究到技术工艺和工程实践的完整产业体系。其中，《生物化学》《微生物学》《免疫学基础》是对生命学科基础知识的介绍；《细胞工程》《基因工程》《酶工程》《发酵工程》《蛋白质工程》《生物分离工程》是对生物产业发展几个核心工程技术的分别论述；《生物工艺学》和《生物技术制药》介绍了当前生物产业中的核心行业及其关键技术；而《生物工程设备》和《生物发酵工厂设计》则聚焦生物资源产业化过程中至关重要的设备与工厂建设。

"生物产业高等教育系列教材"具备两个突出特点，一是农业特色鲜明，二是形式和内容新颖。农业作为生物产业的重要组成部分，凭借新兴工程技术推动农业现代化，是我国生物产业发展的重要任务之一。本系列教材的编写人员，多数来自农林院校，或者有从事农林相关领域教学和研究的经历。因此，本系列教材在涵盖生命科学基础理论知识和通用工程技术的同时，特别注重现代生物技术在农林牧渔业中的应用，为推动现代农业发展和培养相关领域的人才提供了有力支持。此外，为了丰富教学形式，提升知识更新速度，以及加强实践教学效果，本系列中的多本教材采用了数字教材或纸数融合教材的形式。这种创新形式不仅拓展了教材的内容，也有助于将生命科学领域的最新研究成果与生物产业发展的最新动态实时融入教学过程，从而有效地实现培养创新型生物产业人才的目标。

2024 年 1 月 1 日

第二版前言

科教兴国和人才强国战略是中国共产党提出的重大战略部署，旨在通过科技创新和教育事业的发展，推动国家整体实力的提升。其中，创新被视为推动国家发展的第一动力，而教育和人才则是实现创新的关键。党的二十大报告中强调，必须坚持科技是第一生产力、人才是第一资源、创新是第一动力，深入实施科教兴国战略、人才强国战略、创新驱动发展战略，开辟发展新领域新赛道，不断塑造发展新动能新优势。

生物工程在推动科学进步、促进经济发展、保障人类健康、保护生态环境和促进跨学科交叉融合等方面都具有重要意义。随着生物技术的不断发展和应用领域的不断拓展，生物工程的重要性将越来越凸显。为适应学科发展和社会需要，很多高校设有生物工程及生物技术或与其相关的本科专业，生物分离工程是生物工程类专业的必修课之一。

生物分离工程涵盖了生物学、生物化学、物理化学等多个学科的理论和技术。该领域的主要目的是将生物体中的目标物分离出来，以便进行药物发现、分析化学及生命科学研究等方面的应用。随着科技的不断进步和应用领域的不断拓展，生物分离工程在食品加工、药物开发、环境保护和能源开发中发挥重要的作用，将为人类社会的发展和进步做出更大贡献。通览目前的有关教材，发现其中少有高等农业院校相关专业学生适用的教科书。在"生物产业高等教育系列教材"项目和科学出版社的大力支持下，多所农业院校合作，酝酿编写了这本针对性较强的《生物分离工程》教材。

参与本教材编写的老师主要来自农林类与综合性高等院校，长期从事与生物分离工程相关的教学及研究工作，有着扎实的理论功底和丰富的实践经验。本教材通过对生物分离工程原理、方法深入浅出的论述使学生掌握生物分离工程的基本理论、方法原理、基本设备，熟悉常见物质的分离纯化过程。教材内容涵盖生物分离纯化过程的各个阶段和基本单元操作，在保证教材理论性、科学性、前瞻性的基础上突出论述的简洁性、概括性和实用性。力争做到按概述、基本原理、基本方法、基本设备、基本应用的结构层次进行写作，使阅读具有更强的连贯性和层次感。全教材共 11 章，每章最后附有思考题，供读者检验学习效果。

本教材由下列人员共同编写，其中第一章由内蒙古农业大学的王瑞刚和满都拉编写，第二章由沈阳农业大学的王媛媛编写，第三章由华中农业大学的梅余霞和塔里木大学的任敏编写，第四章由西北农林科技大学的秦宝福和侯文洁编写，第五章由河北农业大学的田洪涛、内蒙古农业大学的特日根（第一节到第三节）和黑龙江八一农垦大学的安红波（第四到第七节）编写，第六章由内蒙古工业大学的刘占英编写，第七章由内蒙古农业大学的陈玉萍编写，第八章由内蒙古农业大学的赵国芬和段申（第一节）、沈阳农业大学的杨玉红（第二节到第四节）编写，第九章由内蒙古农业大学的赵国芬和段申编写，第十章由黑龙江八一农垦大学的肖莉杰（第一节）和内蒙古农业大学的郜晋楠（第二节）编写，第十一章由内蒙古农业大学的李国光编写。教材由王瑞刚、满都拉、刘占英、张文广和陈玉萍负责审阅，最后由王瑞刚和满都拉进行全阅、定稿。在本教材的编写过程中，参考了许多国内外相关的教材和文献资料，引用了一些重要的结论、公式、数据及图表，在此向各位前辈及同行表示深深的敬意及谢意。

本教材的编写和顺利出版，得到了内蒙古自治区旱寒区植物逆境适应与遗传修饰改良重点实验室建设项目（2023KYPT0016）、内蒙古农业大学"生物技术"国家一流本科专业建设项目及内蒙古玺腾科技发展有限公司的支持，特别是得到了科学出版社领导的支持及编辑的悉心指导，在此表示衷心的感谢。

由于编者的水平有限，教材中定有不少疏漏，诚挚地希望专家、同行及广大读者给予批评指正。

编 者

2024 年 12 月 10 日

目　　录

《生物分离工程》（第二版）教学课件索取单

　　凡使用本书作为授课教材的高校主讲教师，可获赠教学课件一份。欢迎通过以下两种方式之一与我们联系。

1. 关注微信公众号"科学EDU"索取教学课件

扫码关注→"样书课件"→"申请流程说明"

2. 填写以下表格，扫描或拍照后发送至联系人邮箱

姓名：		职称：		职务：	
手机：		邮箱：		学校及院系：	
本门课程名称：			本门课程每年选课人数：		
您对本书的评价及下一版的修改建议：					
推荐国外优秀教材名称/作者/出版社：			院系教学使用证明（公章）：		

联系人：王玉时 编辑　　　电话：010-64034871　　　邮箱：wangyushi@mail.sciencep.com

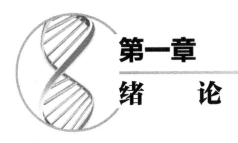

第一章
绪　　论

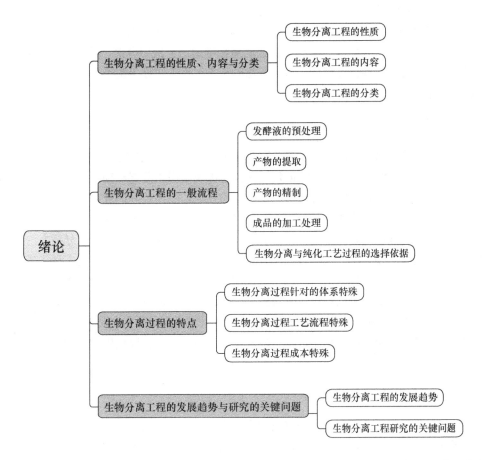

　　无论是古代的冶炼术还是现代的分子生物学技术，无论是公元 2 世纪华佗从一种野生浆果中提取出麻沸散（又名麻肺散）还是现代航天器使用的推进剂都离不开分离。分离技术贯穿于人类生活的方方面面，可以说物质的分离是对物质进行科学研究的第一步。分离科学是一门涉及多学科知识反过来又推动其他学科发展的重要学科。分离技术是在分离科学指导下实现目标物质分离的一种重要手段。

　　分离工程是指依据分离技术和工程学的原理，利用特定的设备对相关的工业产品进行分离纯化的过程。

第一节　生物分离工程的性质、内容与分类

一、生物分离工程的性质

（一）生物分离工程的概念

生物科学与技术由于在解决人类所面临的能源、资源、环境及健康问题等方面做出了巨大贡献，因而成为 21 世纪最具生命力的学科与技术之一。它们的发展必须借助于工程技术的平台，并得到工程技术的强力支持。生物分离工程则是构成这一工程平台的重要组成部分。

生物分离工程是指从发酵液、酶反应液或动植物细胞培养液中分离、纯化生物产品的过程。它描述了生物产品分离、纯化过程的原理、方法和设备。由于它处于整个生物产品生产过程的后端，因此，也被称为生物工程下游技术。

（二）生物分离工程的发展过程

从史前人们利用发酵、过滤等原始方法酿造啤酒算起，生物分离技术的应用在我国已有 5000 年的历史了，后来又发现了制奶酪等的记载。16 世纪出现了用水蒸气蒸馏从鲜花与香草中提取天然香料的方法。19 世纪 60 年代，由于微生物功能的发现，生物技术产业进入了近代酿造产业阶段。20 世纪 40 年代初，开始利用发酵的方法大规模生产抗生素。进而因为大型好氧性发酵装置的开发和化工单元操作的引进，酿造产业扩展为发酵产业，并且化学工业中的分离方法约有 80% 在生物技术产品的生产中得到应用。20 世纪 80 年代以来，由于基因工程、酶工程、细胞工程、微生物工程的迅速发展，新的分离与纯化方法出现，推动了现代生物技术产品的研究和开发，如人工胰岛素、动物疫苗等。可以预计，随着生物工程技术的不断进步、工程学理论研究的不断深入、材料科学发展带来的新分离原理的采用、机械制造水平提高导致的分离纯化设备性能的增强，一个门类众多、品种全、产品品质优良、技术先进、应用广泛的现代生物工程产业必将会屹立于世界产业之林。

（三）生物分离工程的重要性

从分离的科学角度看，分离是认识物质世界的必经之路。分离是各种分析技术的前提。浓缩延伸了分析方法的检出下限，分离科学是其他学科发展的基础。分离科学大大提高了人类的生活品质。从分离工程角度看，第一，生物工程粗产物的纯度很低，但要求经分离纯化后得到高纯度的产品。比如，发酵液中抗生素的质量浓度仅为 $10 \sim 30 kg/m^3$、维生素 B_{12} 约为 $0.12 kg/m^3$、酶为 $2 \sim 5 kg/m^3$，而杂质含量却很高。第二，产品基质性质多样，须采用不同的分离途径。第三，经生物反应过程得到的产物很复杂，产品类型也很多，不但有初级代谢产物，也有次级代谢产物，还有生物转化产物，其分子结构比基质更复杂，产物的多样性导致了分离纯化技术的多样性。这些因素使得生物制品的生产对下游技术的要求越来越高。

从生物制品的生产成本看，分离和纯化是最终获得商业产品的重要环节，因为生物分离工程的特性主要体现为产品的特殊性、复杂性及对产品质量要求的严格性上，所以在大部分发酵工业生产中，分离和纯化占据了整个生产成本的大部分，而且还有增加的趋势。分离纯化技术落后，不仅无法保证产品质量，还会提高生产成本，严重影响产品在市场上的竞争力。

综上所述，生物分离过程是生物工程中必不可少的也是极为重要的过程环节之一。

二、生物分离工程的内容

生物工程技术的主要目标是生物产品的高效生产，其中生物分离工程是完成生物产品分离纯化、得到高质量商品的重要环节。那么生物分离工程研究的内容就应该包括两方面，一是研究目标产品及其基质的性质，二是研究根据产品及基质选择适宜的分离纯化技术，包括对基本技术原理、基本方法、基本设备的研究。

（一）生物分离工程主要目标产品类型的了解

生物分离过程主要针对两方面的产品，一是直接产物即由发酵直接生产，分离过程从发酵罐流出物开始；二是间接产物即由发酵过程得到细胞或酶，再经转化和修饰得到产品。这些产品可按分子量大小分类，也可按产品所处位置分类。分子量小于 1000 的，如抗生素、有机酸、氨基酸等；分子量大于 1000 的，如酶、多肽、蛋白质等。不被细胞分泌到胞外的胞内产品如胰岛素、干扰素等，在胞内产生又分泌到胞外的胞外产品如某些抗生素和酶等。不同类型的产品对分离纯化的要求不同，所采用的分离纯化技术也不同。对这些产品性质的深入了解有助于有效选择分离纯化技术。

（二）生物分离工程技术原理的探讨

分离是利用混合物中各组分在物理性质或化学性质上的差异，通过适当的装置和方法，使各组分分配至不同的空间区域或者在不同的时间依次分配至同一空间区域的过程。分离只是一个相对的概念，不可能将一种物质从混合物中百分之百地分离出来，但追求尽可能高纯度、高效率的分离纯化是生物分离工程研究的重要内容。对分离技术原理的探讨和不同分离原理的组合研究，是开发高效率分离纯化新技术、新介质的基础。

（三）生物分离工程设备的研究

生物分离工程设备是实现生物工程产品高效率分离和纯化的基本保障，对分离设备性能、选择原则的研究有利于开发新设备。

（四）生物分离操作过程的设计与优化

研究设计、优化分离操作过程对生物工程产品的生产十分重要，合理、完善的分离操作过程是充分利用所采用分离技术原理的特点、充分发挥分离设备的技术性能的前提，有利于达到提高分离效率、减少分离步骤、获得高质量产品、降低生产成本、提高企业经济效益的目的。

三、生物分离工程的分类

混合物之所以能够通过一定的介质和装置被分离，是因为混合物中不同物质间的物理、化学、生物学性质有差异，而具有特定选择性的介质和装置能够识别这些差异，通过优化分离过程的操作还能够扩大这些差异，使分离具有更高的效能。从物质传质的动力学过程看，性质不同的组分在分离操作过程中，传质速率不同或者平衡状态不同。

生物分离过程的分类很灵活，可以按被分离物质的性质分类，也可以按分离过程的本质分类。按被分离物质的性质分类，可分为物理分离法、化学分离法、物理化学分离法。表 1-1 列出了常用于分离的物质性质。按分离过程的本质分类，可分为平衡分离过程（根据不同组分在两相间分配平衡的差异实现分离)、差速分离过程(利用外加能量强化不同组分迁移的速度差进行分离)和反应分离过程(利用外加能量或化学试剂,促进化学反应进行而达到分离)。表 1-2～表 1-4 列出了按分离本质分类的各种分离方法。

表 1-1 常用于分离的物质性质

物理性质				化学性质	生物学性质
力学性质	热力学性质	电磁性质	输送性质	热力学性质反应速率	
密度、摩擦因素、表面张力、尺寸、质量	熔点、沸点、临界点、蒸气压、溶解度、分配系数、吸附率	电导率、介电常数、迁移率、电荷、淌度、磁化率	扩散系数、分子飞行速度	反应平衡常数、化学吸附平衡常数、离解常数、电离电势、反应速率常数	生物亲和力、生物吸附平衡、生物学反应速率常数

表 1-2 常见的平衡分离方法

第二相	第一相			
	气相	液相	固相	超临界气体相
气相	—	汽提、蒸发、蒸馏	升华、脱附	
液相	吸收、蒸馏	液-液萃取	区带熔融、固相萃取	超临界流体吸收
固相	吸附、逆升华	结晶、吸附	—	超临界流体吸收
超临界流体相		超临界流体萃取	超临界流体萃取	

表 1-3 差速分离方法

场 \ 能量种类		热能	化学能(浓度差)	机械能			电能
				压力电梯	重力	离心力	
均匀空间	真空	分子蒸馏	分离扩散		沉降	超速离心、旋风分离	质谱、电集尘
	气相	热扩散			沉降	旋液分离、离心	电泳
	液相				浮选	超速离心	磁力分离
非均匀空间	多孔滤材 气相			气体扩散、过滤集尘			
	多孔滤材 液相			过滤	重力过滤	离心过滤	
	多孔膜 凝胶相	渗透汽化	透析	气体透过			电泳
	多孔膜 固相			反渗透			电渗析

表 1-4 常见的反应分离方法

反应体	反应体类型	反应类型	分离方法
有反应体	再生型	可逆反应或平衡交换反应	离子交换、螯合交换、反应萃取、反应吸收
	一次性	不可逆反应	反应吸收、反应结晶、中和沉淀、氧化、还原(化学解吸)
	生物体	生物反应	活性污泥
无反应体		电化学反应	湿式精炼

注:表 1-1～表 1-4 均引自丁明玉,2006

由于生物分离技术的多样性,分类方法并不局限于上述简单的分类。不同分离原理可以组合构成新的分离技术。

第二节 生物分离工程的一般流程

生物分离纯化的过程是指利用产物与杂质理化性质的不同，从发酵液中提取、分离、纯化产物的过程。生物分离工程工艺流程的设计受产品所处的位置、分子的大小、产品的类型、用途和质量要求的影响。不同产物分离纯化的流程多种多样，但绝大多数生物分离加工过程，按工艺流程顺序分为 4 个主要阶段，分别为①发酵液的预处理；②产物的提取；③产物的精制；④成品的加工处理。每个阶段又有若干单元操作。

一、工艺流程顺序的主要阶段

（一）发酵液的预处理

由生物分离的工艺过程可知，无论对胞内的还是胞外的代谢产物，在分离纯化目的产物时，首先都要进行发酵液的预处理，将固、液两相分离后，才能采用各种物理、化学、生物的方法进行产物的进一步分离纯化。发酵液的预处理也称不溶物的去除，主要采用凝集和絮凝等技术来加速固、液两相分离，提高过滤速度。过滤和离心是发酵液预处理最基本的单元操作。

（二）产物的提取

产物的提取过程也就是产物的初步纯化过程，通过这一阶段的操作，将目标物和与其性质有较大差异的杂质分开，使产物的浓度有较大幅度的提高。这是一个多单元协同操作的结果。可采用的单元操作有沉淀、吸附、萃取、超滤等。

（三）产物的精制

产物的精制过程也是其被高度纯化的过程，这一阶段操作的目的是把与目标物性质相近的杂质除去。在这个过程中常常采用对目标物具有高选择性的分离方法。能有效完成这一生物分离过程的技术当属色谱分离技术。目前这一阶段的单元操作涉及的色谱分离技术有层析（包括柱层析和薄层层析）、离子交换、亲和色谱、吸附色谱、电色谱。

（四）成品的加工处理

经过上述三个阶段的分离纯化过程，已经获得了所要的生物产品，但它还不是商品成品，还要根据产品的用途、质量要求进行最后的加工。这一阶段的单元操作有浓缩、结晶与干燥。

上述 4 个步骤和其所包含的单元操作是生物分离过程的基本程序，生物产品种类繁多，每一个具体目标物都有自己特定的分离纯化过程，具体分离制备过程可以参考相关手册。

二、生物分离与纯化工艺过程的选择依据

生物分离与纯化的工艺过程首先取决于产品的性质，如产品的位置、分子结构、在基质中的浓度等。在遵循产品性质规律的前提下，要注意以下几点。

（一）低的生产成本

如前所述，分离与纯化所需的费用占产品总成本的很大比例，尤其对于基因工程药物，有时

分离与纯化费用占到生产成本的80%~90%。因此，成本是分离纯化工艺设计的首要考虑因素。

（二）少的工艺步骤

所有的分离纯化过程都有多个步骤和多个单元操作，步骤越多产品回收率越低，而且还会影响操作成本。如用吸附和重结晶法纯化某产品，则步骤多回收率低。改用高效液相色谱法后，尽管高效液相色谱法成本高，但由于其操作步骤少，提高了回收率，总体经济效益上升。

（三）合理的操作程序

在对生物产品进行分离与纯化时，要根据产品的特点设计各个步骤的先后次序。也可以通过每种方法在分离纯化中所起的作用来确定使用各种方法的先后次序。沉淀能处理大量的物质，且受干扰物质影响小，因此首先使用沉淀操作；离子交换用来除去对后续分离产生影响的化合物，可以放在沉淀之后色谱分离之前；亲和色谱的纯化效率很高，对目的物纯度也有较高的要求，通常在流程的后阶段使用；凝胶过滤介质的容量比较小，故分离过程的处理量也比较小，一般常在纯化过程的最后一步程序中使用。

（四）适应产品的技术规格

不同技术规格的产品，分离纯化过程的方案差别很大。产品技术规格包括纯度要求、活性形式、物理特性、卫生指标等。分离纯化的过程应与其相适应。

（五）合适的生产规模

不同的单元操作适合于不同的生产规模，比如冷冻干燥只适合于小批量生产，而大规模生产需要干燥时，就应采用真空干燥或喷雾干燥。因此，要综合考虑规模效应。

（六）稳定的产品性能

通常用调节操作条件的方法，将热、pH变化或氧化所造成的产品降解减到最低程度。例如，对于一些热不稳定生物产品，可以采用冷冻干燥工艺进行成品加工。对于易被氧化的产品，必须考虑怎样减少空气进入系统并使用抗氧化剂。

（七）遵循环保和安全要求

设计工艺过程时，要充分注意废物的排放和危险物质的处理。

（八）选择合适的生产方式

有些单元操作适用于分批生产，有些则能够连续运行，若要适应上游发酵过程分批或连续的操作方式，分离纯化过程的单元操作必须改进。

第三节　生物分离过程的特点

生物分离过程的处理对象是发酵液、酶反应液或动植物细胞培养液，它们都是具有生理活性的复杂的多相体系，且溶质浓度很低。在使溶质保持生物活性和功能的前提下，将其从复杂体系中分出具有很大的难度。因此，生物分离纯化过程与化学分离过程相比有许多特殊之处。

一、生物分离过程针对的体系特殊

（一）原料液的特点

1）生物分离与纯化处理的原料液体系十分复杂，含有微生物细胞、菌体、代谢产物、未耗用的培养基及各种降解目标产物的杂质（如蛋白酶）等。

2）原料液中常存在与目标分子在结构、构成成分等理化性质上极其相似的分子及异构体，形成用普通方法难以分离的混合物。

3）除少数特定的生化反应系统，原料液是产物浓度很低的水溶液。

4）原料液抵御环境变化（热、pH、化学药物的存在）的能力差，容易发生活性降低甚至丧失（变性失活）。

（二）对产物的要求

1）在分离纯化过程中必须保持目标物的生物活性。

2）粗产物的纯度较低，而最终产品要求的纯度却极高。

3）用作医药、食品和化妆品的生物产物与人类生命息息相关，要求最终产品的质量必须符合药典、试剂标准和食品规范。

二、生物分离过程工艺流程特殊

（一）工艺设计

1）为保持目标产物的生物活性和功能，必须设计合理的分离过程，优化单元操作条件，实现目标产物的快速分离纯化，获得高活性目标产品。

2）为实现性质相似产物的分离，需利用具有高度选择性的分子识别技术或高效液相色谱技术纯化目标产物，并且采用多种分离技术和多个分离步骤完成一个目标产物的分离纯化任务。

3）为提高产品回收率，必须优化设计分离过程和各个单元操作，并努力开发和应用新型高效的分离纯化技术。

4）为与生物工程上游技术相衔接，要求分离纯化过程有一定的弹性，能够处理各种条件下的原料液，特别是染菌的发酵液。

（二）单元操作

1）由于生物产品的种类和性质都呈多样性，因此用到的单元操作多。

2）同一单元操作可以在不同的工艺阶段使用。

3）为获得最佳分离效率，不同的单元操作可以组合。

三、生物分离过程成本特殊

生物分离过程的代价大，且产品回收率低。例如，抗生素在精制后一般要损失20%左右。因此，生物分离纯化成本是制约生产者提高经济效益的重要因素。

总之，生物技术产品的特点给生物分离工程提出了特殊的要求；生物技术产业没有生物分离工程的配套就不可能有工业化的结果，没有生物分离工程的进步就不可能有工业化的经济效益。

第四节　生物分离工程的发展趋势与研究的关键问题

　　生物工程技术是 21 世纪高新技术革命的核心内容，生物技术产业是 21 世纪的支柱产业之一，生物分离工程是生物工程技术的重要组成部分，在生物技术研究和产业发展中发挥着重要作用。生物科学的研究进展，为生物分离工程技术打下了坚实的理论基础，而生物工程技术实践又为生物科学研究成果的验证提供了广阔的操作平台。因此，近年来生物分离工程技术取得了飞速的发展，新的分离与纯化方法不断涌现，解决了许多实际问题，提供了一大批生物技术产品。但生物分离工程是生物技术产业的一个环节，它的发展不仅涉及技术层面，还要遵从商品经济的规律，即必须考虑成本与效益。所以成本控制和质量控制将是生物分离工程发展的方向和动力。

一、生物分离工程的发展趋势

（一）新型、高效分离纯化技术的研究和开发

　　1）分离介质的性能对提高分离效率起到关键的作用，介质的机械强度、对目标物的选择性是工艺设计时要考虑的重要因素。以凝胶和天然糖类为骨架的色谱分离介质，由于其强度较弱，难以实现工业化的大规模生产。因此，进行新型、高效的分离介质的研制是生物分离与纯化工艺改进的一个热点。

　　2）色谱分离技术已成为最有效和应用最广泛的分离技术。利用生物亲和作用的高度特异性与其他分离技术如膜分离、双水相萃取、反胶团萃取、亲和沉淀、亲和色谱和亲和电泳等亲和纯化技术，提高分离过程的选择性。

　　3）膜分离具有选择性好、分离效率高、节约能耗等优点，随着膜质量的改进和膜装置性能的改善，推广应用膜分离技术是今后的发展方向。

（二）生物产品整个生产工艺的改进

　　工艺流程更加灵活，不再将发酵过程和产物分离纯化过程截然分开。如将发酵与提取相结合，在发酵罐中加入吸附树脂或利用半透膜的发酵罐，在发酵过程中就可把产物除去。

二、生物分离工程研究的关键问题

（一）加强基础理论研究

　　1）尽快加大力度开展分离过程热力学和动力学基础理论的研究，以及非理想液体中溶质与添加介质之间选择性及其影响因素的研究。

　　2）建立生物分离过程数学模型。

（二）注意新技术、新方法的建立

　　1）在成熟技术的基础上努力推进多种不同分离技术优点的结合，发展交叉分离技术；不同分离方法相互渗透形成新的分离方法。

　　2）注意生物技术上游工程与下游工程的结合，上游的工艺设计应尽量为下游的分离纯化创造条件。

（三）工程问题的研究不容忽视

1）生物分离工程针对的原料是液体，大型分离装置中的流变学特性、传质、传热规律，是确定各操作单元工艺参数的依据。对它们的研究有助于解决生物分离装置的设计与放大问题，高效率地实现生物分离纯化过程的产业化。

2）生物分离纯化过程工艺流程的设计必须注意节能、环保和可持续发展。

小 结

分离科学是一门涉及多学科知识反过来又推动其他学科发展的重要学科。而生物分离工程是指从发酵液、酶反应液或动植物细胞培养液中分离、纯化生物产品的过程。生物工程的主要目标是生物产品的高效生产，其中生物分离工程是完成生物产品分离纯化、得到高质量商品的重要环节。本章主要介绍了生物分离工程的定义、分类、特点和基本操作流程。

思 考 题

1. 何谓生物分离工程？
2. 简述生物分离工程的历史及其应用。
3. 生物分离工程在生物技术产业中的地位怎样？
4. 生物分离过程的分类依据是什么？
5. 生物分离纯化过程的一般流程可分为几大部分，分别包括哪些单元操作？
6. 生物分离工程的特点有哪些？
7. 在设计生物分离纯化过程前，必须考虑哪些问题方能确保所设计的工艺过程最为经济、可靠？

主要参考文献

丁明玉. 2006. 现代分离方法与技术. 北京：化学工业出版社.

贺小贤. 2005. 现代生物工程技术导论. 北京：科学出版社.

孙彦. 2005. 生物分离工程. 北京：化学工业出版社.

辛秀兰. 2005. 生物分离与纯化技术. 北京：科学出版社.

严希康. 2001. 生化分离工程. 北京：化学工业出版社.

第二章
发酵液的预处理

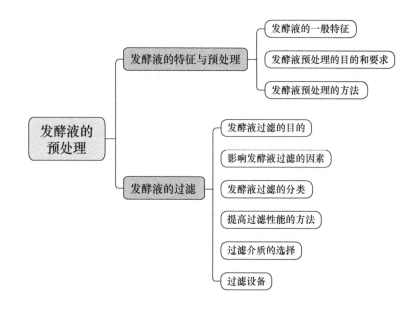

在发酵培养过程中，当目标产物合成并积累到一定浓度，可以结束微生物发酵或动植物细胞培养过程，收集发酵液（或培养液，以下统称发酵液），进入下游的分离加工过程。发酵液的成分极其复杂，一般包括菌（细胞）体、游离的细胞外代谢产物、细胞内代谢产物、残存的固体培养基和未被细胞完全利用的糖类、无机盐、蛋白质等。想要从含有各种物质的发酵液中分离制备最终所需的产品，必须经过一系列必要的分离纯化过程才能实现。

由生物分离纯化工艺过程可知，无论对胞内的还是胞外的代谢产物，在分离纯化目的产物时，发酵液的预处理（pretreatment）都是下游加工的第一个必要步骤，主要是将菌体或细胞、固态培养基等固体悬浮颗粒与可溶性组分分离（固液分离）后，才能采用各种物理、化学、生物的方法进行后续的分离纯化单元操作。

发酵液预处理技术水平和质量，无论是对后续分离纯化的负荷，还是对后续分离纯化的收率及产品质量、生产成本等都起着巨大作用。尤其是从发酵液中进行菌体的回收是目前发酵液预处理的瓶颈问题之一。本章主要介绍发酵液的特征与预处理和发酵液的过滤这两个操作过程的原理、方法、工艺、设备等内容。

第一节　发酵液的特征与预处理

无论在发酵液中还是在细胞中目标产物浓度都较低，并与大量可溶的和混悬的杂质（如可溶性杂蛋白、残糖、色素、无机离子等）混合夹杂在一起，同时发酵液大多属于非牛顿流体，其黏度大、过滤性能差，所以在过滤之前，发酵液必须进行预处理。

一、发酵液的一般特征

由于不同的发酵过程所用的微生物、原料、培养基种类和发酵工艺过程各不相同，发酵液的特性也就各不相同，因此，需根据不同发酵液的特性来合理选择和优化发酵液预处理的方法及条件。要对发酵产物进行分离纯化，首先需针对发酵液的特性进行预处理。发酵液的一般特征可归纳为以下6个方面。

（1）水是发酵液的主要组成成分　尽管发酵液的组成成分复杂，但水仍是含量最丰富的物质，一般在发酵液中水的含量达90%～99%。

（2）目标生物物质在发酵液中的浓度较低　虽然发酵过程不同，发酵液中产物的浓度有一定的差异，但就总体而言，发酵液中目标产物的浓度普遍较低。例如，工业上乙醇、葡萄糖酸、柠檬酸等发酵液中产物的浓度在10%以上；其余的氨基酸、核酸等发酵液中产物浓度在10%以下；抗生素发酵液中产物的浓度更低，在1%以下。

（3）菌体和蛋白质的胶状物是发酵液的主要悬浮固形物　发酵液的黏度大、不易过滤，增加了后续提取、分离和纯化工序的操作难度。例如，在后续提取、分离纯化过程中，当采用浓缩操作时易产生泡沫使黏度进一步增大；当采用萃取操作时，杂蛋白的存在会产生乳化现象，使萃取液的分层困难；当采用离子交换操作时，蛋白质、色素、残糖、无机离子等的存在，会加重树脂的负荷，影响其交换的容量和选择性。

（4）培养基中的残留成分极大影响后续操作　如无机盐类、非蛋白质大分子及其降解产物等，对后续提取、精制等操作产生一定的影响。

（5）发酵液中除代谢产物外，还含有其他少量的代谢副产物　这些代谢副产物的结构、理化特性与发酵产物极为相似，会给提取、分离等后续操作带来困难。

（6）发酵液中还含有色素、毒性物质、致热原等有机杂质　这些杂质不仅增加提取等过程的困难，而且会对产品的质量、安全及卫生标准等产生负面影响。因此，应通过发酵液的预处理将这些有机杂质尽量除去。

二、发酵液预处理的目的和要求

由发酵液的一般特性可知，发酵液属于复杂的多相体系，其中的目标产物浓度较低、杂质的组成复杂。如果发酵液不经过预处理，不仅会对后续的提取和精制造成严重影响，还会造成发酵液固液分离过滤或离心操作速度过慢或无法进行，使发酵很难实现规模化的工业生产。例如，枯草芽孢杆菌的发酵液由于菌体自溶及核酸、蛋白质和其他有机黏性杂质的存在，发酵液非常混浊，若不对其进行预处理就直接过滤或离心沉淀，不但过滤或离心的速度极慢，而且也得不到澄清的发酵液。因此对发酵液进行固液分离和提取之前，必须进行预处理。

（一）发酵液预处理的目的

对发酵液进行预处理的目的不仅在于分离菌体，还要将发酵液中的杂质除去和改变滤液性质，以利于提取、精制等后续工序的进行。在保证发酵产品质量和卫生指标的同时尽可能提高产品回收率和操作效率。发酵液预处理要达到以下三个方面的目的。

1）改变发酵液中固体粒子的物理性质。例如，改变其表面的类型，增大它的尺寸，提高其硬度等，加快悬浮液中固体颗粒的沉淀速度。

2）尽可能使发酵产物转入后续工序处理的相中（多数为液相）。

3）能够除去部分杂质，减少后续处理的负荷。例如，使某些可溶性的胶状物变成不溶性的粒子；改变发酵液的物理性质，如降低其黏度和密度等。

（二）发酵液预处理的要求

发酵液的预处理过程满足以下要求，才能达到预处理的目的。

1. 菌体分离　　发酵液中除发酵产物外，还含有大量的菌体，为方便提取和精制等后续操作进行，首先要将菌体与发酵液分离，通常采用离心和过滤两种方法。为保证离心和过滤的顺利进行，要正确控制发酵终点。若周期太长，则菌体自溶，使发酵液变得黏稠，影响过滤和分离效果，有的发酵产物甚至会因过滤时间过长而变性或破坏。为了保证发酵产品质量和卫生标准，应设法提高过滤速度和分离效率。

2. 固体悬浮物的去除　　通过过滤处理，将发酵液中相当数量的悬浮物去除，以获得透光度合格的澄清处理液。

3. 蛋白质的去除　　发酵液除去菌体和悬浮物后，一些可溶性蛋白质仍留在滤液中，必须设法除去。除去蛋白质的滤液要保证在一定的 pH 范围内不发生混浊，否则影响溶媒提取（乳化严重）和离子交换提取（影响树脂的吸附量）的效果。

4. 重金属离子的去除　　重金属离子不仅影响提取、精制的操作，而且直接影响发酵产物的质量和收得率，必须除去。

5. 色素、致热原、毒性物质等有机杂质的去除　　尤其对于药用的发酵产品，特别是针剂产品，如抗生素、ATP、核酸、酶、氨基酸等都要设法将色素、致热原和毒性物质等除去。

6. 改变发酵液的性质，以利于提取和精制后续工序的操作顺利进行　　因为当发酵终了时，发酵产物可能在发酵液中，也可能在菌体内部或在两相中同时存在，所以常常采用调节 pH 的方法使发酵产物转入后续处理的相中（多数是液相中）。例如，四环素类抗生素由于能和钙、镁等离子形成不溶解的化合物，大部分沉积在菌丝体内，用草酸酸化后，就能将抗生素转入水相；链霉素在中性的发酵液中，约有 25%在菌丝体内，当酸化后就能逐步被释放出来；新生霉素则可在碱性下转入水相。调节适宜的 pH 和温度，一方面是为了满足后续工序的要求，另一方面是为了保证预处理时发酵产物的质量，避免因 pH 过高或过低而引起产物的破坏损失。

三、发酵液预处理的方法

发酵液属非牛顿型流体，黏度大，从发酵液中分离固形物的速度，取决于该流体的物理性质。对于不同的发酵过程，其发酵液的流动特性不同。例如，细菌和放线菌的发酵液黏度大；一般发酵液也因菌体自溶存在核酸、蛋白质和其他有机杂质，从而呈混浊的悬浮液状态。正因为如此，发酵液直接过滤的速度极慢。为了提高过滤速度，发酵液预处理时，常采用絮凝和凝集的方法使悬浮液中的固体粒子增大，沉降速度提高，或采用稀释、加热、调 pH 等方法降低发酵液的黏度，以利于过滤。

此外，在发酵液中，高价的无机离子（如 Ca^{2+}、Mg^{2+}、Fe^{2+}等）会显著影响离子交换的选择性；杂蛋白会造成离子交换容量的降低和萃取的分层困难等。根据杂质种类和性质不同，采用有机溶剂沉淀法、离子交换等方法除去这些杂质，为后续的提取、纯化创造有利条件。

根据发酵液中产物杂质性质上的差异（如 pH 和热稳定性、分子量的大小、蛋白质变性等）

和预处理的目的及要求，发酵液预处理的方法可分为提高过滤速度的方法、改变发酵液性质的方法和杂质去除的方法三类。其具体的方法有凝集和絮凝、加热法、调节 pH 法、加水稀释法、加入助滤剂法、加吸附剂法或加盐法、高价态无机离子去除的方法、可溶性杂蛋白去除的方法、多糖的去除方法、色素及其他杂质去除的方法等。

（一）凝集和絮凝

凝集和絮凝是发酵液预处理的主要方法，其处理的基本过程就是将化学药剂预先加入发酵液中，通过改变菌体细胞和蛋白质等胶粒的分散状态，破坏其稳定性，使它们聚集成可分离的絮凝体，再进行分离。凝集和絮凝不仅能使悬浮颗粒的尺寸得到有效增加，而且会加大颗粒的沉降或悬浮速度，从而使过滤饼在深层过滤时产生较好的颗粒保留作用。

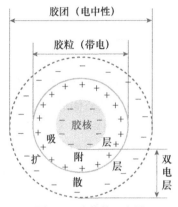

图 2-1　胶体的双电层

1. 凝集　　凝集是指发酵液中的细小菌体、细胞或蛋白质等胶体粒子在投加的中性盐的作用下，逐渐脱稳并使粒子相互凝聚成为 1mm 大小块状絮凝体的过程。其中凝聚剂的作用，有些是对带电粒子表面电荷的简单中和，有些是消除粒子表面稳定的双电层（图 2-1），还有些是通过氢键或其他复杂的形式与粒子相结合，并最终使胶体粒子的排斥电位降低而发生聚沉。反离子化合价越高，凝聚能力越强，阳离子对带负电荷的胶体凝聚能力的次序为 $Al^{3+}>Fe^{3+}>H^+>Ca^{2+}>Mg^{2+}>K^+>Na^+>Li^+$。

2. 絮凝　　絮凝是指某些高分子絮凝剂能在胶粒之间产生架桥作用，从而使胶粒形成粗大的絮凝团，是一种以物理集合为主的过程（图 2-2）。絮凝在发酵液预处理中的作用是增大发酵液中悬浮粒子的体积，提高固液分离速度和滤液质量。絮凝因其能耗低、易操作、工作量小的优点，在生产中应用广泛。

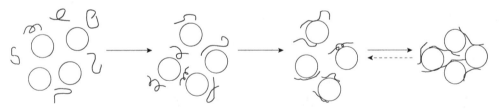

图 2-2　絮凝剂作用示意图

（1）絮凝的分类　　根据操作过程中有无絮凝剂的添加将絮凝分为两类。

1）自身絮凝，即微生物絮凝，是一类由微生物在生长过程中产生的特殊高分子聚合物，可以使发酵液中不易降解的固体悬浮颗粒、菌体细胞及胶体粒子等发生絮凝，一般为糖蛋白、糖胺聚糖、纤维素和核酸等高分子物质（表 2-1）。影响微生物絮凝剂絮凝能力的因素很多，主要包括温度、pH、金属离子、絮凝剂浓度等。微生物絮凝具有生物分解性和安全性，且有新型、高效、无毒、廉价的特点，近些年来受到极大关注，有逐步取代传统絮凝剂的趋势。

表 2-1　一些能产生絮凝剂的微生物

微生物类别	微生物种类	絮凝剂主要成分
细菌	红平红球菌	蛋白质

续表

微生物类别	微生物种类	絮凝剂主要成分
细菌	产碱杆菌	酸性聚多糖
	假单胞菌属	糖胺聚糖
	发酵乳杆菌	蛋白质
	黄杆菌属	蛋白质
	动胶菌属	氨基多糖
放线菌	诺卡氏菌	蛋白质
	灰色链霉菌	蛋白质
真菌	酱油曲霉	多聚糖胺
	酿酒酵母	多肽
藻类	项圈藻	酸性聚多糖

2）絮凝剂絮凝，是通过添加絮凝剂使发酵液达到絮凝效果的方法。发酵液中加入絮凝剂，絮凝剂通过自身的极性基团或离子基团与质点形成氢键或离子对，加上范德瓦耳斯力而吸附于质点表面，在质点间进行桥连形成体积庞大的絮状沉淀而与水溶液分离。絮凝剂絮凝的特点是絮凝剂用量少，体积增大的速度快，形成絮凝体的速度快，絮凝效率高。

（2）絮凝剂的种类　　常用的絮凝剂主要有以下几种类型。

1）无机絮凝剂。主要有硫酸铝、氯化钙、氯化镁、碱式氯化铝和一些高分子无机聚合物（如聚合硫酸亚铁、聚合氯化铁等），它们可使胶体的排斥电位降低而发生沉淀，称为凝聚。

2）有机絮凝剂。分为天然的和人工合成的絮凝剂。壳多糖及其衍生物、海藻酸钠、明胶、骨胶等高分子聚合物为天然高分子有机絮凝剂，优点是无毒无害、环境友好；人工合成的絮凝剂有丙烯酰胺类、聚苯乙烯类、聚丙烯酰类、聚乙烯亚胺类。其机制是这些絮凝剂的活性基团通过静电引力强烈地吸附在胶粒表面上，降低了胶粒双电层的排斥电位，在胶粒间产生架桥作用，使其相互连接成块状结构而沉淀，称为絮凝。另外，有机高分子絮凝剂还含有许多离子化基团（—NH$_2$、—COOH、—OH 等），分子中电荷密度很高，中和电性的能力也很强，所以也能起絮凝作用。

根据絮凝剂活性基团在水中解离情况的不同，絮凝剂又可分为非离子型、阴离子型和阳离子型絮凝剂。实际使用时，由于细胞壁表面常常带负电荷，因此常用阳离子型絮凝剂处理发酵液；对于细胞表面带正电荷的发酵液可用阴离子型或中性絮凝剂处理。

（3）影响絮凝效果的因素

1）絮凝剂的种类。絮凝剂分子量越大，链越长，吸附架桥效果越好，但它在水中的溶解度会减小，所以应选择分子量适当的絮凝剂。

2）絮凝剂的浓度。在低浓度时，增加絮凝剂用量，架桥充分，但用量过多，絮凝效果反而减弱，因此其浓度要适中。适宜的用量通常由实验确定。

3）pH。pH 影响絮凝剂活性基团的解离度，应选择合适的 pH，使其解离度最大，架桥作用就越强。pH 适当提高能增大滤速，这是因为聚丙烯酸胺分子链上的羧基解离程度提高，使其达到较大的伸展程度，发挥了较好的架桥能力。

4）搅拌转速和时间。在初加入絮凝剂时，搅拌转速要快，以利其迅速分散，但絮团形成后过快的转速又会打碎絮团，因此操作时应控制搅拌的转速和时间。

生产中对于不同的发酵液，首先应根据发酵液的性质、杂质的种类等采用实验的方法进行絮凝剂或凝聚剂的筛选，然后再用实验的方法分别从絮凝剂或凝聚剂的用量、温度、pH、搅拌转速、时间等几个影响絮凝效果因素的角度进行絮凝或凝聚处理工艺条件的优化，达到提高絮凝效果的目的。

（二）高价态无机离子去除的方法

发酵液中常存在一些来自水或者培养基营养成分的高价态无机离子，主要为 Ca^{2+}、Mg^{2+} 和 Fe^{3+} 三种。这些离子的存在会给后续的分离操作带来很大影响，因此在预处理阶段，需要把这些高价态无机离子去除。

1. Ca^{2+} 的去除　　在生产中，常在发酵液的酸化过程中同时去除 Ca^{2+}，经常选用的发酵液酸化剂为草酸或草酸钠。当用草酸或草酸钠去除发酵液中的 Ca^{2+} 时，其与 Ca^{2+} 生成草酸钙沉淀而被滤除，同时生成的草酸钙沉淀还能促使发酵液中的杂蛋白凝固，有利于提高滤液的过滤速度和滤液的质量。另外，用草酸酸化后，还能使四环素类抗生素发酵产物从菌丝中释放出来而转入水相中。例如，预处理链霉素发酵液，加草酸 $8\sim12kg/m^3$ 发酵液，搅拌 $30\sim60min$，调 pH 至 $2.8\sim3.5$ 以除去 Ca^{2+}。

2. Mg^{2+} 的去除　　Mg^{2+} 的去除是采用加入磷酸盐使 Mg^{2+} 生成磷酸镁沉淀的方法。通常加入三聚磷酸钠以除去 Ca^{2+}、Mg^{2+} 和 Fe^{3+}。例如，在环丝氨酸发酵液中加入磷酸盐可大幅度降低 Ca^{2+}、Mg^{2+} 的浓度。三聚磷酸钠去除 Mg^{2+} 的反应机制如下：

$$Na_5P_3O_{10}+Mg^{2+} \Longrightarrow MgNa_3P_3O_{10}+2Na^+$$

3. Fe^{3+} 的去除　　在 Fe^{3+} 含量较高的发酵液中加入亚铁氰化钾，可以生成普鲁士蓝沉淀，进而将 Fe^{3+} 除去。也可采用加入碱化剂（如 $NaOH$、Na_2CO_3、NH_4OH 等）生成 $Fe(OH)_3$ 沉淀的方法除去 Fe^{3+}，同时也能沉淀部分蛋白质。加入亚铁氰化钾除 Fe^{3+} 的反应机制如下：

$$4Fe^{3+}+3K_4[Fe(CN)_6] \Longrightarrow Fe_4[Fe(CN)_6]_3\downarrow+12K^+$$

（三）可溶性杂蛋白去除的方法

利用可溶性杂蛋白的两性性质、亲水性质、遇酸碱和热能变性的性质等，除采用上述的絮凝和凝集法对蛋白质进行去除外，通常采用的方法还有等电点沉淀法、盐析法、热处理法、化学变性沉淀法和吸附法等。

1. 等电点沉淀法　　蛋白质属于两性电解质，在酸性溶液中带正电荷，反之带负电荷。当溶液处于某一 pH 时，蛋白质所带净电荷恰好为零，此时的 pH 就称为蛋白质的等电点（pI）。处于等电点状态时，蛋白质之间的静电排斥力最小，溶解度最低，易聚集为沉淀析出。通过向发酵液中加酸或者加碱调节发酵液的 pH 至蛋白质的等电点，可促使蛋白质变性凝结成颗粒从而过滤除去。在进行 pH 调节时，一般采用草酸等有机酸或某些无机的酸碱来进行。但有些蛋白质在等电点时仍有一定的溶解度，所以单靠等电点法不能除尽蛋白质，还要结合其他的化学变性方法。

2. 盐析法　　向蛋白质溶液中加入无机盐如 $MgSO_2$、$NaCl$ 等，蛋白质便从溶液中析出，这种作用称为盐析。这是因为无机盐的加入破坏了蛋白质胶体表面的水化膜和电荷。盐析的原理是蛋白质在高浓度盐的溶液中，随着盐浓度的逐渐增加，蛋白质水化膜和电荷被破坏，不利于蛋白质在水中溶解或分散，蛋白质溶解度下降而从溶液中沉淀出来。各种蛋白质的溶解度不同，因而可利用不同浓度的盐溶液来分级沉淀杂蛋白。

盐析是一个可逆过程，盐析出来的蛋白质还可再溶于水，并不影响其性质，但若蛋白质在浓的无机盐溶液中久置则会发生不可逆的变性作用。不同蛋白质盐析时所需盐的最低浓度不同。利用这个性质，可分离不同的蛋白质。

3. 热处理法　　热处理法是最简单和廉价的去除杂蛋白的方法。蛋白质具有热敏性，经过加热处理后，蛋白质分子空间构象发生改变或破坏，内部疏水基团暴露，导致它的性质和功能发生显著改变，溶解度也降低，易产生沉淀。因此在目标产物本身耐热允许的范围内，采用热处理发酵液的方法，可达到去除可溶性杂蛋白的目的。另外，热处理还能降低发酵液黏度，加快过滤速度，在抗生素生产中常用热处理除去杂蛋白。例如，链霉素发酵液，用酸调 pH 至 3.0，加热到70℃，维持 30min 后液体黏度下降至原来的 1/6，过滤速率可增大 10～100 倍。使用热处理时必须控制好温度和时间，避免目的产物变性失活，或产物与发酵液中的残糖等杂质发生反应。另外，热处理温度过高或时间过长，不仅增加能耗，也会使细胞溶解，胞内物质释放，增加发酵液的复杂性，影响后续的分离和纯化。

4. 化学变性沉淀法　　使蛋白质变性的化学因素有极端 pH、有机溶剂（乙醇、丙酮等）、生物碱试剂及重金属盐等。在生产上较常采用的方法有加入酸化剂将发酵液 pH 调至酸性范围（pH 2～3），使蛋白质变性而沉淀；加入有机溶剂、碱金属中性盐、表面活性剂等，使蛋白质赖以稳定的双电层和水化层受损、溶剂的介电常数降低，从而溶解度降低达到沉淀的目的，但该种方法成本昂贵，只适用于处理量小的发酵液或浓缩液。另外，当发酵液 pH＞蛋白质 pI 时，蛋白质能与 Ag^+、Cu^{2+}、Zn^{2+}、Fe^{3+}、Pb^{2+} 等形成沉淀；当发酵液 pH＜蛋白质 pI 时，蛋白质带正电荷，可与一些阴离子物质如三氯乙酸盐、苦味酸盐、水杨酸盐、鞣酸盐等形成沉淀。因此，也可采用重金属变性沉淀法、复合盐变性沉淀法等。

5. 吸附法　　吸附法是在发酵液中加入吸附剂或通过产生具有吸附作用的物质，使细胞、蛋白质及其他不溶性粒子等吸附在吸附剂上去除的方法。其作用的机制为庞大的凝胶絮状物把悬浮液中的悬浮粒子裹住，吸附在其中。常用的吸附剂有磷酸氢二钠和氯化钙形成的 $CaHPO_4$ 凝胶、氧化铝凝胶和聚丙烯酰胺凝胶等。例如，在枯草芽孢杆菌的发酵液中加入磷酸氢二钠和氯化钙后，二者形成庞大的凝胶，同时多余的钙离子又与发酵液中菌体自溶释放出的核酸类物质生成不溶性钙盐，它们会与其他粒子一起包着沉淀下来，从而大大改善了发酵液的过滤特性。四环素类抗生素发酵液酸化后，要同时将亚铁氰化钾和硫酸锌的混合物添加到酸化液中并不断搅拌，依靠二者反应生成的亚铁氰化锌钾胶状吸附物将杂蛋白吸附去除。

（四）多糖的去除方法

发酵液中常含有不溶性多糖物质，这些物质的存在增加了发酵液黏度，可通过添加多糖降解酶将其转化为单糖，改变发酵液的流动特性，提高过滤速率。例如，万古霉素用淀粉作培养基，发酵液过滤前加入 0.025%的淀粉酶，搅拌 30min 后，再加 2.5%硅藻土助滤剂，可提高过滤效率 5 倍。

（五）色素及其他杂质去除的方法

发酵液中的色素物质可能是由微生物在生长代谢过程中分泌的，也可能是培养基（如糖蜜、玉米浆等）带来的，色素物质化学性质的多样性增加了脱色的难度。常用的脱色方法有离子交换和活性炭吸附等方法。例如，用 DEAE-纤维素从含酶溶剂中吸附色素物质时，通常可除去非活性蛋白，提高纯化 2～5 倍；利用盐型强碱性阴离子交换剂对解朊酶的果胶酶溶液进行脱色，其活性损失不超过 20%。

第二节　发酵液的过滤

经过预处理后的发酵液属于以液相为主的非均相体系，其中主要的固形物多为菌体、细胞、细胞碎片及沉淀的蛋白质、核酸、小分子有机物或其盐。这些杂质种类多，黏度大，尤其这些物质具有可压缩性，给固液分离增加困难。固液分离的好坏，将影响发酵液的进一步处理。

在生产中，离心分离和过滤分离是目前生物技术下游进行固液分离的主要方法。细菌和酵母菌都是单细胞且体形较小，一般球菌大小为 $0.2\sim1.25\mu m$，杆菌大小为 $(0.5\sim1)\mu m\times(1\sim3)\mu m$，酵母菌大小为 $(3\sim7.5)\mu m\times(5\sim14)\mu m$。对于发酵液中的细菌和酵母菌体，多采用高速离心分离，而对于细胞体形较大的丝状菌（霉菌和放线菌）的菌体分离一般采用过滤的方法进行。

所谓离心分离就是指在离心场的作用下，将悬浮液中的固相和液相加以分离的方法。离心分离主要用于颗粒较细的悬浮液和乳浊液的分离。离心分离的方法按照离心原理的不同分为差速离心、均匀介质离心、密度梯度离心、等密度梯度离心和平衡等密度离心等方法。离心原理和离心设备将要在离心技术一章中介绍，本节主要介绍可以实现分批、连续、自动操作的过滤离心设备。

一、发酵液过滤的目的

发酵液固液分离有两个目的，一是收集含有目标产物的成分。根据目标产物的存在位置分为胞内产物或胞外产物，通过固液分离可获得含所需目标产物的细胞（菌丝体）或发酵液。二是除去发酵液中的固形杂质。发酵液的固液分离是指用过滤离心等手段除去发酵液中的悬浮固体，如菌体、细胞、细胞碎片、蛋白质及其絮凝体的过程。

二、影响发酵液过滤的因素

发酵液的过滤速度除与菌体细胞的体积大小、发酵时的条件如培养基的组成、未利用的培养基浓度、消沫剂的种类和浓度、发酵周期、发酵液预处理质量等因素有关外，还与发酵本身有密切的关系，其主要影响因素是菌种和发酵液黏度两个方面。

（一）菌种

在发酵液中，固体颗粒粒子越小，分离难度越大，费用也越高。菌种决定了发酵液中各种悬浮粒子的大小和形状。一般真菌、霉菌及其蛋白质的絮凝团，因其比较粗大，如青霉素，菌体直径可达 $10\mu m$，容易过滤分离，无须作特殊处理，可采用常规过滤方法除去（板框过滤或真空过滤）；放线菌、细菌由于体积小，菌丝体细而分枝，交织成网络状，过滤困难，需先经预处理，以凝固蛋白质胶体，增大固体粒子体积，再选用适当的方法除去。

（二）发酵液黏度

固液分离速度通常与发酵液黏度成反比，发酵液黏度越大，分离速度越慢。除菌种外，发酵条件对发酵液黏度也有很大影响。

1. 发酵条件　　发酵条件包括培养基组成、未用完的培养基的量、消沫剂、发酵周期等。如同一种发酵液，批号不同，由于发酵条件的差异，其黏度不同，过滤速度也有差异；同一菌种，菌浓度高，有机碳源、氮源越丰富，其黏度越大，过滤越困难。例如，用黄豆粉、花生粉作为氮源，用淀粉作碳源都会使发酵液黏度增大，发酵液中未用完的培养基或后期消沫用的消沫剂，也会使发酵液黏度增大。

2. 发酵终止时间　　如推迟放罐时间，虽然相对延长了发酵周期，使发酵单位有所提高，但菌体自溶，使发酵液中的色素、胶状杂质增多，增大了其黏度，使最终产品质量降低，过滤困难。因此实际生产中应在菌体自溶前放罐。

3. 发酵染菌　　染菌的发酵液黏度增加，过滤困难。

4. 发酵液的 pH、温度　　发酵液的 pH、温度影响发酵液的黏度，从而影响过滤。

除以上因素外，菌种也会影响发酵液黏度，细胞或菌体的种类和浓度是一个重要因素，通常丝状菌、动物或植物细胞悬浮液的黏度较大，浓度增大，黏度也提高。

三、发酵液过滤的分类

过滤是传统的化工单元操作，是利用多孔性介质截留固液悬浮物中的固体颗粒，从而实现固液分离的操作方法。目前，在生物物质分离工业操作中，过滤的方法还是以传统的板框过滤或真空过滤等为主。随着膜分离技术的发展，过滤已超出传统意义上的固液分离的范畴。根据不同的分类原则，过滤可以分为不同类型。

（一）按滤液流动方向分类

1. 常规过滤　　滤液流动方向与过滤介质垂直即为常规过滤（图 2-3A）。通常适用于过滤直径为 10～100μm 的悬浮粒子，如霉菌、放线菌的发酵液，在过滤时，滤液垂直穿过滤饼或过滤介质的微孔。常用的过滤设备有真空鼓式过滤机、板框式压滤机，其中真空鼓式过滤机主要适用于霉菌发酵液的过滤，如青霉素发酵液的过滤。而对于细小菌体或黏度大的发酵液，需加入助滤剂或在转鼓面上铺一层助滤剂（即预滤）来使滤饼疏松，滤速增大。板框式压滤机适合于不同过滤特

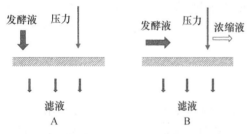

图 2-3　常规过滤（A）与错流过滤（B）

性的发酵液，具有结构简单、过滤面积大、能耐受高压差等特点，因此，它是发酵液过滤最常用的设备之一。

2. 错流过滤　　错流过滤是一种新的过滤方式（图 2-3B），与常规过滤不同的是，错流过滤中发酵液的流动方向与过滤介质平行。在这种过滤过程中，压力推动发酵液沿着过滤介质表面流动，发酵液流经过滤介质表面时产生的剪切作用会将过滤介质表面上堆积的固体（滤饼）移走，减少了固体颗粒堆积层的厚度，从而减少过滤时的阻力，可以在过滤初期保持相对较高的过滤速度。当移走固体的速率与固体的沉积速率相等时，过滤速率就近似恒定。其常用的过滤介质为微孔滤膜或超滤膜，主要适用于悬浮粒子细小的发酵液，如细菌发酵液的过滤。

（二）按过滤机制分类

1. 饼层过滤　　又称为表面过滤。发酵液过滤时，当固体颗粒尺寸比过滤介质的孔径大时，会形成滤饼（图 2-4A）；但在过滤初期，会有部分尺寸比过滤介质的孔径小的颗粒进入过滤介质孔道里，迅速发生"架桥现象"（图 2-4B），还有少量颗粒穿过过滤介质而与滤液一起流走。随着

滤渣的逐渐堆积，过滤介质上面会形成滤饼层。此后，滤饼层就成为有效过滤介质，而得到澄清的滤液，这种过滤称为滤饼过滤。它适用于颗粒含量较高（＞1%）的悬浮液，是指固体离子在介质表面积累，在很短时间内发生架桥的现象，阻力的增加是滤饼增厚所致。

2. 深层过滤　指当发酵液中固体颗粒尺寸小于过滤介质孔道直径时，不能在过滤介质表面形成滤饼，这些颗粒便进入介质内部，借惯性和扩散作用趋近孔道壁面，并在静电和表面力的作用下沉积下来，从而与流体分离（图2-4C）。深层过滤无滤饼形成，主要用于含固量很少（＜0.1%）的发酵液。深层过滤会使过滤介质内部的孔道逐渐缩小，所以过滤介质必须定期更换或再生。

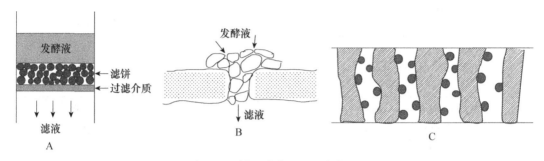

图 2-4　饼层过滤和深层过滤

（三）发酵液不经固液分离直接提取的分离

发酵液通过过滤或离心分离达到固液分离后，会使某些具有活性的发酵产品由于机械性破坏而有一定的损失（如某些抗生素发酵液经过滤后，抗生素效价损失达 10%～20%）。所以对这些发酵产物常采用不经固液分离直接提取的方法，主要为离子交换法或萃取法。例如，链霉素、新霉素、卡那霉素、庆大霉素、赖氨酸等采用离子交换法直接提取；青霉素、红霉素等采用萃取法直接提取，其收率比传统的分离提取法高 8%～10%。但对于菌体要回收综合利用或作为畜用饲料的工艺，上述方法不适用。

四、提高过滤性能的方法

在实际的生产中常常会遇到难以过滤的发酵液，因此需用提高发酵液的过滤性能、降低滤饼比阻值的方法来加快过滤速度。按照强化过滤速度措施的不同，提高过滤性能的方法主要分为以下几种。一是降低滤饼比阻值的方法，如果不计滤布阻力，一切能够显著降低滤饼比阻值的方法都可能成为加快过滤速度的有效方法，如添加电解质、絮凝剂、凝固剂等，还可以添加硅藻土等助滤剂。二是降低发酵液黏度的方法，如果滤液从滤饼的毛细孔道流过，它的黏度愈低，过滤阻力愈小。因此，可以对某些非热敏性液体采用提高温度的方法降低其黏度。三是降低悬浮液中悬浮固体浓度的方法，如果不计滤布阻力，即过滤速度与获得单位体积滤液所形成的滤饼体积成反比。因此，对同一浓度的发酵产物，应尽可能降低培养基配料浓度（如玉米粉、豆饼粉的浓度），但不能采用加水稀释降低悬浮液中悬浮固体浓度的方法。四是热处理方法，热处理能使蛋白质等胶体粒子变性凝固，使过滤速度大为提高。除第一节所介绍的絮凝和凝集、杂蛋白去除等方法外，还可以通过加入助滤剂、反应剂等方法提高发酵液过滤性能。

（一）加入助滤剂

在含有大量细小胶体粒子的发酵液中加入固体助滤剂，这些胶体粒子会吸附于助滤剂微粒上,助滤剂就作为胶体粒子的载体,均匀地分布于滤饼层中,相应地改变了滤饼结构,降低了滤饼的可压缩性,也就减小了过滤阻力(表 2-2)。目前生物工业中常用的助滤剂是硅藻土,其次是珍珠岩粉、活性炭、石英砂、石棉粉、纤维素、白土等。助滤剂的选择应考虑以下几点。

表 2-2　微生物滤饼的压缩指数与助滤剂用量的关系

微生物	助滤剂体积分数/%	微生物滤饼的压缩指数
面包酵母(*Saccharomyces cerevisiae*)	0	0.45
	10	0.34
	50	0.28
环形杆菌(*Bacillus circulans*)	0	1.0
	10	0.84
	50	0.37
类球红细菌(*Rhodobacter sphaeroides*)	0	0.88
谷氨酸微球菌(*Micrococcus glutaraicum*)	0	0.31
大肠杆菌(*Escherichia coli*)	0	0.79
乳胶粒子(0.206μm,0.545μm)	0	0

1. 粒度　助滤剂颗粒大,过滤速度快,但滤液澄清度差,反之,颗粒小,过滤阻力大,澄清度高。粒度选择应根据悬浮液中的颗粒和滤液的澄清度通过试验确定,一般情况下,颗粒较小的滤饼应采用细小的助滤剂。

2. 助滤剂的品种　应根据过滤介质选择助滤剂品种。使用粗目滤网时易泄漏,选择石棉粉、纤维素或二者的混合物,可有效地防止泄漏;采用细目滤布时,可使用细粒硅藻土;若采用粗粒硅藻土,则悬浮液中的细微颗粒仍将透过预涂层到达滤布表面,从而使过滤阻力增大;若滤饼较厚时(50~100mm),为了防止龟裂,可加入 1%~5%纤维素或活性炭。

3. 用量　间歇操作时,助滤剂预涂层的厚度应不小于 2mm。连续过滤时应根据过滤速度确定助滤剂加入悬浮液中的量。使用硅藻土时,通常细粒用量为 500g/m³,粗粒用量为 700~1000g/m³;中等粒度用量为 700g/m³,且应均匀分散于悬浮液中而不沉淀,故一般设置搅拌混合槽。

另外,若助滤剂中的某些成分会溶于酸性或碱性液体中,对产品有影响时,使用前对助滤剂应进行酸洗或碱洗。

(二)添加反应剂

向发酵液中加入不影响目的产物的反应剂也是改善过滤性能的另一种方法,加入的反应剂之间可以发生相互作用,也可以与发酵液中的可溶性盐类等杂质发生反应生成不溶解的沉淀,如 $CaSO_4$、$Al_2(PO_4)_3$ 等,生成的沉淀能防止菌丝体黏结,使菌丝具有块状结构,沉淀本身可作为助滤剂,并能够使胶状物和悬浮物凝固。例如,环丝氨酸发酵液用 $CaCl_2$ 和 H_3PO_4 处理后生成磷酸钙沉淀,该沉淀能使悬浮物凝固。未参与反应的 PO_4^{3-},还可除去 Ca^{2+}、Mg^{2+}。此外,这种方法不会给发酵液引入其他阳离子而影响环丝氨酸的离子交换吸附。再如新生霉素发酵液中加入氯化钙和磷酸钠,生成的磷酸钙可作为凝固剂和助滤剂,又可使某些杂蛋白凝固。

五、过滤介质的选择

过滤介质一方面具有过滤作用,另一方面还可作为滤饼的支撑物。为了提高发酵液的过滤速度,所选择的过滤介质应具有足够的机械强度和尽可能小的流动阻力。合理选择过滤介质取决于许多因素，其中过滤介质所能截留的固体粒子的大小及对滤液的透过性是过滤介质最主要的技术特性。

过滤介质所能截留的固体粒子的大小通常以过滤介质的孔径表示。常用的过滤介质中，纤维滤布所能截留的最小粒子约为 $10\mu m$，硅藻土为 $1\mu m$，超滤膜可小于 $0.5\mu m$。过滤介质的透过性是指在一定的压力差下，单位时间单位过滤面积上通过滤液的体积量，它取决于过滤介质上毛细孔径的大小及数目。

工业上常用的过滤介质按制造材料的不同进行分类，主要有以下几类。

（一）织物介质

织物介质又称滤布，包括由棉、毛、丝、麻等织成的天然纤维滤布和合成纤维滤布，也包括天然毛毡和合成滤毡。这类滤布的应用最广泛，其过滤性能受许多因素的影响，其中最重要的是纤维的特性、编织纹法和线型。生物工业常用的棉纤维、尼龙和涤纶滤布的某些特性、编织纹法对过滤性能的影响分别如表 2-3 和表 2-4 所示。

表 2-3　几种常用纤维滤布的物理性能（梁世中，2002）

性能种类	安全温度/℃	密度/（kg/m³）	吸水率/%	耐磨性
棉纤维	92	155	16～22	良
尼龙	105～120	114	6.5～8.3	优
涤纶	145	138	0.04～0.08	优

表 2-4　不同编织纹法滤布对过滤性能的影响（梁世中，2002）

编织纹法	滤液澄清度	阻力	滤饼中含水量	滤饼脱落难易	寿命	堵孔倾向
平纹	依	依	依	依	中	依
斜纹	次	次	次	次	长	次
缎纹	下	下	减	变	短	变
	降	降	少	易		易

由表 2-3 和表 2-4 可知，在进行织物介质选择时，对于天然纤维和合成纤维的滤布，应当结合过滤的要求，根据不同织物纤维的特性、编织纹法、线型的差别和不同纤维耐热磨的物理性能及耐酸碱的化学性能等进行纤维滤布的挑选。而天然毛毡和合成滤毡类织物介质由于其无黏合剂，微孔大小经过严格控制，因此可以使滤饼与助滤剂间的滤层形成迅速，主要用于过滤细粒和黏稠的胶状物醪液，比较适合于发酵液的过滤。

（二）粒状介质

粒状介质主要有硅藻土、珍珠岩粉、细砂、活性炭、白土等。粒状介质最常用的是硅藻土。硅藻土主要具有以下特性：①一般不与酸碱反应，化学性能稳定，不会改变液体组成；②形状不规则，空隙大且多孔，工业使用的硅藻土粒径一般为 $2\sim100\mu m$，密度 $100\sim250kg/m^3$，比表面积 $10\,000\sim20\,000m^2/kg$，具有很大的吸附表面；③无毒且不可压缩，形成的过滤层不会因操作压力变化而阻力变化，因此其是一种良好的助滤剂。硅藻土过滤介质通常有三种用途。

1. 作为深层过滤介质　形状不规则的粒子所形成的硅藻土过滤层具有曲折的毛细孔道，借筛分、吸附和深层效应作用除去悬浮液中的固体粒子，截留效果可达到 $1\mu m$。

2. 作为预涂层　在支持介质的表面上预先形成一层较薄的硅藻土预涂层，用以保护支持介质的毛细孔道不被滤饼层中的固体粒子堵塞。

3. 用作助滤剂　在待过滤的悬浮液中加入适量的硅藻土，使形成的滤饼层具有多孔，支撑滤饼，降低滤饼的可压缩性，以提高过滤速度和延长过滤周期。近年来发展的各种硅藻土过滤机常将后两种方法结合起来操作，收到良好的效果。

硅藻土的粒度分布对过滤速度的影响很大。主要表现为粒度小，滤液澄清度高，但过滤阻力大；粒度大，则相反。工业生产中，根据不同的悬浮液性质和过滤要求，选择不同规格的硅藻土，通过实验确定适宜的配合比例，可取得较好的效果。

（三）多孔固体介质

多孔固体介质主要包括多孔陶瓷、多孔塑料、金属陶瓷、泡沫金属、烧结树脂等，其可加工成板状或管状，孔隙很小且耐腐蚀，常用于过滤含有少量微粒的悬浮液。不同多孔固体介质的特性及使用范围如下。

1. 多孔陶瓷、金属陶瓷和烧结树脂　这三种多孔固体介质均具有良好的再生能力，通常在每次过滤结束后，可用空气或清水反冲的方法使其达到再生的目的。在发酵工业上，多孔陶瓷、金属陶瓷和烧结树脂固体介质主要用于发酵液的菌体过滤和半成品的过滤净化等。

2. 多孔塑料与泡沫金属　这是一类新兴的过滤介质，商品形式包括聚酯类型的脲烷多孔塑料和镍、铜、镍铬合金类型的泡沫金属。这类固体介质在空间具有三维的网状结构，纤维只占总体积的 3%左右，空隙率接近 97%，其具有良好的透水、透气性能，在发酵工业上主要用于空气除菌、发酵液和菌体的过滤等。

（四）微孔纤维素薄膜和金属薄膜介质

微孔纤维素薄膜介质的种类主要有乙酸纤维素、聚碳酸酯纤维素等。其在发酵工业上主要用于透析培养、酶反应器、酶及发酵产物的分离和提纯、空气除菌、菌种分离、微生物快速检验等方面。

金属薄膜介质是近几年来为适应发酵、制药和食品工业无菌操作需求而发展起来的一种非纤维型的过滤介质，其具有性能优异、可耐受高压蒸汽和火焰灭菌的优点。目前已广泛应用于抗生素、疫苗、胰岛素和酶等的发酵生产之中。

总之，针对特定的发酵液过滤过程，在进行过滤介质选择时，应使选择的过滤介质具有阻力小、滤液清、价格低、来源丰富、机械强度高、使用寿命长、耐化学腐蚀和排渣方便等优点。

六、过滤设备

发酵液的过滤设备形式很多，按过滤的推动力分为重力式、压力式、真空式和离心式 4 种。重力式过滤器主要应用于啤酒麦芽汁制备过程的麦汁过滤，而其他 3 种类型的过滤器在发酵液过滤中的应用比较普遍。目前国内外对发酵液的分离和过滤常采用的设备为板框式压滤机和真空过滤机。

在进行发酵液过滤时，首先需选择过滤设备的类型，过滤设备选择的原则为：①根据物料的过滤性能，初步确定选择哪种推动力的过滤设备；②根据处理物料的化学性质，检查所选择的过滤设备类型是否正确；③根据工艺过程的特点和生产规模对选择的过滤设备进行筛选；④根据对滤饼的纯度或母液回收率等要求来确定过滤设备类型；⑤根据对滤饼含湿率的要求，决定是否选用带有机械挤压过程的设备；⑥根据所选择的过滤设备、物料的基本特性数据进行设备生产能力和最佳操作条件的计算，以确定设备的大小、投资费用、操作费用等。

（一）板框式压滤机

板框式压滤机在发酵工业上的应用以发酵液的过滤最为普遍，其具有对滤饼性能的适应性强、结构简单、制造方便、造价低廉、过滤推动力大、动力消耗小、辅助设备少和经常能够洗涤再生滤布及滤布的检查与更换十分方便等优点。但在使用过程中劳动强度大，间歇式操作影响了其在某些场合的应用。板框式压滤机的结构和工作原理如下。

1. 板框式压滤机的结构 板框式压滤机主要由许多滤板和滤框间隔排列而组成。滤板和滤框的结构如图 2-5 所示，板框式压滤机的组成如图 2-6 所示，其滤板与滤板角孔如图 2-7 所示。

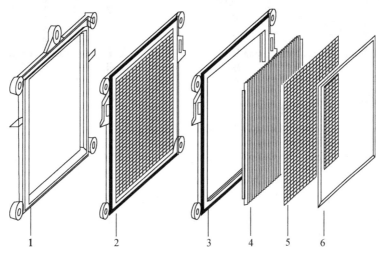

图 2-5 板框式压滤机的滤框和滤板

1. 滤框；2. 滤板；3. 滤板外框架；4. 滤板栅；5. 支撑格筛；6. 压盖框

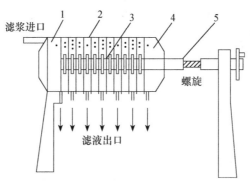

图 2-6 板框式压滤机的组成

1. 固定端板；2. 滤布；3. 板框支座；4. 可动端板；5. 支撑横梁。•: 过滤板；∴: 滤框；∴: 洗涤板

板框式压滤机的板和框多做成正方形，角端均开有小孔，装合压紧后即构成供滤浆或洗水流通的孔道。框的两侧覆以滤布，空框与滤布围成了容纳滤浆及滤饼的空间，滤板用以支撑滤布并提供滤液流出的通道。为此，滤板的两面制成沟槽，并分别与洗水孔道和滤出口相通。滤板又分为洗涤板与非洗涤板两种，其结构与作用有所不同。每台板框式

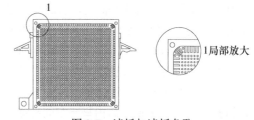

图 2-7 滤板与滤板角孔

压滤机有一定的总框数，其数目由生产能力和悬浮液固体浓度确定，最多可达 60 个，需要框数少时，可插入盲板以切断滤浆流通的孔道。

2. 板框式压滤机的工作原理 板框式压滤机的工作原理示意图如图 2-8 所示。

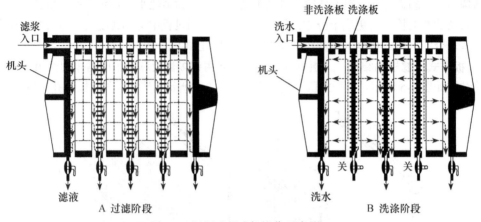

图 2-8 板框式压滤机操作示意图

板框式压滤机在过滤时，悬浮液由离心泵或齿轮泵经滤浆通道打入框内，如图 2-8A 所示，滤液穿过滤框两侧滤布，沿相邻滤板沟槽流至滤液出口，固体则被截留于框内形成滤饼。滤饼充满滤框后停止过滤。滤液在引出方式上有明流与暗流之分。凡是滤液从每一滤板下方直接引出的称明流，而集中在末端出口流出的称为暗流。前者适用于一般场合，如发酵液的过滤，后者则用于滤液需保持无菌，不与空气接触等场合。

如图 2-8B 所示，洗涤滤饼时，洗水经由洗水通道进入滤板与滤布之间。由于关闭洗涤板下部的滤液出口，洗水便横穿滤框两侧的滤布及整个滤框厚度的滤饼，最后由非洗涤板下部的滤液出口排出。由于洗水通过滤饼的厚度为最终过滤操作时的一倍，而洗水通过的过滤面积仅为过滤操作时的 1/2。因此，洗涤速率仅为最终过滤速率的 1/4。洗涤结束后，旋开压紧装置并将板框拉开，卸出滤饼，清洗滤布，重新组装，进行下一循环操作。

板框式压滤机的最大操作压可达 $10 \times 10^5 Pa$，通常操作压为 $(3 \sim 5) \times 10^5 Pa$。发酵液过滤时，处理量为 $15 \sim 25 L/(m^2 \cdot h)$。

（二）真空过滤机

真空过滤机（vacuum filter）是以大气与真空之间的压力差作为过滤操作的推动力。其主要的设备型式有转盘真空过滤机、转筒真空过滤机等。真空过滤机适用于发酵液黏度不高、颗粒度均匀的发酵液的连续性过滤操作，在发酵工业上，用得较多的是转筒真空过滤机。

1. 转筒真空过滤机的结构 转筒真空过滤机是一种连续操作的过滤设备，其主体是一个由筛板组成能转动的水平圆筒，表面有一层金属丝网，网上覆盖滤布，圆筒内沿径向被筋板分隔成若干个空间，每个空间都以单独孔道通至筒轴颈端面的分配头上，分配头内沿径向隔离成 3 个室，它们分别与真空和压缩空气管路相通。

2. 转筒真空过滤机的工作原理 转筒真空过滤机的工作过程如图 2-9 所示。

转筒真空过滤机在过滤时，转筒下部浸入料液槽中，浸没角为 $90° \sim 130°$，圆筒缓慢旋转时（转速为 $0.5 \sim 2 r/min$），筒内每一空间相继与分配头中的 Ⅰ、Ⅱ、Ⅲ 室相通，可依次进行过滤、洗涤、吸干、吹松、卸饼等操作，即整个圆筒分为过滤区、洗涤吸干区、卸渣及再生区三个区域。

（1）过滤区 圆筒内下部的空间与料液相接触，由于在这个区中的空间与真空管连通，于是滤液被吸入筒内并经导管和分配头排至滤液贮罐中，而固体粒子则被吸附在滤布的表面形成滤饼层。为防止料液中固体沉降，在料液槽中装置摇摆式搅拌器。

（2）洗涤吸干区 当圆筒从料液槽中转出后，由喷嘴将洗涤水喷向圆筒面上的滤饼层进行洗涤，由于此区也与真空管路相通，于是洗涤水穿过滤饼层而被吸入筒内，并经分配头引至洗水贮罐中。为了避免滤饼层裂缝，可在此区上安装一滚压轴以提高脱水效果，防止空气从裂缝处大量流入筒内而影响真空度。

（3）卸渣及再生区 经洗涤和脱水的滤饼层继续旋转进入此区。由于此区与压缩空气管路

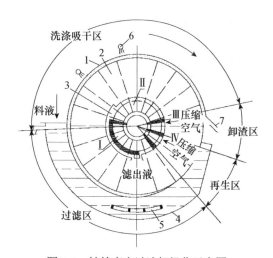

图 2-9 转筒真空过滤机操作示意图
1. 转鼓；2. 过滤室；3. 分配区；4. 料液槽；
5. 摇摆式搅拌器；6. 洗涤液喷嘴；7. 刮刀

连通，于是压缩空气从圆筒内向外穿过滤布而将滤饼吹松，随后由刮刀将其刮除。刮掉滤饼后的滤布继续吹以压缩空气，以吹净残余滤渣，使滤布再生。

3. 转筒真空过滤机的使用性能和特点 转筒真空过滤机的过滤面积有 $1m^2$、$5m^2$、$20m^2$ 及 $40m^2$ 等不同规格，目前国产的最大过滤面积约 $50m^2$，滤饼厚度一般保持在 40mm 以内，对于难以过滤的胶状料液，厚度可小于 10mm。对于菌丝体发酵液，过滤前在滚筒面上预涂一层 50～60mm 的硅藻土。过滤时，可调节滤饼刮刀将滤饼连同一薄层硅藻土一起刮去，每转一圈，硅藻土约刮去 0.1mm，这样可使过滤面不断更新。

转筒真空过滤机可吸滤、洗涤、卸饼、再生连续化操作，生产能力大，劳动强度小，但辅助设备多，投资大，且由于真空过滤，推动力小，最大真空度不超过 $8×10^4Pa$，一般为 $2.7×10^2$～$6.7×10^4Pa$，滤饼湿度大，常达 20%～30%。

除转筒真空过滤机外，还有转盘真空过滤机、真空翻斗式过滤机等。转盘真空过滤机及其转盘的结构、操作原理与转筒真空过滤机类似，每个转盘相当于一个转筒。过滤面积可以达到 $85m^2$。

小 结

发酵液预处理是目标生物物质进入分离纯化操作的第一个过程，预处理的效果将直接影响后续分离操作过程。在预处理过程中，通过凝集和絮凝等方法增大发酵液中悬浮物质的粒径，通过加热或添加试剂的方法使发酵液中的可溶性杂蛋白、无机高价态离子等物质以沉淀的形式析出，同时降低发酵液黏度，通过固液分离（本章主要介绍过滤）将发酵液中的悬浮固体（如菌体、细胞、蛋白质及其絮凝体）去除。过滤介质的选择、增强过滤效果的方法、常用的过滤设备及其结构和工作原理是在过滤操作过程中需要注意的内容。

思 考 题

1. 什么是发酵液的预处理和过滤？发酵液预处理的目的和要求有哪些？
2. 发酵液预处理的方法有哪些？简述各种发酵液预处理方法的原理、特点及应用。
3. 发酵液进行过滤的目的是什么？影响发酵液过滤速度的因素有哪些？

4. 发酵液过滤的方法有哪些？简述各种方法的类型、特点和应用。

5. 从影响发酵液过滤的因素考虑，如何提高发酵液的过滤性能？

6. 如何进行过滤介质的选择和过滤条件的优化？

7. 如何进行过滤机的选择？

8. 发酵液过滤所用过滤机的类型有哪些？简述各种过滤机的结构、特点和应用。

9. 离心和过滤操作的差别在哪里？

10. 提高过滤压力和增大过滤面积是否是强化过滤的最有效措施？

主要参考文献

曹军卫，马辉文. 2002. 微生物工程. 北京：科学出版社.

邓禹，堵国成，李秀芳，等. 2007. 基于发酵液特性的透明质酸提取预处理工艺. 过程工程学报，（2）：380-384.

董明，邵琼芳，李静，等. 2006. 林可霉素发酵液组合连续絮凝. 化工学报，（3）：630-635.

黄继红，张鹰，章勤，等. 2006. 无机膜分离谷氨酸菌体应用技术研究. 发酵科技通讯，（3）：9-12.

李世强，王崇辉，佟明友. 2006. 1,3-丙二醇发酵液的絮凝除菌研究. 精细与专用化学品，（16）：17-19，30.

李文，柳丹，杨英歌，等. 2007. 磁聚复配物对L-乳酸发酵液的预处理研究. 食品与发酵工业，（3）：53-56.

梁捷，杨宇民. 2007. 从谷氨酸发酵液中分离菌体的方法. 环保科技，（1）：47-48.

梁世中. 2002. 生物工程设备. 北京：中国轻工业出版社.

鲁诗锋，张代佳，修志龙. 2006. 1,3-丙二醇发酵液的絮凝处理及絮凝细胞的再利用. 食品与发酵工业，（9）：10-13.

王秋京，江连洲，鞠华伟. 2007. 壳聚糖对大豆蛋白发酵液的絮凝研究. 大豆通报，（1）：21-24.

王晓静，张晓涛，赵强，等. 2007. VB_{12}发酵液过滤特性研究及分离优化. 化学工程，（4）：30-33.

邬敏辰，刘昱杉，李剑芳. 2006. α-淀粉酶发酵液絮凝的研究. 江苏食品与发酵，（2）：1-4.

徐庆阳，陈宁，方正星，等. 2006. 金属膜对L-缬氨酸发酵液过滤的研究. 天津科技大学学报，21（1）：2-4.

严希康. 2001. 生化分离工程. 北京：化学工业出版社.

杨路清，张辉，张桂玲，等. 2007. 酸化处理宁南霉素发酵液的工业化生产应用. 陕西师范大学学报（自然科学版），（2）：72-75.

张一，杜连祥. 2007. 万古霉素发酵液凝聚与絮凝研究. 中国抗生素杂志，（5）：291-295.

周海东，倪晋仁，张建东，等. 2007. 膜错流过滤对透明质酸发酵液的分级研究. 膜科学与技术，27（2）：20-27.

第三章
细胞分离技术

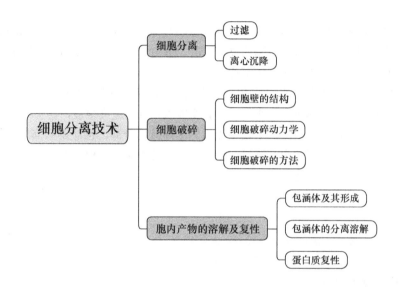

基因重组技术的飞速发展使不同微生物如大肠杆菌、酿酒酵母成为蛋白质表达的宿主。大肠杆菌因其生长速度快、培养方便、遗传背景清晰、能有效去除其内毒素等优点已成为最为常见的外源基因表达工具之一。即便如此，在某些生产环节中，如食品相关的蛋白质生产中，大肠杆菌不符合生物安全的规定，酿酒酵母就被作为外源蛋白质的表达宿主。这类微生物具有能够简单糖基化、高生长速率、低蛋白酶水平及清晰的遗传体系等优点。遗憾的是，作为大规模生产过程中最主要的宿主选择，大肠杆菌和酿酒酵母都有一个缺陷——它们不能将产物高水平地释放到培养基中。此外，动植物细胞培养过程中也存在着胞内产物的问题。这就需要一些普遍适用且成本经济的方法去分离细胞，并对细胞进行破碎，以使产物释放到培养基中。

第一节　细　胞　分　离

在微生物或动植物细胞的培养过程中，无论是目标产物在胞内还是被分泌到培养液中，首先都需要将细胞与液体物质进行分离。常用的固液分离方法包括过滤与离心沉降。

一、过滤

利用多孔性介质截留固液悬浮液中的固体颗粒（如细胞），进行固液分离的方法称为过滤（filtration）。过滤不仅是传统的化工单元操作，也是目前工业生产中用于分离细胞和不溶性物质的主要方法。

根据被分离物质颗粒的大小，可分为一般过滤和膜过滤。微生物菌体、动植物细胞或细胞碎片的分离利用一般过滤即可，所用的过滤介质有滤布、纤维、多孔陶瓷及石棉等。而蛋白质等物质的选择性分离则要用到膜过滤的方法，详见第六章。一般过滤操作以压力差作为推动力，这种滤液流动方向与滤饼基本垂直的过滤，也称为死端过滤（dead-end filtration）。这种过滤可采用常压或加压的操作方式，但由于分离的固体颗粒细微，可压缩性大，所形成的滤饼阻力很大，随着过滤的进行，过滤速度迅速下降。为了降低滤饼阻力，可以加入助滤剂（如硅藻土），但以收集菌体或细胞为目的的操作中，助滤剂的加入往往不利于后续分离纯化。

二、离心沉降

沉降法是固体颗粒在外力作用下与液体物质做相对运动进而实现固液分离的细胞分离技术。根据作用外力的不同，可分为重力沉降和离心沉降。重力沉降虽然简便易行，但由于细胞体积很小，沉降速度很慢，实际使用中多采用离心沉降。

离心沉降是利用惯性离心力和物质的沉降系数或浮力密度的不同而进行的一项分离、浓缩或提取操作。这种方法对于固体颗粒很小、液体黏度很大、过滤速度很慢，甚至难以过滤的悬浮液十分有效，对那些忌用助滤剂或助滤剂使用无效的悬浮液的分离，也能得到满意的效果。

当固体粒子在无限连续流体中沉降时，受到两种力的作用，一种是连续流体对它的浮力，另一种是流体对运动粒子的黏滞力。

$$u = \frac{d^2}{18\mu}(\rho_s - \rho)g \tag{3-1}$$

式中，u 为粒子沉降速率；d 为粒子直径；μ 为流体黏度；ρ_s 为粒子密度；ρ 为流体密度；g 为重力加速度。由式（3-1）可知，重力场中固体粒子最终的沉降速率与粒子直径的平方成正比，与粒子和流体的密度差成正比，而与流体的黏度成反比。

$$u = \frac{d^2}{18\mu}(\rho_s - \rho)\omega^2\gamma \tag{3-2}$$

式中，ω 为离心加速度；γ 为离心机的半径。在离心力场中，重力加速度应换成离心加速度。这样，只要根据要求改变或提高 ω，使粒子作快速旋转，就可获得比重力沉降或过滤好得多的分离效果。一般采用离心分离因数 Fr 来定量评价离心设备的分离能力。

$$Fr = \frac{\omega^2\gamma}{g} \tag{3-3}$$

Fr 表示了粒子在离心机中产生的离心加速度与自由下降的加速度之比。Fr 值越大，越有利于分离。在实践中常按 Fr 值的大小对离心沉降设备进行分类：$Fr < 3000$ 为常速度离心机；Fr 在 $3000 \sim 5000$ 为中速离心机；$Fr > 5000$ 为高速离心机；Fr 在 $2 \times 10^4 \sim 1 \times 10^6$ 为超速离心机。

离心分离法根据其操作方式的不同，又可分为差速离心和密度梯度离心。差速离心（differential centrifugation）是在密度均一的介质中由低速到高速逐级离心，用于分离不同大小的细胞和细胞器。研究表明，菌体和细胞一般在 $500 \sim 5000g$ 的离心力下即可完全沉降。

第二节　细胞破碎

细胞壁和细胞膜作为屏障隔离细胞胞内产物和培养基，细胞破碎就是要利用各种不同的方法去破坏这种结构，有效地释放出胞内产物。了解细胞结构，对于破碎方法的选择和破碎过程的合理改进具有十分重要的意义。

一、细胞壁的结构

细胞的结构根据其种类不同差别很大，比如，动物细胞没有细胞壁，只有一层细胞膜的保护，很容易破碎，而植物、微生物细胞则有一层坚韧的细胞壁，破碎工作相对比较困难。一般来说，细胞壁的结构和强度取决于其组成及相互之间交联的程度，破碎细胞的主要阻力来自连接细胞壁网状结构的共价键。

（一）细菌细胞壁

根据革兰氏染色法，细菌被分为两类，革兰氏阴性菌（G⁻）和革兰氏阳性菌（G⁺），其实质是基于二者细胞壁结构的差异。

革兰氏阴性菌的细胞壁由外膜和肽聚糖组成，如图 3-1 所示。交联的肽聚糖使细菌的细胞壁具有了一定的强度。除细胞壁外，由磷脂组成的细胞膜保持了细胞与环境间的浓度梯度，但是这层膜缺乏强度，因此细胞破碎主要是要除去细胞壁。外膜是个复杂的不完整结构，只能允许有限的分子扩散通过，主要由脂蛋白、磷脂和脂多糖的脂双层构成。它通过与外膜蛋白结合，以及二价阳离子（如 Mg^{2+}、Ca^{2+}）与脂多糖分子以非共价交联等方式锚定。脂蛋白在磷脂双层的较低层与肽聚糖相连接。肽聚糖层由若干个多糖链组成，每个多糖分子又由若干个 N-乙酰葡萄糖胺（GlcNAc）和 N-乙酰胞壁酸（NAM）通过 β-1,4-糖苷键连接而成。这些糖链大致平行，且通过氨基酸侧链肽键交联。

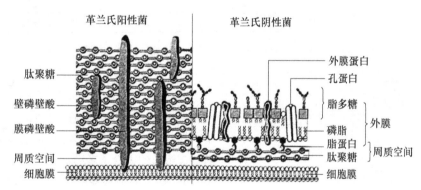

图 3-1　革兰氏阳性菌与革兰氏阴性菌细胞壁的比较（沈萍和陈向东，2019）

革兰氏阳性菌的细胞壁具有多达 50 层的厚（20～80nm）而致密的肽聚糖层，占细胞壁成分的 60%～90%，与细胞膜的外层紧密相连（图 3-1）。细胞壁中还含有磷壁酸，它是甘油和核糖醇的聚合物，通常以糖或氨基酸的酯而存在。磷壁酸是革兰氏阳性菌细胞壁特有的成分，具有壁磷壁酸和膜磷壁酸两种类型。革兰氏阳性菌与革兰氏阴性菌细胞壁结构差异较大，具体比较见表 3-1。

表 3-1　革兰氏阳性菌（G⁺）与革兰氏阴性菌（G⁻）细胞壁结构的比较

指标	金黄色葡萄球菌（G⁺）	大肠杆菌（G⁻）
肽聚糖含量	多，一般占细胞壁干重的 60%～90%	少，只占细胞壁干重的 10% 左右
肽聚糖层数	多，可达 50 层	少，只有 1～2 层
磷壁酸	有	无
外膜	无	有
厚度	厚，20～80nm	薄，2～3nm
强度	坚韧	疏松

（二）酵母细胞壁

酵母属于单细胞真核微生物，其细胞壁的厚度为 0.1～0.3μm，当细胞老化时，厚度还会增加。酵母细胞壁主要由葡聚糖（35%～45%）、甘露聚糖（40%～45%）、蛋白质（5%～10%）、几丁质（1%～2%）、脂类（3%～8%）、无机盐（1%～3%）等构成。细胞壁呈三明治状结构，外层为甘露聚糖（mannan），内层为葡聚糖（glucan），二者都是复杂的分支状聚合物，中间夹有一层蛋白质分子，因此酵母细胞壁结构相对较坚韧。以酿酒酵母（*Saccharomyces cerevisiae*）为例，酵母细胞壁的结构见图 3-2。

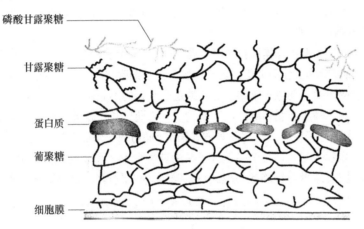

图 3-2 酵母细胞壁中几种主要成分的排列（沈萍和陈向东，2019）

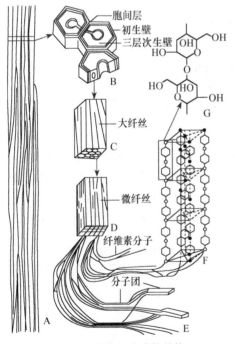

图 3-3 植物细胞壁的结构

A. 纤维细胞束；B. 纤维细胞横剖面；C. 次生细胞的横剖面放大；D. 大纤丝的一部分；E，F. 纤维素分子链聚集成微纤丝的状况；G. 纤维素分子的一部分

（三）植物细胞壁

植物细胞壁的主要组成物质可分为构架物质和基质。构架物质主要是纤维素，它是由 D-葡萄糖以 β-1,4-糖苷键组成的大分子多糖，化学性质比较稳定，能够耐受酸、碱及其他很多溶剂。基质则主要是果胶物质、半纤维素等非纤维素多糖及蛋白质和水。基质是一种亲水性凝胶，膨胀力强，可塑性强，易变形。

典型的植物细胞壁是由胞间层、初生壁及次生壁组成的（图 3-3）。胞间层位于两个相邻细胞之间，为两相邻细胞所共有的一层膜，主要成分是果胶质。随着子细胞的生长，原生质向外分泌纤维素，纤维素定向地交织成网状，而后分泌的半纤维素、果胶质及结构蛋白填充在网眼之间，形成质地柔软的初生壁。细胞停止生长后，在初生壁内侧继续积累的细胞壁层，称为次生壁。次生壁也是由纤维素和半纤维素组成，但常常含有木质素。次生壁较厚，一般为 5～10μm，质地较坚硬，有增强细胞壁机械强度的作用。在光学显微镜下，次生壁可以显出折光不同的外、中、内三层。

二、细胞破碎动力学

细胞破碎效果通常用细胞破碎率来衡量。细胞破碎率定义为被破碎细胞的数量占初始总细胞数量的百分比，用公式表示为

$$X = \frac{N_0 - N}{N_0} \times 100\% \tag{3-4}$$

式中，X 为细胞破碎率（%）；N 为经 t 时间操作后未破碎细胞的数量（个/cm³）；N_0 为细胞初始量（个/cm³）。

要计算细胞破碎率，就必须对 N 和 N_0 值进行统计。通常测定 N 和 N_0 值可采用直接法或间接法。所谓直接法就是将样品适当稀释后，利用平板计数器（或血球计数器）直接对细胞进行计数。这种方法简单易行，但误差较大，因此并不能得到很精确的数据。而间接法主要是测定破碎过程中胞内产物释放到悬浮液中的浓度变化。

随着破碎的进行，N 值不断发生变化，而 N_0 值是恒定不变的，因此细胞破碎率也不断发生改变。研究者根据建立在物质交换基础上的过程模型，提出了细胞破碎动力学的线性方程：

$$dN = k(N_0 - N)dt \tag{3-5}$$

式中，t 为破碎过程持续的时间（s）；k 为速率常数。

由式（3-5）两边积分得到

$$\ln \frac{N_0}{N} = kt \tag{3-6}$$

线性相关实验证实了 $\ln \dfrac{N_0}{N}$ 与 t 之间确有很好的相关性，相关系数为 0.9835～0.9935。尽管线性模型的精确性已得到证实，但某些实验的结果却与动力学线性方程（3-6）出现了一定的偏差。

Heim 等（2007）考察了酵母细胞浓度对珠磨法破碎细胞过程的影响。在低浓度值时实验值与模型过程能够保持高度一致，但当悬浮浓度高于 0.02g/cm³ 时，细胞破碎速率在初始阶段就比线性模型得出的结果要高。而当悬浮浓度高于 0.08g/cm³ 时，由线性方程计算得到的起始阶段细胞破碎率比实验值高。研究表明，细胞浓度的增加会导致 k 值的增加，二者的关系可用下式表示

$$k = a_1 S^2 + a_2 S + a_3 \tag{3-7}$$

式中，a_1、a_2、a_3 为系数；S 为悬浮细胞浓度（g/cm³，其中细胞质量为干重）。

式（3-7）说明细胞破碎过程与时间是非线性的。初始细胞浓度 N_0 的增加会导致式（3-6）中 k 值的增加。对此加以考虑的话，破壁过程需用一个非线性方程来描述，如式（3-8）。它包括了细胞浓度和相邻细胞中心的距离。

$$\ln \frac{N_0}{N} = k \left[1 + \left(\frac{S}{b} \right)^{a_4} \right] t \tag{3-8}$$

式中，b 为相邻细胞中心的距离；a_4 为指数。

对于高压均质法的动力学过程，Hetherington 通过产物（如蛋白质）释放动力学的研究，认为其符合一级动力学规则。

$$\ln \left(\frac{R_m}{R_m - R} \right) = kP^a N = k'N \tag{3-9}$$

式中，R_m 为蛋白质最大释放量（mg/g）；R 为 N 次匀浆后蛋白质累计释放量（mg/g）；P 为匀浆机

工作压力（kPa）；k 为速率常数；kP^a 项可合并为 k'，即有效破碎常数。

三、细胞破碎的方法

细胞破碎的方法较多，根据破碎机制不同，主要可分为机械法、物理法、化学法及酶溶法 4 种。

（一）机械法

机械法就是通过机械设备，借助机械作用将细胞壁和膜撕裂，使胞内物质全部释放出来。常用的机械法包括珠磨法、高压均质法及超声波破碎法等。

1. 珠磨法　珠磨法是一种有效的细胞破碎方法，是目前工业上应用较多的一种细胞破碎方法，最初是为涂料工业中湿磨颜料和制陶业中陶器与石灰石的碾磨而设计的，主要依靠珠磨机进行工作。其工作原理如下：进入珠磨机的细胞悬浮液与极细的玻璃小珠、石英砂、氧化铝等研磨剂（直径＜1mm）一起快速搅拌或研磨，研磨剂、珠子与细胞之间的互相剪切、碰撞使细胞破碎，释放出内含物。在珠液分离器的协助下，珠子被滞留在破碎室内，浆液流出从而实现连续操作。延长研磨时间、增加珠体装量、提高搅拌转速和操作温度等都可有效地提高细胞破碎率，但高破碎率将使能耗大大增加。珠磨机（图 3-4）的基本构造是一个带夹套的碾磨腔，中心有一个可旋转的轴。轴上连接着各式的搅拌桨，能赋予磨腔中磨珠以能量促使它们相互碰撞。磨珠（＜1.5mm 玻璃珠）由过滤网筛截留在磨腔中。在工业生产中，细胞内物质在磨腔内的大量积累不利于破壁过程的持续进行，因而常常需要清洗机器，这严重地影响了生产效率和生产成本，限制了珠磨法的大规模使用。

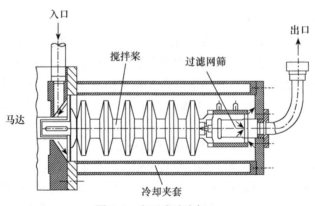

图 3-4　水平式珠磨机

2. 高压均质法　高压均质法是利用高压均质机（HPH）对微生物细胞进行破壁的一种方法。

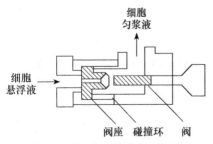

图 3-5　高压均质机结构示意图

此法破碎微生物细胞速度快、胞内产物损失小、设备容易放大，因而，从 20 世纪 80 年代以来受到相关业界的重视。高压均质法是利用高压使细胞悬浮液通过阀，突然减压和高压冲击碰撞环使细胞破裂，如图 3-5 所示。细胞悬浮液从高压室压出，经阀座的中心孔道在几十兆帕压强下高速喷出，喷射到静止的碰撞环上，被迫改变方向从出口管流出。细胞在这一系列过程中经历了高流速下的剪切、碰撞及高压到常压的变化，使细胞产生较大的形变，导致细胞壁的破坏。与珠磨法一样，高压均质法具备较为成熟的工业设备，是有可能实现工业化的细胞破壁技术之一。

研究显示，压力大小、匀浆次数、进料细胞悬液的浓度及不同悬浮体系等都会不同程度地影响高压均质法破碎细胞的效果。例如，利用高压均质法对酿酒酵母细胞壁进行破碎，发现相同酵母浓度下，压力越大，细胞破碎率越高；浓度对破碎率的影响也较大，在15%的酵母浓度下，破碎率最高，继续升高浓度，细胞破碎率反而下降。有研究者利用高压均质破碎大肠杆菌，提取包涵体中重组人白细胞介素-6（rhIL-6）：匀浆三次细胞破碎率上升迅速，而rhIL-6含量达最大值；三次后破碎率上升缓慢，再增加匀浆次数，破碎率变化不大，而目标蛋白含量下降。可见匀浆次数存在一个最佳值，若次数过多，会造成细胞碎片尺寸太小，不利于后续分离。同时，目标蛋白也会在匀浆作用下裂解成小分子，使其纯度下降。最佳匀浆次数应根据细胞破碎率和后续分离工艺两方面综合考虑。另外，不同溶液构成的悬浮体系在同等条件下细胞破碎效果也存在着差别，这主要是细胞存在于不同溶液中渗透压不同而造成的。同所有的机械破碎方式一样，高压均质法破碎细胞实质上是将细胞壁和膜撕裂，靠胞内的渗透压使其内含物全部释放出来。

破碎的难易程度无疑由细胞壁的机械强度决定，而细胞壁的机械强度则由微生物的形态和生理决定。因此细胞的培养条件，包括培养基（限制型或复合型）、生长期（对数生长期、静止期）、稀释率等，都对细胞破碎有影响。胞内物质的释放快慢则由内含物在胞内的位置决定，胞间质的释出先于胞内质，而膜结合酶最难释放。

细胞悬浮液经过一次高压均质后，常只有部分细胞破碎，不能达到100%的细胞破碎率。为此，需要在收集完细胞匀浆后进行第二次、第三次或更多次的破碎，这是高压均质法的缺点。为避免操作烦琐，也可将细胞匀浆及逆行循环破碎，但要避免过度破碎带来产物的损失，以及细胞碎片进一步变小，影响后续对碎片的分离。

虽然高压均质法比珠磨法操作参数相对少些，易于操作，但由于高压均质机结构的特殊性，团状或丝状真菌、较小的革兰氏阳性菌及质地坚硬的亚细胞器一般不宜采用这种破碎方法，因为这些类型的细胞容易造成高压阀门处堵塞或损坏阀，其他微生物细胞都可以用高压均质法破碎。另外有些亚细胞器（如包涵体）质地坚硬，容易损伤均质阀，也不适合用该法处理。

3. 超声波破碎法　　超声波是一种频率超过人耳能听得见的频率范围的声波，其频率一般在20kHz以上，是一种弹性机械振动波。当超声波在液体介质中引起空化作用时，产生大量直径10μm的空泡，空泡爆裂过程中产生高达几千大气压的冲击波（即空化现象）和局部高温，从而使细胞破碎。

超声波对细胞破碎的效率与细胞种类、浓度和超声波的声频、声能、作用时间等有关。由于超声处理会产生局部高温现象，操作时宜在冰浴条件下进行，同时超声模式宜选择间歇的方式，以防止热敏性活性物质变性。

超声波破碎法操作简易，破碎效果好，已运用于各种不同类型的细胞破碎，如革兰氏阴性菌、大肠杆菌及酵母等。但其装置存在着放大方面的问题，因而这种方法处理样品量较少，目前主要应用于实验室规模。

4. 其他类型的机械破碎法　　随着相关技术的发展，近年来出现了一些新的机械破碎方法，如X-press法、微波破碎法、纳米细胞破碎机破碎法、激光破碎法、高速相向流撞击法等。X-press法是将浓缩的细胞悬液冷却至−25℃，使其形成冰晶体，再施加500MPa以上的高压，使细胞从高压阀出口的小孔中挤出。高压冲击造成冰晶体磨损而使细胞破裂。由于适应性广、破碎率高、产物活性保持较好，这种方法逐渐引起了人们的关注，目前主要用于实验室操作。微波是频率为300MHz～300GHz的电磁波，微波破碎法是利用微波场中介质的偶极子转向极化与界面极化的时间与微波频率吻合的特点，促使介质转动能级跃迁，加剧热运动，将电能转化为热能。从细胞破碎的微观角度来看，微波破碎法是基于微波加热使得细胞内的极性物质，尤其是水分子吸收微波能，产生大量的热量，使胞内温度迅速上升，水分子汽化产生的压力将细胞膜和细胞壁冲破，形成微小的孔洞，进一步加热，导致细胞内部和细胞壁水分减少，细胞收缩，表面出现裂纹。孔洞或裂纹的存在使胞外溶剂容易进入细胞内，溶解并释放出胞内产物。因此，相对传统的机械破碎法，微波破碎法更有利于下游的分离操作。另外，有研究指出，在微波处理过程中蛋白质分子的三维结构随微波场方向变化而被破坏，蛋白质分子缠绕成球，从而改变了其溶解性，便于包涵体中重组蛋白的回收。

（二）化学法

化学法是有选择性地加入某些化学试剂，改变细胞壁或膜的通透性，从而使胞内的物质有选择性地渗透出来的一种方法。不同类型的化学试剂及不同的细胞结构与组成，其破碎机制也不相同。传统的化学试剂包括：酸碱、盐、表面活性剂、有机溶剂、变性剂、温和化学渗透剂等。

1. 酸碱法　通过加入酸或碱来调节溶液 pH，以改变两性物质（蛋白质）的电荷性，从而使蛋白质之间或蛋白质与其他物质之间的相互作用力降低而易于溶解。因此利用酸碱调节 pH 可以加快细胞壁的溶解。有人从废弃酿酒酵母泥中提取核酸时曾利用氢氧化钠溶液对酿酒酵母进行破壁。

2. 盐法　高浓度的盐可以产生高的渗透压，破坏细胞壁的通透性，使细胞失水、质壁分离，造成细胞自身破裂而释放出内容物。

3. 表面活性剂处理　表面活性剂可以作用于与膜结合的蛋白质，形成胶束而溶解膜，使得细胞破碎。表面活性剂有天然和合成型之分。天然的表面活性剂如牛磺胆酸钠及磷脂等，合成型表面活性剂有十二烷基硫酸钠（SDS）、吐温（Tween）、Triton X-100 等。有人用 SDS 处理酵母细胞，胞内蛋白质释放率最高可达 8%。有些动物细胞如肿瘤细胞，也可利用 SDS、脱氧胆酸钠等破坏细胞膜。

4. 有机溶剂法　用许多有机溶剂如苯、甲苯等处理细胞，可使细胞壁或膜溶胀，进而发生破碎，使胞内物质释放出来。

5. 变性剂法　变性剂（如盐酸胍和脲）的加入，可削弱氢键的作用，使胞内产物相互之间的作用力减弱，从而易于释放。

6. 温和化学渗透剂处理　前面所述化学试剂在改变细胞壁或细胞膜通透性的同时，胞内目的物质也易变性，所以近年来有人提出"温和化学渗透剂"的概念。温和化学渗透剂一般是采用甘氨酸、丙氨酸等分子量较小的非极性 R 基氨基酸。据分析，其破碎机制可能是因为小分子的甘氨酸、丙氨酸更易渗透到细胞壁中，通过氢键、范德瓦耳斯力、静电力等化学亲和力改变细胞壁结构，从而改变细胞壁和细胞膜的通透性。

虽然化学法比机械法的选择性强，但是操作时间长，加入的化学试剂对产物存在着一定的毒性，往往需要进一步地分离除去这些试剂。

（三）酶溶法

酶溶法就是利用某些酶溶解细胞壁中的特定成分，使细胞壁受到破坏，进而使胞内物质释放出来的方法。根据不同细胞类型细胞壁组成成分的区别，添加的酶的种类也有差异。例如，溶菌酶可降解肽聚糖中多糖链的 β-1,4-糖苷键，通常适用于细菌细胞壁的分解，葡聚糖酶作用于酵母细胞壁，而植物细胞壁则常用纤维素酶、半纤维素酶或果胶酶等进行处理。除此之外，蛋白酶也可用来水解细胞壁的蛋白质层，加快细胞壁的裂解。其他种类的酶还包括糖苷酶、多肽酶、甘露聚糖酶、壳多糖酶等。实际操作中，可以单独使用上述几种酶，也可以使用复合酶如蜗牛酶；蜗牛酶是从蜗牛的嗉囊和消化道中提取的混合酶，含有纤维素酶、果胶酶、淀粉酶等 20 多种酶。

酶溶法处理时，条件温和，产物有选择性地释放，且破坏较少，但相对成本较高。另外，用酶溶法破壁时，常常存在产物抑制的问题，而产物抑制往往会导致胞内物质释放率降低，如甘露糖对蛋白酶有抑制作用。

在某些情况下，即使不添加酶，也会发生酶溶，这种现象称为自溶，也就是细胞自身产生的酶发挥作用。采用乳糖发酵短杆菌发酵生产谷氨酸时，利用 pH 10 的缓冲液配成 3% 的细胞悬浮液，加热到 70℃时，保温搅拌 20min，菌体即发生自溶。对酵母的自溶也研究得较多。其中起主要作用的是蛋白酶、核酸酶和葡聚糖酶。

（四）物理法

1. 冻融法　所谓冻融法就是将细胞冻结后再融化。冻结的目的是破坏细胞膜的疏水键，增加其亲水性和通透性，同时细胞内水结晶使细胞内外产生溶液浓度差，导致渗透压产生，并且细胞内形成的冰晶也会破坏细胞壁。

2. 低温玻璃化法　低温断裂是近年来低温生物学特别是生物和食品材料低温玻璃化保存中遇到的一个挑战性新问题，它能从超微结构上损伤细胞，使细胞壁、细胞膜等成分遭受破坏。低温玻璃化法正是在此基础上提出来的一种新技术。由于该方法在低温水平下从超微结构上进行破碎，避免了通常提取方法中使用高温高压、强酸强碱处理对营养成分活性的破坏，故具有低温稳定性好、产品质量高等优点。

（五）其他方法

烈性噬菌体可裂解细胞，但由于其不可控性，通常并不采用。温和性噬菌体由于其可控，所以相对于用烈性噬菌体裂解细胞的方法来说更具吸引力。将噬菌体的 DNA 整合到 E. coli 的染色体上以获得溶源菌，利用溶源菌中的噬菌体来裂解细胞壁以使胞内积累的产物释放。这种方法具有破壁效率高、可控、操作条件温和等优点，具有潜在的应用价值。但是，这种方法只有在细胞对数生长期的中前期时效果才明显。对于大多数产品来说，在细胞中积累达到最大量的时期往往是稳定期或者对数生长期的后期，所以这种破壁方法仍存在一定的问题。与现有的细胞破壁法相比较，利用克隆 λ 噬菌体的裂解基因 SRRz 破细胞壁的方法具有许多的优点：细胞裂解控制方便，无须加入其他物质，成本低廉，条件温和，可避免对产物的降解。

四、各种破碎方法的比较及选择

虽然细胞破碎的方法较多，但每种方法都各有优缺点及适用范围（表 3-2）。在具体选用时应根据细胞类型、操作规模、经济性等多方面因素综合考虑。

表 3-2　主要细胞破碎方法的比较

分类	具体方法	优缺点及适用范围
机械法	珠磨法	细胞破碎率高，作用时间短，成本低，可实现连续操作，适用于各种不同细胞类型，应用范围为实验室及工业规模，但操作参数较多，控制复杂，液体损失量大，且碎片细小，后处理麻烦
	高压均质法	细胞破碎率高，作用时间短，成本低，易于控制，可用于大规模操作，但团状或丝状真菌、质地坚硬的亚细胞器等不适用

续表

分类	具体方法	优缺点及适用范围
机械法	超声波破碎法	适用于实验室规模少量样品的处理
物理法	冻融法	不依赖于设备,操作容易,成本低,但不适合于对冷冻敏感的细胞
	低温玻璃化法	冷冻剂无毒,不影响产物品质,设备技术要求高,投资大,适用于实验室规模
化学法	加入酸、碱、盐、表面活性剂、有机溶剂、变性剂、温和化学渗透剂等	选择性高,不依赖于特定设备,细胞碎片大,有利于后处理,宜用于实验室规模。缺点是:作用时间长,效率低,所用试剂大多对产物有毒害作用,通用性差
酶溶法	多种酶对细胞壁的降解	作用方式温和,选择性强,细胞碎片大,易分离,但成本较高,通用性差,且易造成产物抑制作用,一般用于实验室

每种细胞破碎方法都有其局限性,单独运用一种破碎方法往往达不到理想的效果,可考虑将几种不同的方法结合使用,以达到高破碎率与高产物活性的相对平衡。有研究者先用 EDTA 处理 *E. coli*,再使用高压均质法,可降低操作压力,减少胞内蛋白质活性损伤,同时得到的破碎率也比单独使用一种方法要高。在酵母破碎中,人们也常常采用酸-热法,即利用盐酸对细胞壁中的多糖和蛋白质进行作用,使细胞壁的空间结构变得疏松,再经沸水浴和速冷处理,使胞壁结构得以破坏。这种方法实际上是化学法和物理法的结合。

第三节　胞内产物的溶解及复性

随着重组 DNA 技术日益发展成熟,利用微生物大规模生产蛋白质药物或多肽已成为一个有效的蛋白质生产新途径。在众多外源蛋白质表达系统中,以大肠杆菌为宿主菌的原核基因工程成为最具吸引力的表达系统之一。然而,大肠杆菌中高效表达的蛋白质常常在胞内聚集,并形成不可溶、无生物活性的包涵体(inclusion body),包涵体必须经过变性、复性才能获得生物学功能。

本节在包涵体形成过程的基础上重点阐述包涵体的分离溶解和蛋白质复性的方法。

一、包涵体及其形成

包涵体是聚集蛋白质形成的浓密颗粒(密度达 1.3mg/mL),可在光学显微镜下观察到,直径可达微米级,呈无定形或类晶体,与其亚细胞位置无关。在适当条件下,包涵体中蛋白质可达细胞中总蛋白质的 50%,甚至更多。这种在原核细胞中易看到的包涵体形成现象,在酵母、真核细胞中也可观察到,甚至内源蛋白质的过高表达也会在细胞中形成包涵体。虽然包涵体是高密度的颗粒,但仍然是含水的,并且具有多孔结构。包涵体中几乎不含宿主蛋白、核糖体组分或 DNA/RNA 片段,主要包含的是重组蛋白。

包涵体是蛋白质沉积与溶解的不平衡状态形成的一种动力学结构,包涵体中蛋白质的聚集是可逆过程。蛋白质高水平的表达、蛋白质形成错误的二硫键、重组蛋白在大肠杆菌中表达时缺乏相应的翻译后加工功能、蛋白质折叠过程中缺乏酶和辅助因子等是包涵体形成的主要原因。

二、包涵体的分离溶解

包涵体蛋白质没有生物活性,其密度较大,通常用低速离心法就可有效实现分离纯化。为避免离心过程中杂质的共沉淀,应选择适宜的细胞破碎及包涵体离心分离方式。蔗糖梯度离心可较好实现包涵体蛋白质的纯化。实际操作中，往往加入去污剂 Triton X-100、脱氧胆酸盐和低浓度的变性剂（如尿素）等充分洗涤以去除杂质，避免重组蛋白的降解。

　　包涵体的蛋白质通常处于错误折叠的状态，它们之间的聚集靠共价键如二硫键、非共价键如疏水力、范德瓦耳斯力、氢键、静电引力等维持。因此，可添加高浓度强变性剂或去污剂如 8mol/L 尿素和 6mol/L 盐酸胍等破坏这些因非共价键引起的错误折叠。Triton X-100、SDS 等去污剂也经常使用，它们与蛋白质的疏水区域发生相互作用，避免蛋白质形成疏水核心。实验表明，变性剂与去污剂的共同作用可以引起包涵体的解聚和溶解。而 β-巯基乙醇（β-ME）或二硫苏糖醇（DTT）等还原剂的添加，有助于半胱氨酸残基维持还原态，可防止碱性条件下高浓度的外源蛋白质内（间）形成二硫键而聚集。EDTA 等螯合剂也是使用较多的，可防止金属催化的半胱氨酸空气氧化。

三、蛋白质复性

　　蛋白质复性（protein renaturation）又称重折叠（refolding），是指变性蛋白质在变性剂去除或浓度降低后，就会自发地从变性的热不稳定状态向热力学稳定状态转变，形成具有生物学功能的天然结构。一般来说，包涵体蛋白质复性需要如下几个步骤：包涵体自大肠杆菌中分离，聚集蛋白的溶解和变性，溶解蛋白的折叠和纯化（图 3-6）。

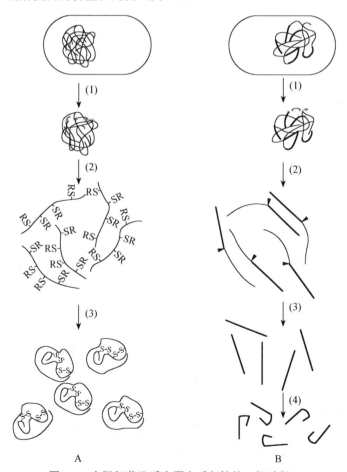

图 3-6　大肠杆菌胞质中蛋白质复性的一般过程

A. 直接表达产物：（1）细胞裂解，包涵体分离；（2）变性；（3）再折叠。图中代表具有二硫键的情形，R 代表—H 或—SO₃—。
B. 融合蛋白：（1）、（2）同 A；（3）释放重组肽链；（4）再折叠

在这些过程中，溶解和再折叠对于高收率获得蛋白质至关重要。在包涵体溶解操作中需要添加变性剂、去污剂、还原剂或螯合剂。一旦除去这些物质，给变性的蛋白质分子提供正确的再折叠及恢复活性的环境，溶解蛋白即可自发折叠成天然构象。

（一）蛋白质复性方法

1. 稀释与透析复性法 稀释复性是将变性蛋白质溶液直接加入复性缓冲液中，蛋白质周围变性剂浓度降低，从而使蛋白质折叠成天然构象。

复性率与蛋白质起始浓度、稀释倍数、操作时间及温度等因素有关。可溶混合物中蛋白质的折叠速率低，一个重要原因就是它们的聚集性。当变性剂浓度降低后，变性蛋白质分子迅速折叠形成具有大量二级结构的中间体，中间体分子表面暴露的疏水区域发生分子内或分子间作用，即产生聚集。蛋白质的聚集是一个高阶反应，而其折叠只是一阶反应。这样，在蛋白质浓度高的情况下，其聚集速率比折叠速率要大得多。由于这种动力学的竞争，当增加蛋白质浓度时，正确折叠的蛋白质收率则相应减小。实验中通常折叠时蛋白质浓度为 $10\sim15\mu g/mL$。

稀释复性法操作简单快速，是目前最常采用的蛋白质复性方法之一。但是，在稀释过程中，有些变性蛋白质会发生错误折叠或重新形成聚集体，造成复性率下降。稀释法的缺点是增大了体系体积（$20\sim100$ 倍），使蛋白质浓度下降，需要较大的容器、大量缓冲液和附加的浓缩步骤，因此其成本较高，大规模操作存在问题。透析复性是将变性蛋白质装入透析袋中，对复性缓冲液进行透析，也是基于去除变性剂的机制使蛋白质复性。透析过程依赖扩散作用，需要较长的时间，易造成蛋白质聚集。

2. 色谱复性技术 近年来，利用固相基质层析柱进行蛋白质的再折叠研究逐渐引起了人们的关注，尺寸排阻色谱、吸附色谱、离子交换色谱和金属亲和层析等都已得到了应用。这些方法本质上都涉及物理分离，在移去变性剂的同时分离各蛋白质分子，使其免于聚集，从而提高活性蛋白质的收率，并且该过程可实现自动控制。其基本操作流程见图3-7。

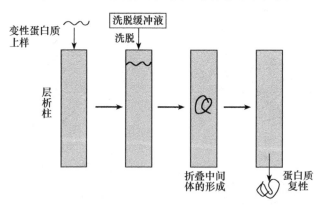

图 3-7　色谱复性过程的示意图

（1）凝胶过滤色谱（GFC） 即尺寸排阻色谱（SEC），可实现变性剂的去除和蛋白质复性同时进行。采用适宜大小的凝胶过滤体系，根据折叠中间体的力学半径，通过捕获其不同形式将蛋白质分子相互分开，从而减少折叠中间体的相互作用，提高复性得率。

凝胶介质的分离范围、分离度、蛋白质浓度、进样体积、蛋白质在柱内的保留时间、凝胶柱的尺寸等因素会影响 SEC 复性的效果。SEC 法具有多种优点，可实现体系的交换、蛋白质再折叠和聚集体中单体的分离，为高浓度条件下包涵体蛋白质复性提供了一种理想的途径。使用无梯度缓冲液进行洗脱，往往会造成蛋白质的错误折叠或再次聚集，降低复性率。研究显示梯度变化的凝胶过滤复性率高于无梯度的凝胶过滤，而稀释复性相比之下效果最差。由此可见，梯度变化的凝胶过滤处理方式可有效增加活性蛋白质的得率。

（2）吸附色谱　　利用色谱固相介质对变性蛋白质的吸附作用，将其固定在介质表面，使蛋白质分子彼此分开，免于聚集，这种复性技术称为吸附色谱复性法。根据其吸附机制的不同，可分为疏水作用色谱（HIC）、离子交换色谱（IEC）、金属螯合色谱和亲和色谱等。有研究者认为，疏水性基质更有提高复性率的潜力，因为疏水性基质与变性蛋白质大量暴露的疏水基团之间的疏水作用能进一步降低聚集。采用疏水作用色谱进行蛋白质复性时，疏水性基质的选择是非常重要的。研究表明，不同疏水基质，复性结果是不一样的（表3-3）。

表3-3　不同疏水基质对疏水作用色谱复性的影响（Li et al., 2004）

疏水基质	活性得率/%	可溶性蛋白得率/%	相对活性得率/%
多孔 PE	52	69.7	74.7
丁基 FF	55.7	79.5	70
辛基 FF	59.3	81.2	73.0
苯基 HP	55.9	89.2	62.7

注：相对活性得率（%）＝（活性得率/可溶性蛋白得率）×100

（3）离子交换色谱　　研究者运用离子交换色谱成功地获得了溶菌酶的高浓度复性产物，其收率达100%。运用离子交换色谱复性时，如果变性蛋白质溶液的pH或离子强度不适于蛋白质的吸附和复性，应首先对此进行调整。

（4）金属亲和层析　　固定化金属亲和层析能特异性捕获带组氨酸的变性蛋白质，结合的蛋白质利用含咪唑基的复性缓冲液洗脱得以复性和纯化，操作时将变性蛋白质分批吸附到介质后上柱，避免直接上柱时发生聚集。

3. 反胶束萃取复性　　将变性蛋白质萃取到反胶束中，也可以达到蛋白质分子彼此分隔的目的，相应地提高了蛋白质的复性率。有研究者利用非离子型表面活性剂四甘醇十二烷基醚形成反胶束使碳酸酐酶复性，20h 内收率达到70%以上。

（二）提高复性率的策略

1. 二硫键的形成　　拥有多重二硫键的蛋白质，需要更复杂的再折叠过程，要求氧化剂和还原剂都在最佳的浓度下，以便于二硫键的形成。当有金属催化剂存在时，空气氧化是氧化蛋白最简单的方式，但主要依靠经验操作。氧化也可利用添加氧化性和还原性硫醇试剂的方式得以实现，如谷胱甘肽、半胱氨酸、胱胺等。常用的硫醇试剂有还原型和氧化型谷胱甘肽（GSH/GSSH）、DTT/GSSH、半胱氨酸/胱氨酸及半胱胺/胱胺等，使用的总浓度为5～15mmol/L，还原型与氧化型的物质的量比分别为1:1到5:1。应用氧化型谷胱甘肽形成二硫键，有助于含二硫键蛋白质的复性。其中包括了谷胱甘肽和还原型谷胱甘肽催化下复性产生的变性蛋白间的二硫键。于是，混合二硫化物的使用有利于非正确二硫键的减少。

2. 小分子添加剂　　降低蛋白质聚集的一个简单有效的策略是使用一些小分子添加剂如丙酮、乙酰、尿素、去污剂、蔗糖、短链醇、DMSO 和 PEG 等（表3-4）。最常用的小分子添加剂是 L-精氨酸、低浓度（1～2mol/L）尿素或盐酸胍及去污剂（SDS）。其中，L-精氨酸/HCl 对于减少聚集的积极作用在不同蛋白质中已得到证实。通常，0.4～1mol/L 精氨酸有利于蛋白质聚集的减少，这样便可提高折叠复性率。精氨酸中胍基与蛋白质色氨酸残基间的交互作用也是减少蛋白质聚集的一种方式。这些添加剂对展开蛋白质的溶解和稳定性及蛋白质的折叠都存在着影响。它们往往很容易从溶液中去除。

表 3-4 小分子添加剂的使用实例及机制

小分子添加剂	目标蛋白举例	作用机制
非变性剂浓度的促溶剂（尿素、盐酸胍）	猪生长激素、溶菌酶	在非变性剂浓度下促进复性
去污剂和表面活性剂（SDS、Tween、Triton-100）	人生长激素、β-干扰素、碳酸酐酶	有效促进折叠，特别是对含有二硫键的多亚基蛋白，但是会在蛋白质上形成胶粒，很难去除
L-精氨酸	免疫球蛋白 G、组织型纤溶酶原激活物	可使不正确折叠的蛋白质结构及不正确连接的二硫键变得不稳定，而使折叠过程向正确方向进行
短链醇	碳酸酐酶	可减少一些蛋白质的聚集，通过与中间体特异地形成非聚合物而阻止疏水中间体的聚集

3．模拟体内蛋白质折叠过程 在细胞内，内源肽链的折叠和聚集过程受分子伴侣（chaperone）和折叠酶（foldase）的调节，因此，共表达分子伴侣或折叠酶可提高外源蛋白的可溶性表达。在复性过程中添加上述分子也能提高复性率。但是分子伴侣或折叠酶的使用能否提高某一特定蛋白质的可溶性表达或复性率尚无法预测，这需要确定蛋白质与分子伴侣或折叠酶的相容性。而且，分子伴侣或折叠酶的加入也增加了后续纯化步骤，提高了生产成本。

近年来，不少研究者尝试采用人工分子伴侣辅助复性（artificial molecular chaperone-assisted protein refolding），首先利用复性液中的去污剂捕获变性蛋白，形成蛋白-去污剂复合物，抑制蛋白质的聚集，然后加入环糊精从复合体中除掉去污剂，使蛋白质逐渐复性。有研究表明，利用 CTAB 和 β-环糊精组成的人工伴侣体系与尺寸排阻色谱耦合处理对蛋白质复性过程有利，并且，可在高流速范围获得较高的复性率。

4．温和溶解工艺相结合提高复性率 为减少蛋白质聚集，应采用一种适宜的再折叠过程，使中间体不变成有聚集倾向的结构。比如，疏水性基团不完全暴露。温和溶解工艺符合这一要求，只要调节 pH 远离蛋白质的等电点，就可使蛋白质在低浓度变性剂中溶解。一旦蛋白质在这种温和条件下溶解，氨基酸序列再折叠及纯化过程将变得较简单。该方法已成功应用于大肠杆菌中人生长激素、带状疱疹透明蛋白、重组促性腺激素释放激素（LHRH）多聚体的提取。

小　结

总的来说，细胞分离要基于细胞的组成、生物分子的理化性质、各个分离技术的基本原理及适用范围，组合分离方法进而获得结构功能稳定的目标生物分子。

思　考　题

1．常用细胞分离的方法有哪些?试述其基本原理。

2．请比较细菌、酵母及植物细胞细胞壁组成的差异。

3．为什么要进行细胞破碎？有哪些具体的方法？

4．请指出珠磨法与高压均质法各自的原理及适用范围。

5．超声波破碎法受哪些参数的影响？

6．珠磨法的破碎效率与哪些因素有关？

7．哪些物质可作为化学渗透剂破碎细胞？原理是什么？

8．细胞破碎常以什么指标来衡量？

9．试比较机械法与非机械法进行细胞破碎时的优缺点及适用范围。

10．细胞破壁时应注意哪些问题？

11．什么是包涵体？实验室中常用哪些试剂溶解包涵体？

12．目前包涵体复性的方法有哪些？

13．要提高包涵体复性率有哪些具体措施？请简述。

主要参考文献

范代娣，沈立新，米钰．2004．重组蛋白分离与分析．北京：化学工业出版社．

黄泓，张伟．2003．包涵体的体外复性研究进展．生命的化学，23（5）：397-400．

沈萍，陈向东．2019．微生物学．北京：高等教育出版社．

严希康．2001．生化分离工程．北京：化学工业出版社．

杨翠竹，李艳，阮南，等．2006．酵母细胞破壁技术研究与应用进展．食品科技，（7）：138-142．

尹进，沈忠耀．2000．利用噬菌体破细胞壁分离胞内产物的展望．生物工程进展，（6）：9-13．

Heim A, Kamionowska U, Solecki M. 2007. The effect of microorganism concentration on yeast cell disruption in a bead mill. Journal of Food Engineering, 83 (1): 121-128.

Li J J, Liu Y D, Wang F W, et al. 2004. Hydrophobic interaction chromatography correctly refolding proteins assisted by glycerol and urea gradients. Journal of Chromatography A, 1061 (2): 193-199.

第四章
沉 淀 技 术

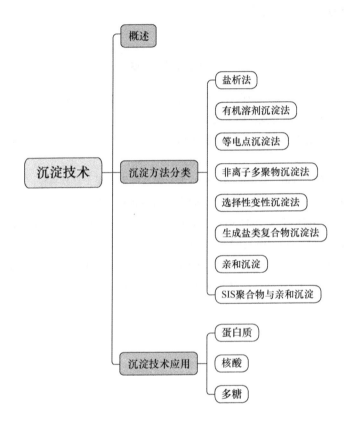

第一节 概 述

沉淀,作为溶液体系中溶质从液相转变为固相析出的复杂过程,是生物物质纯化领域中的一项关键技术。其基本原理在于通过精确调控环境条件,如温度、pH、离子强度等,促使溶液中的胶粒或分子发生聚结,从而降低其在水相中的溶解度,实现向固相的转移。这一过程不仅能够有效分离、澄清和浓缩目标生物物质,还能在特定条件下起到保护作用,确保其稳定性和活性。

沉淀技术的主要作用体现在 4 个方面:分离、澄清、浓缩与保护。通过沉淀固液分相,可以高效去除液相或固相中的非必要成分,实现目标物质的纯化。当非必要成分被沉淀于固相时,沉淀过程兼具分离与澄清的双重效果;反之,若非必要成分留于液相,而目标物质沉淀析出,则沉淀过程实现了分离与浓缩,同时有利于目标物质的长期保存或进一步加工处理。

沉淀与结晶虽在本质上是新相析出的过程,但二者在形态上存在显著差异。结晶是同类分子或离子以有序排列方式析出，呈现出规则的几何形态；而沉淀则以无规则、紊乱的排列形式析出，形态较为松散。这种形态差异不仅影响产物的外观特性，还直接关系到产物的纯度和后续处理的难易程度。

沉淀形成的过程主要涉及溶液中溶质由液相转变为固相析出的多个步骤。具体过程可以描述如下。

（1）溶解度降低　　改变溶液的条件（如温度、pH、离子强度等）使溶质的溶解度逐渐降低。这些条件的改变可以是物理变化，也可以是化学反应的结果。

（2）胶粒聚结　　随着溶质溶解度的降低，原本分散在溶液中的胶粒开始相互聚集，形成较大的颗粒。这个过程中，胶粒之间的相互作用力逐渐增强，导致它们聚结在一起。

（3）固相析出　　当胶粒聚集到一定程度时，它们会从溶液中析出，形成可见的固体沉淀。这个过程中，固相在溶液中的分配率逐渐增加，而液相中的溶质浓度则相应减少。

（4）沉淀分离　　沉淀形成后，可以通过固液分离的方法（如过滤、离心等）将沉淀物从溶液中分离出来。这一步是沉淀法纯化物质的关键步骤之一。

（5）后续处理　　根据需要，可以对分离出的沉淀物进行进一步的洗涤、干燥等处理，以去除残留的溶剂或其他杂质，提高产品的纯度和质量。

在沉淀形成的过程中，还需要注意控制各种条件（如温度、pH、离子强度等），以避免对所需生物活性物质的结构造成破坏。此外，选择合适的沉淀剂也是沉淀法成功应用的关键之一。

沉淀技术的优点在于设备简单、成本低廉、原材料易得，便于小规模及中试生产。特别是在高浓度溶液中，沉淀过程更为有利，能有效提高目标物质的得率。然而，沉淀物中可能夹杂多种杂质，或含有大量盐类及溶剂残留，导致产物纯度相对较低，过滤分离过程也较为复杂。因此，在实际应用中，需根据目标物质的特性和纯化需求，精心选择合适的沉淀方法及操作条件。

针对生物活性物质的沉淀，还需特别注意沉淀剂及沉淀条件对生物活性结构的影响。一方面要确保沉淀过程温和，避免对生物活性造成破坏；另一方面要确保沉淀剂易于去除，不引入新的杂质。对于食品、医药等安全要求较高的领域，还需考虑沉淀剂对人体的潜在危害。

蛋白质（酶）的分离提取是沉淀技术应用最为广泛的领域之一。利用蛋白质溶解度随溶液条件变化的特性，通过精确调控 pH、离子强度等因素，可以实现蛋白质混合物的高效分离纯化。此外，沉淀技术在多糖、活性多肽及大分子核酸等生物物质的提取过程中也展现出良好的应用前景。

沉淀技术进行分离总体来讲主要是根据溶解度的差异，即根据各种物质的结构差异（如蛋白质分子表面疏水基团和亲水基团之间比例的差异）来改变溶液的某些性质（如 pH、极性、离子强度、金属离子等），使抽提液中有效成分的溶解度发生变化。由于不同的物质置于相同的溶液，溶解度是不同的，相同的物质置于不同的溶液，溶解度也是不一样的，所以选择适当的溶液就能使欲分离的有效成分呈现最大溶解度，使杂质呈现最小溶解度，或者相反，从而经过适当处理，达到从抽提液中分离有效成分的目的。

第二节　沉淀方法分类

常用的沉淀方法目前主要有盐析法、有机溶剂沉淀法、等电点沉淀法、非离子多聚物沉淀法、选择性变性沉淀法及生成盐类复合物沉淀法等。

下面具体介绍几种主要沉淀方法的原理、操作方法及应用实例。

一、盐析法

（一）基本原理

盐析法是利用中性盐降低溶液中电解质类物质（如蛋白质）溶解度的原理实现沉淀分离的方法。在低浓度盐溶液中，电解质类物质的溶解度因溶剂作用增强而增大，此现象称为"盐溶"。然而，随着盐浓度的进一步增加，溶剂作用减弱，电解质类物质溶解度降低并析出沉淀，此过程即为盐析。盐析操作要点包括盐种类的选择、盐析范围的确定、盐的加入方式及蛋白质的原始浓度等。通过分段盐析、透析盐析及反抽提法等技术手段，可以进一步优化盐析效果，提高目标物质的纯度和收率。

盐析过程涉及复杂的物理化学变化，包括水分子定向排列、电解质类物质表面电荷中和、水膜破坏等。从热力学角度分析，盐析可视为熵驱动的过程，其中离子强度、温度及 pH 等因素均对盐析效果产生显著影响。

以蛋白质为例，"盐析"用的原理简单描述就是：中性盐浓度增加到一定范围时，水分子定向排列，活度大大减小，电解质类物质表面电荷被中和，水膜被破坏，从而聚集沉淀。

高盐往往能促进蛋白质表面疏水区（surface hydrophobic region）的相互作用，形成蛋白质聚集体，并从水中分离出来。高盐能促进蛋白质表面疏水区相互作用的原因在于，在水溶液中，蛋白质表面被大量的水所包围，疏水区一般都未暴露出来，当加入大量盐时，大量的水分子与盐结合，使蛋白质的疏水区得以暴露，而同时蛋白质表面电荷也被盐中和，所以蛋白质必然会沉淀。

在实际操作中，盐析法的选择需考虑蛋白质种类、盐种类及操作条件等因素。常用的中性盐包括硫酸铵、氯化钠等，其中硫酸铵因溶解度大、缓冲能力弱、对蛋白质稳定性好等优点而备受青睐。然而，高浓度的硫酸铵呈酸性，需在使用前调整 pH 至适宜范围。

从反应的自由能的符号来判断（Pr 代表蛋白质，A、B 代表分子），见下式表示：

$$\text{Pr} + n\text{H}_2\text{O} \longrightarrow \text{Pr} \cdot n\text{H}_2\text{O} \tag{1}$$

$$\text{Pr} \cdot n\text{H}_2\text{O} + \text{Pr}' \cdot m\text{H}_2\text{O} \Longleftrightarrow \text{Pr-Pr}' + (m+n)\text{H}_2\text{O} \tag{2}$$

$$\Delta G^0 = \Delta H^0 - T\Delta S^0$$

$$\text{A} \cdot \text{B} + (n_1+n_2)\text{H}_2\text{O} \Longleftrightarrow \text{A}^+ \cdot n_1\text{H}_2\text{O} + \text{B}^- \cdot n_2\text{H}_2\text{O} \tag{3}$$

当盐浓度低即低离子强度时，一般上述反应的 ΔG^0 为正值，Pr 沉淀的可能性不大；当加入大量中性盐时，大量水被盐束缚，存在反应（3）的趋势，反应（2）的平衡右移，蛋白质分子发生聚集，当 Pr-Pr' 聚到足够大就可发生沉淀，所以从这个角度分析可把盐析看作是熵的驱动。显然从反应（2）的发生趋势来看，盐析时升高温度，可加快盐析的速度，但这种方法要注意一些活性物质的变性问题。

（二）盐析公式及公式讨论

1. 盐析公式　在浓盐溶液中，蛋白质溶解度的对数值与溶液里的离子强度呈线性关系，即有盐析公式如下：

$$\lg S = \beta - k_s I$$

式中，S 为蛋白质溶解度（g/L）；β 为 $I=0$ 时的 $\lg S$，它取决于溶质的性质；I 为盐浓度（mol/L）；k_s 为盐析常数，主要取决于加入盐的性质及蛋白质性质。

盐析公式属于经验公式，盐析时蛋白质沉淀的分布是有一定范围的，各种蛋白质都在自己的一定的盐浓度范围内沉淀，在未达到这个浓度之前，即使增加盐浓度也不影响蛋白质的溶解度，而一旦达到某一浓度，蛋白质沉淀就会大量产生。

2．公式讨论

（1）单一纯蛋白质的盐析

1）$k_s I$ 项的影响。经实验证明，盐析公式中的 k_s 值与溶液的 pH 及温度无关，它只依赖于蛋白质的性质和盐的种类，当盐与蛋白质种类都一定时，k_s 值是恒定的，此时若盐浓度加大，则溶液中的离子强度 I 升高，使蛋白质的溶解度 S 下降，蛋白质从溶液中沉淀析出。

对相同盐类，不同的蛋白质种类或同一蛋白质不同的盐种类的情况下，k_s 值都是不相同的，但各种蛋白质之间的 k_s 值的变化范围一般不超出 2 倍，见表 4-1。

表 4-1　各种氨基酸和蛋白质的盐析常数

物质	NaCl	MgSO$_4$	(NH$_4$)$_2$SO$_4$	Na$_2$SO$_4$	磷酸盐
胱氨酸	0.04				
α-氨基丁酸	0.04				
亮氨酸	0.09				
酪氨酸	0.31				
β-乳球蛋白				0.63	
牛血红蛋白		0.33	0.71	0.76	1.00
人血红蛋白					2.00
牛肌红蛋白			0.94		
卵清蛋白			1.22		
血纤维蛋白质	1.07		1.46		2.16

2）β 值的特性及对盐析的影响。公式中的 β 值不但与蛋白质的性质及盐的种类有关，而且还与溶液的温度及 pH 有关，同一蛋白质不同盐类，它们的 β 值是有一定差别的，但幅度也不是非常大。一般地，β 值随 pH 的变动而变化，在 pI 时往往较小，最小值有的出现一个，有的出现两个，如图 4-1 所示的延胡索酸酶。

在一定的浓盐溶液里，调节蛋白质混合溶液的 pH，在 β 值差别相对较大的区域里能达到选择性沉淀，如酵母提取细胞色素 c 的工艺中就利用了这种改变 pH 的盐析方式来除杂。对细胞色素 c 粗提液，先调节 pH 为 5.0～5.5，加硫酸铵使饱和度达 85%，冷室静置后，有杂蛋白沉淀产生，离心除去后，再调节 pH 为 4.8～5.1，则产生红色的细胞色素 c 沉淀。

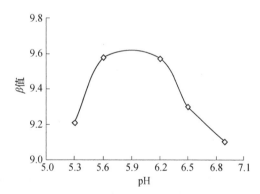

图 4-1　pH 对延胡索酸酶 β 值的影响

换个角度思考 pH 对盐析的影响，一般说来，蛋白质所带净电荷越多，它的溶解度越大。改变 pH 也往往意味着改变了蛋白质的带电性质，也就改变了蛋白质的溶解度。

β 值随温度的变化而变化，在高离子强度的溶液中，温度升高一般使 β 值下降，即蛋白质的溶解度下降。也就是说在保证蛋白质不变性的情况下，适当地调节温度，可促使沉淀加快进行。对含有多种蛋白质及各种其他物质的混合液，如果在不同温度下进行分级盐析，则蛋白质产生沉淀的先后顺序就会出现变动。

3）蛋白质的原始浓度。盐析时，溶液中蛋白质的浓度对沉淀有双重影响，既可影响蛋白质的沉淀极限，又可影响蛋白质的共沉作用。蛋白质浓度越高，所需盐的饱和度极限越低，但杂蛋白的共沉作用也随之增加，从而影响蛋白质的纯化。

蛋白质的原始浓度低时，盐析所需的离子强度高，蛋白质的原始浓度高时，盐析所需的离子强度低，也就是说，同一种蛋白质的不同浓度溶液的沉淀曲线常常会发生变化。例如，30g/L 的碳氧血红蛋白，在饱和度为 58%～65%的硫酸铵溶液中，能大部分沉淀出来，如将上述蛋白质溶液稀释 10 倍后，在饱和度为 66%的硫酸铵中仅刚开始出现沉淀，直到饱和度为 73%时，沉淀才比较完全。对较为单一的蛋白质溶液，蛋白质的浓度在盐析时应尽可能控制在较高的范围，但实际应用盐析时，往往面对的是一个较为复杂的混合体系，其中往往存在多种蛋白质，对混合蛋白质的盐析，蛋白质浓度过高，会发生较为严重的共沉作用，所以在这种情况下，蛋白质浓度一般不能高，控制浓度范围一般为 2.5%～3%（25～30mg/mL）。

（2）混合蛋白质的盐析

1）合适盐析范围的选择。不同蛋白质的盐析峰有重叠，须权衡纯度与回收率进行选择。各种酶和蛋白质的沉淀曲线的 k_s 相差不大，因此盐析沉淀的最适分级范围在 8%左右，一种蛋白质在这个范围内一般约有 90%的蛋白质能沉淀下来，如果盐析分级范围加宽，尽管能提高回收率，但可能会带入较多的杂蛋白，使盐析的分辨率降低。

2）改变原始浓度。一种蛋白质的不同浓度的沉淀曲线会变化，所以可以利用这一点特性进行适当的改变。如进行分级沉淀时，有两种蛋白质的沉淀分布曲线互相重叠，可以尝试将原液适当稀释，再进行分级沉淀，就可能把重叠的沉淀曲线分开，但不能过分稀释，以免盐的用量加大，给后期分离增加难度。

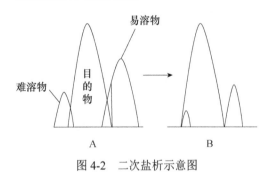

图 4-2　二次盐析示意图

3）二次盐析。在原来的盐浓度下进行二次盐析，一般可除去易溶杂质，但不能除去难溶杂质。其中的原理可用图 4-2 来示意。

假设混合液中除目的物外还有两种蛋白质杂质，一种溶解度高，即易溶物，另一种溶解度低，称为难溶物，三种物质的盐析峰出现一定程度的重叠。第一次盐析分段时，选择目的物 100%回收的区域，见图 4-2A，将目的物重新溶解回原来的浓度，仍在同样的盐浓度下进行第二次分段盐析，因为易溶物与难溶物的浓度降低，盐析曲线后移，结果是难溶物与目的物仍然重叠，而易溶物则基本能被除去，如图 4-2B 所示。

通过对盐析公式的具体讨论，总体来讲，蛋白质的盐析可有两种操作方法：一是固定蛋白质溶液的 pH 和温度，变动其离子强度以达到沉淀的目的，称为 k_s 盐析；二是在一定离子强度下，变动溶液的 pH 和温度以达到沉淀的目的，称为 β 盐析。前者常用于蛋白质粗品的分级沉淀，而后者则适用于蛋白质进一步的分离纯化。

利用中性盐进行分级分离时，一般可能会出现三种情况。第一，所需目的物可在一相对狭窄的盐浓度范围下沉淀出来，使其有可能极大地提高比活性，成为一步极好的纯化操作；第二，能在一较宽的"馏分"内沉淀出待研究的目的物，比活性得到一定提高，除去一定的杂质；第三，如果所需目的物在某组分条件下高度可溶，可以通过沉淀除去大部分杂质，将所需目的物保留于上清中。应用时,第二种情况出现的概率较大。

盐析法最好在纯化方案的开始阶段使用。在纯化的最后阶段,目的物较纯,浓度往往较低(低于 1mg/mL),这时就不适合采用盐析法了。

(三)盐析操作要点

1. 盐的种类及选择 可使用的中性盐有(NH_4)$_2$$SO_4$、$Na_2SO_4$、$MgSO_4$、$NaCl$、$NaAc$、$Na_3PO_4$、柠檬酸钠、硫氰化钾等。根据离子促变序列,单价盐类的盐析效果较差,多价的效果好;阴离子的效果比阳离子好。离子的主要排序如下:①阴离子,柠檬酸根>酒石酸根>PO_4^{3-}>F^->IO_3^->SO_4^{2-}>乙酸根>$B_2O_3^-$>Cl^->ClO_3^->Br^->NO_3^->ClO_4^->I^->SCN^-;②阳离子,Al^{3+}>H^+>Ba^{2+}>Sr^{2+}>Ca^{2+}>Mg^{2+}>Cs^+>Rb^+>NH_4^+>K^+>Na^+>Li^+。

其中用于蛋白质盐析的以(NH_4)$_2$$SO_4$、$Na_2SO_4$ 最广泛,前者最受欢迎,其优点如下:①(NH_4)$_2$$SO_4$ 溶解度大,密度小且溶解度受温度影响小;②价廉,对目的物稳定性好,效果好。

其缺点如下:①缓冲能力较弱,所含氮原子对蛋白质分析会有一定影响;②只能在 pH 小于 8 的范围内使用,如果 pH 大于 8,就会放出 NH_3,这种情况下,可选用柠檬酸盐进行盐析。

Na_2SO_4 也较常用于蛋白质的盐析,优点是不含氮,不影响蛋白质的定量测定,缺点是 30℃ 以下溶解度太低,在 30℃ 以上操作效果较好。不同温度下硫酸钠的溶解度见表 4-2。

表 4-2 不同温度下硫酸钠的溶解度

温度/℃	溶解度/(g/L)	温度/℃	溶解度/(g/L)
0	13.8	25	28.2
10	18.4	30	32.6
20	24.8	32	34.0

此外,应注意的是(NH_4)$_2$$SO_4$ 用于工业提取,选择三级纯度,但实验室沉淀蛋白质需纯度较高的(NH_4)$_2$$SO_4$,因其中含少量的重金属离子,对蛋白质的巯基十分敏感,使用时须用 H_2S 处理,或在样品液中加入 EDTA 螯合剂。高浓度的(NH_4)$_2$$SO_4$ 一般呈酸性(pH 5.0 左右),用前需用氨水或硫酸调至所需的 pH。

2. 盐析范围的确定 可采用盐浓度与蛋白质沉淀量的盐析曲线测得。

举例说明:取一份小样分组进行分段盐析,根据表 4-3 的结果,从回收率和纯度方面选择和确定盐析范围。

表 4-3 分段盐析的过程示例

试验组别	饱和度范围/%	酶沉淀/%	蛋白质沉淀/%	纯化倍数
A	0~40	4	25	0.16
	40~60	62	22	2.8
	60~80	32	32	1.0
	>80	2	21	0.1
B	0~45	6	32	0.19
	45~70	90	38	2.4
	>70	4	30	0.13
C	0~48	10	35	0.29
	48~65	75	25	3.0
	>65	15	40	0.38

表 4-3 是盐析条件确定的过程。如果侧重回收率，可取 B 组条件，选择其中的 45%～70%，或重新选择 40%～80%，可达 94%回收率，纯化倍数为 1.9；如果侧重纯化倍数，则可选取 C 组的条件 48%～65%，可达 75%回收率，纯化倍数为 3.0。

3. 盐的加入方式

（1）固体　　查表时须看清表上所规定的温度，须在搅拌下分次加经研细的固体盐类，即缓慢加入，防止产生过多的泡沫，在达到溶解平衡后再继续加入。

分次缓慢加入，主要可使盐浓度均匀，蛋白质充分聚集，易沉淀；搅拌不能太剧烈，否则可能破坏目的物，如产生过多的泡沫，会使一些敏感的蛋白质类物质发生变性。

（2）液体（饱和盐溶液）　　要求所需盐析范围小于 50%饱和度的情况下才能使用。如果所需盐析范围较大，使用饱和盐溶液将很难达到最终所要求的浓度；而所需盐析范围较小的情况下使用溶解状态的饱和盐溶液，则很容易均匀地达到溶解平衡。

4. 蛋白质的原始浓度　　太稀的蛋白质溶液，不仅消耗大量中性盐，对蛋白质回收也有影响；高浓度可节约盐用量，但须适中，以避免共沉。所以前面已经给出了一个较为适中的范围。

最后要注意的一个操作：蛋白质沉淀后宜在 4℃放 3h 以上或过夜，以形成较大沉淀而易于分离。

5. 盐析操作的其他方法

（1）透析盐析　　将蛋白质溶液盛于透析袋中，放入一定浓度的盐溶液中，由于渗透压的作用，袋中盐浓度连续性变化，蛋白质发生沉淀。

此种方法的特点表现在：能避免局部盐浓度突然升高所引起的共沉，分离效果好，但它处理的样品量少，时间慢，只适合小规模试验。

（2）反抽提法（back-extraction）　　将包括要分离的蛋白质在内的多种蛋白质一起沉淀出来，然后选择适当递减浓度的硫酸铵来抽提沉淀物。

许多蛋白质从溶液中沉淀析出十分容易（共沉作用），是非特异性的，但反过来，沉淀在溶液中溶解却有相当高的特异性。此法在提取易失活的酶时更有其优越性，酶的得率一般较高，可能是酶蛋白在非溶解状态较能抵御蛋白酶攻击的缘故。例如，肝 Mn-SOD 很不稳定，但采用反抽提法，可使其得率大大提高。

6. 沉淀的再溶解　　将沉淀溶于下一步所需的缓冲液中，一般只需 1～2 倍沉淀体积的缓冲液，若加了还不溶解，可能是杂质或变性蛋白质，可离心除去。

7. 脱盐

（1）透析　　透析为应用最早的膜分离技术，多用于制备及提纯生物大分子时除去或更换小分子物质、脱盐和改变溶剂成分。

人工制作的透析膜多以纤维素的衍生物为材料，具亲水性，在溶剂中能形成分子筛状多孔薄膜，且只许小分子通过而阻止大分子通过；具化学惰性，在一般溶液中不溶解；有一定的机械强度和良好的再生性能。实验室小透析装置常加搅拌并定期或连续更换新鲜溶剂，可大大提高透析效果。

（2）超滤　　以特殊的超滤膜为分离介质，以膜两侧的压力差为推动力，将不同分子量的物质进行选择性分离。超滤的主要用途有：大分子物质的脱盐和浓缩，小分子物质的纯化，大分子物质的分级分离，生化制剂或其他制剂的去致热原处理（原理详见第六章）。当利用超滤的主要目的是脱盐作用时，可采用在压力容器和超滤器之间增加一个洗涤瓶的方法，提高脱盐的实际效果，这种超滤也可称为"透滤"。

（3）凝胶过滤层析　　凝胶颗粒具三维网状结构，可对大小不同的分子流动产生不同的阻滞作用。凝胶过滤层析主要的用途为：大分子的分级分离及分子量的测定、大分子的脱盐等，利用此法脱盐时间短，效果好，但样品会有一定的稀释作用。一般脱盐时常选择 Sephadex G-25。

二、有机溶剂沉淀法

有机溶剂沉淀法是通过向蛋白质、核酸、多糖等生物物质的水溶液中加入乙醇、丙酮等有机溶剂，降低溶液介电常数，破坏溶质分子表面的水化层，从而实现沉淀分离的方法。与盐析法相比，有机溶剂沉淀法具有分辨率高、溶剂易回收等优点，但需注意控制操作温度以防蛋白质变性。

有机溶剂沉淀过程中，温度、pH、蛋白质浓度、离子强度及有机溶剂种类等因素均对沉淀效果产生显著影响。在实际操作中，需根据目标物质的特性和纯化需求，选择合适的有机溶剂及操作条件。此外，加入多价阳离子如锌离子、钙离子等可进一步增强沉淀效果，但需避免引入新的杂质。

在蛋白质（酶）、核酸、多糖类等物质的水溶液中，加入乙醇、丙酮等与水能互溶的有机溶剂后，它们的溶解度就显著降低，并从溶液中沉淀出来，此即有机溶剂沉淀法。相对而言，此种方法的优点是分辨率比盐析法高，且溶剂易除去并可以回收，但缺点是易使活性分子发生变性，适用范围有一定的限制。

（一）基本原理

有机溶剂能使蛋白质（酶）、核酸、多糖类等物质沉淀的机制主要体现在以下两方面。

1）有机溶剂的加入会使溶液的介电常数大大降低，从而增加了蛋白质（酶）、核酸、多糖类等带电粒子自身之间的作用力，相对容易相互吸引而聚集沉淀。

介电常数与静电引力的关系，可用库仑公式表示：

$$F = \frac{q_1 q_2}{\varepsilon \gamma^2}$$

式中，ε 为介电常数，由介质的性质决定，表示介质与带有相反电荷的微粒之间的静电引力与真空对比减弱的倍数，在真空中定为 1；F 为相距为 γ 的电荷量分别为 q_1 和 q_2 的两个点电荷互相作用的静电引力。

因公式中 q_1、q_2 和 γ 都是定值，F 的大小则决定于 ε 值，即两带电质点间的静电作用力在质点电量不变、质点间距离不变的情况下与介电常数成反比。表 4-4 列出了几种溶剂的介电常数。

表 4-4 几种溶剂的介电常数

溶剂	介电常数	溶剂	介电常数
水	80	甲醇	33
乙醇	24	丙醇	23
丙酮	22	尿素/（2.5mol/L）	84

2）亲水的有机溶剂加入后，会争夺多糖、蛋白质等物质表面的水分子，使它们表面的水化层被破坏，从而分子之间更容易碰聚在一起产生沉淀。

以上两个因素相比较，有机溶剂脱水作用较静电作用占更主要的地位（图 4-3）。

（二）沉淀条件的讨论

利用有机溶剂沉淀蛋白质（酶）时，必须控制好下列几个条件。

1. 温度 温度升高常促使蛋白质分子结构变得松散，使有机溶剂的分子有机会进入蛋白

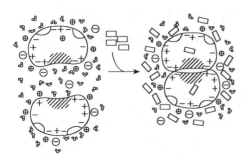

图 4-3　有机溶剂沉淀蛋白质原理示意图

质分子结构中的疏水区，并与酪氨酸、色氨酸、缬氨酸、亮氨酸等氨基酸残基结合，引起蛋白质的不可逆变性。所以，实验操作必须在低温下进行。

由于有机溶剂与水混合会产生热量，因此加入的有机溶剂必须预先冷冻到 $-20\sim-10℃$。有机溶剂要缓慢地加入，防止溶液的局部升温。必要时，可使用 75% 或 50% 的乙醇溶液，启动搅拌器适当搅动，这样就可以减少热效应。操作温度一旦选定，每次进行时就要严格控制，否则结果往往重复性较差。

大多数蛋白质（酶）的溶解度随温度降低而下降。当乙醇加到一定浓度并收集沉淀后，如果此时将上清液温度降低，则有可能再沉淀另一种蛋白质，这就是利用温度的差别进行的分级沉淀。

2. pH　蛋白质（酶）等两性物质在有机溶液中的溶解度随 pH 变化而变动，一般在等电点时，溶解度最低。为减少蛋白质之间的相互作用，尽可能减少共沉作用，pH 应调节到使混合液中大多数物质带有相同的净电荷。控制 pH 的缓冲液的浓度应为 $0.01\sim0.05mol/L$。

3. 蛋白质浓度　为减少蛋白质之间的相互作用，防止共沉，蛋白质溶液浓度应配制得低一些。但由于稍高的蛋白质浓度本身具有一定的介电常数，因此可减少蛋白质变性。另外，蛋白质浓度较高的溶液，有机溶剂加入使蛋白质溶解度降低引起浓度差增大，它不但有利于蛋白质沉淀，而且所用的有机溶剂的量也减少。综合考虑，一般认为合适的蛋白类物质起始浓度为 0.5%～3%，糖胺聚糖以 1%～2% 较合适。

4. 离子强度　中性盐会增加蛋白质在有机溶液中的溶解度。蛋白质溶液里中性盐浓度越高，则沉淀蛋白质所需要的有机溶剂浓度也越大，有时候盐会从这种溶液中析出（高于 $0.1\sim0.2mol/L$ 时）。有机溶剂沉淀时，溶液中含有适量的低的离子强度（$0.05\sim0.2mol/L$），对蛋白质（酶）具有保护作用，可防止变性。用盐析法制得的粗品，进一步用有机溶剂沉淀法纯化时，因离子强度过高，事先必须透析除盐。

5. 有机溶剂的选择　有机溶剂的选择，主要应考虑以下几方面因素：①介电常数小、沉淀作用强；②对生物分子的变性作用小；③毒性小，挥发性适中，沸点过低虽然有利于溶剂的除去和回收，但挥发损失较大，而且给劳动保护及安全生产带来麻烦；④能与水无限混溶，一些与水部分混溶或微溶的溶剂如氯仿、乙醚等也有一定使用。

乙醇是常用的有机溶剂，特别适用于制备生化药物，不会引进有毒物质，甲醇引起蛋白质变性的可能性比乙醇小。一些研究表明，用丙酮沉淀比醇类温和，其他有机溶剂如乙醚、丙醛、二甲基甲酰胺、二甲亚砜也有一定应用。

6. 多价阳离子的影响　蛋白质与 Zn^{2+}、Ca^{2+} 等多价阳离子会形成复合物，并使蛋白质在水和有机溶剂中的溶解度大大降低。这个现象常用于分离那些在水-有机溶剂混合液中尚有明显溶解度的蛋白质（酶）等物质。这个方法往往能使有机溶剂的用量减少到原来的一半或 1/3。使用这种方法需注意的一点是，应避免使用含磷酸根的溶液，否则会产生沉淀。常用的形式为乙酸锌，浓度一般为 0.02mol/L。使用此方法还要注意，须事先加有机溶剂除去杂蛋白，同时在沉淀后尽可能避免这些离子残存于蛋白质中。

此外 Zn^{2+}、Ca^{2+} 等一些多价阳离子的存在，往往也可增强糖胺聚糖类分子采用乙醇分步沉淀的效果。

7. 溶剂用量　为了使溶液中有机溶剂的含量达到一定的浓度，加入有机溶剂的量可按下式计算：

$$V = V_0 (S_2 - S_1) / (100 - S_2)$$

式中，V 为需加入有机溶剂的体积；V_0 为原溶液体积；S_1 为原溶液中有机溶剂的体积分数（%）；S_2 为所需要的有机溶剂的体积分数（%）。如果所使用的有机溶剂体积分数是 95%，则公式中的 100 改为 95 即可。

此外，有机溶剂沉淀过程应在较大体积的溶剂中进行，以便把热量迅速扩散出去。不仅沉淀过程必须在低温下进行，沉淀离心也须低温进行，所得沉淀也应迅速溶于足够量的缓冲液中，以减少残留的有机溶剂的影响。

当为了获得沉淀而不着重分离时，可通过加入 1 倍、2 倍、3 倍原溶液体积的有机溶剂来进行有机溶剂沉淀。

三、等电点沉淀法

等电点沉淀法是利用蛋白质、核苷酸等两性电解质在等电点附近溶解度最低的特性实现沉淀分离的方法。通过调节溶液 pH 至溶质的等电点，使溶质分子间净电荷为零，相互吸引力增加，进而形成聚集体并析出沉淀。

等电点沉淀法具有无须后续脱盐操作、操作简便等优点，但需注意避免在目标物质稳定 pH 范围外进行操作以防变性。此外，由于等电点附近往往存在多种溶质同时沉淀的现象，因此等电点沉淀法常需与其他沉淀方法联用以提高分离效果。

（一）基本原理

蛋白质、核苷酸、氨基酸等两性电解质的溶解度，常随它们所带电荷的多少而发生变化。一般来说，不管酸性环境还是碱性环境，只要偏离两性电解质的等电点，分子要么净电荷为正，要么净电荷为负，这种情况下分子自身之间反而有排斥作用，只有当它们所带净电荷为零时，其分子之间的吸引力才增加，分子互相吸引聚集，使其溶解度降低。处于等电点状态的蛋白质互相吸引，其作用可能是通过分子的疏水区域，也可能还有偶极或离子的作用。因此，调节溶液的 pH 至溶质的等电点，就有可能把该溶质从溶液中沉淀出来，这就是等电点沉淀法。

由于这些两性电解质如蛋白质分子表面往往分布了许多极性基团，结合了大量的水分子形成水化层，仅仅只调节到等电状态也还并不一定能使大多蛋白质类物质发生沉淀，只有那些水化层薄的分子才可能出现沉淀，典型的如酪蛋白，所以等电点沉淀法常常和其他方法结合起来使用，如和盐析法、有机溶剂沉淀法及其他沉淀法一起联用。

几种蛋白质（酶）的等电点见表 4-5。

表 4-5 几种蛋白质（酶）的等电点

种类	等电点	种类	等电点
胃蛋白酶	1.0	溶菌酶	11.0
β-乳球蛋白	5.2	γ-球蛋白	6.6
胰凝乳蛋白酶	9.5	细胞色素	10.65
血清蛋白	4.9	卵清蛋白	4.6
血红蛋白	6.3	肌红蛋白	7.0

（二）沉淀条件的讨论

调节等电点沉淀蛋白质（酶）时，影响因素有以下几种。

1. 杂质种类 一般如果混合液中存在许多等电点相近的两性电解质，单独使用这种方法的效果不理想，分辨率较差，可和其他方法结合使用。

2. 离子强度 由于蛋白质类物质有盐溶和盐析的两面性，而且等电点的数值也会随溶液中中性盐离子种类和浓度的变化而变化，因此离子强度对等电点的沉淀作用影响较大。

一般单独利用此法沉淀，需在低离子强度下调整 pH 至等电点，或在等电点的 pH 下利用透析等方法降低离子强度，使蛋白质类溶质沉淀。

3. 溶质表面极性 等电点沉淀法一般适合于疏水性较大的蛋白质（如酪蛋白），因为这类蛋白质分子表面的亲水性相对弱而水化层较薄。而对于亲水性很强的蛋白质（如明胶），它们在水中的溶解度较大，水化层较厚，胶体稳定性较好，在等电点的 pH 下不易产生沉淀。这种情况，就往往要结合其他方法一起应用。

与盐析法相比，等电点沉淀法的优点是无须后续的脱盐操作，但沉淀操作的 pH 要考虑不能在所要物质的稳定 pH 范围外。

四、非离子多聚物沉淀法

非离子多聚物沉淀法是利用聚乙二醇（PEG）、聚乙烯基吡咯烷酮（PVP）等高分子量非离子多聚物通过空间排斥作用使生物大分子或微粒凝集沉淀的方法。与盐析法和有机溶剂沉淀法相比，非离子多聚物沉淀法具有操作温和、不易引起蛋白质变性等优点。

在实际操作中，需根据目标物质的特性和纯化需求选择合适的非离子多聚物种类及浓度。同时，还需注意控制溶液 pH、离子强度及温度等因素以优化沉淀效果。沉淀后可通过透析、超滤或凝胶过滤层析等方法去除非离子多聚物并回收目标物质。

非离子多聚物最早在 20 世纪 60 年代被用来沉淀分离血纤维蛋白原和免疫球蛋白，从此高分子量非离子多聚物沉淀蛋白质的方法被广泛使用。许多高分子量非离子多聚物如聚乙二醇（PEG）、聚乙烯基吡咯烷酮（PVP）和葡聚糖等都可用于沉淀蛋白质，其中最常用的是 PEG，分子量从 200 到 20 000 的不同聚合程度的产品都是有效的。PEG 结构特点为：具有螺旋状的结构，亲水性强，有范围很广的分子量。其结构式如下：$(OH)CH_2$—$(CH_2$—CH_2—$O)_n$—$CH_2(OH)$。

用非离子多聚物分离生物大分子和微粒，一般有两种方法。一是选用两种水溶性非离子多聚物组成液液两相系统，使生物大分子或微粒在两相系统中不等量分配从而造成分离。这一方法主要基于不同生物分子和微粒表面结构的不同，有不同分配系数，再外加离子强度、pH 和温度等因素的影响，从而增强分离的效果，这种方法实际就是一种萃取方法。二是选用一种水溶性非离子多聚物，使生物大分子或微粒在单一液相中由于被排斥而相互凝集并沉淀析出。对后一种方法，操作时先离心除去粗大悬浮颗粒，调整溶液 pH 和温度至适度，然后加入中性盐和多聚物至一定浓度，冷储一段时间，即形成沉淀。

（一）基本原理

非离子多聚物用来沉淀物质的机制，主要是基于体积不相容性，即 PEG 类型的分子从溶剂中空间排斥蛋白质，优先水合作用的程度取决于所用 PEG 的分子大小和浓度，排斥体积与 PEG 分子大小的平方根有关，这些因素与被分离的物质无关。

PEG 沉淀作用的机制曾经有以下几种解释：聚合物与被分离物发生共沉作用；被分离物在水相和聚合物间产生分配；被分离物与聚合物形成一种复合物。但这些解释并无充分的实验依据，还是停留在人们的推测与假设阶段，而 PEG 空间排斥作用的解释，则得到较多的实验依据。

（二）操作要点

1. 沉淀剂的选择 常用的非离子型聚合物有 PEG 和 PVP，PEG 按分子量大小常用的有 PEG 2000、PEG 4000 及 PEG 6000，而分子量较大的如 PEG 10 000、PEG 20 000 也可以使用，但它们更适合透析袋内样品的浓缩，因为低分子量的聚合物无毒，因此在一些临床产品的下游加工过程中被优先选用。

2. 聚合物的纯化 如果所用的 PEG 纯度不高，可把 PEG 溶解于丙酮后再从乙醇中沉淀出来，这样能除去有紫外吸收的杂质。一般用蒸馏水将 PEG 配成溶液使用。

3. 聚合物的加入 聚合物加入量的计算和有机溶剂沉淀量的计算一样，也可以进行分级沉淀的操作。

4. 聚合物的去除 将复合物沉淀溶解于磷酸盐缓冲液中，用 35% 的硫酸铵沉淀复合物，再溶解于磷酸盐缓冲液，并用 DEAE-纤维素吸附蛋白质，PEG 不被吸附而除去。

（三）影响因素

PEG 及其他非离子多聚物应用于生物大分子微粒病毒和细菌的沉淀时，沉淀效果除与本身的浓度有关外，还受离子强度、pH 和温度等因素的影响。

PEG 沉淀蛋白质时，其浓度往往与溶液中盐的浓度成反比，在固定 pH 下，盐浓度越高，所需 PEG 的浓度越低。而在一定的离子强度下，溶液的 pH 越接近溶液中所需沉淀物质的等电点，沉淀此种物质所需的 PEG 的浓度越低。此外，使用 PEG 的分子量大小也与沉淀效果有直接关系，一定范围内（2000~6000Da），高分子量 PEG 沉淀的效果相对较好。

五、选择性变性沉淀法

选择性变性沉淀法是利用不同蛋白质对温度、pH、有机溶剂等变性条件的敏感性差异实现沉淀分离的方法。通过精确调控变性条件，可使杂质蛋白变性沉淀而目标蛋白保持活性，从而实现高效分离纯化。

热变性沉淀、pH 变性沉淀及有机溶剂变性沉淀是选择性变性沉淀的三种主要类型。在实际操作中，需根据目标蛋白的热稳定性、酸碱稳定性及有机溶剂敏感性等因素选择合适的变性条件及操作方法。同时，还需注意控制变性过程中的温度、pH 及搅拌速度等因素以防目标蛋白变性损失。

（一）基本原理

有些被分离的生化物质能忍受一些较剧烈的实验条件（如温度、pH、有机溶剂），而一些杂质却因不稳定而从溶液中变性沉淀，此即选择性变性沉淀的原理。

（二）变性沉淀的种类

1. 热变性沉淀 一般随着温度的提高（25℃以上），蛋白质（酶）类活性物质就会产生明显的变性作用。把一半量的某种蛋白质产生变性的温度称为半变性温度，研究发现，各种蛋白质类物质往往具有不同的半变性温度。因此在蛋白质的分离纯化过程中，就可能选择一个合适的温度，使某一种蛋白质几乎全部变性而产生沉淀，而另一种蛋白质则变化很小。

如脱氧核糖核酸酶热稳定性比核糖核酸酶差，加热处理可使混杂在核糖核酸酶中的脱氧核糖核酸酶变性沉淀。又如由黑曲霉发酵制备脂肪酶时，常混杂有大量淀粉酶，当把混合粗酶液在40℃水浴中保温 2.5h（pH 3.4），90%以上的淀粉酶将受热变性而被除去。热变性沉淀简易易行，在制备一些对热稳定的小分子物质过程中，可有效除去一些大分子蛋白质和核酸。

热变性沉淀具体应用时，必须注意以下几点。

1）温度升高常使混合液中的一些水解酶活性升高，被分离的物质有受酶水解的危险。因此，最好在硫酸铵溶液中进行。

2）应选择合适的缓冲液、pH、加热方式和加热过程，注意保温时间不同，蛋白质的变性曲线会发生一定的移动，所以选择条件时也要把时间考虑进去。

2. pH 变性沉淀　过酸过碱的条件下，常常使蛋白质类物质带上相同的电荷，增加分子之间的斥力，或破坏其自身的离子键而造成其空间结构的破坏，从而引起变性。

蛋白质的 pH 变性速度主要取决于蛋白质结构趋向松散的速度，各种蛋白质因为本身组成和结构的差别，pH 变性的范围和速度也有一定的差别，这正是人们利用选择性 pH 变性沉淀去除杂蛋白的依据。由于温度也是重要的影响因素，为减少目标物的损失，一般 pH 变性的温度控制在0～10℃。

pH 变性比热变性安全、可靠，它能迅速达到或偏离特定的 pH，便于扩大应用。但应用此方法前，必须对目的物的酸碱稳定性有足够的了解，切勿盲目使用。

3. 有机溶剂变性沉淀　有机溶剂是蛋白质类物质的变性剂，一般采用有机溶剂沉淀蛋白质时都要注意低温、搅拌、快分离的操作模式，以减少目的蛋白变性造成的损失。由于不同种类的蛋白质往往对有机溶剂的敏感度各不相同，因此可利用混合物在一定条件下与一定浓度的有机溶剂接触，达到沉淀除去一部分杂质的分离目的，这就是所谓的选择性有机溶剂变性沉淀的方法。

有机溶剂变性沉淀还应注意选用合适的有机溶剂、溶液的 pH 及实际的操作温度等。

除有机溶剂外还有一些变性剂可用来进行选择性的变性沉淀，如表面活性剂、重金属盐，某些有机酸、酚、卤代烷等可使提取液中的蛋白质或部分杂质蛋白变性，使其与目的物分离，如制取核酸时可用氯仿将蛋白质变性沉淀分离。

六、生成盐类复合物沉淀法

生物大分子和小分子都可以生成盐类复合物沉淀，此法一般可分为：①与生物分子的酸性功能团作用的金属复合盐（如铜盐、银盐、锌盐、铅盐、锂盐、钙盐等）法；②与生物分子的碱性功能团作用的有机酸复合盐（如苦味酸盐、苦酮酸盐、单宁酸盐等）法；③无机复合盐（如磷钨酸盐、磷钼酸盐等）法。以上盐类复合物都具有很小的溶解度，极容易沉淀析出。若沉淀为金属复合盐，则可通以 H$_2$S 使金属变成硫化物而除去；若为有机酸复合盐、磷钨酸盐，则加入无机酸并用乙醚萃取，把有机酸、磷钨酸等移入乙醚中除去，或用离子交换法除去。但值得注意的是，重金属、某些有机酸与无机酸和蛋白质形成复合盐后，常使蛋白质发生不可逆的沉淀，应用时必须谨慎。

能与酶形成复合物沉淀的物质称为酶（蛋白质）沉淀剂。常用的有单宁、聚丙烯酸等高分子聚合物。

在以单宁为沉淀剂时，可先将酶液调节到一定的 pH（一般控制在 pH 4～7，不同的酶所需 pH 有所不同），然后加入一定量的单宁（一般加入的单宁量为酶液的 0.1%～1%），形成酶与单宁的复合物沉淀。沉淀分离出来后，沉淀复合物中的单宁可用丙酮或乙醇抽提而除去；酶-单宁的复合物还可用 pH 8～11 的碳酸钠或硼酸钠等碱性溶液处理，使酶溶解出来，而单宁仍未沉淀。酶-单宁复合物也可用吐温（聚山梨酯）、分子量大于 6000 的聚乙二醇（PEG）或聚乙烯基吡咯烷酮（PVP）等大分子进行复分解反应，这些大分子与单宁形成难溶的树脂状沉淀而使酶游离出来。单宁复合沉淀法适用于各种来源的蛋白酶、α-淀粉酶、糖化酶、果胶酶、纤维素酶等的大规模生产。

以聚丙烯酸为沉淀剂时，将酶液 pH 调至 3～5，加入适量聚丙烯酸，反应生成酶-聚丙烯酸复合物沉淀。分离出沉淀后，把 pH 调到 6 以上，则复合物中的酶与聚丙烯酸分开。此时，加入 Ca^{2+}、Mg^{2+}、Al^{3+} 等金属离子，使其生成聚丙烯酸盐沉淀而游离出来。聚丙烯酸的用量一般为酶蛋白量的 30%～40%。聚丙烯酸盐沉淀可用 1mol/L 硫酸处理，回收聚丙烯酸循环使用。

七、亲和沉淀

亲和沉淀是一种利用蛋白质与特定生物或合成分子之间高度专一性结合作用从而实现沉淀分离的新型技术。该方法不依赖于蛋白质溶解度的差异，而是通过亲和配基与目标分子之间的特异性结合形成不溶性复合物实现分离纯化。

亲和沉淀技术具有结合速度快、分离效率高、操作简便等优点，特别适用于从复杂混合物中分离提取单一目标产物。在实际操作中，需根据目标分子的特性和纯化需求选择合适的亲和配基及载体材料，并控制溶液条件以优化沉淀效果。沉淀后可通过适当的缓冲溶液洗涤去除杂质并通过改变物理场条件使目标分子从亲和配基上解离出来。

亲和沉淀是近年来生化分离沉淀技术中的一种方法，但是其沉淀原理与通常的沉淀方法有很大的不同。亲和过程提供了一个从复杂混合物中分离提取出单一产品的有效方法。

从亲和沉淀的机制和分离操作的角度可以看出，亲和沉淀技术具有如下优点：配基与目标分子的亲和结合在自由溶液中进行，无扩散传质阻力，亲和结合速度快；亲和配基裸露在溶液之中，可更有效地结合目标分子；利用成熟的离心或过滤技术回收沉淀，易于回收放大；亲和沉淀可用于高黏度或含微粒的料液中目标产物的纯化，因此可在分离纯化的早期采用，有利于减少步骤，降低成本。

亲和沉淀技术的主要步骤如下：首先将所要分离的目标物与键合在可溶性载体上的亲和配位体络合形成沉淀；所得沉淀物用一种适当的缓冲溶液洗涤，洗去可能存在的杂质；用一种适当的试剂将目标蛋白从配位体中解离出来。

根据亲和沉淀的机制不同，亲和沉淀又可分为一次作用亲和沉淀和二次作用亲和沉淀。

（1）一次作用亲和沉淀　　水溶性化合物分子上偶联两个或两个以上的亲和配基，双配基和多配基可与含有两个以上的亲和结合部位的多价蛋白质产生亲和交联，进而增大为较大的交联网络而沉淀。

（2）二次作用亲和沉淀　　利用在物理场（如 pH、离子强度、温度和添加金属离子等）改变时溶解度下降、发生可逆性沉淀的水溶性聚合物为载体固定亲和配基，制备亲和沉淀介质。亲和沉淀介质结合目标分子后，通过改变物理场使介质与目标分子共同沉淀的方法称为二次作用亲和沉淀。

一次作用亲和沉淀虽然简单，但仅用于多价特别是 4 价以上的蛋白质，要求配基与目标分子的亲和结合常数较高，沉淀条件难以掌握，并且沉淀的目标分子与双配基分离所需要的透析技术及凝胶过滤技术都难于大规模应用，从而影响了一次作用亲和沉淀大规模的应用。因此，20 世纪 80 年代中期以后，亲和沉淀的相关研究大多集中于二次作用亲和沉淀，其中主要是可逆沉淀性聚合物的探索。

八、SIS 聚合物与亲和沉淀

SIS 聚合物是 soluble and insoluble polymer 的简称，也可称为可逆溶解性聚合物（reversibly soluble polymer）。

这类聚合物的溶解与非溶解状态可随环境参数如 pH、温度等的变化而发生可逆变化，因此可被用于蛋白质（酶）的亲和沉淀或可逆固定化。

SIS 聚合物往往是带同种电荷的多聚电解质。它可以通过静电亲和作用与带相反电荷的蛋白质结合形成 SIS 聚合物-蛋白质共聚物。如果将亲和配体同 SIS 聚合物连接，就可以制备成一种专一性更强的亲和试剂。

将这种亲和试剂加入含有靶蛋白的混合溶液中，就可形成 SIS 聚合物-亲和配体-靶蛋白的共聚物。由于 SIS 聚合物的独特性质，这种共聚物在一定条件下就可形成沉淀，通过过滤或离心的方式分离，然后将蛋白质（酶）从亲和配体-SIS 聚合物上解离。这一过程类似于蛋白质的亲和层析，也可看作是亲和沉淀的一种，并且属于上面介绍的二次作用亲和沉淀。

第三节 沉淀技术应用

一、蛋白质

蛋白质（酶）的提取在粗分离阶段大多要用到沉淀分离的方法，其中盐析、有机溶剂沉淀、非离子多聚物沉淀、选择性变性沉淀除去杂质，应用较广泛。以棉铃虫谷胱甘肽 S-转移酶、β-甘露聚糖酶及鲢的鱼肉蛋白质为例，通过盐析法、有机溶剂沉淀法、非离子多聚物沉淀法及等电点沉淀法等不同方法均可实现目标蛋白的高效分离纯化。具体应用中需根据蛋白质种类、纯化需求及操作条件等因素选择合适的沉淀方法。

（一）棉铃虫谷胱甘肽 S-转移酶的纯化

有研究者采用聚乙二醇（PEG）对棉铃虫谷胱甘肽 S-转移酶进行部分纯化。通过聚乙烯亚胺（PEI）、硫酸铵、聚乙二醇（PEG）沉淀技术和 GSH-Sepharose 4 B 亲和柱对棉铃虫[*Helicoverpa armigera*（Hübner）]幼虫中谷胱甘肽 S-转移酶进行部分纯化研究，结果表明，PEG 10 000 和 PEG 20 000 的纯化效果优于硫酸铵的沉淀效果，PEG 10 000 的纯化效果最好。部分结果见图 4-4。

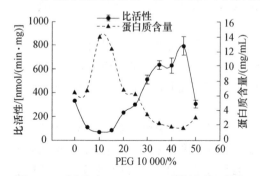

图 4-4 不同浓度 PEG 10 000 对棉铃虫谷胱甘肽 S-转移酶的沉淀曲线

（二）β-甘露聚糖酶的提纯

有研究者分别采用硫酸铵盐析法、丙酮沉淀法、聚乙二醇沉淀法对枯草芽孢杆菌（*Bacilus subtilis*）

K_3-14 菌株发酵产生的 β-甘露聚糖酶（β-mannanase）进行提纯。其中硫酸铵盐析法在 60%饱和度时提纯 9.18 倍，比活力为 169.20U/mg，丙酮沉淀法在用量体积分数 1：1 时提纯 10.43 倍，比活力为 192.31U/mg；聚乙二醇沉淀法在 0.35g/mL 浓度时提纯 14.68 倍，比活力为 270.69U/mg。聚乙二醇沉淀法的纯化效果最好，宜用于酶的纯化及酶学性质研究，但使用的 PEG 浓度较高，黏度较大，而且该法酶收率不高，不宜用于生产。丙酮易于回收，成本低。硫酸铵盐析法在酶提纯倍数和收率方面都稍逊于丙酮沉淀法。因此，工业上进行 β-甘露聚糖酶的大规模生产时，可采用丙酮沉淀法。

（三）等电点沉淀法提取鲢鱼肉蛋白质

有研究者利用等电点沉淀法进行提取鲢鱼肉蛋白质的研究，取得了较好的效果。

将最适酸溶解条件下的鱼肉蛋白质溶解液用氢氧化钠溶液调节 pH，随着 pH 的升高，上清液的蛋白质溶解率逐渐降低，沉淀出的蛋白质量也随之增大，说明 pH 越来越接近蛋白质的等电点，pH 为 5～6 时，沉淀量较大，当 pH 为 5.74 时，上清液的蛋白质溶解率达到最低，为 11.56%；随着 pH 的继续升高，上清液的蛋白质溶解率又逐渐增大，说明 pH 越来越偏离蛋白质的等电点。因此，确定蛋白质等电点沉淀的最适 pH 为 5.74。

鱼肉蛋白质可分为肌原纤维蛋白质、肌浆蛋白质和肌基质蛋白质，它们各占总蛋白质的 50%～70%、20%～50% 和 10% 以下。而在肌原纤维蛋白质中，肌球蛋白约占 50%（等电点为 pH 5.4），肌动蛋白约占 20%（等电点为 pH 4.7）；在肌浆蛋白质中，大部分的肌浆蛋白等电点为 pH 6.0～6.8。

用等电点沉淀法提取的鱼肉蛋白质无腥味，色泽洁白，蛋白质产率高，可达 90% 左右，而且生产工艺简单易操作，可在生产实际中推广。

（四）一种新型的蛋白质沉淀体系——加压 CO_2-乙醇-水体系

此体系将有机溶剂与高压气体等电点沉淀技术结合起来建立了一种新的蛋白质纯化方法。实验以加压 CO_2 为挥发性酸、乙醇为助沉淀剂，对牛血清白蛋白（BSA）的等电点沉淀进行了研究。设定初始蛋白质溶液透光率为 100%，作为空白对照，于 550nm 处测定透光率。实验仪器如图 4-5 所示。

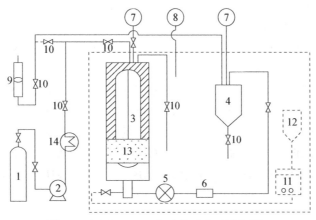

图 4-5 加压 CO_2-乙醇-水体系实验设备图

1. 二氧化碳气瓶；2. 柱塞泵；3. 沉淀器；4. 分离器；5. 球阀；6. 过滤器；7. 压力表；8. 恒温室；
9. 流体流量计；10. 阀门；11. 蠕动泵；12. 供料罐；13. 分光光度计；14. 恒温器

结果表明，本方法可使 BSA 处理浓度提高，CO_2 操作压力降低，其中乙醇既具有促进沉淀的作用又具有降低 BSA 缓冲能力的作用，在实验操作条件下，BSA 未发生不可逆的构象变化，能保持稳定。这些结果对该方法的进一步完善及其在蛋白质等生物活性成分分离纯化领域的应用具有借鉴作用。

在此新体系中，一方面，乙醇确实起到了助沉淀的作用；另一方面，乙醇的加入有效降低了 BSA 的缓冲能力，使体系可处理的蛋白质浓度大幅提高。同时，蛋白质缓冲能力的降低还给操作带来另一个好处，即在较低的操作压力下即可达到蛋白质等电点，因而得到蛋白质沉淀。

由于所用的乙醇浓度一般不超过 30%，比常规有机溶剂沉淀的浓度低得多，因此对蛋白质稳定性的影响不大。通过多种手段测定了蛋白质的稳定性情况，结果表明在实验所用的各种操作条件下，BSA 在体系中基本能稳定存在。

二、核酸

核酸提取过程中沉淀技术同样发挥重要作用。通过聚乙二醇沉淀法、有机溶剂沉淀法及高盐沉淀法等方法均可实现 DNA 的高效分离纯化。实际操作中需根据核酸种类、纯度要求及操作条件等因素选择合适的沉淀方法并注意控制操作过程中的温度、pH 及搅拌速度等因素以防核酸降解损失。

核酸的高电荷磷酸骨架使其比蛋白质、多糖、脂肪等其他生物大分子物质更具亲水性，根据它们理化性质的差异，用选择性沉淀、层析、密度梯度离心等方法可将核酸分离、纯化。

显然在核酸的提取过程中沉淀技术也得到了一定的应用，如用聚乙二醇沉淀分离 DNA 已相当普遍。一般在 0.01mol/L 的磷酸缓冲液中加 PEG 达 10%浓度，即可将 DNA 沉淀下来。

核酸也可被一些有机溶剂沉淀，通过沉淀可浓缩核酸，改变核酸溶解缓冲液的种类及去除某些杂质分子。典型的例子是在酚、氯仿抽提后用乙醇沉淀，在含核酸的水相中加入 pH 5.0~5.5、终浓度为 0.3mol/L 的乙酸钠或乙酸钾后，钠离子（或钾离子）会中和核酸磷酸骨架上的负电荷，在酸性环境中促进核酸的疏水复性。然后加入 2~2.5 倍体积的乙醇，经一定时间的孵育，可使核酸有效沉淀。其他一些有机溶剂（异丙醇、聚乙二醇等）和盐类（10.0mol/L 乙酸铵、8.0mol/L 的氯化锂、氯化镁和低浓度的氯化锌等）也用于核酸的沉淀。不同的离子对一些酶有抑制作用或可影响核酸的沉淀和溶解，在实际使用时应予以选择。经离心收集，核酸沉淀用 70%的乙醇漂洗以除去多余的盐分，即可获得纯化的核酸。

有研究者为快速、经济地从外周血或组织中提取高产量、高纯度的 DNA，可采用氯化钠高盐沉淀法提取外周血基因组 DNA。

有研究者以 7 个梨品种为实验材料，比较分析了 SDS 法、CTAB 法、SDS-CTAB 法、改良的 CTAB 法、高盐低 pH 法、分步离心法对梨总 DNA 提取的效果。结果表明，利用以上 6 种方法提取的梨总 DNA 在纯度和量上有很大的差别。所得到的平均 DNA 量从大到小依次为：分步离心法、SDS 法、SDS-CTAB 法、改良的 CTAB 法、CTAB 法、高盐低 pH 法。DNA 提取纯度由高到低依次为分步离心法、SDS-CTAB 法、改良的 CTAB 法、高盐低 pH 法、CTAB 法、SDS 法。

三、多糖

多糖提取过程中沉淀技术同样具有重要的应用价值。通过乙醇沉淀法、盐析法及选择性沉淀法等均可实现多糖的高效分离纯化。以肺炎克雷伯菌荚膜多糖、黑海参酸性糖胺聚糖及果胶为例，通过精确调控沉淀条件及操作参数均可获得高质量的多糖产物。实际应用中需根据多糖种类、纯度要求及操作条件等因素选择合适的沉淀方法，并注意控制操作过程中的温度、pH 及溶剂种类等因素以防多糖降解损失。

沉淀技术在多糖的提取过程中应用较多，如多糖提取的初级阶段大多会用到乙醇沉淀或乙醇分级沉淀，也有一些植物胶体性多糖采用盐析法有较好的效果。此外，也常采用选择性变性沉淀的方法（如三氯乙酸）去除多糖中的蛋白质杂质，下面是一些具体的例子。

（一）肺炎克雷伯菌荚膜多糖的提取

有研究者在肺炎克雷伯菌荚膜多糖的提取过程中考察了乙醇、甲醇、丙酮、甲缩醛几种有机溶剂单独或组合使用对荚膜多糖的沉淀效果。取同样的浓缩裂解液 10 份，各 50mL，分 5 组，分别加入不同比例的有机溶剂，振荡 1h 后，离心收集沉淀，干燥，称重，计算沉淀得率。准确称量干燥后的沉淀各 1mg 溶解于 10mL 包被剂中，ELISA 法检测荚膜多糖含量。结果发现，经甲醇＋甲缩醛沉淀的粗提物，无论是得率还是有效成分含量都是最好的，而 80%丙酮与 86%乙醇沉淀效果相当，由于甲醇＋甲缩醛成本很高，同时考虑到操作和产品安全问题，最终确定采用加入 5 倍体积乙醇（86%）沉淀荚膜多糖。

（二）黑海参酸性糖胺聚糖的分离纯化

有研究者在黑海参酸性糖胺聚糖的分离纯化过程的两个阶段都采用了乙醇沉淀法。

粗提工艺：黑海参洗净用高速组织捣碎机匀浆→加入 0.5mol/L K$_2$CO$_3$，60℃水浴搅拌提取 2～3h→加入胰蛋白酶于 52℃、pH 8.5 下搅拌酶解 4～5h→速冷 30℃以下，保持 30min 终止反应→回调 pH 至 6.8～7.2，高速离心分离，收集母液→加入乙醇达终浓度 75%，低温过夜→离心收集沉淀，依次用乙醇洗涤、丙酮脱水、55℃真空干燥，即得到浅褐色多糖粗品，得率为鲜重的 2.8%。

精提工艺：5%多糖粗品→离心去不溶物→用稀 NaOH 调 pH 至 9.0，滴 30%的 H$_2$O$_2$（与待测液的体积比为 1∶10）→50℃保温 2h→冷至室温，调 pH 至 7.0，用 Sevag 法萃取脱蛋白→置透析袋中流水透析一昼夜，蒸馏水透析一日→反复醇析→得白色黑海参酸性糖胺聚糖，得率为鲜重的 0.25%。

（三）果胶的提取

果胶是一种广泛分布于植物体内的胶体性多糖类物质，包括原果胶、水溶性果胶和果胶酸三大类。它是植物体内特有的细胞壁组分，存在于橘子、苹果、马铃薯等植物的叶、皮、茎及果实中，主要用于果酱、果冻、食品添加剂、食品包装膜及生物培养基的制造。

有研究者探讨了以苹果渣为原料用盐析法提取果胶的工艺条件，系统地研究了几种盐对果胶提取的影响，通过对比实验，筛选出最佳沉淀剂为 CuCl$_2$。

将乙醇沉淀法与盐析法进行比较，结果发现乙醇沉淀法所得的果胶量较少，产品性状和色泽都不好，且乙醇消耗大、滤液收集时损失大；而用盐析法所得果胶量比乙醇沉淀法多得多，产品质量较好，能明显缩短工时，节约能源，因而大大降低成本。所以，用盐析法提取仙人掌中的果胶较传统的乙醇沉淀法优越，具体实验方法如下。

称取 15g 新鲜仙人掌，用小刀切成 3～5mm^3 的小颗粒，置于 80mL 小烧杯中，加水，用 10% 盐酸调 pH 至 2.1 左右，超声波处理，趁热抽滤。滤液加入一定量的铝盐饱和溶液，搅拌并加入 10%氢氧化钠溶液调至一定 pH，沉析 1.5h 后过滤，洗涤沉淀。再将所得的果胶铝沉淀用预先配制好的 60%的乙醇与 10%盐酸混合液（体积比为 7∶1）洗涤，以置换出铝离子。最后，用中性 60%乙醇反复洗涤沉淀，直至洗液中不出现氯离子为止，烘干即得产品。

　　综上所述，沉淀技术作为生物物质纯化领域中的一项关键技术，在蛋白质、核酸及多糖等生物大分子的提取与纯化过程中展现出广泛的应用前景。通过深入研究沉淀过程的物理化学机制及优化操作条件，可以进一步提高沉淀技术的分离纯化效果并推动其在生物医药、食品加工及化工分离等领域中的广泛应用。

小　　结

　　沉淀是理解和应用分离纯化技术的重要一环。沉淀法不仅适用于实验室环境，因其无须专门设备且易于放大，也广泛用于生产的制备过程。沉淀法虽然具有操作简便、设备投资少、适用范围广等优点，但也存在选择性差、沉淀条件难以控制、后处理复杂等缺点。总之，沉淀法在生物分离工程中占据重要地位，通过合理选择沉淀剂和优化沉淀条件，可以实现高效、经济的生物物质分离纯化。

思　考　题

1. 请解释沉淀法的基本原理，并说明它在生物分离工程中的重要性。
2. 列举并简要描述不同类型的沉淀法，并指出它们各自的应用场景。
3. 分析温度、pH 和离子强度如何影响沉淀过程，并举例说明如何通过调节这些条件来优化沉淀效果。
4. 讨论搅拌速度对沉淀颗粒大小和形态的影响，以及为什么在某些情况下需要控制搅拌速度。
5. 请列举几种常见的沉淀剂，并说明它们在选择时需要考虑的因素（如目标物质的性质、溶液条件等）。
6. 设计一个实验方案，选择合适的沉淀剂来纯化一种特定的蛋白质，并解释选择理由。
7. 总结沉淀法的主要优点和缺点，并讨论在实际应用中如何克服这些缺点。

主要参考文献

陈申如，张其标，倪辉. 2004. 酸法提取鲢鱼鱼肉蛋白质技术的研究. 海洋水产研究，5：61-64.

程立忠，张理珉，丁骅孙，等. 2000. 丙酮沉淀法提取中性 β-甘露聚糖酶的条件研究. 云南大学学报（自然科学版），4：318-320.

齐祥明，姚善泾，关怡新，等. 2005. 一种新型蛋白质沉淀体系——加压 CO_2-乙醇-水体系. 化工学报，51：135-141.

唐曙明，何林，周克元. 2005. 核酸分离与纯化的原理及其方法学进展. 国外医学临床生物化学与检验学分册，3：192-193.

张燕，李轻舟，杜连祥，等. 2005. 肺炎克雷伯氏菌荚膜多糖的提取纯化及其对细胞免疫活性的影响. 生物工程学报，3：461-465.

Acharya R, Subbaiah T, Anand S, et al. 2003. Effect of precipitating agents on the physicochemical and electrolytic characteristics of nickel hydroxide. Materials, 57(20): 3089-3095.

Naczk M, Amarowicz R, Zadernowski R, et al. 2001. Protein precipitating capacity of condensed tannins of beach pea, canola hulls, evening primrose and faba bean. Food Chemistry, 4: 467-471.

第五章

萃取技术

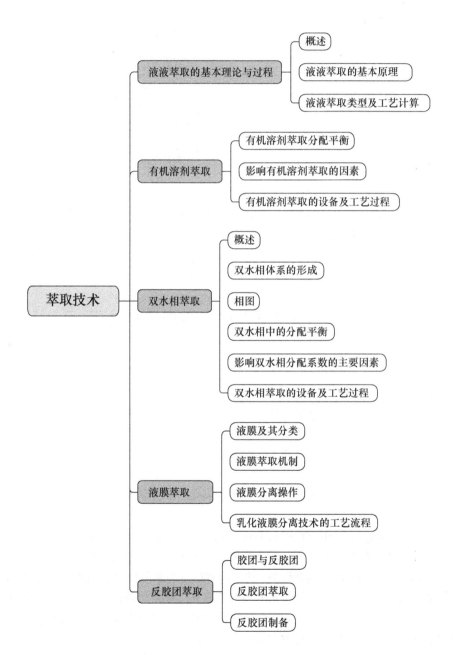

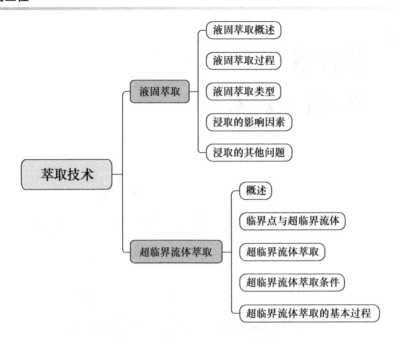

在生物工程中，萃取作为产物提取和精制的一种重要的单元操作，已得到相当普遍的应用。传统的萃取方法主要是指有机溶剂萃取，广泛应用于抗生素、维生素、有机酸、激素等小分子发酵产物的提取。近 20 年来，有机溶剂萃取技术与其他技术相结合从而产生了一系列新的分离技术，如逆胶束萃取、超临界流体萃取、双水相萃取、液膜萃取等。萃取也进一步扩展到生物制品（如酶、蛋白质、核酸、多肽和氨基酸等）的提取和精制方面。

第一节 液液萃取的基本理论与过程

一、概述

液液萃取（liquid-liquid extraction）是 20 世纪 40 年代兴起的一项化工分离技术。它是利用原料液中某种溶质组分在两个互不混溶的液相（如水相和有机溶剂相）中竞争性溶解和分配性质上的差异来实现液体混合物分离的技术。20 世纪初，液液萃取技术首次成功地应用于芳烃的抽提，此后广泛用于大规模工业生产。在石油工业上主要是用于分离和提纯各种有机物，如用脂类溶剂萃取乙酸、用丙烷萃取石油中的石蜡等；在制药工业和精细生物化工中用以分离各种产物，如以乙酸丁酯为溶剂提纯青霉素、用正丙醇从亚硫酸纸浆废水中提取香兰素等；在湿法冶金工业中可用于提取钴、镍、锆等有色金属。

有机溶剂萃取（organic solvent extraction）是最早发展起来的液液萃取技术，随着现代工业的发展，特别是各类产品的深度加工、新资源的开发利用、环境治理标准的严格化等，都带来了多样化产品分离和高纯物质制备的新任务，传统的有机溶剂萃取技术面临新的挑战和要求。近 20 年来，世界各国致力于有机溶剂萃取技术的完善及提高，并在此基础上与膜技术、反胶团、反应吸附等其他技术相结合，产生了一系列新的液液萃取技术，如双水相萃取、液膜萃取、反胶束萃取、超临界流体萃取、电泳萃取、微波萃取、超声萃取等。

用液液萃取法分离液体混合物时，混合液中的溶质既可以是挥发性物质，也可以是非挥发性物质（如无机盐类）。当用于分离挥发性混合物时，与精馏相比，整个萃取过程较为复杂，譬如萃取相中萃取剂的回收往往还要应用精馏操作,但萃取过程本身具有常温操作、无相变及选择适当溶剂可以获得较高分离系数等优点,在很多的情况下仍显示出技术经济上的优势。当分离溶液中的非挥发性物质时,与吸附、离子交换等方法比较,液液萃取操作比较方便,常常是优先考虑的方法。

二、液液萃取的基本原理

液液萃取是向液体混合物(稀释剂)中加入某种适当溶剂(萃取剂),两者混合后分成两层,上层为萃取相,下层为料液相。由于溶质在两相间的溶解度不同,料液中的溶质逐渐向萃取相扩散,其浓度不断降低,而萃取相中溶质浓度不断升高(图5-1)。在萃取过程中,萃取剂应对溶质具有较大的溶解能力,与稀释剂应不互溶或部分互溶。

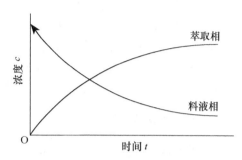

图5-1　萃取过程中料液相和萃取相溶质浓度的变化(孙彦,2013)

在液液萃取过程中,料液中溶质浓度的变化速率称为萃取速率,可表示为

$$-\frac{\mathrm{d}c}{\mathrm{d}t}=ka(c-c^{*})$$

式中,c 代表料液相中溶质的浓度(mol/L);c^{*} 代表与萃取相中溶质浓度呈平衡的料液相中的溶质浓度(mol/L);t 代表时间(s);k 代表传质系数(m/s);a 代表以料液相体积为基准的相间接触比表面积(m^{-2})。

当 $c=c^{*}$ 时,萃取速率为零,液液萃取系统达到分配平衡,即两相中的溶质浓度不再发生改变。溶质在两相中的分配平衡与萃取操作形式无关,遵循 Nernst 分配定律,则分配常数 A 为

$$A=\frac{c_{1}}{c_{2}}$$

萃取速率主要决定达到分配平衡时所需的时间,其大小与两相性质及萃取操作方式有关。

三、液液萃取类型及工艺计算

工业上液液萃取的基本过程包括下面三个步骤(图5-2)。

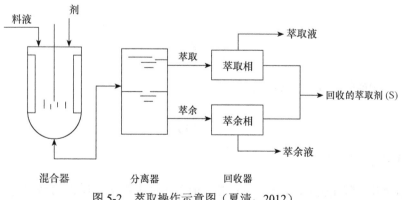

图5-2　萃取操作示意图(夏清,2012)

1)混合:料液与萃取剂充分混合并形成乳浊液的过程称为混合。在此过程中溶质从料液中

转入萃取剂中。混合过程所使用的设备称为混合器，一般是在搅拌罐中进行，也可以利用管道或喷射泵完成。

2）分离：将乳浊液分开形成萃取相和萃余相的过程称为分离。分离时采用的设备称为分离器，通常利用离心机完成。

3）溶剂回收：从萃取相或萃余相中回收萃取剂（S）的过程称为溶剂回收。溶剂回收时采用的设备称为回收器，可利用化工单元操作中的液体蒸馏设备完成。

按操作流程划分，液液萃取可分为单级萃取和多级萃取，其中多级萃取又可分为多级错流萃取和多级逆流萃取（分馏萃取为改进方法）。下面介绍各种操作流程的具体工艺与计算。

对各种萃取流程进行计算时，要求必须符合以下两个假定：①萃取相和萃余相很快达到平衡，即每一级都是理论级；②两相完全不互溶，在分离器中能完全分离。

（一）单级萃取

单级萃取（single-stage extraction）是液液萃取中最简单的操作流程，有的书上也称其为混合-澄清式萃取。单级萃取只包括一个混合器和一个分离器，一般用于分批式操作，也可以进行连续操作。如图 5-2 所示，料液与萃取剂一起加入混合器内，通过搅拌使其混合均匀，达到平衡后溶液流入分离器中，分离得到萃取相和萃余相，萃取相送入回收器，萃余相为萃余液。在回收器中，溶剂与产物进一步分离，溶剂可循环使用，而产物为萃取产品。

对单级萃取流程进行物料衡算则有

$$Hx_F + Ly_F = Hx + Ly \tag{5-1}$$

式中，H、L 分别为料液、萃取剂的流量（连续操作）或添加量（分批操作）（mol 或 m^3）；x_F、y_F 分别为初始料液和萃取剂中溶质的浓度（mol/L 或摩尔分数）；x、y 分别为达到分配平衡后萃余相和萃取相中溶质的浓度（mol/L 或摩尔分数）。

达到萃取平衡后，溶质在萃取相和萃余相中的分配同时也遵循分配定律，则分配系数为

$$K = \frac{y}{x} \tag{5-2}$$

此时，溶质在萃取相与萃余相数量（质量或物质的量）的比值 E 称为萃取因子（extraction factor）或萃取因数，则有

$$E = K\frac{L}{H} \tag{5-3}$$

根据式（5-1）～式（5-3）可得到萃取过程中的萃余分率 φ 为

$$\varphi = \frac{E}{1+E} \tag{5-4}$$

而萃取过程中的收率或萃取分率则为

$$1 - \varphi = \frac{E}{1+E} \tag{5-5}$$

（二）多级错流萃取

单级萃取操作流程比较简单，只萃取一次，但是一般萃取效率不高，如果为了提高萃取率而增加萃取剂的用量，会使产品的浓度降低，并且会增加萃取剂回收处理的工作量。为了改善上述缺点，可采用多级错流萃取（图 5-3）。

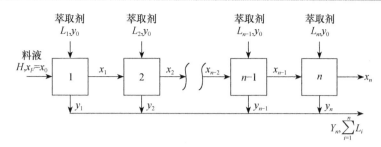

图 5-3 多级错流萃取示意图（孙彦，2013）

多级错流萃取流程是指将几个萃取单元（混合-分离器）串联起来，料液经第一级萃取后分成两相，其中萃余相流入下一个萃取单元中的混合器作为第二级萃取的料液，并通入新鲜萃取剂继续进行萃取，同样第二级的萃余相作为第三级的料液。萃取相经多级萃取单元的分离器排出后，混合在一起再进入回收器中回收溶剂，循环使用。

如图 5-3 所示，图中每个方块表示一个萃取单元，经过 n 级错流萃取，最终萃余相和萃取相中的溶质的浓度为 x_n、y_n。假设每一级中溶质的分配均达到平衡状态，且通入每一级的萃取剂流量相等（$=L$）。则第一级萃取中的物料衡算式为

$$Hx_0 + Ly_0 = Hx_1 + Ly_1 \tag{5-6}$$

式中，x_0、y_0 分别为初始料液和萃取剂中溶质的浓度，$x_0 = x_F$，$y_0 = y_F$（mol/L 或摩尔分数）；x_1、y_1 分别为第一级萃取达到分配平衡后萃余相和萃取相中溶质的浓度（mol/L 或摩尔分数）。

第一级萃取达到萃取平衡后，溶质在萃取相和萃余相中的分配同时也遵循分配定律，则有式（5-2）。此时，萃取因子 E 为式（5-3）。

因为新鲜萃取剂中溶质的浓度 $y_0 = y_F = 0$，根据式（5-2）、式（5-3）、式（5-6）推导出：

$$x_1 = \frac{x_F}{1+E}$$

对于第二级萃取，按上述方法可推出：$x_2 = \dfrac{x_F}{(1+E)^2}$

同理对于第 n 级萃取，则有

$$x_n = \frac{x_F}{(1+E)^n} \tag{5-7}$$

因此，溶质的萃余分率为

$$\varphi_n = \frac{Hx_n}{Hx_F} = \frac{1}{(1+E)^n} \tag{5-8}$$

而萃取分率为

$$1 - \varphi_n = \frac{(1+E)^n - 1}{(1+E)^n} \tag{5-9}$$

如果各级的 E 不相等，可采用逐级计算法，公式可变为

$$\varphi_n = \frac{1}{(E_1+1)(E_2+1)\cdots(E_n+1)} \tag{5-10}$$

多级错流萃取的特点是在每级萃取单元中均加入新鲜萃取剂，因此萃取效率较高，但也存在着溶剂消耗量大，产品浓度稀，需消耗较多能量回收溶剂的缺点。

（三）多级逆流萃取

多级逆流萃取是指将多个萃取单元（混合-分离器）串联起来，料液和萃取剂分别从左右两端萃取单元（第一级和最后一级）中的混合器中连续通入，料液移动方向和萃取剂移动方向相反，形成多级逆流接触（图5-4）。

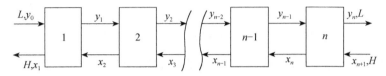

图5-4　多级逆流萃取示意图（孙彦，2013）

如图5-4所示，图中每个方块表示一个萃取单元，经过 n 级错流萃取，最终萃余相和萃取相中溶质的浓度为 x_n、y_n。假设每一级中溶质的分配均达到平衡状态，且通入每一级的萃取剂流量相等（$=L$），则第一级萃取中的物料衡算式为

$$Hx_2 + Ly_0 = Hx_1 + Ly_1 \tag{5-11}$$

第一级萃取达到萃取平衡后，溶质在萃取相和萃余相中的分配同时也遵循分配定律，则有式（5-2）。此时，萃取因子 E 为式（5-3）。

因为新鲜萃取剂中溶质的浓度 $y_0 = y_F = 0$，根据式（5-2）、式（5-3）、式（5-11）则有

$$x_2 = (1 + E)x_1$$

对于第二级萃取，按上述方法可推出

$$x_3 = (1 + E + E^2)x_1$$

同理对于第 n 级萃取，则有

$$x_{n+1} = (1 + E + E^2 + \cdots + E^n)x_1 \tag{5-12}$$

也可表示为

$$x_{n+1} = \frac{E^{n+1} - 1}{E - 1}x_1 \tag{5-13}$$

因为 $x_{n+1} = x_F$，因此溶液萃余分率为

$$\varphi_n = \frac{Hx_1}{Hx_F} = \frac{E - 1}{E^{n+1} - 1} \tag{5-14}$$

而萃取分率为

$$1 - \varphi_n = \frac{E^{n+1} - E}{E^{n+1} - 1} \tag{5-15}$$

多级逆流萃取与多级错流萃取相比，只在最后一级中加入萃取剂，萃取剂消耗量少，萃取液中产物平均浓度高，产物收率高，因此在工业上一般多采用多级逆流萃取。

（四）分馏萃取

分馏萃取（fractional extraction）是对多级逆流萃取的改进，料液从中间的某一级加入，流量为 F。如图5-5所示，萃取剂（L）从左端第一级加入，而从右端第 n 级加入纯重相（H）。此纯重相除不含溶质外，与进料的组成也相同（如某种缓冲溶液），在进料级（k）的右端起洗涤作用，使萃取相中目标溶质纯度增加（但浓度下降），因此第 k 级右侧的各级称为洗涤段，纯重相 H 称

为洗涤剂。在第 k 级的左侧，溶质从纯重相被萃取进入萃取相，因此这段称为萃取段。与多级逆流萃取相比，分馏萃取可显著提高目标产物的纯度。

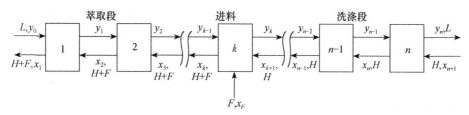

图 5-5　分馏萃取流程示意图（孙彦，2013）

整个萃取系统的总物料衡算式为

$$Hx_{n+1} + Ly_0 + Fx_F = (H+F)x_1 + Ly_n \tag{5-16}$$

对第 k 级左端萃取段的各级作物料衡算，得

$$(H+F)x_{i+1} + Ly_{i-1} = (H+F)x_i + Ly_i \qquad (i=1,2,\cdots,k-1) \tag{5-17}$$

对第 k 级右端洗涤段的各级作物料衡算，得

$$Hx_{i+1} + Ly_{i-1} = Hx_i + Ly_i \qquad (i=k+1,k+2,\cdots,n) \tag{5-18}$$

假设入口萃取剂和洗涤剂中均不含溶质，则 $y_0=0$，$x_{n+1}=0$，并且各级萃取达到平衡后，均符合分配定律，则萃取段中有

$$x_i = \frac{(E')^i - 1}{E' - 1} x_1 \qquad (i=1,2,\cdots,k) \tag{5-19}$$

其中，

$$E' = \frac{KL}{H+F} \tag{5-20}$$

在洗涤段中有

$$y_i = \frac{(1/E)^{n-i+1} - 1}{(1/E) - 1} y_n \qquad (i=k,k+1,\cdots,n) \tag{5-21}$$

由式（5-2）、式（5-19）~式（5-21）可得到

$$y_n = \left[\frac{(E')^k - 1}{(1/E)^{n-k+1} - 1} \right] \left[\frac{(1/E) - 1}{E' - 1} \right] x_1 \tag{5-22}$$

第二节　有机溶剂萃取

随着科学的发展，有机溶剂萃取已成为一项得到广泛应用的分离提纯技术。有机溶剂萃取（organic solvent extraction）简称溶剂萃取（solvent extraction），由于它具有选择性强、分离效果好、易于实现大规模连续化生产的优点，因此早在第二次世界大战期间就颇为先进国家所重视。经过 50 多年的科研与应用实践，现在它已成熟地在有色金属湿法冶金、化工、原子能、生物工程等领域中得到大规模的应用。尽管在应用中人们也发现溶剂萃取存在溶剂损失、二次污染、易燃、有气味等缺点，但在专家始终不懈的努力下，溶剂萃取在不断完善中得到了迅速发展。

一、有机溶剂萃取分配平衡

在溶剂萃取过程中，各相中的溶质并非都以同一种分子形态存在，如青霉素是一种弱酸，在水中会进一步解离成负离子（R-COO⁻），而有机溶剂（萃取剂）不能萃取带电荷的离子，因此在有机相中仅以游离酸分子（R-COOH）的形态存在，在这种情况下，不但要考虑青霉素游离酸分子在两相中的分配平衡，还要考虑其在水相中的电离平衡。

（一）弱电解质的分配平衡

采用有机溶剂萃取有机酸、氨基酸和抗生素等弱酸或弱碱性电解质时，这些弱电解质在水相中会部分发生解离，所以，萃取达到平衡状态时，一方面弱电解质在水相中达到解离平衡，另一方面未解离的游离电解质在两相中达到分配平衡。对于弱酸性和弱碱性电解质，其解离平衡关系分别为

$$AH \Longleftrightarrow A^- + H^+ \tag{5-23a}$$

$$BH^+ \Longleftrightarrow B + H^+ \tag{5-23b}$$

则其电离常数 K_p 分别为

$$K_p = \frac{[A^-][H^+]}{[AH]} \tag{5-24a}$$

$$K_p = \frac{[B][H^+]}{[BH^+]} \tag{5-24b}$$

式中，[AH] 和 [A⁻] 分别为游离酸和酸根离子的浓度（mol/L）；[B] 和 [BH⁺] 分别为游离碱和碱基离子的浓度（mol/L）；[H⁺] 为氢离子浓度（mol/L）。

在有机相中，如果溶质分子不发生缔合，仅以单分子形式存在，符合分配定律，则弱酸和弱碱性电解质的分配常数 K_0 为

$$K_0 = \frac{\overline{[AH]}}{[AH]} \tag{5-25a}$$

$$K_0 = \frac{\overline{[B]}}{[B]} \tag{5-25b}$$

式中，$\overline{[AH]}$、$\overline{[B]}$ 分别为有机相中游离酸和游离碱的浓度（mol/L）。

由于使用一般分析方法只能测定游离酸及其酸根离子或游离碱及其碱基离子的总浓度，因此用 C 表示测得的水相中酸或碱的总浓度，则

$$C = [AH] + [A^-] \tag{5-26a}$$

$$C = [B] + [BH^+] \tag{5-26b}$$

由式（5-24）～式（5-26）可得

$$\overline{[AH]} = K_0 C \frac{[H^+]}{K_p + [H^+]} \tag{5-27a}$$

$$\overline{[B]} = K_0 C \frac{K_p}{K_p + [H^+]} \tag{5-27b}$$

设

$$K = \frac{\overline{[AH]}}{C} \tag{5-28a}$$

$$K=\frac{\overline{[B]}}{C} \tag{5-28b}$$

式中，K 称为表观分配系数，则有

$$K=K_0 \frac{[H^+]}{K_p+[H^+]} \tag{5-29a}$$

$$K=K_0 \frac{K_p}{K_p+[H^+]} \tag{5-29b}$$

由上式可看出，溶质在两相中的分配与有机溶剂及水相性质有关。

（二）化学萃取平衡

采用有机溶剂萃取氨基酸及一些极性较大的抗生素时，由于这些物质的水溶性很强，在有机溶剂中分配系数很小或者为零，因此需要采用化学萃取的方法，即借助萃取剂提高溶质的分配系数。下面以氨基酸为例简要介绍一下化学萃取平衡。

氨基酸的解离平衡式为

$$\underset{\substack{|\\ \text{NH}_3^+\\ (\text{A}^+)}}{\text{RCHCOOH}} \xleftrightarrow{K_1} \underset{\substack{|\\ \text{NH}_3^+\\ (\text{A})}}{\text{RCHCOO}^-}+\text{H}^+ \tag{5-30a}$$

$$\underset{\substack{|\\ \text{NH}_3^+\\ (\text{A})}}{\text{RCHCOO}^-} \xleftrightarrow{K_2} \underset{\substack{|\\ \text{NH}_3^+\\ (\text{A}^-)}}{\text{RCHCOO}^-}+\text{H}^+ \tag{5-30b}$$

式中，K_1、K_2 分别为氨基酸的解离平衡常数；A、A^+、A^- 分别为偶极离子、阳离子和阴离子，则

$$K_1=\frac{[\text{A}][\text{H}^+]}{[\text{A}^+]} \tag{5-31}$$

$$K_2=\frac{[\text{A}^-][\text{H}^+]}{[\text{A}]} \tag{5-32}$$

常用于氨基酸的萃取剂有季铵盐类、磷酸酯类等，有些萃取剂［如三辛基甲基氯化铵（TOMAC）］只能与阴离子型氨基酸发生离子交换反应，因此称其为阴离子交换萃取剂；有些萃取剂［如二（2-乙基己基）磷酸，D2EHPA］只能与阳离子型氨基酸发生离子交换反应，称其为阳离子交换萃取剂，下面仅以三辛基甲基氯化铵（记作 R^+Cl^-）为例简要介绍氨基酸的分配平衡。三辛基甲基氯化铵与阴离子型氨基酸发生的离子交换反应式如下：

$$\overline{\text{R}^+\text{Cl}^-}+\text{A}^- \Longleftrightarrow \overline{\text{R}^+\text{A}^-}+\text{Cl}^- \tag{5-33}$$

式中，上划线表示该组分存在于萃取相中，则离子交换平衡常数为

$$K_{e,\text{Cl}}=\frac{\overline{[\text{R}^+\text{A}^-]}[\text{Cl}^-]}{[\text{A}^-]\overline{[\text{R}^+\text{Cl}^-]}} \tag{5-34}$$

令 C_A 为水相中氨基酸的总浓度，则有

$$C_A=[\text{A}^+]+[\text{A}^-]+[\text{A}] \tag{5-35}$$

故氨基酸和 Cl^- 的表观分配系数可表示为

$$K_A=\frac{\overline{[\text{R}^+\text{A}^-]}}{C_A} \tag{5-36}$$

$$K_{Cl} = \frac{\overline{[R^+Cl^-]}}{[Cl^-]} \tag{5-37}$$

由式（5-31）、式（5-32）、式（5-35）～式（5-37）可推出

$$K_A = K_{e,Cl} K_{Cl} \left[1 + \frac{[H^+]}{K_2} + \frac{[H^+]^2}{K_1 K_2} \right]^{-1} \tag{5-38}$$

一般阴离子氨基酸的离子交换反应需要在高于其等电点的 pH 范围内进行，因此 [A⁺] 可忽略不计，则上式可简化为

$$K_A = K_{e,Cl} K_{Cl} \frac{K_2}{K_2 + [H^+]} \tag{5-39}$$

由上式可看出，在化学萃取平衡中，溶质在两相中的分配也与有机溶剂及水相性质有关。

二、影响有机溶剂萃取的因素

（一）水相条件的影响

影响萃取操作的因素很多，主要有 pH、温度、盐析、带溶剂等。

1. pH　　pH 是影响萃取操作的重要因素，主要表现在两方面，一是影响表观分配系数 [见式（5-29）]，因而影响产物（溶质）的萃取效率。一般弱酸性电解质的表观分配系数随 pH 降低而增加，而弱碱性电解质的分配系数则随 pH 降低而升高。例如，对于弱碱性电解质红霉素，其萃取剂为乙酸戊酯，当 pH 为 9.8 时，分配系数为 44.7，而当水相 pH 降至 5.5 时，分配系数也变成 14.4。二是影响选择性。一般在酸性条件下，酸性产物可被有机溶剂萃取得到，而碱性杂质则会形成盐留在水相中，如果杂质也为酸性，则应根据产物和杂质的酸性强弱选择合适的 pH；对于碱性产物，则应该在碱性条件下萃取。此外，pH 还可影响产物的稳定性。

2. 温度　　温度也是影响萃取操作的重要因素，选择合适的温度有利于产物（溶质）的回收和纯化。一般说来，温度越高，萃取速率越大，但生化产物在高温时不稳定，因此萃取一般在室温或较低温度下进行。此外温度也通过影响溶质的化学势而影响分配系数。

3. 盐析　　溶剂萃取过程中，一些无机盐如硫酸铵、氯化钠等盐析剂的存在也会影响溶质的分配，其主要作用是降低溶质在水中的溶解度，使其更易转入有机溶剂中，同时还可以减少有机溶剂在水中的溶解度。例如，提取维生素 B_{12} 时，加入硫酸铵可促进维生素 B_{12} 从水相到有机相的转移。但使用盐析剂时要注意加入的量要适宜，用量过多可能会促使杂质也转入有机相中，此外还要考虑经济性的问题。盐析剂的加入还可以促进溶质的解离，提高分配系数。

4. 带溶剂　　有的溶质水溶性很强，但在有机相中溶解度很小，因此需要借助带溶剂来提高其收率和选择性。带溶剂是指易溶于溶剂中并能够和溶质形成复合物且此复合物在一定条件下又容易分解的物质，也称为化学萃取剂。例如，水溶性较强的碱（如链霉素）可与脂肪酸 [如月桂酸 $CH_3(CH_2)_{10}COOH$] 形成复合物而能溶于丁醇、乙酸丁酯、异辛醇中，在酸性条件下（pH 5.5～5.7），此复合物分解成链霉素而可转入水相。链霉素在中性下能与二异辛基磷酸酯相结合，而从水相萃取到三氯乙烷中，然后在酸性条件下，再萃取到水相。链霉素还能和二元羧酸的单酯（如 2-乙基-己基邻苯二甲酸单酯）形成能溶于异戊醇的复合物。又如，青霉素可用脂肪碱（正十二烷胺、四丁胺等）作为带溶剂，形成复合物而溶于氯仿中。这样可以提高萃取收率，并可以在较有利的 pH 范围内操作。这种正负离子结合成对的萃取，也称为离子对萃取。土霉素在碱性条件下成负离子能与溴代十六烷基吡啶相结合而溶于异辛醇中，然后再在酸性条件下萃取到水相。也可

看作土霉素负离子与溴离子相交换而溶于异辛醇中，因此这种带溶剂有时也称为液离子交换剂。柠檬酸在酸性条件下，可与磷氧键类萃取剂［如磷酸三丁酯（TBP）］形成中性络合物进入有机相（$C_6H_8O_7 \cdot 3TBP \cdot 2H_2O$）。

（二）有机溶剂的选择

有机溶剂萃取的关键就是萃取剂的选择，因为溶剂除应对产物（溶质）有较好的溶解性外，还拥有良好的选择性。选择有机溶剂的原则就是"相似相溶"。分子间的相似包括两方面：一是分子结构相似，如分子的组成、官能团、形态结构等；二是分子间相互作用力相似。其中对于后者考虑较多的是分子的极性。根据溶质的介电常数选择极性相近的溶剂作为萃取剂，这是溶剂选择的重要方法之一。

介电常数是一个化合物摩尔极化程度的量度，物质的介电常数 ε 可表示为

$$\varepsilon = \frac{C}{C_0} \tag{5-40}$$

式中，C 为物质在电容器中的静电容量值（F）；C_0 为无介质时，同一电容器中的静电容量值（F）。

如果以 ε_1、ε_2 分别表示测试液体和标准液体的介电常数，则有

$$\frac{\varepsilon_1}{\varepsilon_2} = \frac{C_1}{C_2} \tag{5-41}$$

式中，C_1、C_2 分别为电容器内充满测试液体与标准液体时的静电容量值（F），可以通过实验测得；而 ε_2 为已知值，则 ε_1 就可通过上式计算获得。一些常用溶剂的介电常数列于表 5-1 中。

表 5-1　各种溶剂的介电常数（25℃）（毛贵忠，2013）

溶剂	介电常数	溶剂	介电常数	溶剂	介电常数
己烷	1.90（极性最小）	二乙醚	4.34	丙酮	20.7
环己烷	2.02	氯仿	4.87	丙醇	22.2
四氯化碳	2.24	乙酸乙酯	6.02	乙醇	24.3
苯	2.28	2-丁醇	15.8	甲醇	32.6
甲苯	2.37	1-丁醇	17.8	甲酸	59
		1-戊醇	20.1	水	78.54（极性最强）

选择有机溶剂时，除要考虑"相似相溶"外，还应满足以下条件：①单位体积的萃取剂能萃取大量产物；②只萃取溶质而不萃取杂质；③与水相互溶性低，黏度低，表面张力小或适中；④易回收再生；⑤化学稳定性好，不易分解，对设备腐蚀性小；⑥价廉易得；⑦无毒或低毒，闪点高，安全性好。生物化工上常用的萃取剂主要有丁醇、乙酸乙酯、乙酸丁酯、甲基异丁基酮等。

（三）乳化现象

生产上常发生的乳化现象也会影响溶剂萃取的操作。乳化是一种液体分散在另一种不相混合的液体中的现象。乳化会使有机相和水相分层困难，出现两种夹带，一种是发酵液废液中夹带有机溶剂微滴，会造成总发酵单位的损失；另一种是有机溶剂相中夹带发酵液微滴，这样给以后的精制造成困难。

乳化现象发生后，可能产生两种形式的乳浊液，一种是油（有机相）以油滴分散在水中的水

包油型或 O/W，另外一种是水以水滴分散在油中的油包水型或 W/O。乳化现象发生的原因是生物工程所得到发酵液（如抗生素发酵液）中往往含有蛋白质等表面活性物质，由蛋白质引起的乳化构成形式为 W/O 型，液滴平均粒径为 2.5～30μm。在萃取过程中，蛋白质的亲水基和疏水基使其在溶剂相与水相间形成稳定的乳化层，造成相分离困难。增加动力消耗，降低了离心机的理论级数，还造成产品收率和质量下降及溶剂消耗增加。因此需要采取措施破坏乳浊液。

萃取之前可对发酵液进行预先处理，采用超滤等方法，降低其中表面活性物质如蛋白质的含量，避免乳化的产生，这是最经济有效的措施。当乳化发生后，可采用以下方法破坏乳浊液：①使乳浊液黏度降低；②当乳化不严重时，可用过滤或离心分离的方法，使分散的细微颗粒互相碰撞而聚沉；③加入适量的电解质如 NaCl、NaOH、KCl 及铝离子等，使其电荷中和而聚沉；④在 O/W 型乳浊液中，加入亲油性表面活性剂，同样，在 W/O 型乳浊液中，加入亲水性表面活性剂，会使乳浊液破坏。在抗生素发酵工业中常用的去乳化剂有两种，一种是阳离子表面活性剂溴代十五烷基吡啶，它在水中的溶解度为 6%，在有机溶剂中溶解度较小，因此适用于破坏 W/O 型乳浊液，去乳化效果很好。另一种是阴离子表面活性剂十二烷基磺酸钠，这是一种淡黄色透明液体，易溶于水，微溶于有机溶剂，适用于破坏 O/W 型乳浊液，且价格较廉。用于生化物质提炼中的去乳化剂，除考虑去乳化能力外，还应注意不要污染发酵产物和影响产品质量。

三、有机溶剂萃取的设备及工艺过程

（一）有机溶剂萃取的常用设备

有机溶剂萃取广泛应用于湿法冶金、石油化工、环境保护、原子能化工和生物工程等领域。随着生产规模的不断扩大及产品质量的日益提高，人们对萃取设备也提出了更高的要求，近年来，萃取设备在理论研究和工业应用方面都得到了迅速的发展，出现了多种性能优越、新型、高效的萃取设备。

不同的萃取设备具有不同的特点，适用于不同的场合。根据两相接触方式可分为逐级接触式萃取设备和连续接触式（微分接触式）萃取设备。逐级接触式萃取设备由一系列独立的接触级组成，混合澄清器就是其中典型的一种；在连续接触式萃取设备中，两相在连续逆流流动过程中接触并进行传质，两相浓度连续发生变化，各种柱式萃取设备便属于此类。根据产生逆流的方式，萃取设备可分为借助重力产生逆流和借助离心力产生逆流的设备。例如，喷淋柱、填料柱就是利用重力（两相的密度差）来达到混合和逆流流动。此外，萃取设备还可以根据设备结构分为混合澄清器、萃取塔和离心萃取器。

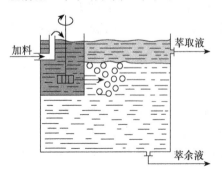

图 5-6　混合澄清器结构

1. 混合澄清器　混合澄清器是最早使用而且目前仍在广泛应用的萃取设备。常见的混合澄清器有箱式混合澄清器、带浅层澄清器的混合澄清器、戴维·麦基（Davy McKee）混合澄清器、CMS 混合澄清器、IMI 混合澄清器等。其基本结构如图 5-6 所示，一般由混合室和澄清室两部分组成，混合室中装有搅拌器，用以促进液滴破碎和均匀混合。有些搅拌器还能抽吸水相，借此保证水相在级间流转。澄清室是水平截面积较大的空室，有时装有导板和丝网，用以加速液滴的凝聚分层。在生产过程中，物料和有机溶剂在混合室中借助于搅拌作用而相互混合，进行传质，然后进入澄清室借助重力作用进行分离。混合澄清器可以单级使用，也可以多级串联组合使用。

混合澄清器结构简单，能处理含有固体悬浮物的物料，容易放大和操作，能够适应各种生产规模，但占地大，溶剂储量大，并且需要动力搅拌装置和级间的物流输送设备，因此设备费和操作费较高。一般多用于萃取速率慢、对化学反应速率有较大影响的过程。

2. 萃取塔 　　除混合澄清器外，萃取塔也是常用的有机溶剂萃取设备。萃取塔一般分为逐级接触式和连续接触式，主要有喷淋塔、填充塔、筛板塔、转盘塔、脉动塔和振动板塔等。一般塔体都是直立圆筒。轻相自塔底进入，由塔顶溢出；重相自塔顶加入，由塔底导出；两者在塔内作逆向流动。

（1）**脉动塔**　　脉动塔是一种重要的逆流微分接触设备，1935年由 van Dijck 发明。脉动塔的结构如图 5-7 所示。塔的主体是直径比较大的筒体，中间水平装有若干块不锈钢或由其他材料制成的无降液管的筛板，筛板可由支撑柱或固定环按一定板间距固定。脉动塔的上下两端分别设有上澄清段和下澄清段，其直径比柱径大得多，这样可以减小两相的流速，以保证有足够的时间澄清。在塔的主体部分装有两相的进出口管和脉冲管等。

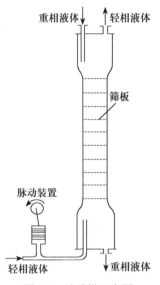

图 5-7　脉动塔示意图

由脉动装置产生的脉动液流，通过管道引入塔底，使全塔液体作往复脉动。脉动液流在筛板或填料间作高速相对运动产生涡流，促使液滴细碎和均匀分布。进入脉动塔的两个液相，按密度可区分为重相和轻相，在这两相中可任选一项作为分散相。分散相须先经过一个液体分布器分散成细液滴后进入连续相中。

脉动塔具有以下优点：①结构简单；②两相在塔内停留时间短，两相流动及传质效果好；③体积小，易于操作；④无传动部件，易于实现远距离控制；⑤容易放大。适合处理量小或物系较难分离、要求较高的场合。

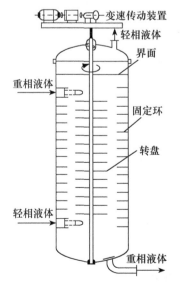

图 5-8　转盘塔的结构示意图

（2）**转盘塔**　　转盘塔属于机械搅拌萃取塔。最早由壳牌石油公司的阿姆斯特丹实验室于 1948～1951 年开发完成。

转盘塔的结构如图 5-8 所示。它是由带有水平静环挡板的垂直的圆筒构成。静环挡板为中心开孔的平板，将圆筒分成一系列萃取室。萃取室中央有一转盘，其直径略小于静环挡板的开孔直径。一系列转盘平行安装在转轴上。最上面的静环挡板和最下面的静环挡板之间是萃取段，萃取段的上端和下端是两个澄清段，分别用来澄清轻相和重相。在萃取段和澄清段之间装有大孔筛板。

工作时，轻相和重相分别由塔底和塔顶进入转盘塔，在塔内两相逆流接触，并在转盘的作用下，分散相形成小液滴，连续相形成湍流，从而增加两间的传质面积。完成萃取的轻相和重相再分别由塔顶和塔底流出。

转盘塔结构简单，造价低廉，维修方便，操作弹性和通量较大，效率较高，在石油化学工业中得到较广泛的应用。但是

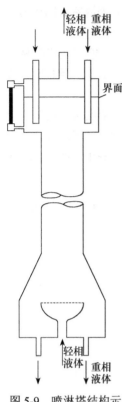

图 5-9 喷淋塔结构示意图（汪家鼎，2001）

对密度差小的体系处理能力较弱；不能处理流比很高的情况；处理易乳化的体系有困难；扩大设计方法比较复杂。该塔还可作为化学反应器。

（3）喷淋塔　　喷淋塔是一种最简单的连续逆流萃取塔，其结构如图 5-9 所示。

喷淋塔无任何内件，是由空的塔壳、导入两相的分布器和两相的导出装置等构成。如果轻相为分散相，则重相为连续相，从塔顶引入，充满整个萃取塔，并从塔底通过液封管流出；轻相从塔底部进入，通过分散器分散成细小的液滴，并与向下流动的重相逆流接触。

喷淋塔结构简单，阻力小，投资费用少，易维护，容易处理腐蚀性材料，但两相很难均匀分布，轴向返混严重，分散相在塔内只有一次分散，无凝聚和再分散作用，萃取效率一般很低，提供的理论级数不超过2 级，因而它的使用受到限制，只能在一些要求不高的洗涤和溶剂处理过程中有所应用。

3. 离心萃取器　　离心萃取器是一种高效、快速的有机溶剂萃取设备。与混合澄清器和萃取塔不同，离心萃取器的工作原理是在离心力场中对密度不同而又不相溶的两种液体的混合液进行分离。自 20 世纪 30年代问世以来，离心萃取器发展迅速，至今已有多种类型，广泛应用于制药、冶金、废水处理和石油化工等领域。

离心萃取器的分类方法有很多，根据两相接触方式可分为逐级接触式和连续接触式；根据安装方式可分为卧式和立式；按单台离心萃取器所包含的级数可分为单台单级式和单台多级式；按转速可分为高速式和低速式。下面简要介绍两种常用的离心萃取器。

（1）连续接触式离心萃取器　　波氏（Podbielniak）离心萃取器是最早使用的离心萃取器，于 1934 年发明，它主要由轴、转鼓和外壳组成（图 5-10）。转鼓内有多层带筛孔的同心圆筒，转速一般为 2000～5000r/min。运行时两相液体在压力作用下通过轴进入设备内，轻相经过筛板筒圆柱体的通道被引入转鼓外缘，重相被引入转鼓中心部位。由于受到离心力的作用，重相向转鼓

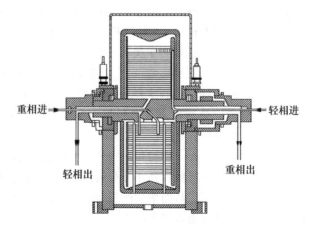

图 5-10　波氏（Podbielniak）离心萃取器（汪家鼎，2001）

外缘移动，而轻相被挤向转鼓中心部位。两相液体沿径向逆流通过筛板筒并进行混合和传质。最后重相从转鼓最外部进入出口通道而流出萃取器，轻相则在中心部位进入出口通道。

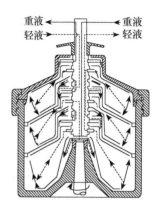

图 5-11 鲁威斯达式离心萃取器（汪家鼎，2001）

除波氏离心萃取器外，美国和瑞典联合开发的 Alfa-Laval 离心萃取器、德国开发的 Quadronic 离心萃取器均属于连续接触式离心萃取器。

（2）逐级接触式离心萃取器　　鲁威斯达式（Luwesta）离心萃取器是德国研制的一种立式单台多级离心萃取器，结构如图 5-11 所示，其主要结构是转筒、空心轴和转轴。转筒内装有圆形环，它们同转筒下部连接的转轴一起高速旋转。空心轴装在转筒中央，是固定不变的，上面有环形盘，并有喷嘴或装有分配环或收集环。运行时两相液体都由空心轴顶部进入，重相在空心轴内沿管线进入下部，而轻相则进入上部，两相液体沿图中所示直线（重相）和虚线（轻相）表示的路线活动。在空心轴内，来自上一级的轻相和来自下一级的重相汇合，然后经空心轴上的喷嘴（或分布环）进入空心轴上的两个环形盘之间的通道，在离心力作用下，两相混合液被甩到转筒的外缘进行分相。分离后的两相沿不同的通道进入各自的收集环，重相向上进入上一级，轻相向下进入下一级。这样反复混合、澄清，最后两相分别经设在空心轴内的出口管线从顶部排出。

除鲁威斯达式离心萃取器外，法国研制的 LX 型离心萃取器也属于逐级接触式离心萃取器，目前主要应用于生物制药工业。

由于具有结构紧凑、操作简便、处理量较大、滞液量小、接触时间短、单级萃取率高、可单台也可以多级串联萃取的优点，离心萃取器特别适用于两相密度差很小或易乳化的体系，并且由于物料在机内的停留时间很短，因此也适用于化学和物理性质不稳定的物质的萃取。萃取过程中可以利用离心力加速液滴的沉降分层，允许加剧搅拌使液滴细碎，从而强化萃取操作。但是设备费用较高，制造难度大。

（二）有机溶剂萃取的工艺过程

有机溶剂萃取除在传统化工领域得到广泛应用外，近年来在生物工程方面的应用也发展较快，常用于发酵产品的杂质分离、混合物的分离、浓缩和提纯，如青霉素、红霉素和四环素等抗生素的提取，柠檬酸、乙酸等有机酸的提取及氨基酸的提取等。下面以青霉素的萃取分离工艺为例简要介绍一下溶剂萃取的基本工艺。

青霉素的提取、浓缩、精制多采用有机溶剂萃取法，青霉素在不同的 pH 条件下，存在形式不同，在 pH 为 2 时，以青霉素酸的形式存在，能溶于有机溶剂中；而在 pH 为 7 时，则形成青霉素盐，能溶于水中。青霉素的提取就是利用青霉素盐易溶于水，而青霉素酸易溶于有机溶剂的性质反复在溶剂相和水相间转移，达到提纯和浓缩的目的。

青霉素的提取和部分精制工艺流程如图 5-12 所示。其萃取过程一般分为 3 步：①将滤液经稀硫酸酸化（pH 2.0～2.2），把青霉素抽提到有机溶剂中；②用 pH 6.8～7.2 的磷酸缓冲液或碳酸氢钠水溶液，把青霉素从有机相转移到水相中；③在青霉素缓冲液中加稀硫酸，调 pH 2.0～2.2，又把青霉素从水相转移到有机相中。最后经浓缩提纯后送至结晶工序。

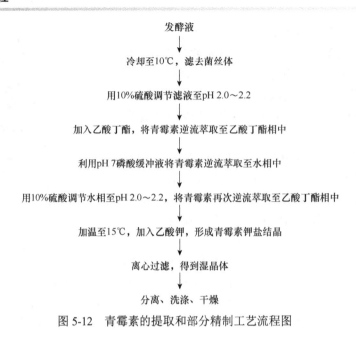

图 5-12　青霉素的提取和部分精制工艺流程图

第三节　双水相萃取

在第二节中详细介绍的有机溶剂萃取应用于提取生物大分子物质（蛋白质或酶类）是难以实现的，其主要原因是许多生物大分子不能溶于有机溶剂，而且在有机溶剂中易变性失活。双水相萃取技术就是针对生物活性大分子物质的提取开发的一种新型液液萃取技术，目前，双水相萃取技术已实现了细胞器、细胞膜、病毒等多种生物体和生物组织及蛋白质、酶、核酸、多糖、生长素等大分子生物物质的分离与纯化，取得了较好的成效。近年来，双水相萃取技术的分离对象进一步扩大，已包括了抗生素、多肽和氨基酸、重金属离子和植物有效成分中的小分子物质。

一、概述

双水相萃取（aqueous two-phase extraction，ATPE）技术开始于 20 世纪 60 年代，很早人们就注意到，溶液的分相不一定完全依赖于有机溶剂，在一定条件下，水相也可以形成两相甚至多相。1896 年，Beijerinck 发现，当明胶与琼脂或明胶与可溶性淀粉溶液相混时，得到一个混浊不透明的溶液，随之分为两相，上相含有大部分水，下相含有大部分琼脂（或淀粉），两相的主要成分都是水。这种现象被称为聚合物的不相溶性，这就是双水相系统。1956 年，瑞典隆德大学的 Albertsson 及其同事最早提出了双水相萃取技术并进行了大量的研究工作。他们将双水相萃取技术应用于色谱法从单细胞藻类中分离淀粉核，此后还研究了 PEG-葡聚糖双水相系统和 PEG-无机盐系统在生物分离纯化中的应用。1979 年，德国的 Kula 等首次将双水相萃取技术应用于从细胞匀浆液中提取蛋白质和酶类，大大改善了胞内酶的提取效果。双水相萃取技术由于条件温和，容易放大，可连续操作，因此到目前为止，其几乎在所有生物物质的分离纯化中得到应用。

与传统的液液萃取相比，双水相萃取具有如下特点：①含水量高（70%～90%），双水相萃取是在接近生理环境的温度和体系中进行的，不会引起生物活性物质失活或变性；②分相时间短（特别是聚合物/盐系统），自然分相时间一般为 5～15min；③界面张力小，有助于强化相间的质量传递；④不存在有机溶剂残留问题；⑤大量杂质能与所有固体物质一同除去，使分离过程更经济；⑥设备投资费用少，操作简单，易于实现工程放大和连续操作；⑦大多数目标产物有较高的收率，分配系数一般大于 3。

二、双水相体系的形成

当两种高分子聚合物互相混合时，其结果是分层还是混为一相，主要取决于两个因素：体系熵的增加和分子间作用力。根据热力学定律可知：在混合过程中，体系熵的增加只与分子数量有关，而与分子量无关。因此大分子间混合与小分子间混合相比，其体系熵的增加是相同的。分子间作用力则与分子量有关，分子量越大，分子间作用力也越大。综合以上分析可知，当两种大分子物质相混合时，其混合结果主要由分子间作用力决定。两种聚合物分子间如存在相互排斥作用，即某种分子的周围将聚集同种分子而非异种分子，达到平衡时，就有可能分成两相，而两种聚合物分别进入一相中，这种现象就称为聚合物的"不相溶性"（immiscibility）。两高聚物双水相体系的形成就是依据这一特性。如图 5-13 所示，把 2.2% 的葡聚糖水溶液与等体积 0.72% 的甲基纤维素钠水溶液相混合，静置后可得到两个黏稠的液层，下层含有大部分葡聚糖，上层含有大部分甲基纤维素钠，两相中 98% 以上成分是水。

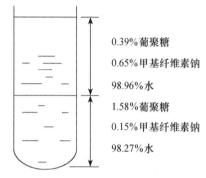

0.39% 葡聚糖
0.65% 甲基纤维素钠
98.96% 水
1.58% 葡聚糖
0.15% 甲基纤维素钠
98.27% 水

图 5-13　葡聚糖和甲基纤维素钠的两相体系（王平诸，2005）

当两种聚合物之间既不存在较强斥力也不存在较强引力或存在很强的引力时，两者能互相结合而存在于一共同的相中。

能形成双水相的聚合物有很多种，如聚乙二醇（polyethylene glycol，PEG）-葡聚糖（dextran，Dx）、聚丙二醇（polypropylene glycol）-聚乙二醇和甲基纤维素（methyl cellulose）-葡聚糖等。除双聚合物系统外，聚合物与无机盐的混合溶液也可形成双水相。例如，PEG-磷酸钾（KPi）、PEG-磷酸铵、PEG-硫酸钠等，典型的双水相系统如表 5-2 所示。在生化工程中得到广泛应用的双水相体系主要是 PEG-Dx 体系和 PEG-无机盐系统。

表 5-2　几种双水相系统（汪家鼎，2001）

非离子型高聚物-非离子型高聚物	聚电解质-非离子型高聚物	聚电解质-聚电解质	高聚物-无机盐
聚丙二醇-聚乙二醇	硫酸葡聚糖钠盐-聚丙二醇	硫酸葡聚糖钠盐-羧甲基纤维素钠	聚乙二醇-磷酸钾
聚丙二醇-聚乙烯醇	羧甲基葡聚糖钠盐-甲基纤维素	硫酸葡聚糖钠盐-羧甲基葡聚糖钠	聚乙二醇-硫酸铵
聚丙二醇-葡聚糖	甲基纤维素钠-聚乙二醇 NaCl	羧甲基葡聚糖钠-DEAE 葡聚糖盐酸	聚乙二醇-硫酸钠
聚乙二醇-聚乙烯醇	DEAE 葡聚糖盐酸-聚乙二醇 NaCl		聚丙二醇-磷酸钾
聚乙二醇-葡聚糖			
聚乙二醇-聚乙烯吡咯烷醇			

三、相图

双水相的形成条件与定量关系可用相图来表示，图 5-14 是两种高分子聚合物和水形成的双水体系的相图，图中以聚合物 Q 的浓度（%，质量分数）为纵坐标，以聚合物 P 的浓度（%，质量分数）为横坐标。

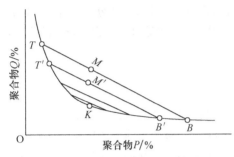

图 5-14 聚合物 P、Q 和水形成的
双水体系的相图（俞俊棠，2003）

图中把均匀区与两相区分开的曲线称为双结线（binodal curve）。如果体系总组成配比取在双结线下面的区域（均匀区），两聚合物均匀溶于水而不分相；如果体系总组成配比取在双结线上方的区域（两相区），则上相中富集了聚合物 Q，下相中富集了聚合物 P。用 M 点代表体系总组成，T 点和 B 点分别代表了相平衡的上相和下相组成，称为结点。T、M、B 在同一条直线上，称为系线（tie line）。在同一系线上不同的点，总组成不同，而上下两相组成相同，只是两相体积 V_T、V_B 不同，但它们服从杠杆原理，则有

$$\frac{V_T}{V_B}=\frac{\overline{BM}}{\overline{MT}} \tag{5-42}$$

式中，V_T、V_B 表示上、下相体积（mL）；$\overline{BM}$、$\overline{MT}$ 分别表示 B 点到 M 点的距离、M 点到 T 点的距离（m）。

若 M 点向双结线移动，系线变得越来越短，T、B 两点逐渐接近，即两相组成差别越来越减小，当 M 点到达双结线 K 点时，体系变成一相。K 点称为临界点（critical point）。

双水相系统的相图、系线和临界点均由实验测得。相图中双结线的位置、形状与聚合物的分子量有关，一般聚合物的分子量越高，相分离所需的浓度越低；两种聚合物的分子量相差越大，双结线的形状越不对称。

四、双水相中的分配平衡

与溶剂萃取相同，蛋白质等生物大分子物质在双水相中的分配系数也服从分配定律，即

$$K=\frac{C_1}{C_2}$$

式中，C_1、C_2 分别为上、下相中溶质的总浓度（mol/L）。

当相系统固定时，分配系数 K 为一常数，与溶质的浓度无关，而溶质能在双水相系统中进行分配主要受体系表面自由能和表面电荷的影响。

（一）表面自由能的影响

体系表面自由能受多种力影响，这里仅以表面张力为代表讨论一下其对分配平衡的影响。

溶质分子在双水相系统中有两种相反的倾向，一种是离子的布朗运动，它使分子均匀分布于整个体系，另一种是作用于分子表面的表面张力，它使离子富集于某相，以保持其能量最低。

设溶质分子为球形，其半径为 R，如图 5-15 所示，则其在双水相中具有三种不同界面（上相、下相、相 1 和相 2 之间）和表面张力（γ_{p1}、γ_{p2}、γ_{12}）：球形分子在上相中的表面自由能 G_1 可表示为 $4\pi R^2\gamma_{p1}$；在下相中的表面自由能 G_2 可表示为 $4\pi R^2\gamma_{p2}$。

众所周知，当体系达到平衡时，溶质的分配总是选择使系统能

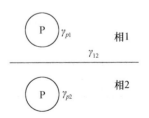

图 5-15 聚合物分子在两相间的分配（俞俊棠，2003）

P. 高聚物；γ_{p1}、γ_{p2}. 高聚物与相 1、相 2 间表面张力；γ_{12}. 相 1 与相 2 间表面张力

量达到最低的那个相。如果设分子自相 2 移至相 1 时所需的能量为 ΔE，根据相平衡时化学位应相等的原则，可推出：

$$K=\frac{C_1}{C_2}=\mathrm{e}^{-\frac{\Delta E}{kT}} \tag{5-43}$$

式中，k 为波尔兹曼常数（$1.380\,66\times10^{-23}$J/K）；T 为热力学温度（K）。

将 G_1、G_2 代入上式中可得

$$K=\frac{C_1}{C_2}=\mathrm{e}^{-\frac{4\pi R^2(\gamma_{p1}-\gamma_{p2})}{kT}} \tag{5-44}$$

如溶质分子为非球形粒子，同理可得其分配系数为

$$K=\frac{C_1}{C_2}=\mathrm{e}^{-\frac{A(\gamma_{p1}-\gamma_{p2})}{kT}} \tag{5-45}$$

式中，A 为溶质分子的表面积（m^2）。

从式（5-44）和式（5-45）中可看出，在一确定的两相系统中，分配系数主要由溶质分子的表面积和表面性质决定。如果假设溶质颗粒具有相同的表面性质，则 $\gamma_{p1}-\gamma_{p2}$ 为一常数，令 $\lambda=\gamma_{p1}-\gamma_{p2}$，又因为表面积与分子量 M 大致成正比，则式（5-44）和式（5-45）可概括为

$$K=\frac{C_1}{C_2}=\mathrm{e}^{\frac{M\lambda}{kT}} \tag{5-46}$$

式中，λ 为溶质表面性质常数。

从式（5-46）中可看出，如有两种大分子聚合物，具有不同的表面性质，对于一种聚合物 $\gamma_{p1}>\gamma_{p2}$，则其 $K<1$，而对于另一种聚合物 $\gamma_{p1}<\gamma_{p2}$，则其 $K>1$，因而两种大分子能达到分离。颗粒越大，则前者的 K 越小，后者的 K 越大，因此利用双水相萃取系统分离大分子物质是很适合的。

（二）表面电荷的影响

在双水相系统中常含有电解质，当这些粒子在两相中分配不相等时，就会在相间产生电位，通常称其为唐南电势（Donnan potential），用 $\Delta\phi$ 表示，则有

$$\Delta\phi=\frac{RT}{(Z^++Z^-)F}\ln\frac{K_{B^{z-}}}{K_{A^{z+}}} \tag{5-47}$$

式中，Z^+、Z^- 分别表示一种电解质的阳、阴离子的电荷数；$K_{B^{z-}}$、$K_{A^{z+}}$ 分别表示当阳、阴离子不带电时在两相间的分配系数；F 为法拉第常数（$96\,485.3383\pm0.0083$C/mol）；R 为气体常数 [8.3144J/（mol·K）]；T 为热力学温度（K）。

从上式中可看出，当一种电解质的阳、阴离子对两相有不同亲和力，即 $K_{A^{z+}}$、$K_{B^{z-}}$ 不相等时就会产生电位差。阳、阴离子的离子价之和越大，电位差就越小。

综合以上分析，在双水相系统中，表面自由能和表面电荷是影响分配系数的最主要因素。它们的关系可用下式表示

$$-\log K=\alpha\Delta\gamma+\delta\Delta\phi+\beta \tag{5-48}$$

式中，α 为表面积；$\Delta\gamma$ 为两相面表面自由能之差；δ 为电荷数；$\Delta\phi$ 为电位差；β 为一个热力学量，包含标准化学位和活度系数等。

虽然从上式中可以看出，分配系数与表面自由能、表面电荷呈指数关系，但目前还不能定

量分析分配系数和溶质各种性质的关系，最适宜的操作条件和工艺参数还是主要通过实验方法得到。

五、影响双水相分配系数的主要因素

在双水相系统中，表面自由能和表面电荷是影响分配系数的最主要因素。表面自由能主要用来描述疏水作用，改变聚合物的种类、分子量、浓度都会对相的疏水性有影响；而改变系统中的盐类、温度、pH 会影响相间电位差。因此影响双水相分配系数的具体因素有很多，选择合适的参数可得到较高的分配系数和选择性。

（一）成相聚合物的分子量

当成相聚合物的分子量降低时，被分配的蛋白质（溶质）更易分配于富含该聚合物的相。例如，在 PEG-Dx 系统中，如果降低 PEG 的分子量，则会使蛋白质的分配系数增大；而减小 Dx 的分子量，则分配系数减小。这条普遍规律已被热力学理论所证实，适用于所有成相聚合物系统和生物大分子溶质。

（二）聚合物的浓度

从图 5-14 中可看出，双水相体系的组成越接近临界点，可溶性生物大分子如蛋白质的分配系数越接近 1，蛋白质均匀分配于两相。例如，成相聚合物的总浓度或聚合物盐总浓度增加时，系统就远离临界点，系线就越长，上相和下相相对组成的差别就越大，蛋白质就趋向于一侧分配。此外当组成远离临界点时，系统表面张力也增加，细胞等固体颗粒易集中在界面上。

（三）盐的种类

双水相系统中通常含有缓冲液和无机盐等电解质，当这些无机离子在两相中分配系数不同时（即盐的正负离子对两相有不同的亲和力），将在两相间产生电位差，从而影响带电荷生物大分子的分配［见式（5-47）］。例如，在 PEG-Dx-磷酸钠系统中，当 pH=6.9 时，溶菌酶带正电，卵蛋白带负电；加入 NaCl 时，查表 5-3 可知，Na^+ 的分配系数小于 Cl^- 的分配系数，故系统上相电位低于下相，则这种电位差使溶菌酶分配系数增大，而使卵蛋白的分配系数减小，因此加入某种盐类，会通过影响相间电位而大大促进带相反电荷的蛋白质的分离。表 5-3 列出了一些离子的平衡常数。

表 5-3 一些离子的平衡常数（俞俊棠，2003）

正离子	K^+	负离子	K^-
K^+	0.824	I^-	1.42
Na^+	0.839	Br^-	1.21
NH_4^+	0.92	Cl^-	1.12
Li^+	0.996	F^-	0.912

注：双水相萃取系统，8%（质量分数）PEG 4000，8%（质量分数）Dextran-T 500，25℃，界面电位等于零

（四）盐的浓度

研究发现，盐类浓度也会影响蛋白质的分配，但当盐类浓度达到一定程度时，影响减弱。当

盐类溶度很大时，由于盐析作用，蛋白质很容易分配到上相。分配系数几乎随盐浓度增加呈指数增加。盐浓度对蛋白质分配的影响主要体现在两个方面，一是影响蛋白质表面的疏水性，二是扰乱双水相系统，改变各相中成相物质的组成和相体积比。因此可以通过调节双水相的盐浓度有效地萃取分离不同的蛋白质。

（五）pH

蛋白质的分配系数随 pH 的变化而发生变化，并且 pH 的微小变化，会使蛋白质的分配系数改变 2~3 个数量级。这是因为体系的 pH 会影响蛋白质的离解程度，从而改变蛋白质所带电荷的性质与大小，此外 pH 还可以改变磷酸盐的离解度，进而影响相间电位差。

萃取体系中加入不同的非成相盐，pH 的影响程度不同。但是在蛋白质的等电点处蛋白质不带电荷，对不同的盐，分配系数相同，因此加入不同盐所测的分配系数与 pH 的关系曲线的交点即等电点。这种方法称为等电点测定的交错分配法。

（六）温度

温度可通过影响双水相系统的相图而影响蛋白质的分配系数。其作用在临界点附近尤为明显，如果远离临界点，温度的影响就会变小。由于采用较高的操作温度，不但可以使体系的黏度降低，有利于相的分离，而且可以节省冷冻费用，此外，成相的高分子聚合物对生物活性物质还有一定的稳定作用，因此大规模双水相萃取一般采用常温操作。

（七）细胞浓度

细胞浓度是影响萃取的一个重要参数，它会影响蛋白质等可溶性生物活性大分子的分配。此外大量细胞或细胞碎片的存在会使体系两相的黏度尤其是下相的黏度增加，并且可能会不同程度地扰乱成相系统，使上下相体积比降低，从而影响蛋白质收率，使蛋白质被更多地转移到下相中。一般来说，1kg 萃取体系中加入 200~400g 湿细胞为宜。

除以上因素可影响双水相萃取的分配系数外，有文献报道，在 PEG 上引入电荷也可以增大两相间电位差，提高分配系数。

六、双水相萃取的设备及工艺过程

双水相萃取技术由于其条件温和、容易放大、可连续操作等众多优点，在生物工程方面的应用越来越广泛。目前，双水相萃取技术已用于多种生物体、生物组织及大分子生物物质的分离与纯化，并取得了较好的成效。双水相萃取的设备及工艺过程见数字资源 5-1。

数字资源
5-1

第四节 液 膜 萃 取

膜分离是较为高效的生物分离技术，但传统固体膜尚存在着选择性低和通量小的缺点，因此人们试图改变固体高分子膜的状态，使穿过膜的扩散系数增大、膜的厚度变小，从而使透过速度跃增，并再现生物膜的高度选择性迁移。于是，在 20 世纪 60 年代中期诞生了一种新的膜分离技术——液膜分离法（liquid membrane separation），又称液膜萃取法（liquid membrane extraction）。这是一种以液膜为分离介质、以浓度差为推动力的膜分离操作。它与溶剂萃取虽然机制不同，但都属于液液系统的传质分离过程。

一、液膜及其分类

（一）液膜概念

液膜是从生物膜奇妙的选择性输送功能上得到启发而仿造的一种人工膜。液膜是一层很薄的液体（称为膜相）。这层液体既可以是水溶液，也可以是有机溶液。它使两个组成不同而又互溶的溶液隔开。通常被隔开的溶液是水溶液，膜相则是与内外水相都不互溶的油性物质，通过渗透作用达到选择性分离。

当液膜为水溶液时（水型液膜），其两侧的液体为有机溶剂；当液膜由有机溶剂构成时（油型液膜），其两侧的液体为水溶液。因此，液膜萃取可同时实现萃取和反萃取。这是液膜萃取法的主要优点之一，对于简化分离过程、提高分离速度、降低设备投资和操作成本是非常有利的。

（二）液膜组成

液膜分离系统的膜相通常由膜溶剂、表面活性剂、流动载体、膜增强剂构成。而被膜相隔开的两液相，一相是待处理的料液，另一相是用于接受目标组分的反萃取相。

1. 膜溶剂　　膜溶剂是膜相的基体物质，一般占膜相总量的 90% 左右，相当于生物膜类脂双分子层中的疏水部分。使用较多的膜溶剂是高分子烷烃、异烷烃类物质。较理想膜溶剂一般应满足以下条件。

1）能保持操作过程的稳定性，有一定的黏度，又不溶解于内外水相。

2）具有良好的溶解性，能优先溶解欲提取物质，而对杂质的溶解越少越好，同时对膜相中的其他组分也有较好的互溶性。

3）与水相应有一定的相对密度差，以利于操作后期膜相与料液的分离。

2. 表面活性剂　　表面活性剂是液膜分离系统中稳定油水分界面的最重要组分，相当于生物膜类脂双分子层的亲水端，其含量占液膜组成的 1%～5%。因为它不仅决定液膜的稳定性，而且影响分离效率及膜相的循环使用，所以对其选择非常重要。

3. 流动载体　　事实上流动载体常常是某种萃取剂，能对欲提取的物质进行选择性搬运迁移，相当于生物膜中的蛋白质载体，其含量占液膜组成的 1%～5%，对液膜分离的选择性和膜的通量（或分离速度）起决定性作用。

4. 膜增强剂　　膜增强剂能起到增强膜稳定性的作用，使膜在分离操作时不会过早破裂，而在破乳工序中液膜层又容易破碎，以利于膜相与内水相的分离。

（三）液膜分类

液膜根据其结构可分为多种，但具有实际应用价值的主要有以下 3 种。

1. 乳状液膜　　乳状液膜是悬浮在液体中的乳液微粒。微粒内常为接受被分离组分的液体，称为内水相；微粒外常为含有被分离组分的料液，作为连续相，称为外水相，处于两者之间的成膜的液体为膜相，三者组成液膜分离体系。

乳状液膜根据成膜液体的不同，分为（W/O）/W（水-油-水）和（O/W）/O（油-水-油）两种。在生物分离中主要应用（W/O）/W 型乳状液膜，见图 5-16。

乳状液膜的膜溶液主要由膜溶剂、表面活性剂和添加剂（流动载体）组成，其中膜溶剂含量占 90% 以上，而表面活性剂和添加剂分别占 1%～5%。表面活性剂起稳定液膜的作用，是乳状液

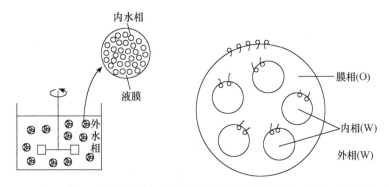

图 5-16 （W/O）/W（水-油-水）型乳状液膜示意图（孙彦，2013；严希康，2001）

膜的必需成分。因此，乳状液膜又称为表面活性剂液膜（surfactant liquid membrane）。

向溶有表面活性剂和添加剂的油中加入水溶液，进行高速搅拌或超声波处理，制成 W/O（油包水）型乳化液，再将该乳化液分散到第二个水相（通常为待分离的料液）进行第二次乳化即可制成（W/O）/W 型乳状液膜，此时第二个水相为连续相。

W/O 乳化液滴直径一般为 0.1～2mm，内部包含许多微水滴，直径为数微米，液膜厚度为 1～10μm。乳状液膜中表面活性剂有序排列在油水分界面处，对乳状液膜的稳定性起至关重要的作用，并影响液膜的渗透性。此外，液膜中的添加剂主要是液膜萃取中促进溶质跨膜输送的流动载体，为溶质的选择性化学萃取剂。

乳状液膜具有以下一些特性：①乳状液膜是三相体系；②内相与互不相溶的有机溶剂形成乳滴；③分离物经液膜进入膜内受体相；④提取和浓缩同时进行；⑤具有高的比表面积和高的传质速度；⑥具有高的选择性；⑦操作简便，成本低。

2. 支撑液膜

（1）构成　　支撑液膜是由溶解了载体的膜相溶液在表面张力作用下，依靠聚合凝胶层中的化学反应或带电荷材料的静电作用，含浸在多孔支撑体的微孔内而制得的，如图 5-17 所示。

由于将液膜含浸在多孔支撑体上，可以承受较大的压力，且具有更高的选择性，因而，它可以承担合成聚合物膜所不能胜任的分离要求。

支撑液膜的性能与支撑体材质、膜厚度及微孔直径的大小密切相关。支撑体一般都要求采用聚丙烯、聚乙烯、聚砜及聚四氟乙烯等疏水性多孔膜，膜厚为 20～500μm，微孔直径为 0.1～5μm。通常孔径越小液膜越稳定，但孔径过小将使空隙率下降，从而将降低透过速度。

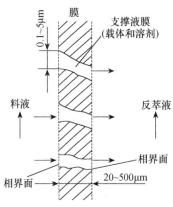

图 5-17　支撑液膜示意图
（严希康，2001）

（2）特性　　①支撑液膜是三相体系；②能够反向调节供受体溶液的 pH；③离子态和非离子态的分离物在水相/有机相中的分配系数差为推动力；④目标分离物为酸碱性或离子形式存在的化合物；⑤萃取与反萃取的过程相结合；⑥操作相对复杂；⑦灵敏度高；⑧富集效果较好；⑨重现性好。

3. 流动液膜　　流动液膜实质上是支撑液膜中的一种，是为弥补上述支撑液膜的膜相容易流失的缺点改进而成的。

由于液膜相可循环流动，因此在操作过程中即使有所损失也很容易补充，不必停止萃取操

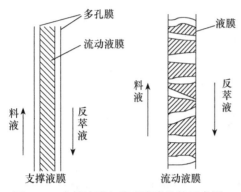

图 5-18 支撑液膜与流动液膜比较示意图
（孙彦，2013）

作即可进行液膜的再生。液膜相的强制流动或降低流路厚度可以降低液膜相的传质阻力，如图 5-18 所示。

流动液膜具有溶剂耗量少、选择性强、获得的萃取物中干扰物质少（萃取后样品无须净化）、富集倍率高、易于自动化且可方便地与其他分析仪器在线联用等优点。

二、液膜萃取机制

液膜萃取机制根据待分离溶质种类的不同，主要可分为以下几种类型。

（一）单纯迁移

1. 单纯迁移机制　单纯迁移又称物理渗透，是根据料液中各种溶质在膜相中的溶解度（分配系数）和扩散系数的不同而进行的萃取分离。由于一般溶质之间扩散系数的差别不大，因此物理渗透主要是基于溶质之间分配系数的差别而实现分离的。达到平衡时，溶质迁移不再发生。这种萃取机制的液膜分离无溶质浓缩效应，如图 5-19 所示。

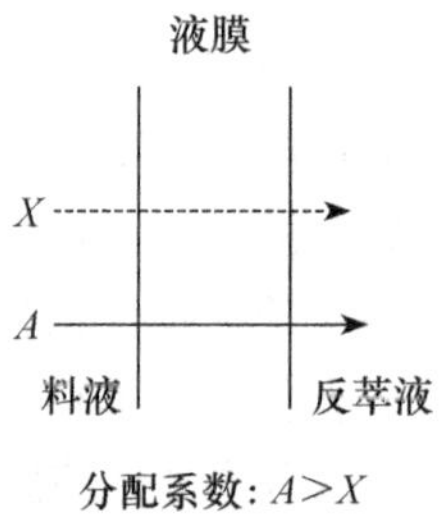

2. 单纯迁移特点

1）液膜中不含流动载体，内外水相中也无与待分离物质发生化学反应的试剂。

2）利用待分离物质在膜中的溶解度差异（分配系数的不同），使透过膜的速度不同而实现分离。

3）无浓缩效果。因为当溶质迁移到液膜两侧浓度相等时，迁移推动力等于零，输送便停止。

液膜

分配系数：$A>X$

图 5-19 单纯迁移机制示意图（孙彦，2013）

（二）促进迁移

1. 促进迁移机制　促进迁移，又称反萃取相化学反应促进迁移。以乳状液膜为例，假设内相为接受相，在有机酸等弱酸性电解质的分离纯化方面，可利用强碱（如 NaOH）溶液为反萃取相。反萃取相中含有的 NaOH 与料液中的溶质（有机酸）发生不可逆化学反应，生成不溶于膜相的盐。在膜相传质速率为控制步骤（即 NaOH 与酸的反应速度很快）时，反萃取相中有机酸的浓度接近于零，使膜相两侧保持最大浓差，促进有机酸的迁移，直到 NaOH 反应完全。这种利用反萃取相内化学反应的促进迁移又称 I 型促进迁移。与上述单纯迁移相比，溶质在反萃取相可得到浓缩，并且萃取速率快，如图 5-20 所示。

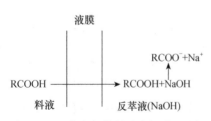

图 5-20 反萃取相化学反应促进迁移机制示意图（孙彦，2013）

2. 促进迁移特点

1）接受相（内相）添加与溶质能发生化学反应的试剂。膜相无流动载体。

2）外相中的 RCOOH 由分配关系萃取入液膜，内相通常为 NaOH 水溶液，一旦乙酸分子从膜相进入内水相，便迅速被中和，转化为 RCOO⁻，RCOO⁻带有电荷，故不能逆向回到液膜。液膜与内水相的平衡不断被破坏，使液膜中的 RCOOH 不断向内水相迁移，同时带动外水相的 RCOOH 不断进入液膜。

3）外水相中的 RCOOH 在内水相中得到浓缩，即内水相中的浓度（RCOOH＋RCOO⁻）大于外水相的浓度（RCOOH＋RCOO⁻）。直到内水相的 OH⁻ 被耗完。

4）浓缩的动力为自发性中和反应放热：

$$H^+ + OH^- \longrightarrow H_2O + Q$$

（三）载体输送

1. 载体输送机制　　在膜相加入可与目标产物发生可逆化学反应的萃取剂 C，目标产物与该萃取剂 C 在膜相的料液一侧发生正向反应生成中间产物。此中间产物在浓度差作用下扩散到膜相的另一侧，释放出目标产物。这样，目标产物通过萃取剂 C 的搬运从料液一侧转入反萃取相，而萃取剂 C 在浓差作用下又从膜相的反萃液一侧扩散到料液相一侧，重复目标产物的跨膜输送过程。萃取剂 C 称为液膜的流动载体。

因此，利用载体输送的萃取过程可大大地提高溶质的渗透性和选择性。更为重要的是，载体输送能使目标溶质从低浓度区沿反浓度梯度方向向高浓度区持续迁移。

利用膜相中流动载体选择性输送作用的传质机制称为载体输送，又称为Ⅱ型促进迁移。根据向流动载体供能的方式不同，载体输送又分 3 种类型：①载体促进扩散传递；②载体促进并流传递（又称同向迁移）；③载体促进逆流传递（又称反向迁移），当液膜中存在离子型载体时，即为此机制（图 5-21）。

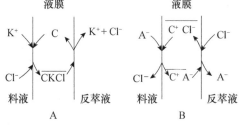

图 5-21　载体输送机制示意图（孙彦，2013）

A. 同向迁移；B. 反向迁移

2. 载体输送机制应用实例

（1）载体促进扩散传递　　以三级胺（TOC）R₃N 为载体的柠檬酸液膜分离为例。

1）特点。膜相有载体（C），溶质（A）和载体（C）结合后，在液相中转移，在内相界释放溶质 A（或以离子形式），而载体得到复原后，又在外相界与溶质 A 结合。

2）过程。在外相与膜相界上，三级胺与柠檬酸反应生成胺盐。生成的胺盐在膜相内转移，然后在膜相与内相界面间被 Na₂CO₃ 反萃取，形成柠檬酸钠。碳酸胺盐〔(R₃NH)₂CO₃〕在膜相与外相界间转移分解，放出 CO₂，三辛胺（TOA）得到再生。其过程方程式：

$$6R_3N + 2C_6H_8O_7 \longrightarrow 2(R_3NH)_3C_6H_5O_7 + Q_1$$
$$2(R_3NH)_3C_6H_5O_7 + 3Na_2CO_3 \longrightarrow 2C_6H_5O_7Na_3 + 3(R_3NH)_2CO_3 + Q_2$$
$$3(R_3NH)_2CO_3 \longrightarrow 6R_3N + 3CO_2 + 3H_2O + Q_3$$

3）结果。柠檬酸在接受相得到分离与浓缩。

（2）载体促进并流传递　　以液膜分离青霉素为例（图 5-26）。

1）过程。首先在外相和膜相界面上，生成 AHP。然后 AHP 在膜扩散至内相与膜相界面上，内相 pH 高，使 AHP 分解，重复以上两步。其过程方程式及示意图如图 5-22 所示。

$$H^+ + P^- + A \longrightarrow AHP$$
$$AHP \longrightarrow A + H^+ + P^-$$

2）总方程式。$H^+ + OH^- \longrightarrow H_2O + Q$

3）结果。青霉素在接受相得到富集。

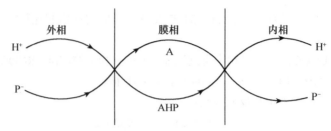

图 5-22   液膜萃取分离青霉素的机制示意图（严希康，2001）

A. 载体；AHP. 复合物；H⁺. 氢离子；P⁻. 青霉素离子

（3）载体促进逆流传递   以 L-氨基酸甲酯酶解为 L-氨基酸＋甲醇为例。

1）过程。过程示意如图 5-23 所示。

2）结果。LE 在内相水解生成的 LA^{+-} 被分离到外相。外相 $[H^+]$ 小，被不断质子化，导致 LA^{+-} 不断由内向外迁移、浓缩，以 H^+ 化能量为动力。

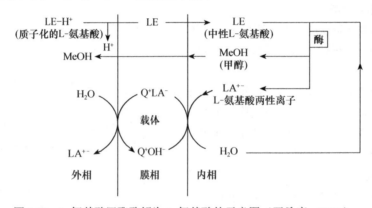

图 5-23   L-氨基酸甲酯酶解为 L-氨基酸的示意图（严希康，2001）

3）优点。酶包裹在内相中，可免受外相中各组分对其活性的影响，避免了酶与底物和产物的分离，乳液可重复用。

4）结论。浓缩的条件是有供能的化学反应存在（中和、结合等）。

（四）液膜分离的动力学基础

液膜分离的动力学比较复杂，因为其中同时涉及扩散和反应的速度问题。最简单的情况是溶质单纯扩散穿过液膜，其扩散通量 J（单位面积单位时间内通过的物质的量）可简化为

$$J = \frac{DK}{l} \Delta C$$

式中，D 为扩散系数；K 为溶质在水-膜相间的分配系数；l 为膜厚度；ΔC 为溶质在膜两侧的浓度差（渗透推动力）。可见，通量 J 与浓度差 ΔC 呈正相关。

对于大多数体系来说，扩散系数是接近的，所以决定分离选择性的主要是 K，即分配系数。

三、液膜分离操作

（一）液膜材料选择

液膜分离技术的关键是选择最适宜的流动载体、表面活性剂和膜溶剂来制备合乎要求的液

膜，并构成合适的液膜体系。

1. 流动载体的选择

（1）流动载体的选择原则　　作为流动载体必须具备如下条件：①溶解性，流动载体及其络合物必须溶于膜相，而不溶于邻接的溶液相；②络合性，作为流动载体，其络合物形成体应具有适中的稳定性，即该载体必须在膜的一侧强烈地络合指定的溶质，从而可以转移它，而在膜的另一侧很微弱地络合指定的溶质，从而可释放它，实现指定溶质的跨膜迁移过程；③载体应不与膜相的表面活性剂反应，以免降低膜的稳定性。

（2）流动载体的类型　　载体主要是某些萃取剂，能和溶质结合，并溶解于有机相中。

载体分子中通常含有较长的亲油烷烃链，因而具有一定的表面活性。载体可根据其螯合性能分为螯合物载体和非螯合物载体。螯合物载体常用于金属离子分离，如羟基肟（R：8～10C）、8-羟基喹啉（R-C-C$_9$）、磺胺、β-二酮。非螯合物载体主要用于生物物质的分离，如三级胺、四级铵盐、酸性磷（膦）酸酯。

另外，流动载体按电性可分为带电载体与中性载体，一般来说中性载体的性能比带电载体（离子型载体）好。中性载体中又以大环化合物最佳，如合成的聚醚化合物、莫能菌素络合物、胆烷酸络合物。

2. 表面活性剂的选择　　
表面活性剂的选择是很复杂的问题，虽有一些规律，但主要是凭经验。一般首先要知道适合于该体系的表面活性剂的亲水亲油平衡（HLB）值。

表面活性剂 HLB（hydrophile-lipophile balance）值是表示表面活性剂亲水性的一个参数，可理解为表面活性剂分子中亲水基和憎水基之间的平衡数值。对于构成液膜的表面活性剂的选择，主要由其 HLB 值决定。具有不同 HLB 值的表面活性剂适用于不同体系（参见专门技术文献）。非离子表面活性剂的 HLB 值可用下式计算。

$$非离子表面活性剂 HLB = \frac{亲水基部分的分子量}{表面活性剂的分子量} \times \frac{100}{5}$$

其次是参考一些经验性的选择依据：①要考虑表面活性剂的离子类型，主要包括阴离子、阳离子和非离子型三种。应根据具体情况加以采用，其中尤以非离子表面活性剂（Span-80、吐温-80等）为佳，因其易制成液状物并在低浓度时乳化性能良好，所以在液膜技术中普遍采用；②要用憎水基与被乳化物结构相似并有很好亲和力的，这样乳化效果好；③表面活性剂在被乳化物中易溶解，乳化效果好。

3. 膜溶剂的选择　　
膜溶剂的选择主要应考虑液膜的稳定性和对溶质的溶解度，所以既要有一定的黏度，又要在有流动载体时溶剂能溶解载体而不溶解溶质；在无流动载体时能对欲分离的溶质优先溶解而对其他溶质溶解度很小。为减少溶剂的损失，还要求溶剂不溶于膜内、外相。

常用的典型膜溶剂有甲苯、二甲苯、煤油及异链烷烃等。

（二）液膜分离过程

液膜是一层很薄的液体，既可以是水溶液，也可以是有机溶剂（油）。液膜分离属三相分离系统，包括膜相、被萃取相和反萃取相。

下面以工业上具有实用价值的成功例子——工业废水中除酚的乳化液膜分离过程为例说明。

以煤油、表面活性剂和 5%NaOH 溶液制成液膜。在浓度差作用下，酚溶于油中，通过膜进入内水相，并与 NaOH 作用变成离子。乳状液破乳后，收集内水相中的酚富集液，而膜相可循环利用。其中 99.3%酚被除去，剩余 0.7%，完全可以满足工业用水的要求。

液膜分离操作过程分液膜制备、液膜萃取、分离澄清、破乳 4 个阶段，过程如图 5-24 所示。

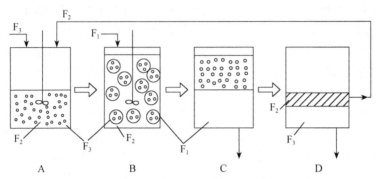

图 5-24 液膜分离操作过程示意图（严希康，2001）

A. 乳状液的准备，液膜制备；B. 乳状液与待分离液接触，液膜萃取；
C. 萃余液的分离，分离澄清；D. 乳状液的分层，破乳

（三）影响液膜分离效果的因素

1. 液膜体系组成的影响

（1）载体 以目前研究最多的载体——冠醚为例，发现载体性质、取代基等对分离选择性和迁移速度的影响十分明显。Lamb 报道了 21-冠-7、18-冠-6 分别对 Cs^+、K^+ 传输最快，这与离子大小与空穴大小是否匹配有关。

取代基引入可以改变传输速度，如增大在膜中的溶解度，但空间因素影响要加以注意。

以 N、S 等原子取代氧原子，改变选择性。例如，含 S 的冠醚是 Pd^{2+} 的选择性载体，但如果结合过紧，则不能释放，如三硫代-18-冠-6 与 Ag 选择性很好。

（2）金属离子浓度的影响 Lamb 发现，以三硫代-18-冠-6 作载体，料液中离子浓度较低时，迁移速度与阳离子活度平方成正比。后来 Tyles 研究时发现，高浓度时，传输量与时间呈线性关系，低浓度时关系复杂。

现已总结为两种动力学机制：①金属浓度高时，只依赖于载体浓度的 0 级机制，此时载体在界面的吸附速度是决定步骤；②只依赖于金属离子浓度的可逆一级反应，此时金属离子向界面扩散速度为决定步骤。

（3）抗衡离子类型的影响 在以冠醚萃取 K^+ 时，发现不同抗衡阴离子有不同的传输速度，这种变化与阴离子大小、电荷和极化度有关。这些因素取决于阴离子水化能，水化能小可使其更快迁移。

（4）内相的组成 内相加入沉淀剂和络合剂显著改变选择性。

（5）膜溶剂 膜溶剂的极性大小影响冠醚环的舒张和收缩，还有其他因素如表面活性剂、黏度等。

根据处理体系的不同，选择适宜的配方，保证液膜有良好的稳定性、选择性和渗透速度，以提高分离效果。液膜的上述三个性质中稳定性是液膜分离过程的关键，它包括液膜的溶胀和破损两个方面。

溶胀是指外相水透过膜进入液膜内相，从而使液膜体积增大。用乳状液的溶胀率 E_a 来表示：

$$E_a = \frac{V_e - V_{e0}}{V_{e0}} \times 100\%$$

式中，V_e 为增大后的乳液相体积（L）；V_{e0} 为乳液相初始体积（L）。

影响溶胀的因素主要体现在外界对膜相物性的影响、内外水相化学位的影响和膜相与水结合的加溶作用，其中表面活性剂和载体起重要作用。此外，搅拌强度、速度增大，渗透溶胀增加；温度升高，渗透溶胀加剧；膜溶剂黏度大，则扩散系数减小，溶水率低，则膜相含量少，能减小内外水相间的化学位梯度，使渗透溶胀减小。

破损则是液膜被破坏，使内相水溶液泄漏到外相，可用破损率 E_b 来表示，如内相中含 NaOH 溶液，则

$$E_b = \frac{C_{0Na^+} \cdot V_0}{C_{1Na^+} \cdot V_1} \times 100\%$$

式中，C_{0Na^+} 为泄漏到外水相中的钠离子浓度（mol/L）；C_{1Na^+} 为内相中钠离子的初始浓度（mol/L）；V_0 为外水相体积（L）；V_1 为内水相体积（L）。

影响液膜破损的主要是外界剪切力作用使乳液产生破损和膜结构及其性质变化产生破损两个方面，同时也与搅拌温度、膜溶剂、外相电解质等条件有关。

因此，必须合理选择表面活性剂、载体、膜溶剂、外相电解质的种类和浓度，降低搅拌强度、乳水比和传质时间，有效地控制温度，尽可能地减少渗透溶胀对膜强度的影响，避免液膜破损率过高，以保证膜分离的效果。

2. 液膜分离工艺条件的影响

（1）搅拌速度的影响　搅拌速度是液膜分离提取工艺操作条件中的关键因素，其强度直接影响液膜的提取效果和稳定性。制乳时，搅拌速度一般为 2000～3000r/min；连续相与乳液接触时，搅拌速度为 100～600r/min。搅拌速度过低，乳液分散不充分，乳相和外水相不能有效接触，不利于分离物的传递；搅拌强度越高，乳滴粒径就越小，乳相与水相的接触面积大，传质加快，分离物的提取率提高。但过高的搅拌速度使乳液包裹外水相水分的概率增大，液膜溶胀率大大增加，易造成液膜破裂，降低分离效果。因此，选择适当的混合搅拌强度非常重要。

（2）接触时间的影响　料液与乳液在最初接触的一段时间内，溶质会迅速渗透过膜进入内相。这是由于液膜表面积大，渗透很快。如果再延长接触时间，连续相（料液）中的溶质浓度又会回升。这是乳液滴破裂造成的，因此接触时间要控制适当。

（3）料液浓度和酸度的影响　液膜分离特别适用于低浓度物质的分离提取。若料液中产物浓度较高，可采用多级处理，也可根据被处理料液排放浓度要求，决定进料时浓度。

料液中酸度取决于渗透物的存在状态，在一定的 pH 下，渗透物能与液膜中的载体形成络合物而进入膜相，则分离效果好，反之分离效果就差。

（4）乳水比的影响　乳液相体积（V_e）与料液体积（V_w）之比称为乳水比。对液膜分离过程来说，乳水比越大，渗透过程的接触面积越大，则分离效果越好，但乳液消耗多，不经济，所以应选择一个兼顾两方面要求的最佳比例。

（5）膜内比 R_{oi} 的影响　膜相体积（V_m）与内相体积（V_{io}）之比称为膜内比。以膜内比 R_{oi} 对苯丙氨酸传质的影响为例，由图 5-25 可见，传质速率随 R_{oi} 的增加而增大，但这种增加趋势不大。这是因为一方面 R_{oi} 增加，

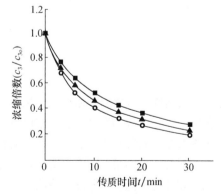

图 5-25　膜内比 R_{oi} 对苯丙氨酸传质的影响示意图（严希康，2001）

■. 0.8；▲. 1.0；○. 1.2

载体量也增大，对苯丙氨酸提取过程有利；另一方面，R_{oi} 增加也使膜厚度增大，从而增加传质阻力，不利于提取过程。这两方面的影响，使苯丙氨酸的提取率虽然随着 R_{oi} 的增加而增大，但幅度较小。R_{oi} 增加，膜的稳定性加强了，而从经济角度出发，希望 R_{oi} 越小越好，因此需兼顾这两方面的情况进行 R_{oi} 的选取。

（6）操作温度的影响　　一般在常温或料液温度下进行分离操作，因为提高温度虽能加快传质速率，但降低了液膜的稳定性，影响分离效果。

四、乳化液膜分离技术

（一）乳化液膜的优点

液膜技术在工业上应用时更多的是使用乳化液膜，因为其具有如下优点。
1）具有选择性。
2）有较高的浓缩能力（一般目标产物从外水相到内水相浓缩）。
3）有连续运转的可能性。
4）处理方便、经济性好。

（二）乳化液膜分离的工艺流程

1. 液膜制备　　液膜相（O）和内水相（反萃取相 W）通过一激烈搅拌的装置，制成 W/O 乳化液。内水相为分散相，膜相为连续相。

2. 液膜萃取　　将 W/O 乳化液和外水相（料液，被萃取相）置于一带有温和搅拌装置的反应器（萃取器）中，形成 W/O/W 型液膜系统。

3. 分离浓缩　　外水相中待分离物质进入内水相中，达到分离浓缩的目的。

4. 破乳　　W/O/W 经过一澄清分离器，静置分层，除去外水相。W/O 相经过破乳，将内水相与膜相分开。膜相可循环使用，从内水相中获得产物。

破乳的方法通常采用离心法、加热法、相转移法、化学法和电破乳法。其中，从膜相的循环使用、节能及分离效率的角度看，在工业规模上通常认为电破乳法最适宜。

电破乳的过程：①膜相中随机运动着的、微米级的分散微水滴（内相）在外加电场作用下，感应极化，微水滴间产生引力，在该引力的作用下发生冲撞而逐渐聚结，从有机相中分离出来；②表面活性剂的极性端沿内水相球面均匀分布，对 W/O 乳化液的稳定起重要作用，但在外加交流电场的作用下，也发生错位、冲撞聚集，使 W/O 分成水相和膜相。

第五节　反胶团萃取

传统的溶剂萃取技术已在抗生素等物质的生产中得到广泛应用，并显示出优良的分离性能。但随着生物工程的发展，它却难以应用于一些生物活性物质（如蛋白质）的提取和分离。因为绝大多数蛋白质都不溶于有机溶剂，若使蛋白质与有机溶剂接触，还会引起蛋白质的变性。另外，蛋白质分子表面带有许多电荷，普通的离子缔合型萃取剂很难奏效。因此研究和开发易于工业化的、高效的生化物质分离方法已成为当务之急。反胶团萃取（reversed micellar extraction）就是在这一背景下发展起来的一种新型分离技术。

一、胶团与反胶团

（一）胶团

将表面活性剂溶于水中，当其浓度超过临界胶束浓度时，表面活性剂就会在水溶液中聚集在一起而形成聚集体，在通常情况下，这种聚集体是水溶液中的胶团，称为正常胶团（或胶束），结构示意如图 5-26A 所示。在胶团中，表面活性剂的排列方向是极性基团在外，与水接触，非极性基团在内，形成一个非极性的核心，在此核心可以溶解非极性物质。

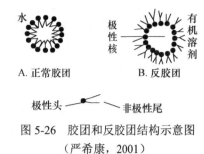

图 5-26 胶团和反胶团结构示意图
（严希康，2001）

（二）反胶团

1. 反胶团的概念 若将表面活性剂溶于非极性的有机溶剂中，并使其浓度超过临界胶束浓度，便会在有机溶剂内形成聚集体，这种聚集体称为反胶团（或反胶束），其结构示意见图 5-26B。在反胶束中，表面活性剂的非极性基团在外与非极性的有机溶剂接触，而极性基团则排列在内形成一个极性核。此极性核具有溶解极性物质的能力，极性核溶解水后，就形成了"水池"。

2. 反胶团的优点

1）极性"水核"具有较强的溶解能力。

2）生物大分子由于具有较强的极性，可溶解于极性"水核"中，防止与外界有机溶剂接触，减少变性作用。

3）"水核"的尺度效应，可以稳定蛋白质的立体结构，增加其结构的刚性，提高其反应性能。

因此，反胶团可作为酶固定化体系，用于水不溶性底物的生物催化。当含有此种反胶束的有机溶剂与蛋白质的水溶液接触后，蛋白质及其他亲水物质能够通过螯合作用进入此"水池"。由于周围水层和极性基团的保护，保持了蛋白质的天然构型，不会造成失活。蛋白质的溶解过程和溶解后的情况见图 5-27。

3. 构成反胶团的表面活性剂种类

（1）阴离子表面活性剂 常用的阴离子表面活性剂为 AOT，其化学名为丁二酸-2-乙基己基酯磺酸钠。这种表面活性剂容易获得，其特点是具有双链，极性基团较小，形成的反胶团较大，半径为 170nm，有利于大分子蛋白质进入。

（2）阳离子表面活性剂 常用的阳离子表面活性剂有季铵盐、溴化十六烷基三甲铵（CTAB）、双十二烷基二甲基溴化铵（DDAB）和三辛基甲基氯化铵（TOMAC）等。

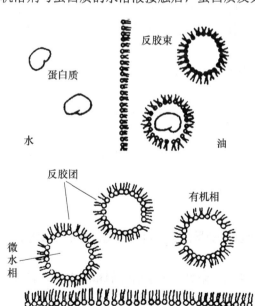

图 5-27 蛋白质的溶解过程和溶解后的情况
（严希康，2001；孙彦，2013）

二、反胶团萃取

（一）反胶团萃取原理

反胶团（reversed micelle）是双亲物质在非

极性有机溶剂中的自发聚集体，又称为反胶束（reverse micelle）、逆胶束。双亲物质这种胶团化过程的自由能变化主要来源于双亲分子之间偶极-偶极的相互作用，除此之外，平动能和转动能的丢失及氢键或金属配位键的形成等都可能参与这种胶团化过程。

在反胶团内部，双亲分子极性头基相互聚集形成一个"极性核"，可增溶水、蛋白质等极性物质，增溶了大量水的反胶团体系即微乳液（microemulsion）。水在反胶团中以两种形式存在：自由水（free water）和结合水（bound water）。后者由于受到双亲分子极性头基的束缚，具有与主体水（普通水）不同的物化性质，如黏度增大、介电常数减小、氢键形成的空间网络结构遭到破坏等。

对于增溶了物质（如水、蛋白质等）的反胶团基本上都认为是单层双亲分子聚集的近似球体，并忽视胶团之间的相互作用。事实上，反胶团体系处于不停运动状态，反胶团之间的碰撞频率为$10^9 \sim 10^{11}$次/s，而且反胶团中的增溶物在频繁的交换。

（二）反胶团萃取蛋白质

蛋白质溶解于小"水池"中（正萃或称萃取），其周围有一层水膜表面活性剂极性头的保护，使其避免与有机溶剂接触而失活。改变pH、盐浓度等条件蛋白质又可回到水相（反萃），以实现蛋白质的萃取分离、纯化目的。

反胶团萃取蛋白质的机制目前尚不十分清楚。一般认为，萃取过程是静电力、疏水力、空间力、亲和力或几种力协同作用的结果，其中蛋白质与表面活性剂极性头间的静电相互作用是主要推动力。根据所用表面活性剂类型，通过控制水相pH高于或低于蛋白质的等电点（pI），达到正萃、反萃的目的。

（三）影响反胶团萃取的主要因素

1. 水相pH　　水相pH决定了蛋白质表面电荷的状态，从而对萃取过程造成影响。当蛋白质所带的电荷与反胶团内表面电荷，也就是表面活性剂极性基团所带的电荷性质相反时，静电引力可使蛋白质溶于反胶团中。

2. 离子的种类和强度　　与反胶团相接触的水溶液离子浓度以几种不同方式影响着蛋白质的分配。

1）离子强度增大后，反胶团内表面的双电层变薄，减弱了蛋白质与反胶团内表面之间的静电吸引，从而减小蛋白质的溶解度。

2）反胶团内表面的双电层变薄后，也减弱了表面活性剂极性基团之间的斥力，使反胶团变小，从而使蛋白质不能进入其中。

3）离子强度增加时，增大了离子向反胶团内"水池"的迁移并取代其中蛋白质的倾向，蛋白质从反胶团内再被盐析出来。

总之，盐与蛋白质或表面活性剂的相互作用，可以改变蛋白质的溶解性能。盐的浓度越高，其影响就越大。

3. 表面活性剂的种类和浓度　　阴离子表面活性剂、阳离子表面活性剂和非离子表面活性剂都可用于形成反胶团。关键是应从反胶团萃取蛋白质的机制出发，选用有利于增强蛋白质表面电荷与反胶团内表面电荷间的静电作用、增大反胶团的表面活性剂。除此以外，还应考虑形成反胶团及使反胶团变大（由于蛋白质的进入）所需能量的大小及反胶团内表面的电荷密度等因素，这些都会对萃取产生影响。

增大表面活性剂的浓度可增加反胶团的数量，从而增大对蛋白质的溶解能力。但表面活性剂浓度过高时，有可能在溶液中形成比较复杂的聚集体，同时会增加反萃取过程的难度。因此，应选择蛋白质萃取率最大时的表面活性剂浓度为最佳浓度。

4. 溶剂体系 溶剂的性质，尤其是极性，对反胶团的形成和大小都有很大的影响，常用的溶剂有烷烃类（正己烷、环己烷、正辛烷、异辛烷、正十二烷等）、四氯化碳、氯仿等。有时也添加助溶剂如醇类（正丁醇等）来调节溶剂体系的极性，改变反胶团的大小，增加蛋白质的溶解度。

三、反胶团制备

（一）制备反胶团系统的方法

制备反胶团系统的方法一般有以下三种。

1. 注入法 将含有蛋白质的水溶液直接注入含有表面活性剂的非极性有机溶剂中，然后搅拌，直到形成透明的溶液为止。该过程较快并可以较好地控制反胶团的平均直径和含水量。

2. 相转移法 将酶或蛋白质从主体水相转移到含表面活性剂的非极性有机溶剂中形成反胶团-蛋白质溶液，即将含蛋白质的水相与含表面活性剂的有机相接触，在缓慢搅拌下，一部分蛋白质转入有机相。此过程较慢，但最终的体系处于稳定的热力学平衡状态，这种方法可在有机溶剂相中获得较高的蛋白质浓度。

3. 溶解法 将含有反胶团的有机溶液与蛋白质固体粉末一起搅拌，使蛋白质进入反胶团中，该法所需时间较长，适用于非水溶性蛋白质的分离。含蛋白质的反胶团也是稳定的，这也说明反胶团"水池"中的水不同于普通水。

（二）反胶团萃取的过程

水相中的溶质进入反胶团相常需经历三步传质过程。首先，溶质从水相通过表面液膜到达相界面；其次，在界面处溶质进入反胶团中；最后，含有溶质的反胶团扩散进入有机相。

反萃取操作中溶质也经历相似的过程，只是方向相反，即在界面处溶质从反胶团内部释放出来。

第六节 液 固 萃 取

一、液固萃取概述

液液萃取是用溶剂分离液体混合物中的组分，又称溶剂萃取。液固萃取是用溶剂分离固体混合物中的组分，又称溶剂浸取，利用固体物质在液体溶剂中的溶解度不同来达到分离提取的目的。进行浸取的原料是溶质与不溶性固体的混合物，其中溶质是可溶组分，而不溶固体称为载体或惰性物质。

二、液固萃取过程

在生物分离过程中，萃取过程是指溶剂进入细胞组织溶解、浸取目的产物后，变成浸取液的全部过程。通常液固萃取包括润湿、溶解、扩散、置换4个过程。

（一）润湿

材料与浸取溶剂混合时，溶剂首先附着于材料表面使其润湿，然后进入毛细管和细胞间隙。

（二）溶解

溶剂进入组织后，溶解可溶性成分。

（三）扩散

扩散是细胞中可溶性成分溶解于溶剂后，通过毛细管和细胞间隙扩散出细胞并进入溶剂主体的过程。其扩散速率可用菲克（Fick）定律描述：

$$J_A = -D_{AB} \frac{dc_A}{dl} \qquad D_{AB} = \frac{RT}{N} \cdot \frac{1}{6\pi r \eta}$$

式中，J_A 为组分 A 在垂直于扩散方向上的摩尔通量 [mol/（sm^2）]；D_{AB} 为组分 A 在 B 中的分子扩散系数（m^2/s）；dc_A/dl 为浓度梯度，溶解目的产物后，具有较高的浓度，故形成扩散点，不停地向周围扩散，这是浸取的动力；负号表示扩散方向和浓度增加的方向相反；T 为绝对温度；R 为气体摩尔常数，为 8.314J/（mol·k）；N 为阿伏加德罗常数；η 为黏度；r 为扩散物质分子半径。

由菲克定律可以看出，对于一定的浓度梯度，扩散物质分子半径越小，绝对温度越高，扩散通量越大。

（四）置换

浸取的关键在于保持最大的浓度梯度。用浸取溶剂随时置换被浸取原料周围的浓浸取液是控制浸出过程和设计浸出器械的关键问题。例如，渗漏装置，浸取溶剂自上而下持续渗过原料，这就自然造成尽可能大的浓度差，促进浸出。

三、液固萃取类型

浸取按溶剂种类可分为以下几种。

（一）酸浸取

酸浸取，又称酸解。浸取剂有硫酸、盐酸、硝酸、亚硫酸及其他无机酸与有机酸。

（二）碱浸取

碱浸取，又称碱解。浸取剂有氢氧化钠、氢氧化钾、碳酸钠、氨水、硫化钠、氰化钠及有机碱类。

（三）水浸取

浸取剂为水。

（四）盐浸取

浸取剂为氯化钠、氯化铁、硫酸铁、氯化铜等无机盐类。

（五）有机溶剂浸取

浸取剂常为乙醇或其他小分子醇、己烷、二氯甲烷、甲基乙基酮和丙酮、低分子量的酯和植物油等。

四、浸取的影响因素

（一）浸取温度

温度的升高能使植物组织软化，促进膨胀，增加可溶性成分的溶解和扩散速率，促进有效成分的浸出。如果温度适当升高，还可以使细胞内蛋白质凝固、酶被破坏，有利于浸出和制剂的稳定。

（二）浸取时间

一般来说浸取时间与浸取量成正比，即时间越长，扩散值越大，越有利于浸取。但当扩散达到平衡后，延长时间就不再起作用。此外，长时间的浸取往往导致大量杂质溶出，一些有效成分易被酶分解。若以水作为溶剂，长时间浸泡则易霉变，影响浸取液的质量。

（三）浓度差

浓度差越大浸出速度越快，适当地运用和扩大浸取过程的浓度差，有助于加速浸取过程和提高浸取效率。一般连续逆流浸取的平均浓度差比一次浸取大些，浸出效率也较高。应用浸渍法时，搅拌或强制浸出液循环等，也有助于扩大浓度差。

（四）溶剂的 pH

浸提溶液的 pH 与浸提效果密切相关。例如，在中药材浸提过程中，往往根据需要调整浸提溶液的 pH，以利于某些有效成分的提取，如用酸性溶剂提取生物碱、用碱性溶剂提取皂苷等。

（五）浸取压力

通常提高浸取压力会加速浸取过程。目前有两种加压方式，一种是密闭升温加压，另一种是通过气压或液压加压不升温。实验证明，水温在 $65\sim90℃$，表压力 $0.3\sim0.6MPa$ 时，与常压浸提相比，有效成分浸出率相同，但浸出时间可以缩短一半以上，固液比也可以提高。此外，因加热、加压条件可能导致某些有效成分被破坏，故加压升温浸出工艺需慎重选用。

五、浸取的其他问题

（一）相平衡

浸取过程中的相平衡用分配系数 K_D 表示

$$K_D = y/x$$

式中，y 为达到平衡时溶质在液相中的浓度；x 为平衡时溶质在固相中的浓度。y、x 浓度用体积浓度（kg/m^3）表示，K_D 为常数；y、x 浓度用质量浓度（kg/kg）表示，K_D 会变化。因为随着溶质 A 的浸出，固体内外密度会变化。

（二）溶剂的选择

1. 原则　依据溶剂"相似相溶"原理，分子之间可以有两方面的相似：一是分子结构相似，如分子的组成、官能团、形态结构的相似；二是能量（相互作用力）相似，如相互作用力有极性和非极性之分，两种物质如相互作用力相近，则能互相溶解。与水"相似"的物质易溶于水，与油"相似"的物质易溶于油,就是相似相溶原理的表现。选择溶剂应考虑以下原则。

1)溶质的溶解度大,以节省溶剂用量。

2)与溶质之间有足够大的沸点差,便于回收利用。

3)溶质在溶剂中的扩散阻力小,即扩散系数大和黏度小。

4)价廉易得,无毒,腐蚀性小等。

2. 良好溶剂的要求

1)对目的产物的分配系数 K_D 大且对目的物质的选择性高。

2)在工业规模上,希望溶剂对目的物质的分配系数大且对目的物质的选择性高,价格低廉,无毒,无腐蚀性,无爆炸性,易去除和回收。

3. 产物用途限制　如食品行业中,要求溶剂无毒,不能致癌,不影响食品风味等。

(三)增溶作用

生物工业的浸取过程中往往包含增溶作用。用酶或酸碱催化生物大分子发生水解反应或促使大分子溶解,使原先不溶或难溶性的生物大分子物质向可溶性的、分子量较小的生物物质转变。例如,原果胶向果胶的转化,胶原向胶质的转变,啤酒酿造的麦芽淀粉向可溶性糖的转化等。某些场合下,这些反应不能进行过度,如浸取胶体物质时,过度降解会降低胶体物质的成胶能力。

(四)固体原料预处理

1. 恰当地粉碎原料　缩短固体或细胞内部溶质分子向其表面扩散的距离。但原料粉碎过细,可能导致如粉碎能耗上升,有害物质过度溶出,过滤与分离困难,固体床层被压实不利于溶剂渗透和溶质扩散等问题。

2. 适当干燥物料　有机溶剂浸取前,要对含水物料进行干燥,否则影响浸润过程。

第七节　超临界流体萃取

一、概述

超临界流体技术自 20 世纪 70 年代开始崭露头角,随后以其环保、高效等显著优势迅速超越某些传统技术,很快渗透到石油化工、化学反应工程、材料科学、生物技术、环境工程等诸多领域,并成为这些领域分离技术发展的主导之一。预计,随着人们对于超临界流体技术认识和研究的进一步深化,这一新兴技术必将得以更广泛和深入的应用,并将对人类科技进步和经济发展产生深远的影响。

超临界流体萃取是研究和应用最早的超临界流体技术之一,适用于食品和医药工业。在美国和欧洲,年生产上万吨的茶叶处理和脱咖啡因工厂早已投入生产,啤酒花有效成分、香料等的萃取在不少国家已达到产业化规模。超临界流体萃取在药物、保健品提取等方面的研究和应用也取得了较大进展,美国科学家已开始用超临界 CO_2 从植物中提取抗癌药物。

超临界流体萃取技术在其他方面也有着广泛的应用前景。例如,金属与适当配位体生成络合物后,可以溶解于超临界 CO_2。利用这一性质,可以将一些金属直接从固体和液体中提取出来,无须任何前处理过程,为金属的提取和分离提供了新的途径。同时,人们还可以借助超临界流体萃取技术，根据聚合物分子量、结构和化学组成对聚合物混合物进行分离。

二、临界点与超临界流体

（一）临界点

临界点是相图上临界温度与临界压力相交所构成的点。其概念可用临界温度和临界压力来解释。

1. 临界温度　临界温度是指高于此温度时，无论加压多大也不能使气体液化。

2. 临界压力　临界压力是指在临界温度，液化气体所需的压力。

（二）超临界流体

流体是液体和气体的总称，因两者都富有流动性，又有相似的运动规律，故合称流体。临界状态是物质的气、液两态能平衡共存的一个边缘状态。在这种状态下，液体和它的饱和蒸气密度相同，因而它们的分界面消失。这种状态只能在一定温度和压力下实现，此时的温度和压力分别称为"临界温度"（T_c）和"临界压力"（P_c）。

1. 定义　超临界流体（supercritical fluid，SCF）是指物质处于其临界温度和临界压力以上而形成的一种特殊状态的流体，如相图 5-28 中，状态高于临界温度和临界压力的流体（即虚线构出的右上角长方形区）。

2. 特点

1）在临界点的附近，密度线聚集于临界点周围，压力或温度的小范围变化，就会引起流体密度的大幅度变化。

2）超临界流体的密度和溶剂化能力接近液体，黏度和扩散系数接近气体，在临界点附近流体的物理化学性质对温度和压力的变化极其敏感，在不改变化学组成的条件下，即可通过压力调节流体的性质。

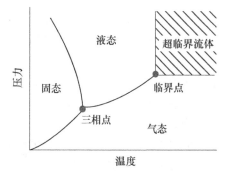

图 5-28　超临界流体相图

3）在临界点附近，会出现流体的密度、黏度、溶解度、热容量、介电常数等所有流体的物理性质发生急剧变化的现象。

3. 特性　超临界流体（SCF）与气体、液体的特性比较见表 5-4。

表 5-4　气体、液体和超临界流体（SCF）的特性

物质状态	密度/（g/cm³）	黏度/［g/（cm·s）］	扩散系数/（cm²/s）
气态	$(0.6\sim2)\times10^{-3}$	$(1\sim3)\times10^{-4}$	$0.1\sim0.4$
液态	$0.6\sim1.6$	$(0.2\sim3)\times10^{-2}$	$(0.2\sim2)\times10^{-5}$
SCF	$0.2\sim0.9$	$(1\sim9)\times10^{-4}$	$(2\sim7)\times10^{-4}$

由表 5-4 可以看出，超临界流体兼有液体和气体的双重特性，扩散系数大，黏度小，渗透性好，与液体溶剂相比，可以更快地完成传质，达到平衡，促进高效分离过程的实现。

三、超临界流体萃取

（一）超临界流体萃取概述

超临界流体萃取也叫气体萃取（gas extraction）、流体萃取（fluid extraction）、稠密气体萃取

（dense gas extraction）或蒸馏萃取（destraction）。由于萃取中的一个重要因素是压力，有效的溶剂萃取过程也可以在非临界状态下实现，因此又广义地称其为压力流体萃取（pressure fluid extraction）。

超临界流体萃取作为一种分离过程开发和应用的技术，基于一种溶剂对固体和液体的萃取能力和选择性，在超临界状态下较其在常温常压条件下可获得极大的提高。它是利用超临界流体，即温度和压力略超过或靠近临界温度（T_c）和临界压力（P_c）、介于气体和液体之间的流体，作为萃取剂，从固体或液体中萃取出某种高沸点或热敏性成分，以达到分离和纯化的目的。

作为一个分离过程，超临界流体萃取过程介于蒸馏和液液萃取过程之间。可以这样设想，蒸馏是物质在流动的气体中，利用不同的蒸气压进行蒸发分离；液液萃取是利用溶质在不同的溶液中溶解能力的差异进行分离；而超临界流体萃取是利用临界或超临界状态的流体，依靠被萃取的物质在不同的蒸气压力下所具有的不同化学亲和力和溶解能力进行分离、纯化的单元操作，即此过程同时利用了蒸馏和萃取现象，蒸气压和相分离均在起作用。

（二）超临界流体萃取原理

超临界流体萃取所用的萃取剂为超临界流体，超临界流体是介于气液之间的一种既非气态又非液态的物态，这种物质只能在其温度和压力超过临界点时才能存在。超临界流体的密度较大，与液体相仿，而它的黏度又较接近于气体。因此超临界流体是一种十分理想的萃取剂。常用萃取剂有极性萃取剂，如乙醇、甲醇、水；非极性萃取剂，最常用的是二氧化碳。

超临界流体的溶剂萃取能力取决于萃取的温度和压力。利用这种特性，只需改变萃取剂流体的压力和/或温度，就可以把样品中的不同组分按在流体中溶解度的大小，先后萃取出来和/或依次释放出去。在低压下，弱极性的物质先被萃取，随着压力的增加，极性较大和大分子量的物质与基体分离。所以在程序升压下，可以利用超临界流体萃取对不同组分进行萃取并分离。

温度的变化体现在影响萃取剂的密度与溶质的蒸气压两个方面。在低温区（仍在临界温度以上），温度升高流体密度降低，而溶质蒸气压增加不多，萃取剂的溶解能力降低，升温可以使溶质从流体萃取剂中析出。温度进一步升高到高温区时，虽然萃取剂的密度进一步降低，但溶质蒸气压增加，挥发度提高，萃取率不但不会减少，反而有增加的趋势。

除压力与温度外，在超临界流体中加入少量其他溶剂也可改变它对溶质的溶解能力。其作用机制至今尚不完全清楚。通常加入量不超过10%，且以极性溶剂甲醇、异丙醇等居多。加入少量的极性溶剂，可以使超临界萃取技术的适用范围进一步扩大到萃取极性较大的化合物。

利用超临界流体的特殊性质，使其在超临界状态下，与待分离的物料接触，萃取出目的产物，然后通过降压或升温的方法，使不同萃取物之间得到分离。

要充分利用超临界流体的独特性质，必须了解纯溶剂及其和溶质的混合物在超临界条件下的相平衡行为。现用超临界纯溶剂的相图来表明临界点及其相平衡行为。

图 5-29 是 CO_2 的 P-T-ρ 图。图中横坐标为温度，纵坐标为压力，0.2～1.2 的直线为等密度线。其中熔融线是固相与液相的界线，沸腾线是液相与气相界线，临界点是两条互相垂直的虚线的交点。

由超临界流体的特点可知，在临界点附近（即工作区里），P 上升或 T 下降则溶剂的 ρ 大幅度增加，对溶质溶解度大幅度增加，有利于溶质的萃取；而 P 下降或 T 上升，则溶剂的 ρ 大幅度减小，对溶质的溶解度将大幅度减小，有利于溶质的分离和溶剂的回收。

1. 纯溶剂的行为　　超临界流体萃取是将超临界流体作为萃取溶剂的一种萃取方法。以纯

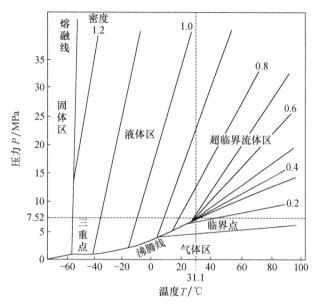

图 5-29 CO_2 的 P-T-ρ 图（严希康，2001）

二氧化碳的密度为第三参数的压力-温度图（图 5-29）为例，图中分别标注了气、液、固相区和临界点及相应的超临界流体区。其中沸腾线（饱和蒸气曲线）从三重点（$T=216.58K$，$P=0.5185MPa$）开始到临界点（$T_c=304.06K$，$P=7.38MPa$）为止。熔融线（熔解压力曲线）从三重点出发随压力升高而陡直上升。

超临界流体萃取的实际操作范围及通过调节压力或温度改变溶剂密度从而改变溶剂萃取能力的操作条件，可以用二氧化碳的对比压力-对比密度图（图 5-30）加以说明。

所谓对比压力、对比密度或对比温度，是指操作压力、密度或温度分别与临界压力、密度或温度的比值。超临界流体萃取的实际操作区域为图中虚线以上部分，大致在对比压力 $P_r>1$，对比温度 T_r 为 0.9～1.2。在这一区域里，超临界流体具有极大的可压缩性。溶剂密度可从气体般的密度（$\rho=0.1$）递增至液体般的密度（$\rho=2.0$）。

由图 5-30 可见，在 $1.0<T_r<1.2$ 时，等温线在一定密度范围内（$\rho_r=0.5$～1.5）趋于平坦，即在此区域内微小的压力变化将大大改变超临界流体的密度，如温度为 37℃（$T_r=310/304.2=1.019$）时，压力由 7.2MPa（$P_r=7.2/7.38=0.976$）上升到 10.3MPa，密度可增加 2.8 倍。另外，在压力一定的情况下（如 $1<P_r<2$），提高温度可以大大降低溶剂的密度。例如，压力在 10.3MPa 时，温度从 37℃提高到 92℃，也可以使密度作相应降低，从而降低其萃取能力，使其与萃取物分离。流体在临界区附近，压力和温度的微小变化会引起流体的密度大幅度变化，而非挥发性溶质在超临界流体中的溶解度大致上和流体的密度成正比。超临界流体萃取正是利用了这个特性，形成了新的分离工艺。它是经典萃取工艺的延伸和扩展。

2. 超临界流体的性质　　超临界流体是处在高于其临界点的温度和压力条件下的流体（气体或液体），用它作为萃取剂时，常表现出十几倍甚至几十倍于通常条件下流体的萃取能力和良好的选择性。除此以外，它所具有的某些传递性质，也使其成为理想的萃取溶剂。

（1）超临界流体条件下的溶解度　　研究不同密度、不同压力下萘在超临界 CO_2 中的溶解度（图 5-31 和图 5-32）时发现，溶质在一种溶剂中的溶解度取决于两种分子之间的作用力。这种溶剂-溶质之间的相互作用随着分子的靠近而强烈地增加，也就是随着流体相密度的增加而强烈的

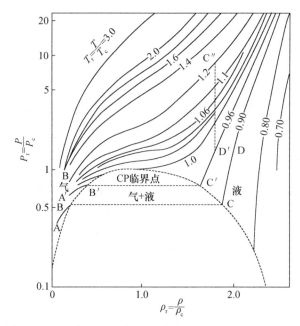

图 5-30 CO_2 的对比压力-对比密度图（严希康，2001）

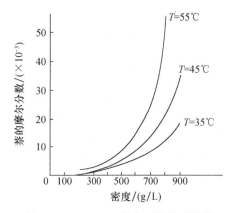

图 5-31 不同 CO_2 密度下萘的溶解度
（严希康，2001）

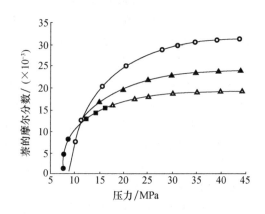

图 5-32 不同温度下萘在超临界 CO_2 中的溶解度与
压力的关系

●35℃ ▲45℃ Tsekbanskaye 等实验结果
△35℃ ■40℃ ○45℃ Palvre 等实验结果

增加。因此，可以预料超临界流体在高的或类液体密度状态下是"好"的溶剂，而在低的或类气体密度状态下是"不好"的溶剂。物质在超临界流体中的溶解度 C 与超临界流体的密度 ρ 之间的关系可以用下式表示

$$\ln C = m\ln\rho + b$$

式中，m 和 b 值与萃取剂及溶质的化学性质有关。选用的超临界流体与被萃取物质的化学性质越相似，溶解能力就越大。

在保持温度恒定的条件下，通过调节压力来控制超临界流体的萃取能力或保持密度不变改变温度来提高其萃取能力。

溶剂和溶质之间的分离（即萃取物的释放）可通过超临界相的等温减压膨胀来实现。因为在

低压下溶质的溶解度是非常小的。超临界流体对溶解溶质有一个特殊的容量，这一事实导致了超临界流体萃取（SFE）这种新的分离技术的产生。

（2）超临界流体的传递性质　超临界流体显示出在传递性质上的独特性，产生了异常的质量传递性能。如前所述，溶剂的密度对于溶解度而言是一个非常重要的性质。但是，作为传递性质，必须对热和质量传递提供推动力。黏度、热传导性和质量扩散度等都对超临界流体特性有很大的影响。超临界流体的密度近似于液相的密度，溶解能力也基本上相同。此外，传递性质的数值范围在气体和液体之间。例如，在超临界流体中的扩散系数比在液相中要高出 10～100 倍，但是黏度却低至其 1/100～1/10。这就是说超临界流体是一种低黏度、高扩散系数、易流动的相。所以它能又快又深地渗透到包含有被萃取物质的固相中去，使扩散传递更加容易并能减少过程所需的能量。同时，超临界流体能溶于液相，从而降低了与其相平衡的液相黏度和表面张力，并且提高了平衡液相的扩散系数，有利于传质。超临界流体的热传导性大大超过了浓缩气体的热传导性，与液体基本上在同一数量级。另外，在 $T-T_c \leqslant 10\text{K}$ 时，超临界流体的热传导性对压力的变化很敏感（或者说是密度的变化）。这种性能在对流热传递过程中和热与质量传递过程同时发生的情况下有一个比较强的效应。

（3）超临界流体的选择性　超临界流体萃取过程能有效地分离产物或除去杂质，关键是超临界流体萃取中使用的溶剂必须具有良好的选择性。

提高溶剂选择性的基本原则是：①操作温度应和超临界流体的临界温度相接近；②超临界流体的化学性质应和待分离溶质的化学性质相接近。

若两条原则基本符合，效果就较理想，若符合程度降低，效果就会递减。

（4）超临界流体的选定　超临界流体的选定是超临界流体萃取的关键之一。应按照分离对象与目的的不同，选定超临界流体萃取中使用的溶剂。它可以分为非极性和极性溶剂两类。表 5-5 给出了一些常用超临界萃取剂的临界性质，表中最后几种萃取剂为极性剂，由于极性和氢键的缘故，它们具有较高的临界温度和临界压力。

表 5-5　一些常用超临界萃取剂的临界性质（严希康，2001）

萃取剂	T_c/K	P_c/MPa	V_c/(cm³/mol)	萃取剂	T_c/K	P_c/MPa	V_c/(cm³/mol)
乙烯	282.4	5.04	130.4	苯	562.2	4.89	259
三氯甲烷	299.3	4.86	132.7	丁醇	563.1	4.42	257
二氧化碳	304.2	7.38	93.9	甲苯	591.8	4.10	316
乙烷	305.4	4.88	148.3	甲醇	512.6	8.09	118
丙烷	369.8	4.25	203.0	乙醇	513.9	6.14	167.1
正丁烷	425.2	3.80	255	丙醇	536.8	5.17	219
正戊烷	469.7	3.37	304	氨	405.5	11.35	72.3
丙酮	508.1	4.70	209	水	674.3	22.12	57.1

作为萃取溶剂的超临界流体必须具备以下条件：①萃取剂须具有化学稳定性，对设备没有腐蚀性；②临界温度不能太低或太高，最好在室温附近或操作温度附近；③操作温度应低于被萃取溶质的分解温度或变质温度；④临界压力不能太高，可节约压缩动力费用；⑤选择性要好，容易得到高纯度制品；⑥溶解度要高，可以减少溶剂的循环量；⑦萃取溶剂要容易获取，价格便宜。

（5）夹带剂的使用　　单一组分的超临界溶剂有较大的局限性，其缺点包括：①某些物质在纯超临界流体中溶解度很低，如超临界 CO_2 只能有效地萃取亲脂性物质，对糖、氨基酸等极性物质，在合理的温度与压力下几乎不能萃取；②选择性不高，导致分离效果不好；③溶质溶解度对温度、压力的变化不够敏感，使溶质与超临界流体分离时耗费的能量增加。

针对上述问题，在纯流体中加入少量与被萃取物亲和力强的组分，以提高其对被萃取组分的选择性和溶解度，添加的这类物质称为夹带剂，有时也称为改性剂（modifier）或共溶剂（cosolvent）。夹带剂的添加量一般不超过临界流体的15%（物质的量比）。除甲醇外，夹带剂还有水、丙酮、乙醇、苯、甲苯、二氯甲烷、四氯化碳、正己烷和环己烷等。夹带剂的概念也不仅包括通常的液体溶剂，还包括溶解于超临界气体中的固态化合物，如萘也可作为夹带组分。

四、超临界流体萃取条件

（一）萃取条件的选择

1. 超临界流体的选择　　CO_2 是目前用得最多的超临界流体，用于萃取弱极性和非极性的化合物。从溶剂强度考虑，超临界氨气是最佳选择，但氨很易与其他物质反应，对设备腐蚀严重，而且日常使用太危险。超临界甲醇也是很好的溶剂，但由于它的临界温度很高，在室温条件下是液体，提取后还需要复杂的浓缩步骤而无法采用。低烃类物质因可燃易爆，也不如 CO_2 那样使用广泛。

2. 萃取条件的确定

1）同一种流体选择不同的压力来改变提取条件，从而提取出不同类型的化合物。

2）根据提取物在不同条件下在超临界流体中的溶解性来选择合适的提取条件。

3）将分析物沉积在吸附剂上，用超临界流体洗脱，以达到分类选择提取的目的。

4）对极性较大的组分，可直接将甲醇加入样品中，用超临界 CO_2 提取，或者用另一个泵按一定比例泵入甲醇与超临界 CO_2，以此来达到增加萃取剂强度的目的。

（二）影响萃取效率的因素

影响萃取效率的因素除萃取剂流体的压力、组成、萃取温度外，萃取过程的时间及吸收管的温度也会影响萃取及收集的效率。萃取时间取决于以下两个因素。

1）被萃取物在流体中的溶解度。溶解度越大，萃取效率越高，速度也越快。

2）被萃取物在基体中的传质速率越大，萃取越完全，效率也越高。

收集器或吸收管的温度也会影响回收率，降低温度有利于提高回收率。

超临界流体减压后，用于收集提取物的方法主要有两类——离线 SFE 及在线 SFE 或联机 SFE。离线 SFE 本身操作简单，只需要了解提取步骤，样品提取物可用其他合适的方法分析。在线 SFE 不仅需要了解 SFE，还要了解色谱条件，而且样品提取物不适用于其他方法分析。其优点主要是消除了提取和色谱分析之间的样品处理过程，并且由于是直接将提取物转移到色谱柱中而有可能达到最大的灵敏度。

五、超临界流体萃取的基本过程

（一）超临界流体萃取的流程

超临界流体萃取的典型流程有等温法、等压法和吸附法（图 5-33）。

1. 等温法　　依靠压力变化的萃取分离法，又称绝热法。即在一定温度下，使超临界流体和溶质减压，经膨胀后分离，溶质由分离器下部取出，气体经压缩机返回萃取器循环使用。

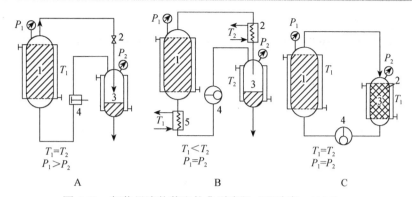

图 5-33　超临界流体萃取的典型流程（严希康，2001）

　　A. 等温法：1. 萃取槽；2. 膨胀阀；3. 分离槽；4. 压缩机。
　　B. 等压法：1. 萃取槽；2. 加热器；3. 分离槽；4. 泵；5. 冷却器。
　　C. 吸附法：1. 萃取槽；2. 吸附剂；3. 分离槽；4. 泵。

　　2. 等压法　　依靠温度变化的萃取分离法，即经加热、升温使气体和溶质分离，从分离器下部取出萃取物，气体经冷却、压缩后返回萃取器循环使用。

　　3. 吸附法　　用吸附剂进行的萃取分离法，即在分离器中，经萃取出的溶质被吸附剂吸附，气体经压缩后返回萃取器循环使用。

（二）超临界流体萃取的优点

　　1. 超临界流体萃取与化学法萃取比较　　超临界流体萃取与化学法萃取相比有以下突出的优点。

　　1）可以在接近室温（35～40℃）及 CO_2 气体笼罩下进行提取，有效地防止了热敏性物质的氧化和逸散。

　　2）SFE 是最干净的提取方法。由于全过程不用有机溶剂，因此萃取物绝无残留溶媒，同时也防止了提取过程对人体的毒害和对环境的污染，是 100%的纯天然。

　　3）萃取和分离合二为一，当饱含溶解物的超临界 CO_2 流经分离器时，压力下降使得 CO_2 与萃取物迅速成为两相（气液分离）而立即分开，不仅萃取效率高而且能耗较少，节约成本。

　　4）CO_2 是一种不活泼的气体，萃取过程不发生化学反应，且属于不燃性气体，无味、无臭、无毒，故安全性好。

　　5）CO_2 价格便宜，纯度高，容易取得，且在生产过程中可循环使用，从而降低了成本。

　　6）压力和温度都可以成为调节萃取过程的参数。通过改变温度或压力达到萃取目的。压力固定，改变温度可将物质分离；反之温度固定，降低压力也可使萃取物分离，因此工艺简单易掌握，而且萃取速度快。

　　2. 超临界流体萃取分离生物产品　　对生物产品的分离，超临界流体萃取具有许多特点。

　　1）超临界萃取同时具有液相萃取和精馏的特点。超临界萃取过程是由两种因素（即被分离物质挥发度之间的差异和它们分子间亲和力的大小不同）同时发生作用而产生相际分离效果的。

　　2）超临界流体萃取的独特优点是它的萃取能力取决于流体的密度，而密度很容易通过调节温度和压力来加以控制。

　　3）超临界流体萃取中的溶剂回收很简便，并能大大节省能源。被萃取物可通过等温减压或等压升温的办法与萃取剂分离，而萃取剂只需重新压缩便可循环使用。

　　4）超临界流体萃取工艺可以不在高温下操作，因此特别适合于热稳定性较差的物质。同时产品中无其他物质残留。

5）超临界流体萃取的操作压力可根据分离对象选择适当的萃取剂或添加夹带剂来控制以避免高压带来的影响。超临界流体萃取是一项具有特殊优势的分离技术并特别适用于提取或精制热敏性和易氧化的物质，如医药品和食品等。

超临界流体萃取的主要缺点是高压带来的高昂设备投资和维护费用，所以目前应用面还不宽，但是对于高经济价值的产品及精馏和液相萃取操作应用不妥的情况，还是应该考虑使用超临界流体萃取工艺。

小　　结

萃取是利用溶质在互不相溶的溶剂里的溶解度不同，用一种溶剂把溶质从它与另一种溶剂所组成的溶液（原料）中提取出来的方法。不同萃取操作所适用的分离产物不同。溶剂萃取是有机酸、氨基酸和抗生素等小分子产物的重要分离纯化方法。液膜萃取也是一种溶剂萃取方法，适用于小分子的分离纯化。但液膜萃取是一种集萃取和反萃取于一体的分离技术，因此也可看作是一种膜分离方法。超临界流体萃取的适用范围与溶剂萃取相近，但由于超临界流体的较高渗透性和萃取容量，其在从固体原料中分离提取小分子目标产物方面具有独特的优势，特别适用于替代传统的浸取分离过程（包括利用水溶液和有机溶剂为浸取剂）。由于蛋白质和核酸等生物大分子需要水溶液环境维持其特定的高级结构，除特殊情况外，上述的萃取方法一般不适用于生物大分子的萃取。双水相系统利用不同聚合物的水溶液或聚合物与盐的水溶液形成互不相溶的两相，因此适用于蛋白质和核酸等生物大分子的萃取分离。由于萃取具有易于规模放大和连续操作等特点，双水相萃取在生物大分子分离过程中具有重要的应用开发前景。

思　考　题

1．试述液液萃取的基本原理和过程。

2．单级萃取、多级错流萃取、多级逆流萃取各有什么特点，其萃余分率如何计算？

3．何谓萃取的分配系数？其影响因素有哪些？

4．简述有机萃取选择有机溶剂的依据。

5．有机萃取常用的设备有哪些？分别简述其特点和工作原理。

6．试推导弱酸电解质在有机溶剂萃取过程中的分配平衡关系式。

7．双水相萃取技术的特点是什么？常见的双水相构成体系有哪些？

8．什么叫聚合物的不相溶性？

9．试述双水相分配系数的影响因素。

10．双水相萃取的常用设备有哪些？

11．反胶团萃取的原理是什么？

12．超临界流体萃取与其他萃取技术相比具有哪些突出优点？

13．试分析液膜与生物膜在结构上的相似之处。

14．总结乳化液膜制备过程要点，并分析其机制。

15．试总结归纳液膜分离与普通溶剂萃取的异同。

16．分析总结反胶团适用于分离生物活性物质的各种特性。

17．试比较反胶团与液膜萃取技术的主要特点，并分析将反胶团作为乳化液膜的转运载体分离活性蛋白有哪些优势？

18．溶剂从固体颗粒中浸取可溶物质，一般分为哪几步？其中哪一步为限速步骤？为什么？

19. 试分析液液萃取与液固萃取的主要异同点。

20. 超临界二氧化碳（SC-CO$_2$）为什么同时具有类似气体的扩散速度和近似液体的溶解能力？

21. 超临界二氧化碳（SC-CO$_2$）萃取的操作控制范围为什么一般都在其临界点附近？

22. 试分析超临界二氧化碳（SC-CO$_2$）萃取三种典型流程模式特点与适应场合。

23. 试分析大多萃取技术在生物活性物质分离过程所处的地位与所起作用及其根源。

主要参考文献

李淑芬，姜忠义. 2004. 高等制药分离工程. 北京：化学工业出版社.

刘国诠. 2003. 生物工程下游技术. 北京：化学工业出版社.

毛贵忠. 2013. 生物工业下游技术. 北京：科学出版社.

孙彦. 2013. 生物分离工程. 北京：化学工业出版社.

田洪涛. 2007. 现代发酵工艺原理与技术. 北京：化学工业出版社.

汪家鼎. 2001. 溶剂萃取手册. 北京：化学工业出版社.

吴松刚. 2004. 微生物工程. 北京：科学出版社.

夏清. 2012. 化工原理（上）（下）. 2版. 天津：天津大学出版社.

徐宝财，王媛，肖阳，等. 2004. 反胶团萃取分离技术研究进展. 日用化学工业，34（6）：390-393.

严希康. 2001. 生化分离工程. 北京：化学工业出版社.

余龙江. 2007. 发酵工程原理与技术应用. 北京：化学工业出版社.

余喜理，张宝华，张剑秋. 2002. 液膜萃取技术及其应用研究进展. 化学世界，（S1）：185-186.

俞俊棠. 2003. 新编生物工艺学（上）（下）. 北京：化学工业出版社.

Chiu K H, Yak H K, Wai C M, et al. 2005. Dry ice-originated supercritical and liquid carbon dioxide extraction of organic pollutants from environmental samples. Talanta, 65(1): 149-154.

Létisse M, Rozières M, Hiol A, et al. 2006. Enrichment of EPA and DHA from sardine by supercritical fluid extraction without organic modifier. The Journal of Supercritical Fluids, 38(1): 27-36.

Librando V, Hutzinger O, Tringali G, et al. 2004. Supercritical fluid extraction of polycyclic aromatic hydrocarbons from marine sediments and soil samples. Chemosphere, 54: 1189-1197.

Liu B, Li W J, Chang Y L, et al. 2006. Extraction of berberine from rhizome of Coptis chinensis Franch using supercritical fluid extraction. Pharmaceutical and Biomedical Analysis, 41(3): 1056-1060.

Su C K, Chiang B H. 2003. Extration of immunoglobulin - G from colostral whey by reverse micelles. J Dairy Sci, 86(5): 1639-1645.

Vedaraman N, Srinivasakannan C, Brunner G, et al. 2005. Experimental and modeling studies on extraction of cholesterol from cow brain using supercritical carbon dioxide. Sup Flu, 34: 27-34.

第六章
膜分离过程

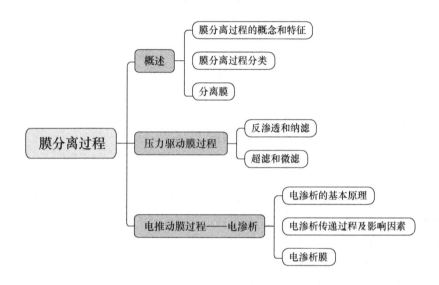

膜分离过程是利用膜的选择透过性，在一定的推动力作用下，实现混合物中溶质与溶剂的有效分离和提纯的过程。该技术的原理在自然界和生物体中有广泛的体现。例如，植物根部的半透膜能够吸收水分和养分，动物肾通过半透膜滤除血液中的废物，以及自然界中生物膜的过滤作用。从18世纪末至19世纪中，膜分离现象的研究逐步展开，Nollet在1748年首次观察到渗透压现象，而Graham后来发现了透析现象，为膜分离技术的理论研究奠定了基础。20世纪初至50年代，随着人造微孔膜的出现和早期的医学应用如血液透析，膜分离技术开始应用于实验室和医学领域。20世纪60年代，反渗透技术快速发展，特别是Sourirajan和Loeb发明的高性能反渗透膜，标志着膜分离技术在海水淡化等领域的工业化应用。进入70年代至80年代，膜分离技术得到广泛应用，新型膜材料如聚醚砜（PES）、聚酰亚胺（PI）的开发，扩大了膜的应用范围。20世纪90年代及之后，随着新型膜材料和先进制备技术的出现，膜分离技术在水处理、食品加工、制药等领域展现出更广泛的应用，同时，结合其他分离技术衍生出新的膜过程，如膜萃取、膜蒸馏等，大大丰富了膜分离技术的应用领域。膜分离技术的发展不仅促进了传统分离领域的创新，也在环保、能源、食品等多个领域展现出其对于提高资源利用效率和支持可持续发展的重要作用，预示了分离技术未来的发展方向和潜力。

本章主要讨论生物分离过程中常用的一些膜分离过程的基本原理、传质模型、过程操作、影响因素等。

第一节　概　　述

一、膜分离过程的概念和特征

膜分离（membrane separation）是以选择性透过膜为分离介质，在膜两侧推动力的作用下，使原料中的组分选择性透过，以达到提纯、浓缩等目的的分离过程。在分离双组分或者多组分的溶质与溶剂时，通常选用高分子薄膜作为膜材料，在膜两侧的一定推动力作用下，使混合物分离、分级、提纯、富集和浓缩。通常将膜的原料侧称为膜上游侧，将透过侧称为膜下游侧。在如图 6-1 所示的膜分离过程中，原料被分成两股物流，即截留物和渗透物，这两股物流均可为产物。当分离目的为浓缩时，则截留物为产物；目的为纯化或者分离时，则截留物和渗透物都可能是产物；目的是促进生化反应时，选用适当的膜过程可以除去某一产物，从而改变化学平衡向有利方向进行，同时还可消除产物的抑制作用，如在生产生物燃料过程中，通过膜将乙醇分离出来防止其积累。

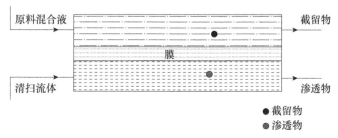

图 6-1　膜分离过程原理图

膜分离过程与传统分离操作相比，具有以下特点：①膜分离过程的核心特征是其高选择性，能够根据分子大小、形状或化学性质精确地从混合物中提取或排除特定的溶质或溶剂；②膜分离是一个高效分离过程，可以实现高纯度的分离；③与传统的热驱动分离过程（如蒸馏）相比，膜分离过程通常在更温和的条件下（如常温或低压）进行，不发生相变，因而能耗相对较低；④膜分离过程操作条件温和，不需要高温高压，适合处理热敏感物质。

二、膜分离过程分类

物质选择透过膜的能力可分为两类：一种是直接利用外界能量形式（如压力、温度、电场）作为推动力来驱动物质通过膜；另一种分离机制依赖于混合物组分之间的化学势差，物质发生由高位到低位的流动。分离过程的推动力可以是膜两侧的压力差、浓度差、温度差、电位差等，依据不同的推动力和孔径大小（表 6-1），主要分为了微滤（MF）、超滤（UF）、纳滤（NF）、反渗透（RO）4 种类型，在压力作用下，溶剂及小分子透过膜，盐、大分子、微滤被截留，而截留程度则取决于膜结构，表 6-2 列出了主要膜分离过程的基本特征。

表 6-1　不同膜分离技术的应用范围（赵黎明和周卫强，2018）

	微滤	超滤	纳滤	反渗透
孔径分布	0.01～10μm	2～20nm	<2nm	<1nm
压力/MPa	<0.2	0.1～1	0.5～2.5	1～10
分离层厚度/μm	10～150	0.1～1.0	0.1～1.0	0.1～1.0
分离物	细菌、酵母、悬浮颗粒	蛋白质	小分子化合物、二价盐	一价盐

表 6-2　主要膜分离过程的基本特征（刘江超和王丹，2023）

过程	示意图	膜类型	推动力	传递机制	透过物	截留物
微滤（MF）	原料液　滤液	多孔膜	压力差（~0.1MPa）	筛分	水、溶剂、溶解物	悬浮物各种微粒
超滤（UF）	原料液　浓缩液　滤液	非对称膜	压力差（0.1~1MPa）	筛分	溶剂、离子、小分子	胶体及各类大分子
反渗透（RO）	原料液　浓缩液　滤液	非对称膜复合膜	压力差（2~10MPa）	溶剂的溶解-扩散	水、溶剂	悬浮物、溶解物、胶体
电渗析（ED）	浓电解质　溶剂　阳极　阴极　阴膜　阳膜　原料液	离子交换膜	电位差	离子在电场中的传递	离子	非解离和大分子颗粒
气体分离（GS）	混合气　渗余气　渗透气	均质膜复合膜非对称膜	压力差（1~15MPa）	气体的溶解-扩散	易渗透气体	难渗透气体
渗透汽化（PVAP）	溶质或溶剂　原料液　渗透蒸气	均质膜复合膜非对称膜	浓度差分压差	溶解-扩散	易溶解或易挥发组分	不易溶解或难挥发组分
膜蒸馏（MD）	原料液　浓缩液　渗透液	微孔膜	温度差而产生的蒸气压差	通过膜的扩散	高蒸气压的挥发组分	非挥发的小分子和溶剂

　　膜分离技术根据操作原理和膜孔径的不同，分为多种过程，其中微滤（MF）主要用于去除悬浮物和细菌，操作压力低，适用于预处理和澄清。超滤（UF）能分离大分子和一些小颗粒，如蛋白质和病毒，用于浓缩和纯化。纳滤（NF）介于 UF 和反渗透（RO）之间，去除有机物和部分盐类，同时软化水。RO 通过极小孔径的膜去除几乎所有溶解物，适用于淡化海水和制备超纯水。气体分离依赖于分子大小或扩散速率差异，用于氧气和氮气的分离等。电渗析（ED）通过电场驱动离子穿过交换膜，有效去盐。膜蒸馏（MD）利用温差驱动水蒸气通过疏水膜，处理高盐度溶液。这些膜过程的应用范围广泛，从水处理到食品加工、从生物制药到化工生产，展现了膜分离技术在现代工业中的多功能性和高效性。随着新型膜材料和工艺技术的发展，膜分离将继续扩大其应用领域，提高分离效率和经济可行性。

三、分离膜

（一）分离膜的材料及分类

　　在生物分离工程领域，膜材料的选择是影响膜性能的关键因素，这直接决定了半透膜的稳定性和选择透过性。随着膜科学的发展进步，对膜材料的性能要求更加多元化，包括高选择性、高渗透通量及优秀的机械、化学和热稳定性。这些要求推动了对膜材料的深入研究和改性，使其成为膜过程领域的一个重要研究方向。

1. 按材料来源分类 膜的分类基于其材料来源，主要包括生物膜和合成膜。尽管生物膜在结构、功能和传质机制方面与合成膜存在显著差异，但在工程技术应用中，合成膜尤为重要。合成膜分为无机膜和聚合物膜，其中聚合物膜在应用中占据主导地位。无机膜因其独特优势，在近年来逐渐受到更多关注。

（1）聚合物膜 聚合物膜材料的选择至关重要，因为不同的材料具有各自独特的物理化学属性，如亲疏水性、机械强度、耐高温性、耐水解性、耐有机溶剂性和抗氧化性等。常用的聚合物膜材料包括多种纤维素酯类（如再生纤维素、硝酸纤维素、醋酸纤维素）、脂肪族和芳香族聚酰胺、聚砜、聚醚砜、聚醚酮、聚酯类、聚丙烯腈、聚四氟乙烯、聚偏氟乙烯、聚氯乙烯和硅橡胶等。根据特定分离过程的要求，可以选择适宜的膜材料，以优化分离效率和膜的耐用性。这种选择性使得膜技术可以灵活应用于各种生物分离场景。

目前，聚合物膜常见的制备方法有以下几种。①相转化法（phase inversion method）是一种广泛用于制备聚合物膜的技术。这一方法依赖于聚合物溶液的相分离，以形成具有特定孔结构的膜。②拉伸法（stretching method）特别用于制造微孔膜。此方法涉及将聚合物材料制成薄膜或膜片，这些膜在特定条件下经历物理拉伸，拉伸过程中，聚合物膜内部结构重组，导致孔隙的形成和发展。通过控制拉伸比例、速率和温度，可以精确调节膜的孔径大小、孔隙率及整体微观结构。拉伸法制备的微孔膜通常具有较高的机械强度和特定的孔隙特性，适用于过滤和分离等应用。③静电纺丝法（electrostatic spinning）是一种高效的聚合物膜制备技术，用于生成纳米至微米级的纤维网状结构。静电纺丝法特别适合制备高比表面积和高孔隙率的膜，广泛应用于过滤、生物医学和催化材料等领域。④溶剂蒸发法（solvent evaporation method）是一种制备薄膜的简便方法，适用于聚合物材料。通过调节溶液的浓度、涂布的厚度及蒸发的条件，可以控制最终膜的厚度和微观结构。溶剂蒸发法适用于制备薄膜型材料，如药物缓释膜、生物医学膜等。

（2）无机膜 20世纪80年代，无机超滤膜和微滤膜逐渐进入工业领域，主要用于牛奶和葡萄酒的浓缩分离。到了21世纪初期，工业发展需求使得无机膜应用得到了巨大发展，同时实现在液体分离、气体分离、膜催化、水处理等领域的广泛应用。无机膜材料分为致密型和多孔型两大类，致密型无机膜材料包括金属（如钯、银）、金属合金（如钯合金）和固体氧化物电解质等。多孔型无机材料涵盖多孔金属（如银、镍、钛、不锈钢等）、多孔陶瓷（如氧化铝、二氧化硅、二氧化钛、氧化锆等）、多孔玻璃和分子筛膜等。

随着分离要求的日益严苛，如高温高压和辐射环境下的分离，有机膜已不能满足需求。与传统有机高分子聚合膜相比，无机膜有许多优点。无机膜具有良好的酸碱耐受性和耐有机溶剂性能，这使其在恶劣的化学环境中表现出色。此外，无机膜还能够在400～800℃的高温环境下进行操作，这对于需要高温处理的应用场合非常重要。然而，无机膜的主要缺点也限制了膜的成型加工、组件装配和操作性。无机膜虽然在应用中表现出色，但它们的成本通常较高。此外，无机膜的脆性较大，这意味着它们在机械应力下容易破损，限制了其在某些应用中的适用性。无机膜的弹性较低，这进一步限制了它们的成型和加工灵活性。因此，尽管无机膜具有许多优势，但这些缺点在应用设计和成本效益分析中必须被考虑。

2. 按形态结构分类 在膜科学领域，膜的种类与功能较多，分类方法也较多，但普遍采用的是按膜的形态结构分类，将分离膜分为对称膜和非对称膜两类。

（1）对称膜 对称膜又称为均质膜，是一种均匀的薄膜，膜两侧截面的结构及形态完全相同，包括多孔对称膜和致密对称膜两种。即便使用相同的材料，这两种膜结构的选择性和渗透性特点存在显著差异。对称膜呈现出整体结构的一致性，而非对称膜则表现出由不同层次组

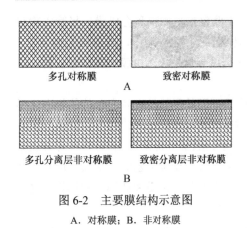

图 6-2　主要膜结构示意图

A. 对称膜；B. 非对称膜

成的结构特征，这直接影响了膜的性能和应用效果。

如图 6-2A 所示，对称膜的膜孔结构及其传递特性沿整个膜厚是均匀一致的。对称膜厚度和膜孔大小是影响膜通量的主要因素，一般多制备成较大孔的膜以减小膜阻力。均质膜主要用于微滤、透析和电渗析过程。

（2）非对称膜　　非对称膜其结构特点是具有不同的层次设计，通常由一层薄的分离层和一层较厚的支撑层构成。与对称膜不同，非对称膜的不同层次之间的结构和功能差异使其在膜分离过程中表现出独特的优势，尤其在传质速率和机械强度的平衡方面具有突出表现。如图 6-2B 所示，非对称膜是由厚度为 0.1～0.5μm 的致密皮膜和 50～150μm 的多孔支撑层构成，其支撑层结构具有一定的强度，在较高的压力下也不会引起很大的形变。非对称膜可分为多孔分离层非对称膜和致密分离层非对称膜。这种不对称结构是膜制造的一种突破，因为活性层很薄，流体阻力较小，且不易使孔道阻塞，颗粒被截留在膜的表面。此后膜过滤法逐渐走向工业化，20 世纪 70 年代以后发展比较迅速，应用范围涉及海水淡化、纯水制造、食品和乳品工业、污水处理和生物工程等领域。

（二）影响膜性能的因素

分离膜作为分离两相的选择性透过屏障，在各种膜过程中扮演着核心角色。其性能对分离效果、操作能耗具有决定性影响，因此对于不同的膜分离过程，分离膜的要求也各不相同。分离膜的性能评估主要包括两个方面：透过性能与分离性能。

1. 透过性能　　透过性能指的是单位时间内通过单位膜面积的透过液的体积或质量，通常用 J 表示。透过性能的高低直接影响膜的分离效率和处理能力。透过性能可以看作是渗透通量的基础，透过性能越高，渗透通量通常也会越高。渗透通量是通过膜的透过性能在单位时间内渗透流体的量化表现。在实验室条件下，渗透通量有时以 mL/（cm^2·h）为单位，而在工业生产中常以 L/（m^2·d）为单位。渗透通量的大小直接影响膜分离过程的效率，反映了膜对特定物质的透过速率。高渗透通量的膜在短时间内能处理更多的流体，但这通常与膜的选择性成反比。

$$J=\frac{V_p}{A_M t} \tag{6-1}$$

式中，J 为体积或质量通量 [m^3/(m^2·h) 或 kg/(m^2·h)]；V_p 为透过液的容积或质量（m^3 或 kg）；A_M 为膜的有效面积（m^2）；t 为运转时间（h）。

膜的透过速率与膜材料的化学特性和分离膜的形态结构有关，且随操作推动力的增加而增大。此参数直接决定分离设备的大小。

2. 分离性能　　分离膜必须对被分离混合物中各组分具有选择透过的能力，即具有选择性，这是膜分离过程得以实现的前提。在处理气体混合物或有机液体混合物时，选择性也可以用分离因子或分离系数来表示，这涉及原料液（气）和透过液（气）中组分的摩尔分率比较。高选择性的膜能够有效分离特定组分，而低选择性的膜则对组分的分离效果较差。不同膜分离过程中膜的分离性能有不同的表示方法，如截留率、分离因数或分离系数、通量衰减系数等。

（1）截留率　　当从溶液中脱除盐、某些高分子物质或微粒等时，可以用截留率 R 表示选择性：

$$R = \frac{C_f - C_p}{C_f} \times 100\% \tag{6-2}$$

式中，C_f 为组分在原料液中的浓度；C_p 为组分在膜透过液中的浓度；R 为无因次参数，与浓度单位无关；C_f 和 C_p 的单位通常为 mg/L（g/L）或 mol/L。

（2）分离因数或分离系数　　对于气体混合物或有机液体混合物的分离，选择性通常用分离因数 α 或分离系数 β 表示：

$$\alpha_{A,B} = \frac{y_A / y_B}{x_A / x_B} \tag{6-3}$$

$$\beta_A = \frac{y_A}{x_A} \tag{6-4}$$

式中，x_A、y_A 为 A 组分在原料液（气）与透过液（气）中的摩尔分率；x_B、y_B 为 B 组分在原料液（气）与透过液（气）中的摩尔分率。

（3）通量衰减系数　　通量衰减系数是膜分离过程中一个重要的性能参数，用于描述膜在长时间运行过程中，渗透通量的降低程度。随着膜分离过程的进行，膜的通量往往会逐渐下降，这种变化反映了膜性能的衰退。这种衰减通常是由膜面的浓差极化、膜的压缩和膜孔的堵塞等因素引起的。较低的通量衰减系数意味着膜具有更好的长期运行稳定性。通量衰减程度可用下式表示：

$$J_t = J_1 t^m \tag{6-5}$$

式中，J_t、J_1 为膜运行 t 小时和 1h 的渗透通量；t 为运行时间；m 为通量衰减系数。

式（6-5）两边取对数，得到以下线性方程

$$\lg J_t = \lg J_1 + m \lg t \tag{6-6}$$

由式（6-6）通过对数坐标系作直线，可求得直线的斜率 m，即通量衰减系数。

第二节　压力驱动膜过程

压力驱动膜过程（pressure-driven membrane process）是一种在压力差推动下，利用半透膜的选择渗透性实现溶剂、溶质或颗粒分离的操作。在压力驱动膜分离过程中，通过选用具有适宜孔径的半透膜，可以根据目标溶质粒子的大小进行有效的分离。这一过程中，膜的选择性特性允许小于特定孔径的组分透过，而较大的组分则被截留，从而达到溶液浓缩和杂质去除的目的。根据待分离溶质粒子的大小选择具有合适孔径的半透膜，使某些组分被截留，从而实现溶液的浓缩和除杂净化。按照被截留组分粒子尺寸和膜孔径由大到小的顺序，压力驱动膜过程包括微滤、超滤、纳滤和反渗透等，这些膜过程的传质阻力随着膜孔的减小而增大，因此为获得相当的传质通量，其操作压力也随之增大。表 6-3 表明了不同压力驱动膜过程的大致通量、操作压力范围和采用的膜的大致孔径。

表 6-3 不同压力驱动膜过程的大致通量、操作压力范围和采用的膜的大致孔径（Shirazi et al.，2010）

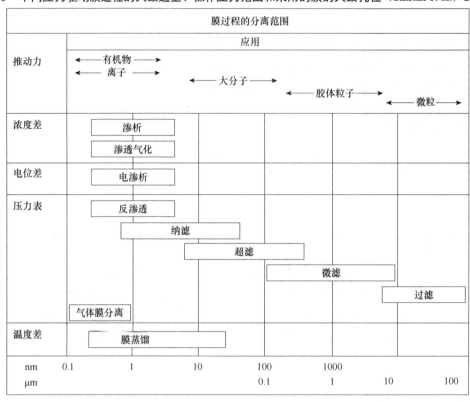

一、反渗透和纳滤

（一）分离基本原理

反渗透（reverse osmosis，RO）是一种利用压力差作为驱动力的膜分离技术。反渗透过程的基本原理是基于渗透压和外部压力的相互作用。在反渗透操作中，通过施加比渗透压更高的外部压力，迫使水分通过膜，而溶质则被膜截留。因此，反渗透膜具有非常高的选择性，能有效去除水中的大多数溶解盐、有机物、细菌和病毒。纳滤（nanofiltration，NF）是一种介于反渗透和超滤之间的膜分离技术，利用具有中等孔径的膜进行分离。在纳滤过程中，膜的孔径通常为 1～10nm，能够有效去除溶液中较大分子量的溶质和大部分多价离子，同时保留水分子和部分单价离子。纳滤技术结合了反渗透和超滤的特点，具有较高的选择性和适中的操作压力，因此广泛应用于水处理、食品加工及化学、制药等行业。图 6-3 为利用选择性半透膜分离原理示意图，图 6-4 为利用半透膜从溶液中分离纯水的示意图。

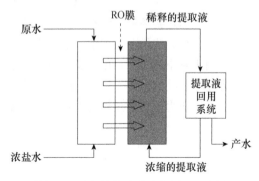

图 6-3 选择性半透膜分离原理示意图
（邵文尧等，2014）

半透膜为较致密膜，原则上只能使溶剂通过而小分子溶质不能通过。当膜两侧压力相等时，在一定温度 T 和压力 P 下，图 6-4A 溶液中水的化学位为

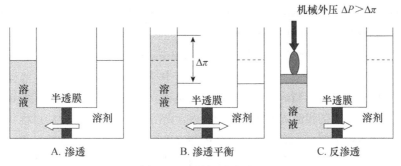

图 6-4 渗透与反渗透

$$\mu_1 = \mu^0(T, P) + RT\ln x \tag{6-7}$$

式中，$\mu^0(T, P)$ 为指定 T、P 下纯溶剂的化学位；x 为溶液中溶剂的量（摩尔分数）。

图 6-4C 溶液的化学位为 $\mu_{\mathrm{II}} = \mu^0(T, P)$，可见 $\mu_{\mathrm{II}} > \mu_1$，在该化学位差推动下，右侧纯水自发向左侧浓溶液渗透，结果使浓溶液侧水位升高，当升到一定高度时，浓溶液侧的化学位与纯水侧化学位相等，则渗透过程达到平衡，此时两个液面静压差等于两侧溶液的渗透压差，即 $\Delta P = \Delta\pi$。此时，如果在浓溶液侧施加一个压力，使膜两侧压差大于两侧溶液渗透压差即 $\Delta P > \Delta\pi$，则左侧浓溶液中的水将透过膜渗透到纯水侧，因此从浓溶液分离出纯水，这种依靠外界压力使水从膜的浓溶液侧向纯水侧的渗透就是反渗透。从渗透平衡可以推出多组分稀溶液的渗透压计算公式：

$$\pi = \frac{RT}{\overline{V}_1}\ln\alpha_1 \approx RT\sum_{i=1}^{n}C_i \tag{6-8}$$

式中，$\overline{V}_1$ 为溶剂偏摩尔体积；α_1 为溶剂组分的活度；n 为溶液中溶质的组分数；C_i 为溶质摩尔浓度。

据此，溶剂通过膜的传递推动力为 $\Delta P - \Delta\pi$，则溶剂通过膜的体积通量为

$$J_{\mathrm{V}} = A(\Delta P - \Delta\pi) \tag{6-9}$$

式中，ΔP 为料液侧与渗透侧的跨膜操作压差；$\Delta\pi$ 为料液侧与渗透侧的跨膜渗透压差。

反渗透膜和纳滤膜在膜分离技术中占据重要地位，这两者均属于较为致密的膜类别，介于多孔性膜（如超滤、微滤）与完全无孔膜（如气体分离和渗透蒸发膜）之间。反渗透膜的特性是高度致密，能够拦截 $0.1\sim1\mathrm{nm}$ 大小的小分子溶质，对于单价离子（如 Na^+、Cl^-）的截留率超过 90%。相较之下，纳滤膜具有较松散的网络结构，其表面孔径通常处于纳米级别，主要截留约 $1\mathrm{nm}$ 大小的物质。纳滤膜对单价离子的截留效率较低，但对于二价或更高价的离子，其截留率可达 90% 以上。纳滤膜尤其适用于分离多价离子及分子量在 $500\sim2000$ 的小分子有机或无机溶质。该膜对非电荷溶质（如乳糖、葡萄糖、麦芽糖）的截留主要基于其纳米孔隙所产生的筛分作用，而对于带电荷的溶质，截留机制则由膜的静电作用与筛分效应共同作用决定。由于纳滤膜表面或内部一般带有固定的负电荷基团，如 $—COOH^-$ 和 $—SO_3H^-$，这些基团通过静电相互作用有效阻碍了离子的通过。纳滤膜对不同离子的截留率依赖于离子的价态和电荷强度。例如，对阴离子的截留一般按 NO_3^-、Cl^-、OH^-、SO_4^{2-}、CO_3^{2-} 的顺序递增，而阳离子的截留率则按 H^+、Na^+、K^+、Ca^{2+}、Mg^{2+}、Cu^{2+} 的顺序递增。

（二）反渗透和纳滤的传质模型

1. 反渗透传质模型 反渗透传质模型用于描述和理解在反渗透过程中溶质和溶剂（通常是水）通过膜的传输机制。这些模型对于优化膜的设计、提高操作效率及预测膜分离性能非常重要。当对水溶液施加一个大于其渗透压的外界压力时，水将通过反渗透膜流向膜的另一侧，水透

过膜的传质过程主要受膜性能和操作条件的影响，迄今已有多种透过机制与模型，其中最典型的是溶解扩散模型和优先吸附-毛细孔流模型。

（1）溶解扩散模型　溶解扩散模型（solution diffusion model）是一种描述膜分离过程中溶质和溶剂传输机制的重要理论模型。20 世纪 60 年代中期，Lonsdale 和 Riley 等提出溶解扩散模型，在溶解扩散模型中，溶质和溶剂的传输被认为是独立的两个过程。假定膜表面皮层为无孔、无缺陷的均质致密膜，溶剂和溶质都能溶解于膜内，则溶剂和溶质透过膜的过程分三步：①溶剂和溶质在膜上游侧吸附溶解；②溶剂和溶质在化学位差推动下以分子扩散通过膜；③透过物在膜下游侧表面解吸。溶剂和溶质在膜皮层中的溶解度服从亨利定律，在膜中的扩散服从 Fick 定律，其中溶解和解吸过程进行较快，而渗透过程较慢，因此透过膜的速率主要取决于第②步。由于溶剂和溶质在膜中的溶解度和扩散系数不同，其因通过膜的速率不同而得以分离。在等温情况下溶剂透过膜的传质速率表示为

$$J_W = \frac{D_{MW}C_{MW}V_W}{RTl}(\Delta P - \Delta \pi) = A(\Delta P - \Delta \pi) \qquad (6\text{-}10)$$

式中，J_W 为水的渗透通量，$kmol/(m^2 \cdot h)$；D_{MW} 为溶剂水在膜内的有效扩散系数，m^2/h；C_{MW} 为溶剂水在膜内的浓度，$kmol/m^3$；V_W 为水的摩尔体积，$m^3/kmol$；A 为溶剂在膜内的渗透系数，$kmol/(m^2 \cdot h \cdot Pa)$；$\Delta P$ 为膜两侧操作压力差，Pa；$\Delta \pi$ 为膜两侧溶液渗透压差，Pa。

这里假定 D_{MW}、C_{MW} 和 V_W 与压力差无关，这在压力低于 15MPa 时可以认为是合理的。A 是分配系数和扩散系数的函数。

溶质的扩散通量主要由浓度差引起，而压力差引起的化学位差极小，因此有类似关系式：

$$J_A = \frac{D_{MA}K'}{l}(C_{A1} - C_{A2}) \qquad (6\text{-}11)$$

式中，C_{A1}、C_{A2} 分别为料液侧溶液中的溶质浓度和透过液侧溶液中的溶质浓度。

式（6-11）在膜内浓度与膜厚呈线性关系时是成立的，此式适用于溶液浓度较低（一般低于 15%），即膜中渗透物浓度较小的情况，但在许多场合膜内浓度场并非线性，此时模型误差较大。

【例 6-1】利用反渗透膜组件脱盐，操作温度为 25℃，进料侧水中 NaCl 质量分数为 1.8%，压力为 6.896MPa，渗透侧水中 NaCl 质量分数为 0.05%，压力为 0.345MPa。所采用的特定膜对水和盐的渗透系数分别为 1.0859×10^{-4}g/(cm$^2 \cdot$s$\cdot$MPa) 和 16×10^{-6}cm/s。假设膜两侧的传质阻力可忽略，水的渗透压可用 $\pi = RT\sum C_i$ 计算，C_i 为水中溶解离子或非离子物质的摩尔浓度，试分别计算出水和盐的渗透通量。

解：进料盐浓度为

$$\frac{1.8 \times 1000}{58.2 \times 98.2} = 0.313 \text{mol/L}$$

透过侧盐浓度为

$$\frac{0.05 \times 1000}{58.5 \times 99.95} = 0.008\,55 \text{mol/L}$$

$$\Delta P = (6.896 - 0.345) = 6551 \text{MPa}$$

若不考虑过程的浓差极化，则

$$\pi_{进料侧} = 8.314 \times 298 \times 2 \times 0.313 \div 1000 = 1.55 \text{MPa}$$

$$\pi_{透过侧} = 8.314 \times 298 \times 2 \times 0.008\,55 \div 1000 = 0.042 \text{MPa}$$

$$\Delta P - \Delta \pi = 6.551 - (1.55 - 0.042) = 5.043 \text{MPa}$$

已知溶剂渗透系数为

$$A = 1.0859 \times 10^{-4} \text{g}/(\text{cm}^2 \cdot \text{S} \cdot \text{MPa})$$

$$J_{\text{H}_2\text{O}} = A(\Delta P - \Delta \pi) = (1.0895 \times 10^{-4}) \times 5.043 = 0.000\,548 \text{g/cm}^2$$

$$\Delta C = 0.313 - 0.008\,55 = 0.304 \text{mol/L}$$

溶质渗透系数为

$$\frac{D_{\text{MA}}}{Kl} = 16 \times 10^{-6} \text{cm/s}$$

所以,

$$J_{\text{NaCl}} = 16 \times 10^{-6} \times 0.000\,304 = 4.86 \times 10^{-9} \text{mol}/(\text{cm}^2 \cdot \text{s})$$

溶解扩散模型为膜分离技术的研究和计算机模拟提供了理论基础,通过理解溶剂和溶质在膜中的传输机制,可以设计出更有效的膜材料,从而提高分离效率和选择性。尽管该模型在许多方面非常有用,但它在处理孔性膜(如微滤膜或超滤膜)的传输机制时可能不够准确。此外,当涉及复杂的溶液体系或者高浓度的溶液时,该模型可能需要进行调整或与其他模型结合使用。

(2)优先吸附-毛细孔流模型　　优先吸附-毛细孔流模型(preferential sorption-capillary flow model)是由 Sourirajan 提出的用于膜分离过程中溶质传输的模型。这个模型适用于解释纳滤和反渗透这两类膜分离过程。在这些过程中,膜的孔径通常非常小,因此膜的孔隙结构和溶质在膜表面的吸附行为对整个分离过程有着显著的影响。优先吸附-毛细孔流模型基于两个主要假设。①优先吸附,在膜表面,某些特定的溶质分子会比其他成分更容易被吸附。这种吸附过程通常与溶质分子的化学性质(如极性、电荷等)和膜表面的性质(如亲水性或疏水性)有关。②毛细孔流动,吸附在膜表面的溶质分子会影响膜孔隙中的水流动。在这种情况下,水分子需要绕过被吸附的溶质分子,通过膜的微孔或毛细孔结构流动。这种流动模式在很大程度上取决于膜孔隙的大小、形状及溶质分子的分布。

当水溶液与亲水性半透膜面接触时,膜的亲水性使水分子被优先吸附于膜表面而形成一层纯水层,纯水层使溶质和膜表面被隔开,在外加压力作用下膜表面的水分子进入膜的毛细孔到达膜的另一侧,当膜表面有效孔径等于或小于纯水层厚度 t 的两倍时,只有纯水透过,当大于两倍时则溶质也可以透过膜孔,因此膜上毛细孔径为 $2t$ 时使纯水渗透通量达到最大而溶质不能通过膜,这一孔径称为临界孔径。Kimura 和 Sourirajan 基于该优先吸附-毛细孔流模型提出水通过膜毛细孔的传质方程:

$$J_{\text{W}} = A(\Delta P - \Delta \pi) \tag{6-12}$$

$$A = \frac{\text{PWP}}{3600 M_{\text{W}} SP} \tag{6-13}$$

$$\Delta P = P_1 - P_2 \tag{6-14}$$

$$\Delta \pi = \pi(x_1) - \pi(x_2) \tag{6-15}$$

式中,J_{W} 为水的渗透通量,kg/($\text{m}^2 \cdot \text{h}$);$A$ 为纯水渗透系数,kmol/($\text{m}^2 \cdot \text{s} \cdot \text{Pa}$);PWP 是操作压差为 P、有效膜面积为 S 时每小时的纯水通量,kg/h;M_{W} 为水的相对摩尔质量,18g/kmol;ΔP 为膜两侧操作压力差,Pa;$\pi(x_1)$ 为膜表面处料液侧溶液渗透压,Pa;$\pi(x_2)$ 为透过液渗透压,Pa。

纯水透过系数 A 反映了纯水透过膜的特性,它与膜材料、膜结构形态、操作温度及压力有关,可利用纯水进行实验测定。反渗透膜过程中仅有少量溶质透过膜,溶质透过膜的过程可看成是通

过膜孔的分子扩散过程，所以溶质的渗透通量为

$$J_A = \frac{D_{MA}}{Kl}(C_{A1}-C_{A2}) = B(C_{A1}-C_{A2}) \tag{6-16}$$

式中，J_A 为溶质 A 的渗透通量，$kmol/(m^2 \cdot h)$；D_{MA} 为溶质 A 在膜中的有效扩散系数，m^2/h；K 为溶质在溶液与膜间的溶解相平衡常数；l 为膜厚，m；C_{A1} 为料液侧膜表面处溶液中溶质 A 的摩尔浓度，$kmol/m^3$；C_{A2} 为透过液侧膜表面处溶液中溶质 A 的摩尔浓度，$kmol/m^3$；B 为溶质渗透系数，m/h。

渗透系数 B 是扩散系数和分配系数的函数，反映了溶质透过膜的特性，它的数值小，表示溶质透过膜的速率小，膜对溶质的分离效率高，其大小与溶质、膜材料、膜形态结构及操作条件有关，可通过实验测定。

优先吸附-毛细孔流模型在处理一些复杂的分离过程，如有机物、重金属离子或其他特定污染物的去除时，尤其有用。通过考虑溶质的优先吸附和毛细孔流动特性，可以更准确地预测和解释膜分离过程中的溶质截留和通量表现。

2. 纳滤传质模型　　纳滤与反渗透类似，纳滤传质模型对于设计和优化纳滤过程至关重要。纳滤膜通常具有较小的孔径，能够拒绝某些小分子有机物和多价离子，同时允许单价离子和水分子通过。纳滤膜大多为电荷型，其对无机盐的分离行为不仅受化学势控制，同时也受电势梯度的影响。此处将重点介绍不可逆热力学（SKK）模型、细孔模型、静电位阻模型、唐南（Donnan）效应和介电效应。

（1）不可逆热力学（SKK）模型　　不可逆热力学（SKK）模型是描述膜分离过程中溶质和溶剂传输的一个理论框架，该模型基于不可逆热力学原理，将膜视为一个整体，不考虑膜本身结构对结果的影响，而只考虑膜两侧的浓度差和压差对结果的影响，这种模型被称为"黑盒子"模型，尤其适用于分析和预测反渗透（RO）和纳滤（NF）等压力驱动的膜过程中的传输现象。SKK模型考虑了膜过程中溶质和溶剂的耦合传输现象，即溶质的传递可能影响溶剂的流动，反之亦然。该模型通过引入两个主要参数——反射系数（σ）和溶质渗透系数（P_s）来描述这一复杂的传输过程。其中，反射系数 σ 描述了膜对溶质的截留能力，值越接近于 1，表示膜对溶质的截留能力越强；溶质渗透系数 P_s 则描述了溶质在单位压差下通过膜的能力。该模型提出了膜的溶剂通量和溶质通量之间的关系，见式（6-17）。

$$J_v = L_p(\Delta P - \sigma\Delta\pi) \tag{6-17}$$

式中，J_v 为溶质通过通量，$L \cdot m^{-2} \cdot h^{-1}$；$L_p$ 为水力学透过系数；ΔP 为操作压力差，Pa；$\Delta\pi$ 为渗透压力差，Pa；σ 为反射系数。

$$J_s = -P\frac{dc}{dx} + (1-\sigma)J_v c \tag{6-18}$$

式中，P 为膜的溶质系数，定义为 P_s。将上式沿膜厚方向积分得到截留率 R 表达式：

$$R = \frac{\sigma(1-F)}{1-\sigma F} \tag{6-19}$$

$$F = e^{-\frac{(1-\sigma)J_v}{P}} \tag{6-20}$$

式（6-18）、式（6-19）是 SKK 方程，式（6-20）为式（6-19）中 F 的值。该方程适用于不带电的多种物质截留的模型估算。SKK 模型形式简单，但其未考虑纳滤膜的基本特性，因此，对其产生的各种现象没有准确的解释。

（2）细孔模型　　细孔模型是一种用于描述和分析膜分离过程中溶质和溶剂传递机制的理论模型。该模型假设膜的分离功能主要依赖膜内部的细孔结构，物质的分离过程可以通过对膜孔隙

的大小、形状、分布及不同分子特性的选择性来进行解释。细孔模型基于以下假设：膜由若干个具有一定尺寸和形状的孔隙组成，这些孔隙控制着物质通过膜的传输速率。在膜分离过程中，不同物质在膜孔隙中的通透性差异决定了分离效果。细孔模型的运用基于以下方程：

$$\sigma=1-\left(1+\frac{16}{9}\lambda^2\right)(1-\lambda)^2[2-(1-\lambda)^2] \tag{6-21}$$

$$P=(1-\lambda)^2 D_s (A_k/\Delta X) \tag{6-22}$$

式中，$\lambda=r_s/r_p$；r_s 为溶质结构尺寸，nm；r_p 为膜孔径，nm；D_s 为溶质扩散系数，$m^2 \cdot s^{-1}$；$A_k/\Delta X$ 为膜的孔隙率与膜厚之比，m^{-1}。σ 为反射系数（reflection coefficient），它是用来表示膜对溶质的截留能力的参数。反射系数的值在 0 到 1 之间，接近 1 表示膜对溶质有很强的截留作用。P 为溶质的渗透通量（permeability coefficient），它表示溶质在膜中的透过能力，通常与溶质的扩散系数和膜的性质相关。

如式（6-21）和式（6-22）所示，当膜的微孔结构和 r_s 为已知时，就可计算出膜的反射系数、孔隙率与膜厚的比值等参数。根据细孔模型，当已知溶质的尺寸参数、截留实验中的截留率数据及膜通量时，就可以计算得到 r_p、$A_k/\Delta X$ 等参数。细孔模型只考虑了溶质与纳滤膜之间的空间位阻效应，而没有考虑其他影响因素，如唐南效应和介电效应等，该模型主要针对中性溶质的分离过程进行模拟，因此这也是它不适合解释带电溶质被截留的原因。

（3）静电位阻模型　　静电位阻模型又称静电排斥和立体阻碍模型，是基于细孔模型和固定电荷模型得出的模型。它考虑了电荷和孔径对离子传输的影响，因此被广泛用于描述离子在微孔和纳孔中的传输特性。该模型假设膜表面存在分布均衡的细孔，这些细孔构成了一个分离层，膜表面电荷均匀分布在这个分离层的表面。利用静电位阻模型，可以通过测量纳滤膜的特征参数，比如孔径、电荷密度和分离层厚度来研究纳滤膜对各种溶质的分离特性。相对于空间电荷模型，静电位阻模型研究的不仅局限于膜孔内电荷对溶质截留率的影响，还对膜表面电荷的影响进行了考虑。

（4）唐南效应和介电效应　　根据膜结构的不同，当考虑静电排斥和静电引力的影响时，可以分为两类模型，即空间电荷模型和固定电荷模型。这两种模型主要描述纳滤膜中离子在膜孔内半径远小于孔径的情况下的传递特性，并被广泛应用于描述纳滤膜中的电荷现象。空间电荷模型假设纳滤膜表面的膜孔大小均一、分布均匀，同时孔内均匀分布着电荷。空间电荷模型能够计算纳滤膜的电位特性，如 Zeta 电位、流动电位和浓差电位，并且能够描述带电离子在膜孔内的运动状态。固定电荷模型将纳滤膜视为一种均匀分布电荷的凝胶状无孔膜。膜内电荷均匀分布，与空间电荷模型相比，它不考虑膜孔半径的影响，在计算上更简单。模型包含 Donnan 方程和膜内离子传递的 Nernst-Plank 方程。空间电荷模型更加注重膜孔中带电离子所受的影响，认为离子的浓度和电势只分布在膜孔内，而不是散布在整个膜上。相较于其他模型，固定电荷模型假定纳滤膜是一种凝胶相材质，其中的电荷在任何方向上都分布均匀。因此电荷对离子的影响也更加均衡，模型中考虑的方向因素变少。但是固定电荷模型忽略了膜本身的结构参数，不适用于膜孔较大的膜，并且同一型号的膜可能得出不同的结果，因此固定电荷模型具有一定的误差。

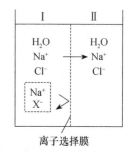

图 6-5　唐南效应

如图 6-5 所示体系，在电荷的纳滤膜左边 I 相中加入 NaCl 浓度为 c_0 的水溶液，达到渗透平衡后，有下面式子：

$$\mu_{\mathrm{I}}^{\mathrm{I}}=\mu_{\mathrm{I}}^{\mathrm{II}} \tag{6-23}$$

$$\mu_{\mathrm{H_2O}}^{\mathrm{I}}=\mu_{\mathrm{H_2O}}^{\mathrm{II}} \tag{6-24}$$

$$\mu^{I}_{NaCl} = \mu^{II}_{NaCl} \tag{6-25}$$

$$\mu_{NaCl} = \mu_{Na^+} + \mu_{Cl^-} \tag{6-26}$$

由化学位的一般定义，得

$$\mu_1 = \mu_1(T, p^0) + \tilde{V}_1(p - p^0) + RT\ln|a_1| \tag{6-27}$$

得到

$$\ln|a^{I}_{Na}| + \ln|a^{I}_{Cl}| = \ln|a^{II}_{Na}| + \ln|a^{II}_{Cl}| \tag{6-28}$$

$$a^{I}_{Na^+} a^{I}_{Cl^-} = a^{II}_{Na^+} a^{II}_{Cl^-} \tag{6-29}$$

对于稀溶液而言，可用浓度代替活度，即

$$c^{I}_{Na^+} c^{I}_{Cl^-} = c^{II}_{Na^+} c^{II}_{Cl^-} \tag{6-30}$$

因此，可得

$$c^{I}_{Na^+} = c^{I}_{Cl^-} = c^{II}_{Na^+} = c^{II}_{Cl^-} = \frac{1}{2}c_0 \tag{6-31}$$

纳滤膜主要用来脱除多价离子或大分子电解质，因此，模拟真实溶液体系，向图 6-5 的纳滤膜左边溶液 I 的 NaCl 水溶液中再加入多价钠盐 NaX，假设加入后 NaX 在溶液中的浓度为 c_X，其中 X^- 不能透过膜，NaX 的加入使溶液 I 中 Na$^+$ 浓度升高，打破原有平衡，因此导致更多钠离子向溶液 II 渗透。为保持电中性，氯离子也跟着渗透，但它是逆浓度梯度从溶液 I 转入溶液 II 的，此现象称为唐南效应，达到渗透平衡后，设从溶液 I 向溶液 II 渗透的 Cl$^-$ 和 Na$^+$ 浓度分别为 x，加入的 NaX 量为 c_X，则将平衡后的 Cl$^-$ 和 Na$^+$ 浓度代入式（6-32），得

$$\left(\frac{1}{2}c_0 - x + c_X\right)\left(\frac{1}{2}c_0 - x\right) = \left(\frac{1}{2}c_0 + x\right)^2 \tag{6-32}$$

$$(c^{I}_{NaCl} + c^{I}_{NaX})c^{I}_{NaCl} = (c^{II}_{NaCl})^2 \tag{6-33}$$

单价盐从料液中的脱除率 D 为

$$D = \left(1 - \frac{c^{I}_{Cl^-}}{c_0}\right) \times 100\%$$

【例 6-2】在图 6-5 体系的左边溶液 I 中加入 1mol/L NaCl 物料，达到平衡后各离子分布是怎样的？假若左边溶液 I 加入的是 1mol/L NaCl 和 1mol/L Na$_2$SO$_4$，达到平衡时又会怎样？（设膜对 SO$_4^{2-}$ 的截留率为 100%，且体系左、右两侧体积相等）。

解：①平衡时：$\quad c^{I}_{Na^+} = c^{I}_{Cl^-} = c^{II}_{Na^+} = c^{II}_{Cl^-} = 0.5mol/L$

②初始态：$\quad c_{Na^+} = 1 + 1 \times 2 = 3mol/L$

$$c_{Cl^-} = c_{SO_4^{2-}} = 1mol/L$$

平衡时，据式（6-25）得 $(0.5 - x + 2)(0.5 - x) = (0.5 + x)(0.5 + x)$

即 $\quad c^{I}_{Na^+} = 0.5 - 0.25 + 2 = 2.25mol/L；\quad c^{I}_{Cl^-} = 0.5 - 0.25 = 0.25mol/L$

$$c^{II}_{Na^+} = 0.5 + 0.25 = 0.75mol/L；\quad c^{II}_{Cl^-} = 0.5 + 0.25 = 0.75mol/L$$

$$D = \left(1 - \frac{c^{I}_{Cl^-}}{c_0}\right) \times 100\% = \left(1 - \frac{0.25}{1}\right) \times 100\% = 75\%$$

单价盐与多价盐或大电解质共存，通过纳滤过程的唐南效应，可使更多的单价盐透过膜被脱除，从而达到多价盐或大电解质与单价盐分离的目的，利用此机制可实现乳糖或蛋白质等的脱盐。这里假设膜对多价盐可完全截留，但是随着溶液浓度的提高，由于唐南效应和介电效应，膜对其截留率会下降。因此纳滤过程一般适合于较低浓度的分离。

（三）影响反渗透和纳滤分离过程的因素

1. 浓差极化现象 浓差极化现象（concentration polarization，CP）是指膜表面附近溶质或颗粒浓度高于体相的现象。浓差极化是所有压力驱动膜过程（反渗透、纳滤、微滤、超滤）固有的现象。它导致膜表面溶质和/或颗粒浓度升高，并增加了它们进入渗透流的机会。当溶剂（如水）穿过膜时，溶质（如盐分、杂质）因不能穿过膜而在膜表面积聚，从而在膜表面形成一个比进料侧更高浓度的边界层。这不仅增加了污染的风险，降低了渗透液的质量，而且由于反渗透和纳滤过程中渗透压的增加而降低了渗透率。浓差极化的发生是溶剂和颗粒/溶质之间的渗透性差异所致。膜表面溶质和颗粒浓度的增加导致更多的反向扩散回体相，直到达到稳态，此时体相的反向扩散速率与膜表面附近的积累速率平衡。增强反向扩散的因素可减少过滤过程中的浓差极化，如增加横向流速、提高溶质/颗粒的扩散系数和升高温度。相反，增加过滤压力或渗透通量会增加浓差极化。由图 6-6 可知浓差极化的结果是膜两侧的有效浓度差减小，这降低了膜的驱动力，进而导致渗透通量下降。此外，浓度较高的边界层可能导致膜表面污染和膜孔堵塞，进一步降低膜的性能。

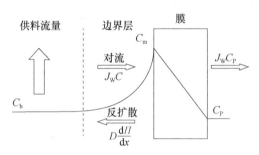

图 6-6 浓差极化示意图（邵文尧等，2014）

几种定量模型已被开发用来描述膜过滤过程中的浓差极化现象。表 6-4 总结了不同浓差极化模型的应用和局限性。

表 6-4 不同浓差极化模型的应用和局限性（Shirazi et al., 2010）

CP 模型	应用	限制
薄膜理论	根据化学势梯度确定渗透通量	假定在所有情况下传质系数都是恒定的
Spiegler-kedem 模型	类似于扩散理论，但包含了反射系数作为附加项	忽略了 CP 沿膜表面增加的现象
凝胶层模型	根据恒定的凝胶层阻力和膜阻力来确定渗透通量	假定了固定的表面凝胶浓度，并将对流换热理论的传质系数适用于不渗透表面
渗透压模型	确定膜表面附近的渗透压，降低跨膜压力和渗透通量	不能适用于 MF 和 UF，因为在这些情况下渗透压可以忽略不计
串联电阻模型	简化计算，帮助优化膜分离效率	不适用于并联效应，忽略电阻间耦合作用
非相互作用粒子理论	确定均匀非相互作用球形粒子的平均渗透速度	不能用于多组分系统
饼状增强浓度极化	对横流膜过滤中溶质运输和 CP 的概念分析	其在多组分体系中的表现尚不明确

如图 6-7 所示，以阳离子在阳离子交换膜内的传递为例说明极化现象。假设带负电的阳离子交换膜被放置于阳极和阴极之间，体系被浸入 NaCl 溶液，阳膜只允许阳离子通过，在直流电压下，Na^+ 移向阴极，使得膜左侧的 Na^+ 浓度减少而右侧的浓度逐渐升高，同时，由于 Na^+ 在阳膜内的传递比在溶液中快，因此在膜两侧形成一定的浓度分布。

在电位差作用下阳离子通过膜的传递通量与电流密度 i 的关系为

$$J^m = \frac{t^m i}{z \mathscr{F}} \tag{6-34}$$

与此类似，阳离子通过边界层的传递通量为

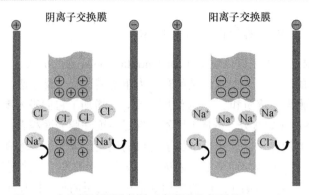

图 6-7　电渗析过程示意图（李世霖和胡景泽，2023）

$$J^{\text{bl}}=\frac{t^{\text{bl}}i}{z\mathscr{F}} \tag{6-35}$$

由于阳离子在浓缩室中的浓度高于淡化室中的浓度而产生浓差扩散，阳离子在边界层中的浓差扩散通量为

$$J_{\text{D}}^{\text{bl}}=-D\frac{\mathrm{d}c}{\mathrm{d}x} \tag{6-36}$$

式中，J^{m} 和 J^{bl} 分别为电位差作用下阳离子在膜内和边界层的传递通量（$\text{mol/cm}^2\cdot\text{s}$）；$J_{\text{D}}^{\text{bl}}$ 为浓差推动作用下阳离子在边界层内的扩散通量（$\text{mol/cm}^2\cdot\text{s}$）；$i$ 为电流密度（A/cm^2）；z 为阳离子价态（对 Na^+，$z=1$）；$\mathscr{F}$ 为 Faraday 常数；D 为阳离子的扩散系数（cm^2/s）；$\mathrm{d}c/\mathrm{d}x$ 为阳离子在边界层中的浓度梯度；t^{m} 和 t^{bl} 是膜中和边界层中的阳离子迁移数，离子的迁移数定义为离子在膜内或边界层或腔室内的迁移量与全部离子在相应空间内的迁移量的比值，即

$$t_{\text{Na}^+}=\frac{Q_{\text{Na}^+}}{Q_{\text{Na}^+}+Q_{\text{Cl}^-}} \tag{6-37}$$

式中，Q_{Na^+} 和 Q_{Cl^-} 分别为 Na^+ 和 Cl^- 的迁移电量，对于阳膜要求 t_{Na^+} 越大（即接近 100%）越好，t_{Na^+} 越大说明反离子迁移数越大，对于阴膜其值越小越好，t_{Na^+} 越小说明正离子迁移数越小。

稳态时，阳离子通过膜的传递等于电位差作用下的通量与浓差扩散通量之和，即

$$J^{\text{m}}=\frac{t^{\text{m}}i}{z\mathscr{F}}=\frac{t^{\text{bl}}i}{z\mathscr{F}}-D\frac{\mathrm{d}c}{\mathrm{d}x} \tag{6-38}$$

假设扩散系数为常数（浓度梯度为线性），则：

$$\begin{aligned}x=0 \text{ 时，} &c=c_{\text{Na}^+}^{\text{m}}\\ x=\delta \text{ 时，} &c=c_{\text{Na}^+}^{\text{b}}\end{aligned} \tag{6-39}$$

则可以分别得到关于膜表面处阳离子浓度减小的方程和升高的方程：

$$c_{\text{Na}^+}^{\text{m}}=c_{\text{Na}^+}^{\text{b}}-\frac{(t^{\text{m}}-t^{\text{bl}})i\delta}{z\mathscr{F}D} \tag{6-40}$$

$$c_{\text{Na}^+}^{\text{m}}=c_{\text{Na}^+}^{\text{b}}+\frac{(t^{\text{m}}-t^{\text{bl}})i\delta}{z\mathscr{F}D} \tag{6-41}$$

电阻主要集中于发生离子浓度降低的边界层中，离子浓度降低使得边界层中电阻增大。当浓度很低时，一部分电能会以热量形式被消耗掉（水电解）。由式（6-40）可以得到边界层内的电流密度 i：

$$i = \frac{z\mathscr{F}D(c^{\mathrm{b}} - c^{\mathrm{m}})}{\delta(t^{\mathrm{m}} - t^{\mathrm{bl}})} \qquad (6\text{-}42)$$

如果电位差增大，则电流密度增加，阳离子通量升高，结果阳离子浓度减小，当膜表面阳离子浓度 c^{m} 趋近零时，则达到极限电流密度：

$$i_{\lim} = \frac{z\mathscr{F}Dc^{\mathrm{b}}}{\delta(t^{\mathrm{m}} - t^{\mathrm{bl}})} \qquad (6\text{-}43)$$

此时进一步提高推动力（增大电位差）不会使阳离子通量继续增大。从式（6-43）可以看出，极限电流密度取决于主体溶液中阳离子的浓度 c^{b} 和边界层厚度 δ。为了减小极化效应，必须减小边界层厚度，为此膜构造设计和流体力学状况非常重要。同样，阴离子两侧也有类似浓差极化现象。

浓差极化使溶液电阻、膜电阻及膜电位增加，使所需电压增加，电耗增大；电压一定时则使电流密度下降，使水的脱盐率或产水率降低。避免和抑制浓差极化的措施包括控制电流密度小于极限电流密度、提高淡化室两侧离子的传递速率、定期消除沉淀、尽量减少水溶液中 Ca^{2+} 及 Mg^{2+} 的存在以避免产生沉淀、提高温度和增加膜面流速以减小边界层厚度和提高扩散系数等。

2. 抗污染性能　　抗污染性能（fouling resistance）指膜抵抗表面积累污染物（如有机物、无机物、生物膜、悬浮颗粒等）的能力。良好的抗污染性能意味着膜在长期运行中能够保持稳定的渗透通量和截留率。影响膜抗污染性能的因素包括膜的孔径大小、材料特性、操作条件（如压力、温度和流速）及进料溶液的性质（如浓度、化学组成和 pH）。膜的结构和孔隙特性直接影响其对特定分子或离子的截留能力，而操作条件则决定了膜过程的效率和稳定性。此外，进料溶液的特性也会影响膜的过滤性能，如高浓度溶液可能导致膜表面发生浓差极化，降低渗透通量和增加膜的污染风险。因此，优化这些参数对于提高膜的分离性能至关重要。

（1）跨膜压力　　跨膜压力直接影响渗透通量和分离效率，增大跨膜压差可提高传质推动力，使渗透通量增大，但是压差增大会使膜表面处浓差极化加剧，使料液侧渗透压增高，所以膜两侧的有效压差（$\Delta P - \Delta \pi$）并不能按相应比例增大，同时压差增大引起能耗增加，因此反渗透最佳操作压差一般在 2～10MPa，纳滤过程所用操作压力相对较低，一般为 0.5～2MPa。此外，增加流速有助于减轻膜表面的浓差极化现象，提高过滤效率，同时减少膜污染。

（2）料液性能　　料液的物理化学特性，比如溶质的分子量、离子浓度、离子半径、电价及溶液的 pH 和温度，对膜分离过程中的传质效率和截留性能具有显著影响。料液中较高的分子和离子浓度会导致有效压差的降低，进而引起膜表面的浓差极化和污染，这些因素共同作用会降低渗透通量和截留率。特别是在盐水淡化过程中，浓缩程度的增加虽然能提高水的回收率，但同时也会提高溶质浓度，降低渗透通量和截留率。当溶质浓度达到过饱和时，可能会在膜表面形成析出物，因此浓缩程度需要控制在一个合理的范围内以确保最佳的水回收率。对于带电的纳滤膜，离子的半径和电价是影响截留率的关键因素。离子半径和电价的增大通常会提高膜对这些离子的截留率。此外，溶液的 pH 会影响溶质的电荷状态，特别是对于蛋白质等生物大分子，这会影响膜对这些物质的截留效果。通过调节溶液 pH 可以优化特定溶质的截留率。操作温度对料液的黏度和膜的渗透性能有直接影响。温度的升高和料液流速的增加有助于提高水透过系数并减少浓差极化现象，从而提高渗透通量。然而，温度的提高受到料液和膜材料耐温性的限制。因此，调节操作温度是优化膜分离性能的一个重要方面。

（3）膜材料与结构　　膜材料和结构是决定反渗透和纳滤分离性能的关键因素，在膜材料的选择上，亲水性材料及其电荷特性与待处理溶质的电荷特性匹配的膜通常展现出更佳的选择透过性和耐污染性。目前，制备反渗透膜的主要材料包括醋酸纤维素及其衍生物、各种聚酰胺和聚酰亚胺等,这些材料因其良好的亲水性而广泛应用。纳滤膜的材料与反渗透膜类似,常见的材料有醋酸纤维素及其衍生物和聚酰胺,对于具有特定电荷性能的纳滤膜,则常使用磺化聚砜、磺化聚醚砜和芳香族聚酰胺复合材料等。这些材料的选择取决于特定应用的需求,包括对溶质的截留特性和膜的物理化学稳定性需求。

二、超滤和微滤

(一)分离基本原理

超滤(ultrafiltration,UF)是一种利用半透膜对高分子物质和悬浮颗粒进行筛选的压力驱动膜过程。该过程采用孔径为1～100nm的半透膜,有效截留分子量从几百至数百万道尔顿的物质,如蛋白质、多糖、病毒和细菌。在超滤过程中,受压的溶液通过膜时,较大分子被膜孔截留,而水和小分子溶质则穿过膜。超滤技术的应用领域非常广泛。在水处理方面,超滤可用于去除水中的悬浮颗粒、微生物和某些溶解性污染物,从而提供高质量的饮用水。

微滤(microfiltration,MF)是一种利用较大孔径(0.1～10μm)的半透膜对悬浮颗粒和细菌进行分离的过程。流体在压力差的驱动下通过膜,膜孔的大小决定了它能够截留的颗粒大小。因此,微滤主要用于去除水中的悬浮固体、细菌和某些大分子。与超滤类似,微滤的分离机制主要是基于物理筛选,即利用膜孔对较大颗粒的截留能力(图6-8)。由于其较大的孔径,微滤通常适用于预处理或粗分离过程,如饮用水的粗净化、废水处理和某些工业流程的固液分离。微滤膜通常为均质膜,其整体膜阻力主要由膜的厚度决定。与超滤膜相比,微滤膜特征在于其较大且分布相对均匀的孔径,一般为0.05～10μm,使其适用于截留细菌、胶体和气溶胶等较大悬浮粒子。微滤过程中粒子的截留机制主要基于膜的孔径及其分布。

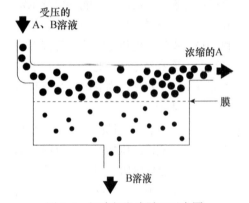

图6-8 超滤与微滤原理示意图

超滤膜通常为不对称结构,其主要传质阻力集中在薄而致密的表皮层,该层的厚度通常不超过1μm。膜孔径一般为0.005～0.05μm,使其能够有效截留分子质量为10^3～10^6Da的溶质。因此,除了能够拦截悬浮物,超滤膜还能截留溶液中的微小粒子(如胶体、微生物等)及如蛋白质、酶等可溶性大分子物质。超滤膜的分离效果不仅取决于膜孔径和被截留物的分子大小,膜的化学和物理性质及被分离物的分子形状、电荷特性也对分离效果有一定影响。此外,膜表面和孔道内的吸附作用也是大分子物质被截留的重要机制。在选择具有合适孔径的超滤膜时,一般依据两个重要参数来衡量膜的截留性能:截留分子量(molecular weight cut-off,MWCO)和截留率。截留率是指混合物中被膜截留的某物质的量占原料中该物质总量的比率,其定义式为

$$R_0 = \left(1 - \frac{C_P}{C_F}\right) \times 100\% \tag{6-44}$$

式中,R_0为截留率;C_P为透过液中待分离物质的浓度;C_F为原料液中待分离物质的浓度。

在膜分离领域,截留分子量是一个关键参数,用于定量描述膜的截留特性。MWCO指的是能够被特定膜有效截留的最小分子量的溶质分子。具体来说,这一参数通过测定膜对特定标准物质的截留率来确定,当截留率达到90%或95%时,所用标准物质的分子量即被认定为膜的MWCO。

在超滤膜的性能评价中，通常选用球形蛋白质或线性聚合物作为标准物质。例如，常见的球形蛋白质包括γ-球蛋白（分子质量160kDa）、牛血清白蛋白（67kDa）、卵清蛋白（44kDa）、胃蛋白酶（35kDa）、细胞色素 c（12.4kDa）和胰岛素（5.7kDa）。而作为线性标准物质的聚丙烯酸和聚乙二醇，其分子质量范围广泛，如聚丙烯酸（50kDa）和聚乙二醇（0.6kDa、1kDa、2kDa等）。

（二）超滤和微滤的传质模型及影响因素

1. 超滤和微滤的传质模型　　超滤和微滤传质模型是用以描述膜过程中溶质和溶剂在驱动力（如压力差）作用下通过半透膜的行为机制，这些模型能够预测在特定操作条件下的渗透通量和溶质截留率，从而为膜分离系统的设计和优化提供理论基础。通过模型预测的渗透通量和截留率，可以评估膜系统的运行成本，包括能耗和膜更换频率，从而进行经济性能比较和选择。目前已有多种超滤和微滤传质模型，其中最为经典的是孔隙流动模型。

孔隙流动模型（pore flow model）是基于流体力学发展起来的，膜被视为具有特定孔径大小和孔隙率的多孔介质，该模型主要用于描述和分析多孔介质中的流体流动。对多孔介质中流体运动的研究可以追溯到 19 世纪。1856 年，Darcy 在研究水通过砂床的流动时发表了著名的 Darcy 定律（Darcy law），这是研究多孔介质流动的基础。虽然 Darcy 定律最初是为地下水流动研究提出的，但它的原理也适用于解释和理解膜过滤中的流体流动。在孔隙流动模型中，溶剂（通常是水）和某些小分子溶质能够通过这些孔隙，而较大的分子或颗粒则被截留。此模型的传输过程可以分为以下几个步骤。①吸附溶解，当溶液接触到膜表面时，溶剂（通常是水）和溶质分子首先在膜的上游侧吸附和部分溶解于膜孔隙表面。这一过程受膜材料亲疏水性质的影响。②孔隙流动，吸附溶解后，溶剂和一些小分子溶质在压力差（跨膜压差）的驱动下通过膜的孔隙。膜的孔隙率和孔径大小决定了大分子或颗粒由于无法穿过较小的孔隙而被截留。③解吸和收集，通过膜孔隙的溶剂和溶质在膜的下游侧解吸，随后被收集。④浓差极化和凝胶层形成，溶质在膜表面的积累，可能发生浓差极化现象，即膜表面的溶质浓度高于溶液内部的浓度，导致有效的跨膜压差降低。在某些情况下，溶质积累可能形成凝胶层，这进一步限制了通过膜的流量。典型的多孔膜传递模型基础均为 Darcy 定律，即认为通过超滤膜和微滤膜的体积通量 J_V 正比于所施加的压力：

$$J_V = K\Delta P \tag{6-45}$$

式中，K 为膜的渗透系数，涵盖了膜孔隙率、孔径及其分布等膜结构因素及渗透液黏度等，超滤膜的 K 值远小于微滤膜。据式（6-39），对于圆柱状孔的膜传递，黏度为 μ 的流体在半径为 r、长度为 L 的单个毛细管内的层流流动通量 J_V 与毛细管两侧压差之间的关系可用 Hagen-Poiseuille 定律描述为

$$J_V = \left(\frac{r^2}{\delta\mu L}\right)\Delta P \tag{6-46}$$

若膜的孔隙率为 ε（即单位膜面积上孔所占面积的百分数），考虑到实际膜孔的弯曲性，引用曲折因子 τ 来表示膜长度，即 τL。据此，膜通量与膜两侧推动压差的关系为

$$J_V = \left(\frac{\varepsilon r^2}{\delta\mu\tau L}\right)\Delta P \tag{6-47}$$

该式即为孔隙流动模型，是描述超滤和微滤传递过程的最常用模型。由该模型可知，超滤和微滤是根据孔径大小来筛分溶液中的微粒或大分子，溶液通过膜的渗透通量与膜的孔径、孔隙率、溶液黏度、膜厚度、膜孔的弯曲程度及传质推动压差等因素有关，一旦测定或计算出这些参数，

则可计算出膜通量，从而可根据实际处理量计算出一定压差下所需的膜面积。

在需要高温消毒的生物分离过程中，由于无机膜的耐高温性，常采用无机膜。很多无机膜（极少数有机膜）采用烧结法制备，膜孔是由球状颗粒聚集形成的孔隙构成，球状堆积孔结构可用 Kozeny-Carman 公式表示：

$$J=\left(\frac{\varepsilon^3}{K\mu S^2 L}\right)\Delta P \tag{6-48}$$

式中，K 为与孔几何形状有关的无因次常数；S 为单位体积中球颗粒的表面积。

按照上述依据 Darcy 定律所建立的模型，膜通量 J_V 与压差 ΔP 之间是直线关系，在实际操作过程中，只有在低压、低料液浓度和高膜面流速下这种线性关系才成立，而高的压力、高料液浓度和缓慢的膜面流速造成膜表面溶质浓度高于主体浓度，从而形成浓差极化，并加快膜污染。针对有浓差极化和膜污染存在的微滤和超滤过程，有下面一些传质模型。

对于微滤过程，被截留粒子在膜面形成滤饼层，透过膜的通量 J_V 与压差 ΔP 的关系可用下式表示：

$$J_V=\frac{\Delta P}{\mu(R_m+R_c)} \tag{6-49}$$

式中，μ 为料液黏度；R_m 为膜阻力；R_c 为滤饼阻力，R_c 与颗粒沉积情况有关。

通过实验测定或半经验公式估算出 R_m 和 R_c 后，即可利用该式预测渗透通量。膜阻力 R_m 一般通过在一定操作压差和温度下测定超纯水的通量得到，然后通过对比滤饼形成前后的膜通量差异，可以估算出 R_c。

对于超滤过程，由于膜孔较小，大分子也被截留，因此浓差极化和膜污染趋势比微滤过程严重得多。膜表面处大分子溶质浓度比主体溶液高到一定程度，可达到饱和而形成凝胶层，这样导致渗透通量严重降低。如果将凝胶层阻力 R_g 和膜阻力 R_m 串联起来，则溶剂通过膜的通量表示如下：

$$J_V=\frac{\Delta P}{\mu(R_m+R_g)} \tag{6-50}$$

式中，R_g 为凝胶层阻力；R_m 为膜阻力。

此式为凝胶层模型基本方程。蛋白质较易形成凝胶层，但许多其他大分子溶质如葡聚糖在很高浓度下也不易形成凝胶层，此时需要考虑浓差极化形成的边界层阻力 R_b，则上式变为

$$J_V=\frac{\Delta P}{\mu(R_m+R_b)} \tag{6-51}$$

此式为边界层阻力模型基本方程。另外，在尚未形成凝胶层时，也会因膜面沉积浓度的增加使膜面上溶质的渗透压增加，导致分离操作的有效压差减小，此时 $\Delta P=\Delta P_T-\Delta\pi$，其中 ΔP_T 为膜面两侧操作压差，$\Delta\pi$ 为膜两侧渗透压差。

2. 影响超滤和微滤分离过程的因素

（1）膜污染和浓差极化现象　　膜污染（membrane fouling）是指料液中的微滤、胶体粒子或溶质大分子由于与膜存在物料化学相互作用或机械作用而引起的在膜表面或膜孔内吸附、沉积，从而造成膜孔变小或堵塞，使膜产生透过流量与分离特性的不可逆变化现象。膜污染是膜分离过程中普遍存在的问题，它会降低膜的性能，增加操作成本。由于处理的待分离混合物的成分一般较为复杂，因此造成膜污染的原因也较多，主要有以下几方面：①吸附作用导致的污染，待分离物质在膜表面及孔道内的吸附是引发膜污染的主要原因之一，这种吸附作用的程度受到溶质

与膜材料相互作用性质的影响，主要包括疏水性或亲水性相互作用、氢键作用、范德瓦耳斯力及静电相互作用；②沉积与堵塞引起的污染，物质在膜表面的沉积及膜孔的堵塞是另一重要原因，影响膜污染的性质和程度。这些现象受膜材料的物理化学特性、与膜接触的溶液组成及操作过程中的水力条件的影响。不同的膜结构特征如孔隙率、孔径大小及其分布，对污染的敏感程度也存在差异。在超滤技术的应用中，通过优化膜的选择、改进预处理工艺、调整操作参数和采取有效的膜清洗策略，可控制和减轻膜污染。

（2）操作条件

1）加压过滤方式。死端过滤（dead-end micro-or ultra-filtration）和错流过滤（cross-flow filtration）是两种常见的过滤操作方式。如图 6-9 所示，在跨膜压差的驱动下，死端过滤涉及流体垂直于膜面的流动方向，其中进料液穿过膜，而被截留的微粒或高分子物质在膜表面形成滤饼层，该层会随操作时间增厚。在恒定压差下，膜通量随运行时间降低，因此这种模式是一种周期性操作，需要定期进行膜表面的清洗或膜的更换以维持较高的渗透通量。相对地，错流过滤中，流体沿膜表面平行流动，进料液在压差的推动下穿过膜，而剪切力作用于膜表面，有助于移除部分沉积物，从而有效降低浓差极化和膜表面截留物的积累，保持较高的通量。工业应用中常采用错流操作，通过增加流速来减少边界层厚度，提高传质系数，减轻膜面浓差极化和膜污染，提升膜的渗透通量。然而，在膜操作期间，随着时间的推移，沉积层的逐渐增厚仍然不可避免，导致能够穿过膜的粒子尺寸逐渐减小，极端情况下，微滤过程可能因沉积层的形成而实质上转变为超滤过程。

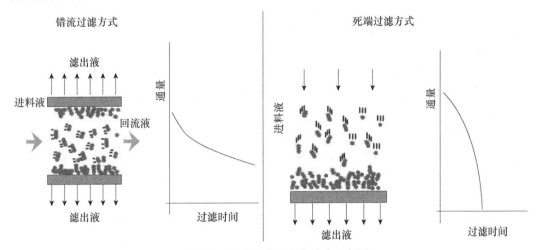

图 6-9 死端过滤和错流过滤示意图

2）操作压差。超滤膜和微滤膜均为多孔膜，与较为致密的反渗透膜和纳滤膜相比，其操作压力相对较低，微滤过程操作压差一般为 0.01～0.1MPa，超滤过程操作压差一般为 0.1～0.5MPa。操作压差对渗透通量的影响可用图 6-10 表示，膜通量与操作压差之间的关系受到流速和压力条件的显著影响。在固定流速条件下的低压区域，膜通量随操作压差的增加呈线性上升趋势；随着操作压差的进一步增加至中压区域，浓差极化现象和膜表面污染的累积导致被截留溶质在膜表面形成显著浓度梯度，进而导致有效跨膜压差的降低和膜阻力的增加。因此，膜通量随着压力的增

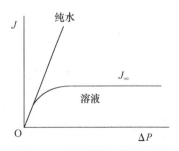

图 6-10 超滤通量与操作压差关系示意图（张晓艳等，2017）

加而呈现非线性增长。当操作压差提升至高压区域，达到一定阈值之后，溶质通过膜的对流输运量与其从膜面向溶液主体的反向扩散量达到平衡状态，此时系统进入稳态。在此条件下，进一步提升操作压差将不会导致膜通量的增加，因为边界层的阻力同样增加，最终膜通量趋近于一个极限值。在实际操作中，优先将操作压差设置在中压区域，这一策略不仅有助于实现较高的膜通量，还可以通过剪切力减轻膜表面污染物的积累，从而避免凝胶层的形成。此外，通过合理调节操作压差，可以有效管理浓差极化现象，减少膜阻力的增加，进而优化膜分离过程的整体效率和膜的使用寿命。因此，膜分离过程的操作压差选择对于确保高效的分离性能和经济的运行成本具有关键作用。

3）料液流速。料液流速指料液在膜面上流动的线速度，是重要的操作参数之一。一定压力下，料液流速对于边界层的厚度具有显著影响。较高的流速导致较薄的边界层，从而增大了传质系数，缓解了浓差极化现象，使得膜表面的溶液浓度降低，进而提高了渗透通量及在相应压力下可能达到的极限通量。然而，过高的流速会增加剪切力，这可能导致蛋白质、酶等大分子物质的变性和失活，并且增加了沿膜组件的压力降，从而导致运行能耗的上升。因此，选择适当的料液流速需综合考虑料液的黏度、溶质的特性、操作压力及膜组件的构型等因素。通过优化这些参数，可以在确保分离效率和膜性能的同时，最小化能源消耗和潜在的物质损伤，实现膜分离过程的经济和高效运行。

4）截留液浓度。料液流速与截留液浓度是膜分离过程中的操作变量，对膜性能和分离效率有着直接的影响。料液流速决定了膜表面的剪切力大小，可以显著影响膜表面的污染程度及渗透通量。剪切力的增加有助于减少膜表面污染物的积累，从而提高渗透通量。

截留液浓度描述了在膜表面积累的溶质浓度，它直接影响浓差极化现象的发生及渗透通量的降低。随着截留液浓度的增加，边界层的厚度增大，更易于达到饱和状态并形成凝胶层，这不仅降低了渗透通量，还可能导致膜的进一步污染。

5）温度。提高料液温度可以降低其黏度、增大扩散系数和传质系数，可达到抑制浓差极化和提高渗透通量的目的，因此在膜与料液的物化稳定性允许的情况下，应尽可能采用较高温度，一般来说处理酶的最高温度为 25℃，蛋白质为 55℃。

（3）膜材料特性　膜表面的亲水性能够显著降低膜表面及其孔道内与待分离分子，特别是蛋白质之间因疏水相互作用而产生的非特异性吸附，进而减少污染。亲水性膜表现出更佳的抗污染特性和更稳定的渗透通量。蛋白质对疏水性膜的高吸附性源于蛋白质溶液中，膜表面附近水分子的 Gibbs 自由能（G）受到水分子与蛋白质间及水分子与膜表面间的氢键作用力和极性相互作用的影响。疏水性膜表面缺乏与水分子的相互作用，导致其表面水分子的 Gibbs 自由能高于溶液主体，从而促使蛋白质吸附于膜表面以降低系统总的自由能。大多数蛋白质分子含有疏水性区域，能够通过范德瓦耳斯力直接与膜表面相互作用。相反，亲水性膜表面的水分子展现出较溶液主体更低的 Gibbs 自由能，促使水分子与膜表面直接相互作用，有效阻止蛋白质直接吸附于膜表面。此外，膜表面的疏水性质可能导致表面蛋白质结构变性、失活，进一步加剧膜污染。亲水性膜通过优先吸附水分子，在膜表面形成超薄的水分子层，因而具备以下特点：①在操作压力下，水分子优先穿过膜，实现较高的渗透通量；②防止蛋白质因变性、失活而引发的膜污染，保持稳定的渗透通量，并具有良好的生物相容性，对生物物质的破坏较少；③吸附于外层的蛋白质易于通过清洗除去，恢复膜通量较为容易。因此，选用亲水性材料制备膜或对疏水性材料进行亲水化处理，可以有效提升膜的抗污染性能和稳定性，延长膜的使用寿命，同时保持较高的渗透通量。

（4）溶液特性　　在超滤和微滤过程中，待处理溶液的物理化学特性对膜分离效率、膜通量及膜的选择性有着决定性的影响。这些溶液特性主要包括以下几个方面。①溶质分子大小，膜的孔径决定了其截留特性，溶质分子的大小和形状直接影响其通过膜的能力，膜孔径设计为截留特定大小以上的分子或颗粒，因此溶液中溶质的分子大小和形状是决定膜分离效果的关键因素。②溶液化学性质，溶液中溶质的亲水性或疏水性决定了其与膜材料的相互作用。亲水性溶质倾向于在亲水性膜表面形成较少的吸附，从而减少污染和提高膜的抗污染性。相反，疏水性溶质容易在疏水性膜表面累积，增加膜污染的风险。③pH 和导电率，溶液的 pH 影响溶质的电荷状态，尤其是对含有离子化基团的生物大分子（如蛋白质）和胶体颗粒。pH 的变化会改变溶质的溶解度和电荷性，进而影响其在膜过程中的截留行为和膜通量。④悬浮颗粒和胶体，悬浮颗粒和胶体物质的存在易导致膜表面和孔隙的堵塞，增加膜污染和浓差极化现象，降低渗透通量并缩短膜的使用寿命。

第三节　电推动膜过程——电渗析

电位差驱动的膜过程是一种利用带电离子或分子在外加电位差的驱动下，通过荷电膜的选择性作用与不带电分子进行分离的过程。这类过程中使用的荷电膜主要包括阳离子交换膜（CEM）和阴离子交换膜（AEM），其选择性迁移和截留机制基于 Donnan 排斥原理，即阳离子交换膜专门允许带正电荷的离子通过，而阻止带负电荷的离子和同电荷的固定离子通过；相反，阴离子交换膜专门允许带负电荷的离子通过，同时排斥带正电荷的离子和同电荷的固定离子。通过电位差与荷电膜的不同配置组合，可以实现多种电化学膜过程，主要包括：①电渗析（electrodialysis，ED）利用直流电场下阳离子和阴离子分别通过阳离子交换膜和阴离子交换膜的原理，进行溶液中离子成分的分离，广泛应用于水的脱盐、废水处理和食品加工等领域；②电渗析与双极膜电解（electrodialysis with bipolar membrane，EDBM），在膜电解过程中，除使用 AEM 和 CEM 外，还涉及双极性膜的应用，该过程能够实现水的电解，生成酸和碱，应用于合成化学品和环境工程领域；③双极性膜过程（bipolar membrane），双极性膜是一种特殊类型的离子交换膜，由一个阳离子交换层和一个阴离子交换层紧密结合而成，具有独特的电化学特性；④燃料电池（fuel cell），燃料电池是一种将化学能直接转换成电能的装置，通过电化学反应高效率地产生电力。燃料电池的工作原理基于氢气（H_2）或其他燃料与氧气（O_2）在催化剂的作用下发生电化学反应，生成水（H_2O）、电能和热能。

这些电化学膜过程通过荷电膜的选择性离子传输作用，实现了高效的物质分离和能量转换。每种过程都具有其独特的应用范围和优势，如电渗析在去除水中离子成分方面的高效性、膜电解在生产高纯度酸碱方面的应用，以及燃料电池在能量转换效率方面的优势。选择合适的电化学膜过程和优化操作条件，对于实现特定分离目标和能量转换有着至关重要的作用。这些过程都是利用荷电膜的选择性屏障作用使离子被荷电膜排斥或通过膜，其中前三个过程需要有电位差作为推动力，而最后一种过程即燃料电池能将化学能转化为电能，其转化方式比常规燃烧法更有效。本节介绍在生物分离过程应用较多的电渗析。

一、电渗析的基本原理

电渗析（electrodialysis，ED）的原理如图 6-11 所示，该过程是一种电化学驱动的膜分离技术，通过外加直流电场促使溶液中的离子在阳离子交换膜（CEM）和阴离子交换膜（AEM）的选择性作用下进行定向迁移，实现离子的有效分离和纯化。这一过程涉及将阳离子引导通过仅允许正电荷离子通过的 CEM，而阴离子则通过允许负电荷离子通过的 AEM，从而在稀溶液室中降低离子浓度，同时在浓溶液室中增加离子浓度。电渗析单元的核心组成包括交替排列的离子交换膜和位于单元两端的电极，在其阳极和阴极分别进行氧化和还原反应。

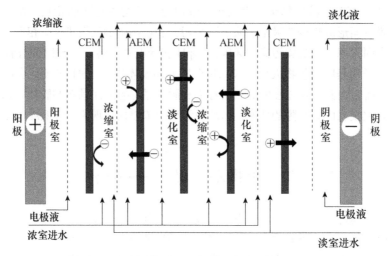

图 6-11　电渗析的原理示意图（李彦君，2023）

二、电渗析传递过程及影响因素

（一）电渗析动力学与传递机制

电渗析动力学是指定量描述在电渗析过程中，离子在外加电场和离子交换膜作用下的迁移速率、路径和机制。它包括电迁移率的计算、离子通过离子交换膜的效率，以及电场和溶液条件对离子迁移行为的影响分析。电渗析动力学模型通常基于 Nernst-Planck 方程，结合电中性条件和边界条件来描述离子在电场和浓度梯度驱动下的传递行为。这些模型可以进一步结合 Donnan 平衡和膜的传递特性，预测电渗析过程中的离子迁移机制，水分子的传递与电解、膜内离子交换过程和电场作用下的系统响应。

1. 离子迁移机制　　离子迁移机制在电渗析过程中描述了带电离子在外加直流电场作用下，通过阳离子交换膜（CEM）和阴离子交换膜（AEM）的定向移动。该过程的主要驱动力是电场力，促使阳离子向阴极移动并通过 CEM，而阴离子向阳极移动并通过 AEM，实现离子的有效分离。离子迁移速率受多种因素影响，包括离子的电荷量、电场强度、溶液的黏度及离子的物理大小。此外，Donnan 效应和浓差极化等现象在离子交换膜附近形成的电化学梯度和离子在膜表面的积累，进一步调控离子的迁移行为和分离效率。离子迁移机制的深入理解对于优化电渗析过程、提高离子分离效率及降低能耗具有重要意义，使其在脱盐、废水处理和化工生产等领域得到广泛应用。

2. 水分子的传递与电解　　水分子在电渗析系统中主要通过渗透和电渗流两种方式进行传递。渗透是指水分子通过离子交换膜的微孔隙，从一侧向另一侧移动，主要受到渗透压差的驱动。电渗流则是在外加电场作用下，水分子随离子一起移动的现象，这一过程受到电场强度、膜的电荷性质及溶液中离子浓度的影响。在特定电化学条件下，如双极性膜电渗析中，水分子可以发生电解反应，生成氢离子（H^+）和氢氧根离子（OH^-）。这一过程在双极性膜的界面处尤为显著，其中阳离子交换层促进水分子分解为氢离子和氧气，而阴离子交换层促进生成氢氧根离子和氢气。水的电解不仅对调节溶液 pH、生成酸碱有重要应用，还在能量转换和存储技术中发挥作用。

3. 膜内离子交换过程　　膜内离子交换过程是电渗析中的核心机制，涉及阳离子和阴离子在外加直流电场的驱动下通过离子交换膜的选择性迁移。阳离子交换膜（CEM）含有固定负电荷，仅允许正电荷的阳离子通过，而阴离子交换膜（AEM）含有固定正电荷，专门让负电荷的阴离子穿透。该过程的效率受电场强度、膜的离子选择性、溶液中离子浓度与组成及操作温度等因素影响。通过优化这些条件，可以提升电渗析过程的分离效率和降低能耗，从而在水处理、资源回收和环境保护等多个领域发挥关键作用。理解和掌握膜内离子交换的原理对于开发高性能离子交换膜和设计高效电渗析系统具有重要价值。

4. 电场作用下的系统响应　　在电渗析系统中，电场作用下的系统响应关键地影响着离子的迁移动力学、离子交换膜的性能及整个系统的效率。电场作为主要的驱动力，不仅决定离子通过阳离子交换膜（CEM）和阴离子交换膜（AEM）的迁移速率和方向，也可能影响膜的电阻和稳定性，进而影响系统的能耗和经济性。适宜的电场强度能够优化离子迁移效率，提高脱盐效果，而过高的电场强度则可能增加能耗并缩短膜的使用寿命。因此，电场作用下的系统响应是通过综合考虑离子迁移、膜性能和操作条件等因素来优化的，是设计和运行高效电渗析系统的基础。

（二）影响电渗析过程的因素

电位差的大小决定了电流强度 I（A）或电流密度 i（A/cm^2）的大小，而电流强度决定了离子从淡化室通过膜向浓缩室的传递通量，其关系式为

$$I = z\mathscr{F}q\Delta c_i/\zeta \tag{6-52}$$

式中，z 为价态；$\mathscr{F}$ 为 Faraday 常数；q 为流量；Δc_i 为原料与渗透物（稀溶液）之间的浓度差；ζ 为电流效率。电流效率与腔室对的数目有关，该参数表示了总电流中被有效用于离子传递所占的分数。

由上式可见电流强度正比于离子的迁移量，电流大则离子迁移量大，但是电流强度不能无限大，电流强度与电压 E 和电阻 R 的关系为

$$E = IR \tag{6-53}$$

式中，R 值为每个腔室对的电阻 R_{cp} 乘以膜叠堆中所包括腔室对的数目（N）：

$$R = R_{cp}N \tag{6-54}$$

而每个腔室对的电阻为溶液电阻和膜电阻的总和，溶液电阻包括极室、浓缩室和淡化室中的溶液电阻，其中淡化室占主要部分，因此腔室对的电阻是以下 4 项之和：

$$R_{cp} = R_{am} + R_{pc} + R_{cm} + R_{fc} \tag{6-55}$$

式中，R_{cp} 是腔室对电阻（单位面积）；R_{am} 是阴离子交换膜电阻；R_{pc} 是渗透物腔室电阻；R_{cm} 是阳离子交换膜电阻；R_{fc} 是原料腔室电阻。另外，电渗析过程中产生的沉淀、结垢和浓差极化将使电阻增加。

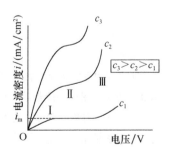

由式（6-54）和式（6-55）可见，电流大则淡化室向浓缩室迁移的离子量大，但是也使电极反应所需的电压增大，当电压达到一定程度时不利传递因素增大，从而电阻增加，使脱除单位离子所需的能耗增大。图 6-12 解释了电流与电压的关系，曲线分为 3 个区域，Ⅰ区为欧姆区，电流或电流密度与电位差的关系满足欧姆定律，区域Ⅱ电流达到一个稳定值，表明电阻已经增大，这就是极限电流

图 6-12　不同离子浓度下离子交换膜的电流密度-电压特性曲线（张亚南等，2023）

密度 i_m，极限电流密度为传递全部存在离子所需的电流，当电压继续增加到Ⅲ区，已没有离子可用来传递，这就是过极限电流区域，此时水将解离产生离子，并且所有非平衡过程均在此发生。另外，离子浓度增加将使极限电流密度增加，稳值变得不明显。

三、电渗析膜

在电渗析技术中应用的离子交换膜是由具有离子交换功能基团的高分子材料构成的特殊半透膜，其选择透过性质主要由膜的孔隙结构和离子交换基团共同决定。这些膜具有纳米级的孔

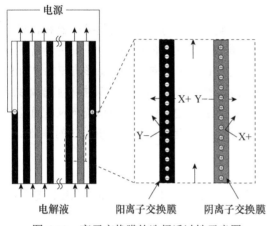

隙，形成复杂的通道，允许离子在水溶液中穿越从一侧迁移到另一侧。根据离子交换基团的类型，离子交换膜分为阳离子交换膜和阴离子交换膜。阳离子交换膜，携带如硫酸基等酸性活性基团，展现出对阳离子的选择透过性；而阴离子交换膜，含有如季铵基等碱性活性基团，对阴离子具有选择透过性。如图 6-13 所示，这些基团在膜孔隙中像一个个关卡，鉴别和选择通过的离子，阳膜上带有的负电荷基团允许阳离子通过，而阴离子受到排斥，阴膜允许阴离子通过，而阳离子受到排斥，因此，离子交换膜起离子选择透过性的作用，而并不是起离子交换的作用，所以更确切地说应称其为

图 6-13   离子交换膜的选择透过性示意图
（杨金涛等，2019）

"离子选择性透过膜"。

离子交换膜的性能决定了电渗析器的性能，实用的离子交换膜应该满足的性能是：①选择透过性高，导电性好，电阻低，具有较高的活性基团密度；②膜的膨胀和收缩性应尽量小而均匀；③有足够的机械强度，同时保证一定的柔软性和弹性，以方便组装、拆洗和延长膜寿命；④有良好的化学稳定性，有耐酸碱及抗氧化能力；⑤可有效抑制正离子迁移及浓差极化现象；⑥膜表观平整光洁，厚度均匀，无针眼；⑦制作方便简单，成本低廉，价格便宜。上述基本要求往往很难同时满足，仅能根据应用的需要满足主要的性能要求。

小   结

膜分离过程是利用膜的选择透过性，在一定的推动力作用下，实现混合物中溶质和溶剂的有效分离和提纯。推动力可以是膜两侧的压力差、浓度差、温度差或电位差。膜分离技术因其高效、节能、操作温和等优点，广泛应用于水处理、食品加工、医药等领域。膜分离技术与传统热驱动分离操作相比，具有操作条件温和、不发生相变、能耗较低等显著特点。

根据膜的孔径大小和推动力的不同，膜分离技术分为微滤（MF）、超滤（UF）、纳滤（NF）和反渗透（RO）。微滤适用于去除悬浮物和细菌；超滤则用于分离蛋白质等大分子物质；纳滤介于超滤和反渗透之间，可去除小分子有机物和部分盐类；反渗透通过极小孔径的膜几乎可去除所有溶解的物质，广泛应用于海水淡化和制备超纯水。膜材料是决定膜分离性能的关键因素，分为聚合物膜和无机膜。聚合物膜因其物理化学性能的多样性，广泛应用于水处理和食品行业；无机膜则具有更高的机械强度和耐高温性，适合在苛刻环境下应用。膜的性能评估包括透过性能和分离性能，通常通过渗透通量和截留率等参数进行表征。

膜分离过程的传质机制和模型为优化过程设计提供了理论基础。反渗透和纳滤膜的传质模型包括溶解

扩散模型和优先吸附-毛细孔流模型等，这些模型帮助解释了不同溶质在膜内的传输机制。浓差极化现象和膜污染问题是影响膜分离效率的关键因素，需要通过优化操作条件和膜材料加以缓解。随着新型膜材料和先进制备工艺的不断发展，膜分离技术的应用范围将进一步扩大，并在提高资源利用效率和促进可持续发展方面发挥更重要的作用。

思　考　题

1. 膜分离过程的基本定义是什么？分离膜有哪些不同的形态结构？

2. 原料液经过膜分离过程处理后得到的截留物和渗透物均可为目的产物，请针对下面 3 种情况举例说明几种膜过程的名称及其用途。

1）以截留物为目的产物。

2）以渗透物为目的产物。

3）截留物和渗透物均作为目的产物。

3. 请简述膜分离过程的优点和局限性。

4. 根据推动力类型的不同，膜过程可分为几类？这些膜过程的传递通量与推动力的关系可分别用什么定律描述？

5. 对分离膜的性能有哪些要求？

6. 不同压力驱动膜过程适用的分离对象是什么？其膜性能有什么不同？

7. 压力推动膜过程中，浓差极化和膜污染造成什么后果？抑制和防止浓差极化和膜污染的常用方法有哪些？

8. 利用超滤处理蛋白质溶液时，通常选择亲水性膜材料，其机制是什么？

9. 电渗析的基本原理是什么？电渗析膜的结构特点有哪些？

主要参考文献

龚之宝，孙伟振，李朋洲，等．2019．无机膜分离技术及其研究进展．应用化工，48（8）：1985-1989.

韩永萍，林强，李亚秋．2011．纳滤膜传质过程的研究．化学世界，52（12）：730，733，742，760-764.

康耀．2022．反渗透与纳滤分离淮南矿区高盐矿井水实验研究．淮南：安徽理工大学硕士学位论文.

李明，吴红丹，周志辉．2021．渗透气化膜分离混合有机溶剂研究进展．现代化工，41（4）：43-47.

李彦君．2023．基于电渗析的煤化工废水深度处理研究．山西化工，43（12）：195-198.

李燕，王敏，赵有璟，等．2023．用于盐湖提锂的聚酰胺复合纳滤膜制备及其性能研究．盐湖研究，31（1）：1-10.

梁超文，何春菊．2023．聚电解质复合纳滤膜的制备及其截盐性能研究．水处理技术，49（1）：71-75，102.

刘江超，王丹．2023．膜分离技术综述．当代化工研究，（3）：16-18.

刘伟，高书宝，吴丹，等．2013．膜萃取分离技术及应用进展．盐业与化工，42（11）：26-31.

蒲红利，周博，魏舒畅，等．2019．甘草超滤液中甘草酸的络合萃取研究．食品工业科技，40（6）：157-160，166.

邵文尧，张景云，吴盛华，等．2014．正向渗透膜分离技术及其应用综述．广东化工，41（6）：96-98.

王涛，王宁，陆金仁，等．2017．正渗透膜污染特征及抗污染正渗透膜研究进展．膜科学与技术，37（1）：125-132.

谢元华，朱彤，徐成海，等．2010．膜生物反应器中膜污染影响因素的研究进展．化学工程，38（10）：26-32.

闫玉．2014．高效反渗透技术处理电厂循环水排污水研究．北京：北京化工大学硕士学位论文.

杨金涛，王章忠，卜小海，等．2019．离子交换膜的改性研究进展．膜科学与技术，39（3）：150-156.

张卉，薛洪健，王猛．2018．用优先吸附-孔流模型分析有机相纳滤膜内的传质．当代化工，47（9）：1767-1770.

张思齐，马忠宝，任龙飞，等．2023．聚酰胺纳滤膜对不同电性抗生素的去除及其机理研究．水处理技术，49（2）：35-39.

张晓艳，姜英，王龙飞，等．2017．超滤膜分离牛血清蛋白的操作条件优化研究．赤峰学院学报（自然科学版），33（16）：5-7.

张亚南，马来波，高春娟，等．2023．不同电流和电压对电渗析分离深层海水的影响．盐科学与化工，52（1）：26-29.

赵黎明，周卫强．2018．生物技术产品绿色分离纯化技术进展．生物产业技术，（1）：56-61.

Fu H Y, Wang Y, Chen Y Y, et al. 2024. Liquid-solid interfacial polymerization of thin-film composite nanofiltration membrane. Separation and Purification Technology, 334:126039.

Shirazi S, Lin C J, Chen D. 2010. Inorganic fouling of pressure-driven membrane processes—A critical review. Desalination, 250(1): 236-248.

Wei X Z, Xu X F, Huang J H, et al. 2022. Optimizing the surface properties of nanofiltration membrane by tailoring the diffusion coefficient of amine monomer . Journal of Membrane Science, 656:120601.

Worou C N, Chen Z L, Bacharou T. 2021. Arsenic removal from water by nanofiltration membrane: potentials and limitations . Water Practice and Technology, 16(2): 291-319.

Zhang M M, You X D, Xiao K, et al. 2022. Modulating interfacial polymerization with phytate as aqueous-phase additive for highly-pcrmselective nanofiltration membranes . Journal of Membrane Science, 657: 120673.

Zhang Y J, Zhao C W, Zhang S F, et al. 2019. Preparation of SGO-modified nanofiltration membrane and its application in SO_4^{2-} and Cl^- separation in salt treatment . Journal of Environmental Sciences, 78:183-192.

第七章
吸附与离子交换

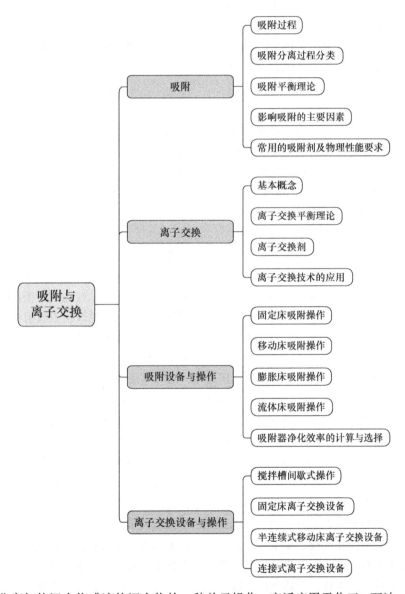

吸附是分离气体混合物或液体混合物的一种单元操作,广泛应用于化工、石油、食品、轻工、生物及制药等工业生产中。本节详细介绍了吸附分离过程分类、吸附平衡理论和影响吸附的主要因素等。着重分析了应用较为广泛的活性炭、硅胶、人造沸石、氧化铝及大孔网状吸附剂等多种吸附剂的物理性能及适用场合,在吸附剂的众多物理性能中,其中吸附剂的孔径和比表面积是评

价吸附剂性能的重要参数。

第一节　吸　　附

在化工生产中，吸附专指用固体吸附剂处理液体或气体混合物，将其中所含的一种或几种组分吸附在固体表面上，从而使混合物组分分离。用吸附分离可能会经济些。吸附是一种属于传质分离过程的单元操作，吸附分离常应用于化工、石油、食品、轻工和环境保护等部门，尤其在生物和制药领域的应用更加广泛。例如，酶、蛋白质、抗生素及氨基酸等的分离与精制，发酵行业中对空气的净化和除菌。在中草药提取技术中，吸附技术的应用可有效提高中草药中单一有效成分的含量。近年来随着吸附分离技术的迅速发展及吸附剂品种的增加，其配套技术装备的发展也逐渐趋于完善，使得吸附分离技术具有更加广阔的应用前景。

一、吸附过程

吸附（adsorption）是在一定的操作条件下，液体或气体混合物与多孔固体物质接触时，液体或气体中的一种或多种组分传递到多孔物质外表面和微孔内表面并附着在这些表面上的过程。其中被吸附的流体称为吸附质（adsorbate）。多孔固相物质称为吸附剂（adsorbent），这种利用固体吸附的原理从液体或气体混合物中除去有害成分或提取回收有用目标产物的过程称为吸附操作。在吸附操作中，当吸附达到平衡时，液体或气体混合物的本体相主体称为吸余项，吸附剂内的流体称为吸附相。

吸附过程通常包括：待分离料液与吸附剂混合、吸附质被吸附到吸附剂表面、料液流出、吸附质解吸回收等 4 个过程。化工生产中的吸附是一种传质分离过程，利用吸附来将混合物分离，属于物理吸附。当液体或气体混合物与吸附剂长时间充分接触后，系统达到平衡，吸附质的平衡吸附量（单位质量吸附剂在达到吸附平衡时所吸附的吸附质量）首先取决于吸附剂的化学组成和物理结构，同时与系统的温度和压力及该组分和其他组分的浓度或分压有关。通过改变温度、压力、浓度及利用吸附剂的选择性可将混合物中的组分分离。

在人类生活中，吸附分离技术很早就有所使用，从马王堆出土的两千年前西汉墓中残存的木炭就足以说明。在工业上吸附法常用于从稀溶液中分离溶质，但是由于固体吸附剂的限制，处理能力有限。吸附操作条件温和，适合于热敏性物质的分离。吸附法可用于气体和液体的深度干燥处理，食品、药品、有机石油产品的脱色、脱臭，有机异构物的分离，空气分离以制取富氧空气，从废水或废气中除去有害的物质等。在微生物工程中，吸附法用于分离精制各种产品，如蛋白质、核酸、酶、抗生素、氨基酸等。由于吸附对溶质的作用较小，因此在蛋白质的分离和提纯中有着特别重要的作用。在发酵行业中，空气的净化和除菌也离不开吸附过程，除此之外在生化产品的生产中，还常用各种吸附剂进行脱色、去除热原、去除组胺等杂质。

吸附法一般有着操作简便、安全、设备简单，可不用或少用有机试剂，生产过程中 pH 变化小，适用于稳定性较差的生物产物等优点。其缺点是选择性差，得率不太高，特别是无机吸附剂性能不稳定，不能连续操作，劳动强度大等。但随着凝胶类吸附剂、大网格聚合物吸附剂的发展和应用，吸附法又重新为生化工程领域所重视并获得应用。

二、吸附分离过程分类

根据吸附质与吸收剂表面分子间结合力的不同，吸附分离过程主要可分为三类：物理吸附、化学吸附和离子交换吸附。

（一）物理吸附

物理吸附（physical adsorption）由吸附质与吸附剂之间的分子间引力即范德瓦耳斯力所引起。吸附质在吸附剂上吸附与否或吸附量的多少主要取决于吸附质与吸附剂极性的相似性和溶剂的极性。通常结合力较弱，吸附热较小，一般为（$2.09\sim4.18$）$\times10^4$J/mol，吸附质分子的状态变化不大，容易脱附。物理吸附一般发生在吸附剂的整个自由表面，被吸附的溶质即吸附质可通过改变温度、pH 和盐浓度等物理条件解吸（desorption）。

（二）化学吸附

化学吸附（chemical adsorption）是由吸附质与吸附剂间的化学键所引起，是吸附剂表面活性点与溶质之间发生化学结合、产生电子转移的现象。化学吸附与吸附剂的表面化学性质和吸附物的化学性质有关，吸附热通常较大，一般为 $4.18\times10^4\sim4.18\times10^5$J/mol，高于物理吸附。故一般可通过测定吸附热来判断一个吸附过程是物理吸附还是化学吸附。化学吸附犹如化学反应，一般是单分子层吸附，吸附稳定，不易脱附，故要洗脱化学吸附质一般需先破坏化学键。破坏化学键的化学试剂称为洗脱剂。这两种吸附的主要区别见表 7-1。

表 7-1 物理吸附与化学吸附特征的比较

性质	物理吸附	化学吸附
作用力	范德瓦耳斯力	化学键力
吸附热	较小（一般不到蒸发潜热的 2 或 3 倍）	较大（大于蒸发潜热 2 或 3 倍，与化学反应热相当）
可逆性	快速、非活化、可逆	缓慢、活化、不可逆
吸附层厚度	单分子或多分子层	单分子层
选择性	非选择性	高度选择性
吸附速度	较快，需要的活化能很小	慢，需要一定的活化能
电子转移	无电子转移，尽管有时被吸附分子会极化	电子发生转移，导致被吸附分子与吸附剂表面成键

（三）离子交换吸附

吸附剂表面如果由极性分子或者离子组成，则会吸引溶液中带相反电荷的离子形成双电层，同时在吸附剂与溶液间发生离子交换，这种吸附称为交换吸附。交换吸附的能力由离子的电荷决定，离子所带电荷越多，它在吸附剂表面的相反电荷点上的吸附力就越强。

在上述几种吸附分离中，物理吸附在分离过程中的应用最广，化学吸附的应用较少，而离子交换吸附主要应用于生物工程的下游技术。

三、吸附平衡理论

溶质在吸附剂上的吸附平衡关系是指吸附达到平衡时，吸附剂的平衡吸附质浓度 q^* 与液相游离溶质浓度 c 之间的关系。一般 q^* 是 c 和温度（T）的函数，即

$$q^*=f(c,T) \tag{7-1}$$

但一般吸附过程是在一定温度下进行的，此时 q^* 只是 c 的函数，q^* 与 c 的关系曲线称为吸附等温线（adsorption isotherm）。q^* 与 c 之间呈线性函数关系时，

$$q^* = mc \tag{7-2}$$

式（7-2）称为亨利（Henry）型吸附平衡，其中 m 为分配系数。式（7-2）一般在低浓度范围内成立。当溶质浓度较高时，吸附平衡常呈非线性，式（7-2）不再成立，经常利用佛罗因德利希（Freundlich）经验方程描述吸附平衡行为，即

$$q^* = kc^{1/n} \tag{7-3}$$

式中，k 和 n 为常数，一般 $1 < n < 10$。

此外，朗缪尔（Langmuir）的单分子层吸附理论在很多情况下可解释溶质的吸附现象。该理论的要点是，吸附剂上具有许多活性点，每个活性点具有相同的能量，只能吸附一个分子，并且被吸附的分子间无相互作用。基于朗缪尔单分子层吸附理论，可推导朗缪尔型吸附平衡方程为

$$q^* = \frac{q_m c}{K_d + c} \tag{7-4a}$$

或

$$q^* = \frac{q_m K_b c}{1 + K_b c} \tag{7-4b}$$

式中，q_m 为饱和吸附容量；K_d 为吸附平衡的解离常数；K_b 为结合常数（$= 1/K_d$）。

当 n 个相同溶质分子在一个活性点上发生吸附时，可得式（7-4b）的一般形式：

$$q^* = \frac{q_m K_b c^n}{1 + K_b c^n} \tag{7-5}$$

对于 n 个组分的单分子层吸附，式（7-4b）变为另一种一般形式：

$$q_i^* = \frac{q_{mi} K_{bj} c_i}{1 + \sum\limits_{j=1}^{n} K_{bj} c_i} \tag{7-6}$$

式（7-6）为组分 i 的吸附浓度与各组分浓度之间的关系式，表明了各个组分在同一个活性点上竞争性吸附的结果，使组分 i 的吸附浓度下降。

上述的吸附平衡关系式常用于生物物质的吸附分离过程中，此外还有许多吸附平衡关系式可用来描述不同的吸附现象，如 Dubinin-Astakhov 式及 BET（Brunauer-Emmett-Teller）式等。

四、影响吸附的主要因素

在溶液中，固体吸附剂的吸附主要考虑三种作用力，即界面层上固体与溶质之间的作用力、固体与溶剂之间的作用力，以及溶质与溶液之间的作用力。所以固体在溶液中的吸附比较复杂，影响因素也较多，主要有吸附剂、吸附质、溶剂的性质及吸附过程的具体操作条件等，了解这些影响因素有助于根据吸附质的性质和分离目的选择合适的吸附剂及操作条件。

（一）吸附剂的性质

吸附剂的比表面积（每克吸附剂所具有的表面积）、颗粒度、孔径、极性对吸附的影响很大。比表面积主要与吸附容量有关，比表面积越大，孔隙度越高，吸附容量越大。颗粒度和孔径分布则主要影响吸附速度，颗粒度越小，吸附速度就越快，孔径适当，也有利于吸附物向空隙中扩散，加快吸附速度。

吸附剂的物理化学性质对吸附有很大的影响，吸附剂的性质又与其合成的原料、方法和再生条件有关。一般要求吸附剂容量大，吸附速度快和机械强度高。

（二）吸附质的性质

吸附质的性质如下。①能使表面张力降低的物质易为表面所吸附，所以固体容易吸附对固体的表面张力较小的液体。②溶质从较易溶解的溶剂中吸附时，吸附量较少。相反，采用溶解度较小的溶剂，洗脱就较容易。③极性吸附剂易吸附极性物质，非极性吸附剂易吸附非极性物质。④对于同系列物质，吸附量的变化是有规律的。

（三）温度

吸附是放热过程，吸附热越大，则吸附过程受温度的影响也越大。例如，物理吸附的吸附热较小，温度变化的影响较小。但是有些物质由于温度升高溶解度增大，反而对吸附不利。

（四）溶液 pH

溶液的 pH 往往会影响吸附剂或吸附物的解离情况，进而影响吸附量。pH 对吸附的影响主要是因为影响化合物的解离度。一般来说，有机酸在酸性下、胺类在碱性下较容易被非极性吸附剂吸附。但是各种溶质吸附的最佳 pH 通常由实验测定。

（五）溶液中其他溶质的影响

单溶剂与混合溶剂对吸附作用有不同的影响。当溶液中存在有两种以上的溶质时，由于溶质性质的不同，可能对吸附产生互相促进、干扰或互不干扰等不同影响。一般吸附剂对混合组分的溶质吸附比纯溶质的差，当溶液中存在其他溶质时，会因为一种溶质的吸附而导致对另一种溶质的吸附量降低。但也有例外，即对混合物的吸附效果较单一组分好。

五、常用的吸附剂及物理性能要求

（一）常用的吸附剂

吸附剂是组分吸附分离过程得以实现的支撑。吸附剂一般有多孔和非多孔两类，多孔吸附剂具有很大的比表面积，所以多孔性吸附剂的应用更为广泛。

作为吸附剂，通常应具备对被分离的物质具有较强的吸附能力、有较高的吸附选择性、机械强度高、再生容易、性能稳定及价格低廉等特征，这样才能有效地将被分离物质进行分离，并能广泛地被接受。

吸附剂按其化学结构可分为两大类：一类是有机吸附剂，如活性炭、纤维素、大孔吸附树脂、聚酰胺等；另一类是无机吸附剂，如氧化铝、硅胶、人造沸石、磷酸钙、氢氧化铝等（表 7-2）。下面介绍常用的几种吸附剂。

表 7-2　生物分离中常用的吸附剂

吸附剂	平均孔径/nm	比表面积/（m²/g）
活性炭	1.5～3.5	750～1500
硅胶	2～100	40～700
氧化铝	4～12	50～300
硅藻土	—	～10

续表

吸附剂	平均孔径/nm	比表面积/（m²/g）
多孔性聚苯乙烯树脂	5～20	100～800
多孔性聚酯树脂	8～50	60～450
多孔性乙酸乙烯树脂	～6	～400

1. 活性炭　　活性炭是最普遍使用的吸附剂，它是一种多孔含碳物质的颗粒粉末。活性炭的来源是一些含碳物质，如木材、泥炭、煤、焦炭、骨、椰子壳、坚果壳等，其中煤和果壳是制备活性炭的主要来源。活性炭具有吸附力强、来源比较容易、价格便宜等优点，常用于生物产物的脱色和除臭，还应用于糖、氨基酸、多肽及脂肪酸等的分离提取，是一种非极性吸附剂，故其在水中的吸附能力大于在有机溶剂中的吸附能力。针对不同类型的物质，具有一定的规律性。

1）对极性基团多的化合物的吸附力大于极性基团少的化合物。

2）对芳香族化合物的吸附能力大于脂肪族化合物。

3）对分子量大的化合物的吸附能力大于分子量小的化合物。

4）不同的 pH 对活性炭的吸附具有较大的影响，如对一些物质在碱性和中性的条件下具有吸附作用，而在酸性条件下吸附能力非常的弱；对某些物质在酸性和中性的条件下具有吸附作用，而在碱性条件下吸附能力非常的弱。人们常利用活性炭吸附剂的这种规律对被分离物质吸附和解吸。

5）温度对活性炭的吸附速率有较大的影响，对吸附容量几乎没有什么影响。在活性炭吸附被分离的物质未达到平衡时，其吸附速率是随着温度的升高而增加的。当到达平衡后，几乎没有什么影响。

2. 硅胶　　硅胶（$SiO_2 \cdot nH_2O$）为多孔、网状结构，硅胶吸附作用的强弱与硅醇基的含量有关。硅醇基吸附水分后能形成氢键，硅胶的吸附力随着所吸附水分量的增加而降低，因此是应用最广泛的一种极性吸附剂。硅胶有天然和人工合成之分，天然硅胶即多孔 SiO_2，通常称为硅藻土，人工合成的称为硅胶，一般都采用人工合成的硅胶。目前制取硅胶的原料为水玻璃，与 H_2SO_4 等无机酸发生化学反应生成沉淀 H_2SiO_4，经老化缩水、成型、洗涤、干燥、焙烧后，即可制得成品。它们是具有多孔结构的 SiO_2，杂质含量低，耐热耐磨性好，而且可以根据所需制备特定的粒度和表面形状。硅胶属于酸性吸附剂，适用于中性或酸性成分的层析。同时硅胶又是一种弱酸性阳离子交换剂，其表面上的硅醇基能够释放出弱酸性的质子，当遇到较强的碱性化合物时，则可通过离子交换反应吸附碱性化合物。它的主要优点是有化学惰性，具有较大的吸附量，容易制备不同类型、孔径、表面积的多孔性硅胶。可用于萜类、固醇类、生物碱、酸性化合物、磷脂类、脂肪类、氨基酸类等的吸附分离。

3. 氧化铝　　氧化铝也是一种常用的亲水性吸收剂，它具有较大的吸附容量，分离效果好，特别适用于亲脂性成分的分离，广泛应用在醇、酚、生物碱、染料、苷类、氨基酸、蛋白质及维生素、抗生素等物质的分离。活性氧化铝的化学式为 $Al_2O_3 \cdot nH_2O$，是由无机酸的铝盐与碱发生化学反应生成氢氧化铝的溶胶，然后再转变为凝胶，将凝胶灼烧脱水即生成活性氧化铝。活性氧化铝价格低廉，再生容易，活性容易控制，但操作不便，手续烦琐，处理量有限，因此也限制了其在工业生产上大规模应用。

4. 人造沸石　　人造沸石是人工合成的无机阳离子交换剂，其分子式为 $Na_2Al_2O_3 \cdot xSiO_2 \cdot yH_2O$。沸石吸附作用有如下两个特点。

1）沸石表面上的路易斯酸中心的极性很强。

2）沸石中的笼（A 型、X 型、Y 型沸石）或通道（丝光沸石、ZSM5）的尺寸很小，为 0.5～1.3nm，这使得其中的引力场很大。因此沸石对外来分子的吸附力远远大于其他的吸附剂，即使吸附质的分压（浓度）很低，吸附量仍然很大。

5. 大孔网状吸附剂　　大孔网状吸附剂是一种非离子型共聚物，是借助于范德瓦耳斯力从溶液中吸附各种有机物。此类吸附剂具有选择性好、解吸容易、机械强度高、使用寿命长、流体阻力较小、吸附质容易脱附、吸附速度快等优点。但价格昂贵，吸附效果易受流速及溶质浓度等因素的影响。

按其骨架极性强弱可以分为三类：非极性吸附树脂、中等极性吸附树脂和极性吸附树脂。非极性吸附树脂通常由苯乙烯交联而成，交联剂为二乙烯苯，又称芳香族吸附树脂；中等极性吸附树脂常由甲基丙烯酸酯交联而成，交联剂也为甲基丙烯酸酯，故又称脂肪族吸附剂；极性吸附树脂一般由丙烯酰胺或酚羟基经聚合而成，通常含有硫氧、酰胺、氮氧等基团。

大孔网状吸附剂的吸附能力与树脂的化学结构、物理性能及溶质、溶剂的性质有关。通常遵循以下规律。

1）非极性吸附树脂可从极性溶剂中吸附非极性溶质。

2）极性吸附树脂可从非极性溶剂中吸附极性物质。

3）中等极性吸附树脂兼有以上两种能力。常用于抗生素（如头孢菌素等）和维生素 B_{12} 等的分离浓缩过程。

（二）吸附剂的物理性能要求

吸附剂的物理性能决定了其吸附能力，其中吸附剂的孔径、颗粒尺寸和分布及比表面积是评价吸附剂性能的重要参数。

1. 孔径　　孔径的大小及其分布对吸附剂的选择性影响很大。通常认为，孔径为 200～10 000nm 的孔为大孔，10～200nm 的孔为过滤孔，1～10nm 的孔为微孔。孔径分布是各种大小的孔体积在总孔体积中所占的比例。如果吸附剂的孔径分布很小（如沸石分子筛），其选择吸附性能就强。通常的吸附剂如活性炭、硅胶等，都具有较小的孔径分布。

吸附剂的孔径分布可采用水银压入法。当压力升高时，水银可进入细孔中，压力 p 与孔径 d 的关系为

$$d = \frac{4\sigma\cos\theta}{p} \tag{7-7}$$

式中，σ 为水银的表面张力（0.48N/m²）；θ 为水银与细孔壁的接触角，一般采用 140°。通过测定水银体积和压力之间的关系即可求出孔径的分布情况。

2. 颗粒尺寸和分布　　吸附剂颗粒的尺寸应尽可能小，以增大外扩散传质表面，缩短颗粒内扩散的路程，增加吸附能力。在操作固定床时，考虑物料通过床层的流动阻力和动力消耗，所处理的液相物料尺寸以 1～2nm 为宜，所处理气相物料尺寸以 3～5nm 为宜。在用流化床进行吸附操作时，既要保持颗粒悬浮又要使其不流失，因此物料尺寸以 0.5～2nm 为宜。在采用槽式操作时，可用数十微米至数百微米的细粉，太细则不宜过滤。在任何情况下，都要求颗粒尺寸均一，这样可使所有颗粒的粒内扩散时间相同，以达到颗粒群体的最大吸收效能。另外还要求吸附剂具有一定的吸附分离能力和一定的商业规模及合理的价格。

3. 比表面积　　比表面积直接影响溶质的吸附容量，而适当的孔径有利于溶质在孔隙中扩

散，提高吸附容量和吸附操作速度。

吸附剂的比表面积一般采用 B. E. T（Brunauer-Emmett-Teller）法测定。通常采用液氮温度（−196℃）下的氮气吸附法，即在吸附表面形成单分子层吸附的范围内，通过测定氮气的吸附体积 V_m（cm³/g）计算比表面积 α（cm²/g）

$$\alpha = \frac{NsV_m}{22400} = kV_m \tag{7-8}$$

式中，N 为阿伏伽德罗常数；s 为吸附分子的截面积，在 −196℃ 氮分子的截面积为 $s = 1.62 \times 10^{-15}$ cm²。因此利用液氮时，上式中 $k = 4.35 \times 10^4$/cm。

离子交换是溶液中的离子与某种离子交换剂上的离子进行交换的作用或现象，是借助于固体离子交换剂中的离子与稀溶液中的离子进行交换，以达到提取或去除溶液中某些离子的目的，是一种属于传质分离过程的单元操作。离子交换技术广泛应用于抗生素、氨基酸、有机酸及抗生素等小分子的提取工业中。

本节介绍了离子交换过程的平衡理论及影响交换速度的因素，并着重介绍了离子交换剂的种类、性能的选择及处理和再生。离子交换主要用于水处理（软化和纯化）、溶液（如糖液）的精制和脱色、从矿物浸出液中提取铀和稀有金属、从发酵液中提取抗生素及从工业废水中回收贵金属等。

第二节　离　子　交　换

一、基本概念

离子交换法（ion exchange process）是使用合成的离子交换树脂等离子交换剂作为吸附剂，将溶液中的物质，依靠静电引力吸附在树脂上，发生离子交换过程后，再用适当的洗脱剂将吸附物从树脂上置换下来，进行浓缩富集，从而达到分离的目的，是一种利用离子交换剂与溶液中离子之间所发生的交换反应进行固液分离的方法。

早在古希腊时期，人们就用特定的黏土纯化海水，这是应用较早的离子交换法，这些黏土主要成分是沸石。因此离子交换法的早期应用是从沸石类天然矿物净化水质开始的。离子交换法进步的标志是离子交换剂的发展，自然界许多天然产物和人工合成的工业产品，都有一定的离子交换性质。近年来离子交换法得到了飞速发展，离子交换剂从早期使用的沸石、磁化煤、酚醛树脂阶段发展到各种有机合成的高性能凝胶型树脂阶段，如聚苯乙烯树脂、聚丙烯酸树脂、大孔树脂及各种专用树脂，这些树脂的使用标志着离子交换技术已经进入了新的阶段。

离子交换法是分离精制生化药物的主要工业手段之一，如细胞色素 c 的精制用弱酸性离子交换树脂分离提纯；肝素、硫酸软骨素等常用多孔型或大孔型强碱性阴离子交换树脂进行分离精制；尿激酶的分离是用 724 树脂吸附并配合 DEAE-C 层析进行精制，也可利用 DEAE-C（阴离子交换纤维素）分离纯化胰岛素。在生物工业中，经典的离子交换剂，即离子交换树脂，广泛应用于提取抗生素、氨基酸、有机酸等小分子，特别是抗生素工业。

离子交换法因其具有成本低、设备简单、操作方便、容易实现自动化控制及高效率等优点而广泛在生物物质的分离纯化、脱盐、浓缩、转化、中和、脱色等工艺操作中应用。但是，离子交换法也有其缺点。例如，生产周期长，成品质量有时较差，在生产过程中，pH 变化较大，故不适用于稳定性较差的抗生素，以及不一定能找到合适的离子交换剂等。

二、离子交换平衡理论

（一）离子交换过程的机制

离子交换过程机制见图 7-1，在没有待分离的溶质存在时，离子交换剂表面的离子基团或可离子化的基团 R（R^+ 或 R^-）一直被其反离子（counterion）覆盖，液相中的反离子浓度为常数。溶质与反离子带有相同的电荷，溶质的吸附基于其与离子交换剂间相反电荷的静电引力。典型的离子交换过程发生系列反应。

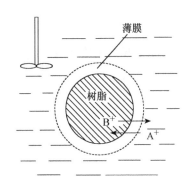

图 7-1　离子交换过程机制

A^+ 自溶液中扩散到树脂表面；A^+ 从树脂表面进入树脂内部的活性中心；A^+ 与 RB 在活性中心上发生复分解反应；解吸附离子 B^+ 自树脂内部扩散至树脂表面；B^+ 从树脂表面扩散到溶液中；交换速度的控制步骤是扩散速度，不同的；分离体系可能由内部扩散或外部扩散控制

阴离子交换　$R^+U^- + X^- \Longleftrightarrow R^+X^- + U^-$ 　　（7-9a）

阳离子交换　$R^-U^+ + X^+ \Longleftrightarrow R^-X^+ + U^+$ 　　（7-9b）

式中，R^+ 和 R^- 分别表示阴离子交换剂和阳离子交换剂；U 表示反离子；X 表示溶质。上述离子交换的平衡常数 K_{XU} 分别为

$$K_{XU^-} = \frac{[RX][U^-]}{[RU][X^-]} \tag{7-10a}$$

$$K_{XU^+} = \frac{[RX][U^+]}{[RU][X^+]} \tag{7-10b}$$

在离子交换过程中，反离子 U 的浓度对溶质在固液两相间的分配系数 m 具有重要影响。以阴离子交换剂为例，单价强电解质 XH 完全解离，分配系数为

$$m = \frac{[RX]}{[X^-]} \tag{7-11a}$$

由式（7-10a）和式（7-11a）可得到分配系数与反离子浓度的关系：

$$m = \frac{K_{XU^-}[RU]}{[U^-]} \tag{7-11b}$$

即分配系数与反离子浓度成反比，表明离子交换的分配系数随离子强度的增大而下降。

式（7-11b）适用于可完全解离的强电解质。对于单价弱电解质 XH，仅发生部分解离：

$$XH \Longleftrightarrow X^- + H^+$$

解离平衡常数为

$$K_{ax} = \frac{[X^-][H^+]}{[XH]} \tag{7-12}$$

分配系数则为

$$m = \frac{[RX]}{[X^-] + [XH]} \tag{7-13a}$$

故从式（7-10a）、式（7-12）和式（7-13a）得到：

$$m = \frac{K_{XU^-}[RU]}{[U^-]} \cdot \frac{1}{1 + \dfrac{[H^+]}{K_{ax}}} \tag{7-13b}$$

可见，式（7-11b）是式（7-13b）的一种特殊情况（当 $K_{ax} \to \infty$ 时）。从式（7-11b）或式（7-13b）可知

$$m = \frac{m_1}{[U^-]} \tag{7-14}$$

式中，m_1 是反离子浓度为 1（任意单位）时溶质 X 的分配系数。从上式可知，$\ln m$ 与 $\ln [U^-]$ 呈线性关系，其斜率为 -1。事实上，该斜率与溶质和反离子的种类无关，只与反离子和溶质的离子价有关。若反离子和溶质的离子价分别为 a 和 b（可正可负）的一般情况，离子交换反应为

$$bRU + aX^b \Longleftrightarrow aRX + bU^a \tag{7-15}$$

离子交换平衡常数为

$$K_{XU} = \frac{[RX]^{|a|}[U^a]^{|b|}}{[RU]^{|b|}[X^b]^{|a|}} \tag{7-16}$$

利用式（7-16）可得分配系数为

$$m = \frac{m_1}{[U^a]^{\frac{|b|}{|a|}}} \tag{7-17}$$

式（7-17）已被核苷酸（nucleotide）及无机离子的离子交换层析试验结果所验证。

（二）影响交换速度的因素

1. 颗粒大小　　颗粒减小无论对内扩散控制或外扩散控制的场合，都有利于交换速度的提高。

2. 交联度　　交联度越低离子交换树脂越易膨胀，在离子交换树脂内部扩散就较容易。所以当内部扩散控制时，降低交换剂交联度，能提高交换速度。树脂交联度大，树脂孔径小，离子运动阻力大，交换速度慢。

3. 温度　　溶液的温度提高，扩散速度加快，因而交换速度也增加。

4. 离子的化合价　　离子在树脂中扩散时，与树脂骨架（和扩散离子的电荷相反）存在库仑力。离子化合价越高，这种引力越大，因此，扩散速度就越小。原子化合价增加 1 价，内扩散系数的值就要减少一个数量级。

5. 离子的大小　　小离子的交换速度比较快。例如，用氨基型磺酸基苯乙烯树脂去交换下列离子时，达到半饱和的时间分别为 Na^+ 1.25min；$N(C_2H_5)_4^+$ 1.75min；$C_6H_5(CH_3)_2CH_2C_6H_5^+$ 1 周。

大分子在离子交换树脂中的扩散速度特别慢，因为大分子会和树脂骨架碰撞，甚至使骨架变形。有时可利用大分子和小分子在某种树脂上的交换速度不同达到分离的目的，这种树脂称为分子筛。

6. 搅拌速度　　当液膜控制时，增加搅拌速度会使交换速度增加，但增大到一定程度后再继续增加搅拌速度，影响就比较小。

7. 溶液浓度　　当溶液浓度为 0.001mol/L 时，一般为外扩散控制。当溶液浓度增加时，交换速度也按此比例增加。当浓度达到 0.01mol/L 左右时，浓度再增加，交换速度增加得较慢。此时内扩散和外扩散同时起作用。当浓度继续增加，交换速度达到极限值后就不再增大，此时已转变为内扩散控制。

（三）影响离子交换选择性的因素

在离子交换分离过程中，要取得良好的分离效果，首先要选择适当的吸附剂，否则难以达到分离目的。吸附剂的选择是吸附过程的关键因素，在选择吸附剂时，应注意以下几个因素。

1. **水合离子半径**　　半径越小，亲和力越大。

2. **离子化合价**　　高价离子易于被吸附。

3. **溶液 pH**　　溶液的酸碱度直接决定树脂交换基团及交换离子的解离程度，不但影响树脂的交换容量，对交换的选择性影响也很大。对于强酸、强碱性树脂，溶液 pH 主要左右交换离子的解离度，决定它带何种电荷及电荷量，从而可知它是否被树脂吸附或吸附强弱。对于弱酸、弱碱性树脂，溶液的 pH 还是影响树脂解离程度和吸附能力的重要因素。但过强的交换能力有时会影响交换的选择性，同时增加洗脱的困难。对生物活性分子而言，过强的吸附及剧烈的洗脱条件会增加变性失活的机会。另外，树脂的解离程度与活性基团的水合程度也有密切关系。水合度高的溶胀度大，选择吸附能力下降。这就是为什么在分离蛋白质或酶时较少选用强酸、强碱树脂的原因。

4. **离子强度**　　高的离子浓度必与目的物离子竞争，减少有效交换容量。另外，离子的存在会增加蛋白质分子及树脂活性基团的水合作用，降低吸附选择性和交换速度。所以一般在保证目的蛋白质的溶解度和溶液缓冲能力的前提下，尽可能采用低离子强度。

5. **有机溶剂**　　交换溶液中如存在有机溶剂，往往会减弱树脂对有机离子的吸附能力，而倾向于吸附无机离子。其原因可能是有机溶剂降低了有机离子的解离程度，不利于吸附。

6. **交联度、膨胀度、分子筛**　　交联度大，膨胀度小，筛分能力增强；交联度小，膨胀度大，吸附量减少。

7. **树脂与粒子间的辅助力**　　除静电力以外，还有氢键和范德瓦耳斯力等辅助力。

三、离子交换剂

离子交换剂是最常用的吸附剂之一，其为含有若干活性基团的不溶性高分子物质，通过在不溶性高分子物质（母体）上引入若干可解离基团（活性基团）而制成。

（一）离子交换剂的分类

在工业上应用最早的离子交换剂是无机类高分子，如硅铝酸钠，俗称泡沸石，随后发现了磺化酚-醛树脂及苯乙烯二乙烯苯共聚物和铵盐型苯乙烯二乙烯苯共聚物等。这些树脂的交换量、化学稳定性和物理稳定性都不太理想。至 1945 年出现凝胶型苯乙烯合成树脂后又陆续出现了聚丙烯酸树脂、大孔树脂及各种专用树脂，近代离子交换技术的发展才进入全新时期。它们具有良好的稳定性、较高的交换容量，目前被广泛应用于制药等行业。

1. **无机离子交换剂**　　主要是一些具有一定晶体结构的硅铝酸盐。最具代表性的是沸石（zeolite）类。沸石的晶格由 SiO_2、Al_2O_3 的四面体构成。由于 Al 是 +3 价，因此晶格中带有负电荷，此负电荷可由晶格骨架中的碱金属、碱土金属离子的电荷来平衡。这些碱金属、碱土金属离子虽然不占据固定位置，却可以在晶格骨架通道中自由运动。

2. **合成无机离子交换剂**　　合成无机离子交换剂主要有合成沸石和分子筛。合成沸石是将钾、高岭土等的混合物熔融，可制得具有天然沸石行为的人工合成沸石，即熔融型沸石（molten permutit）。碱与硫酸铝、硅酸钠的酸性溶液反应析出沉淀。沉淀物经过适当干燥，可以制得另一种类似天然沸石的凝胶型沸石（gel permutit）。这两种合成沸石都是无定形结构。分子筛是将含有硅、铝的碱溶液在较高温度下进行结晶，可制得具有规则晶体结构的分子筛。这种水热法（hydrothermal method）制备的分子筛，具有确定的微孔结构与尺寸，主要用作高选择性吸附剂。

3. **离子交换树脂**　　最常用的离子交换剂为离子交换树脂。离子交换树脂是指能在溶液中交换离子的固体，离子交换树脂可分为三个部分：一部分是交联的具有三维空间立体结构的网状骨架，通常不溶于酸、碱和有机溶剂，化学稳定性良好；一部分是联结在骨架上的功能基团（活性基团）；另一部分是活性基团所携带的相反电荷的离子，称为可交换离子。惰性不溶的网状骨架和活性基团连成一体，不能自由移动，当发生离子交换时，树脂上的活性离子与溶液中的同性离子，由于与树脂的亲和力不同而发生交换。

离子交换树脂是一种具有活性交换基团的不溶性高分子共聚物。失效后，经过再生可以恢复其交换能力，可以重复使用。离子交换树脂种类繁多，其活性基团是决定交换特点的主要物质基础，它决定了树脂是酸性的阳离子交换树脂还是碱性的阴离子交换树脂及交换能力等诸多因素。

（1）阳离子交换树脂　阳离子交换树脂（cation exchange resin）的活性基团呈酸性，按其活性基团酸性的强弱可以分为强酸型阳离子交换树脂和弱酸型阳离子交换树脂。

强酸型阳离子交换树脂主要是磺酸型树脂。功能基团为磺酸根（—SO_3H）及甲基磺酸（—CH_2SO_3H），其酸性相当于硫酸，因此类似于固体硫酸。其吸水性强，是一种广谱性阳离子交换树脂，可在全 pH 范围内使用。采用过量稀酸进行再生后可重复使用。

弱酸型阳离子交换树脂主要是羧酸型树脂和酚醛型树脂，功能基团分别为羧基（—COOH）和酚基（—⬡—OH），常用这类树脂提取链霉素、博来霉素和链霉素脱色。

离子交换树脂的实际交换能力受自身解离情况的影响。强酸型阳离子交换树脂的交换能力几乎不受环境 pH 的影响。它在很宽的 pH 范围内都保持良好的交换能力。这是因为不论在酸性、中性范围内它都能较好地解离。

弱酸型的阳离子交换树脂在酸性环境中的解离度受到抑制，故交换能力差，只有在碱性或中性环境中有较好的交换能力（表 7-3）。

表 7-3　724 阳离子交换树脂在不同 pH 下的交换容量

pH	交换容量/（meq/g）	pH	交换容量/（meq/g）
5	0.8	8	9.0
6	2.5	9	9.0
7	8.0		

（2）阴离子交换树脂　阴离子交换树脂（anion exchange resin）的活性基团呈碱性，也可根据其活性基团碱性的强弱分为强碱型阴离子交换树脂、弱碱型阴离子交换树脂和中强碱型阴离子交换树脂。

强碱型阴离子交换树脂的功能基团多为季铵盐—$N^+ \equiv R_3$。强碱型阴离子交换树脂的交换能力受 pH 环境的影响较小。有两种强碱型阴离子交换树脂，一种含三甲氨基，称为强碱Ⅰ型，另一种含二甲基-β-羟基-乙胺基团，称为强碱Ⅱ型。Ⅰ型的碱性比Ⅱ型强，但再生较困难，Ⅱ型树脂的稳定性较差。强碱型阴离子交换树脂与强酸型阳离子交换树脂一样，可以在各种 pH 条件下使用。这类树脂通常应用于中和，或者卡那霉素、巴龙霉素及新霉素的精制等。

弱碱型阴离子交换树脂的活性基团是伯、仲、叔氨基，即—NH_2、—NHR、—NR_2、吡啶基等。弱碱型阴离子交换树脂的交换能力同样受自身解离程度的影响，在碱性环境中交换能力弱，仅适合在中性及酸性环境中使用。与弱酸性阳离子交换树脂相似，弱碱性阴离子交换树脂生成的盐容易水解成 RCH_3OH，也说明 OH^- 结合力强，故用 NaOH 再生成羟基型树脂较容易，耗碱量少，甚至可用 Na_2CO_3 进行再生。

中强碱型阴离子交换树脂则兼有以上两类活性基团。二者的比例决定其碱性强弱。各种树脂的强弱最好用其功能团的 pK（pK 为酸度系数或药物的解离常数）来表征。常用树脂的 pK 列于表 7-4 中。对于酸性树脂，pK 愈小，酸性愈强，而对于碱性树脂，pK 愈大，碱性愈强。

表 7-4 离子交换树脂功能团的电离常数

阳离子交换树脂		阴离子交换树脂	
功能团	pK	功能团	pK
—SO₃H	<1	—N(CH₃)₃OH	>13
—PO(OH)₂	pK_1 2~3	—N(C₂H₄OH)(CH₃)₂	12~13
	pK_2 7~8	—(C₅H₅N)OH	11~12
		—NHR—NR₂	9~11
—COOH	4~6	NH₂	7~9
⬡—OH	9~10	⬡—NH₂	5~6

有的树脂也可能含有一种以上的活性基团。例如，同时含磺酸基和酚羟基的树脂有国产的强酸 42、弱酸 122 树脂，苏联的 KΦY 树脂等。

（3）两性树脂 还有一种既含有酸性基团，又含有碱性基团的"两性树脂"。两性树脂虽然将阳、阴两种树脂混合使用可以完全除去水溶液中的阳离子与阴离子，但是再生时需要将两种树脂完全分开后再分别用酸、碱再生。为了克服分离时的困难，可以将两种阳、阴离子基团一起连接在树脂骨架上，构成两性树脂。两种功能基团发挥各自的作用，分别进行阳离子与阴离子交换。这种同时含有两种或数种不同酸碱度功能基团的树脂，称为多功能基团树脂。我国曾合成两性树脂 HD-I 号，对金霉素具有良好的选择吸附性能。

（4）螯合树脂 在分离提纯过程中，有时对不同的离子（或某些特定的离子）需要使用特效、专一的树脂。为此，根据络合反应的原理，可将某种螯合基团引入树脂的结构中，该种螯合基团与待分离的离子间，既可以形成离子键，又可以形成配位键。形成的环状络合物在结构上类似于螃蟹的两只大螯牢牢地夹住一个猎物。因此选择性很高，尤其适用于采用常规方法难以处理的某些贵金属、稀有金属、稀土金属的提取与精制。

（5）蛇笼树脂 蛇笼树脂（snake cage resin）与两性树脂类似，即在同一树脂颗粒内含有两种聚合物，分别带有阳、阴离子功能团。例如，一种类型是以交联的阴离子树脂为"笼"，内装有线型聚丙烯酸阳离子树脂，犹如"蛇"在"笼"中；另一类型是以交联多元酸阳离子树脂为"笼"，线型多元碱阴离子树脂为"蛇"。该种树脂传质通道短，交换速度快，只需用大量水冲洗即可恢复其交换能力。

（6）氧化还原树脂 这类树脂带有氧化还原基团，可与周围的活性物质发生氧化还原反应。这种树脂可以用作氧化剂、抗氧化剂等，以除去水溶液中的氧，或者改变金属离子的价态，便于进一步处理。

（7）吸附树脂 吸附树脂是一类有很大的表面积、吸附能力强，但离子交换能力很弱的树脂，主要用于脱色和除去蛋白质等，也称为脱色树脂。

（8）电子交换树脂 电子交换树脂所交换的不是离子而是电子。交换反应属于氧化还原反应，因此也称为"氧化还原树脂"，可用于氧化剂或还原剂再生。

（9）热再生离子交换树脂 热再生离子交换树脂是具有特殊结构的弱碱、弱酸离子交换树脂的复合物。它在室温下可从溶液中交换吸附一定量的盐,用90℃的水即可使盐解吸,但因其交换容量和交换速度偏低,其使用受到一定程度的限制。

(二)离子交换剂的基本要求

离子交换剂的基本要求有以下几点。

1. 有尽可能大的交换容量　这样可以减少材料和设备投入,提高工作效率,得到较好的经济效益。

2. 有良好的交换选择性　用以取得较好的分离效果。树脂的交换选择性受诸多因素的影响,其中也不乏树脂本身的因素。载体骨架均匀,交联度适宜是很重要的。

3. 化学性质稳定　树脂应纯净,不含杂质,耐受酸、碱、盐、有机溶剂及温度的作用,不发生物理及化学变化或释放出分解物。

4. 化学动力学性能好　树脂的交换速度快,可逆性好,易平衡,易洗脱,易再生;交换效率高,便于反复使用。

5. 物理性能好　树脂颗粒大小合适,粒度均匀,相对密度适宜,且有一定的强度,这样不但有利于操作,交换效果也较好。

(三)离子交换剂的性能

粒度、孔结构、比表面积和交联度等是评价离子交换性能的重要参数。此外,离子交换剂的特性常用交换容量和滴定曲线表征。

1. 粒度　离子交换剂除因特殊用途而制成膜状、棒状、粉状、片状、纤维状外,大多被制成球形颗粒。干颗粒的直径为0.04~1.2mm。离子交换剂颗粒大小的选择取决于使用的场合。粒度越小,离子交换速度越快。但粒度越小,水流阻力越大,沉降速度越慢。在水处理过程中使用的树脂粒度一般为0.3~2mm,而用于吸附生物大分子的离子交换剂的粒径较小,一般为0.02~0.3mm。色谱法所用树脂粒度更小,为20~50μm。

2. 孔结构　离子交换剂的孔结构,常用孔度、孔径等指标来表示,称为孔的结构参数。无机交换剂中,孔道均匀固定;有机交换剂中,孔穴大小不均,方向不定。离子交换剂的孔主要有两种结构:第一种是通过交联使大分子链间形成孔,称凝胶孔,一般小于3nm,在溶胀时由于分子链的伸张孔变大,许多交联高聚物、葡聚糖等树脂都具有这类孔,交联程度增加,孔径变小;第二种是大孔树脂,这种树脂除凝胶型的微孔外还具有毛细孔结构,这类孔的干态和湿态都存在,孔径为0.1~50μm。

3. 比表面积　比表面积是离子交换剂重要的性能参数之一,是指单位质量离子交换剂所具有的内外总表面积,单位为m^2/g。凝胶型离子交换剂的比表面积一般在0.1m/g左右,大孔树脂的比表面积为1~1000m^2/g。比表面积与孔结构密切相关。比表面积测定方法有气体吸附法、压汞法、染料吸附法等。

4. 交联度　交联度是离子交换剂骨架结构的重要结构参数。它与离子交换剂的交换容量、选择性、溶胀性、微孔尺寸、含水量、稳定性等密切相关。离子交换剂的交联度一般是生产过程中所加入的交联剂的量,一般为1%~20%,国内典型的商品为7%,国外多为8%。但是离子交换剂的实际交联度可能比所示的交联度高,而且阳离子和阴离子交换剂的交联度也有区别,这是因为在制造过程中会发生附加交联。

5. 交换容量　交换容量是表征离子交换剂交换能力的主要参数,是单位质量的干燥离子交换剂或单位体积的湿离子交换剂所能吸附的一价离子的毫摩尔数（mmol），其测定的方法如下。对于阳离子交换剂，先用盐酸将其处理成氢型后，称重并测其含水量，同时称数克离子交换剂，加入过量已知浓度的 NaOH 溶液，发生下述离子交换反应：

$$R^-H^+ + NaOH \Longleftrightarrow R^-Na^+ + H_2O \qquad (7-18)$$

式中，R^- 表示离子交换剂。待反应达到平衡后（强酸性离子交换剂需静置 24h 左右，弱酸性离子交换剂需静置数日），测定剩余的 NaOH 摩尔数，就可求得阳离子交换剂的交换容量。

对于阴离子交换剂，不能利用与上述相对应的方法，即不能用碱将其处理成羟型后测定交换容量。这是因为羟型离子交换剂在高温下容易分解，含水量不易准确测定，并且用水清洗时，羟型离子交换剂易吸附水中的 CO_2 而使部分成为碳酸型。所以，一般将阴离子交换剂转换成氯型后测定其交换容量。取一定量的氯型阴离子交换剂装入柱中，通入硫酸钠溶液，柱内发生下述离子交换反应：

$$2R^+Cl^- + Na_2SO_4 \Longleftrightarrow R_2^+SO_4^{2-} + 2NaCl \qquad (7-19)$$

用铬酸钾为指示剂，用硝酸银溶液滴定流出液中的氯离子，从而可根据洗脱交换下来的氯离子量，计算交换容量。

6. 滴定曲线 滴定曲线是检验和测定离子交换剂性能的重要参数，可参考如下方法测定。

分别在几个大试管中放入 1g 氢型（或羟型）离子交换剂，其中一个试管加入 50mL 0.1mol/L 的 NaCl 溶液，其他试管也加入相同体积的溶液，但含有不同浓度的 NaOH（或 HCl），使其发生离子交换反应。强酸（碱）性离子交换剂放置 24h，弱酸（碱）性离子交换剂放置 7d。达到平衡后，测定各试管中溶液的 pH。以每克干离子交换剂加入的 NaOH（或 HCl）为横坐标，以平衡时 pH 为纵坐标作图，就可得到滴定曲线。图 7-2 为几种典型离子交换剂的滴定曲线。可见，强酸（或强碱）性离子交换剂的滴定曲线开始是水平的，到某一点突然升高（或降低），表明在该点离子交换剂的滴定曲线逐渐上升（或下降），无水平部分。

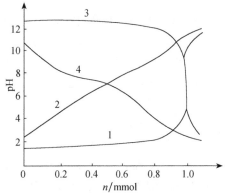

图 7-2 几种典型离子交换剂的滴定曲线

n. 单位质量离子交换剂所加入的 NaOH 或 HCl 的毫摩尔数；1. 强酸型（*Amberlite* IR-120）；2. 弱酸型（*Amberlite* IRC-84）；3. 强碱型（*Amberlite* IRA-400）；4. 弱碱型（*Amberlite* IR-45）

利用滴定曲线的转折点，可估算离子交换剂的交换容量；而由转折点的数目，可推算不同离子交换基团的数目。同时，滴定曲线还表示交换容量随 pH 的变化。因此，滴定曲线比较全面地表征了离子交换剂的性质。

7. 机械强度 离子交换剂的机械强度是指树脂在各种机械力作用下抗破损的能力，包括离子交换剂的耐磨性、抗渗透冲击性及物理稳定性等。

8. 化学稳定性 离子交换剂的化学稳定性包括 pH 稳定范围、热稳定性、抗氧化性、耐还原性、耐有机溶剂、耐辐射，以及抗有机物污染和微生物侵袭等多方面。

（四）离子交换剂的选择

选择离子交换剂的主要依据是被分离物的性质和分离目的，包括被分离物和主要杂质的解离特征、分子量、浓度、稳定性、所处介质的性质及分离的具体条件和要求，然后从性质各异的多种树脂中选择出最适宜的品种进行分离操作。

其中最重要的一条是根据分离要求和分离环境保证分离目的物与主要杂质对树脂的吸附力有足够的差异。当目的物具有较强的碱性或酸性时，宜选用弱酸性或弱碱性的树脂。这样有利于提高选择性，并便于洗脱。如目的物是弱酸性或弱碱性的小分子物质时，往往选用强碱或强酸树脂。如氨基酸的分离多用强酸树脂，以保证有足够的结合力，便于分步洗脱。对于大多数蛋白质，酶和其他生物大分子的分离多采用弱碱或弱酸性树脂，以减少生物大分子的变性，有利于洗脱，并提高选择性。

就离子交换剂而言，要求有适宜的孔径。孔径太小交换速度慢，有效交换量下降（尤其对生物大分子），若孔径太大也会导致选择性下降。此外交换剂的化学稳定性及机械性能也需考虑。在既定的操作条件下有足够的化学耐受性和良好的物理性能以利操作。一般离子交换剂都有较高的化学稳定性，能经受酸、碱和有机溶剂的处理。但含苯酚的磺酸型树脂及胺型阴离子树脂不宜与强碱长时间接触，尤其是在加热的情况下。对树脂的特殊结合力也要给予足够的注意，如树脂对某些金属离子的结合及辅助力的作用。

（五）离子交换剂的处理和再生

1. 离子交换剂的外观特征　　交换剂的外观特征同其内在质量有密切的相关性。商品交换剂应无杂质，颜色以浅为好，透明或半透明。好的交换剂颗粒圆整，粒度均匀，有一定的强度。粒度过大时，交换速度低，如作柱层析则分辨率差；粒过细不便于操作，用作柱层析时流速太小。

2. 离子交换剂的预处理　　市售交换剂在处理前先要去杂，过筛。粒度过大时可稍加粉碎。对于粉碎后的树脂或粒度不均匀的交换剂应进行筛选和浮选处理，以求得粒度适宜的树脂供使用。经过筛、去杂后的交换剂往往还需要水洗去杂（如木屑、泥沙），再用乙醇或其他溶剂浸泡以去除残存的少量有机杂质。

离子交换剂经上述多种物理处理后便可进入化学处理阶段了。具体方法是用 8～10 倍量的 1mol/L 盐酸及氢氧化钠溶液交替浸泡（搅拌）。例如，732 型阳离子交换树脂在用作氨基酸分离前先以 8～10 倍于树脂体积的 1mol/L 盐酸搅拌浸泡 4h，然后用水反复洗至近中性，再以 8～10 倍体积的 1mol/L 氢氧化钠溶液搅拌浸泡 4h。反复用水洗至近中性后又用 8～10 倍体积的 1mol/L 盐酸浸泡。最后水洗至中性备用。其中最后一步用酸处理使其变为氢型树脂的操作也可称为"转型"。对强酸性阳离子树脂来说，应用状态还可以是钠型。若把上面的酸—碱—酸处理，改作碱—酸—碱处理便可得到钠型树脂。对阴离子交换剂，最后用氢氧化钠溶液处理便呈羟型，若用盐酸溶液处理则为氯型树脂。对于分离蛋白质、酶等物质，往往要求在一定的 pH 范围及离子强度下进行操作。因此，转型完毕的交换剂还须用相应的缓冲液平衡数小时后备用。

3. 离子交换剂的再生、转型和毒化　　所谓再生就是让使用过的交换剂重新获得使用性能的处理过程。离子交换剂一般都要多次使用。对使用后的交换剂首先要去杂，即用大量水冲洗，以去除交换剂表面和孔隙内部物理吸附的各种杂质。然后再用酸、碱处理除去与功能基团结合的杂质，使其恢复原有的静电吸附能力。"转型"即交换剂去杂后，为了发挥其交换性能，按照使用要求人为地赋予平衡离子的过程。对于弱酸或弱碱性交换剂须用碱（NaOH）或酸（HCl）转型。对于强酸或强碱性交换剂除使用碱、酸外还可以用相应的盐溶液转型。在稳定性方面，碱性交换剂比不上酸性交换剂，在处理和再生过程中应加以注意。

毒化是指交换剂失去交换性能后不能用一般的再生手段重获交换能力的现象，如大分子有机物或沉淀物严重堵塞孔隙、活性基团脱落、生成不可逆化合物等。重金属离子对交换剂的毒化属第三种类型。对已毒化的交换剂在用常规方法处理后，再用酸、碱加热（40～50℃）浸泡，以求溶出难溶杂质，也有用有机溶剂加热浸泡处理的。对不同的毒化原因须采用不同的措施。如果是生物污染的，用酶处理有时有一定效果，但不是所有被毒化的交换剂都能逆转以重新获得交换能力。

四、离子交换技术的应用

离子交换技术在制药工业中有着广泛应用。首先，制药用的超纯水主要依靠离子交换方法提供，而抗生素、生化药物、药用氨基酸及中药和其他药剂的提取、制备也都离不开现代离子交换技术。离子交换树脂在制药中还可直接用作离散剂、缓释剂等。

1. 软水和去离子水制备的软化机制

$$R\text{-}Na^+ + Ca^{2+}、Mg^{2+} = R\text{-}Ca^{2+}、Mg^{2+} + Na^+ \tag{7-20}$$

去离子水制备工艺过程：

原水（自来水、井水、山水等）→Na 型酸性阳离子交换树脂→软水

去离子水的制备原理：

$$R\text{-}H^+ + R\text{-}OH^- + MeX = R\text{-}Me^+ + R\text{-}X^- + H_2O \tag{7-21}$$

去离子水制备工艺过程：

原水→强酸性阳离子交换树脂→强碱性阴离子交换树脂→混合床→去离子水

2. 纯水的制备　天然水中常含一些无机盐类，为了除去这些无机盐类以便将水净化，可将水通过氢型强酸性阳离子交换树脂，除去各种阳离子，如以 $CaCl_2$ 代表水中的杂质，则交换反应为

$$2R\text{-}SO_3H + Ca^{2+} = (R\text{-}SO_3)_2Ca + 2H^+ \tag{7-22}$$

再通过氢氧型强碱性阴离子交换树脂，除去各种阴离子；

$$RN(CH_3)_3OH + Cl^- = RN(CH_3)_3Cl + OH^- \tag{7-23}$$

交换下来的 H^+ 和 OH^- 结合成 H_2O，这样就可以得到相当纯净的所谓"去离子水"，可以代替蒸馏水使用。

3. 从猪血水解液中提取组氨酸　组氨酸是婴儿营养食品的添加剂。医疗上还可作为治疗消化道溃疡、胃病的药物并用作输液配料。将相当于 140kg 猪血粉的猪血煮熟，离心脱水后置于 1000L 搪瓷反应锅内，加 500kg 工业盐酸水解，经石墨冷凝器回流 22h。水解液减压浓缩回收盐酸，用活性炭脱色，在陶瓷过滤器内减压过滤，静置后滤去酪氨酸。滤液加水配成相对密度为 1.02 的溶液，以强酸性氢型阳离子树脂进行固定床吸附，流出液中检验出组氨酸时，停止吸附，用水正洗柱，之后用 0.1mol/L $NH_3 \cdot H_2O$ 洗脱。收集 pH 为 7～10 的洗脱液，树脂用水反冲后，经 1.5～2mol/L 盐酸再生，树脂水洗至流出液 pH 为 4，待用。将洗脱液浓缩，使其浓度增大至 10 倍后调 pH 至 3.0～3.5，经活性炭脱色、过滤，再浓缩，加 95%乙醇静置过夜后过滤，得盐酸组氨酸粗品，经多次重结晶、过滤、洗涤最后烘干即得成品。

4. 生物碱的分离　生物碱是自然界中广泛存在的一类碱性物质，是许多中草药的有效成分，它们在中性和酸性条件下以阳离子形式存在，因此可用阳离子交换树脂将它们从提取液中富集分离出来。另外，生物碱在醇溶液中能较好地被吸附树脂吸附。离子交换吸附总生物碱后，可根据各生物碱组分碱性的差异，采用分步洗脱的方法，将生物碱组分一一分离。

5. 重组天冬酰胺酶Ⅱ的纯化——离子交换纤维素纯化法　L-天冬酰胺酶（L-asparaginase，EC3.5.1.1）广泛存在于动物的组织、细菌、植物和部分啮齿类动物的血清中，但在人体的各种组

织器官中的分布未见报道。L-天冬酰胺酶活性形式为一同源四聚体，每一亚基由 330 个氨基酸组成，分子质量为 5.7395×10^{-23} kg，能专一地水解 L-天冬酰胺生成 L-天冬氨酸和氨。由于某些肿瘤细胞缺乏 L-天冬酰胺酶合成酶，细胞的存活需要外源 L-天冬酰胺的补充，如果外源天冬酰胺被降解，则蛋白质合成过程中氨基酸的缺乏会导致肿瘤细胞的死亡。因此，L-天冬酰胺酶是一种重要的抗肿瘤药物。用微生物特别是大肠杆菌来生产 L-天冬酰胺酶已有广泛深入的研究。大肠杆菌能产生 2 种天冬酰胺酶，即 L-天冬酰胺酶 I 和 L-天冬酰胺酶 II，只有 L-天冬酰胺酶 II 才有抗肿瘤活性。

重组 L-天冬酰胺酶 II 的 pI 为 4.85，属于酸性蛋白质，在实验条件下（5mmol/L 磷酸缓冲液，pH 6.4），此酶带负电荷，上样，吸附，之后改变洗脱液的盐离子强度（50mmol/L 磷酸缓冲液，pH 6.4）进行洗脱。收集显示酶活性组分，冷冻干燥后即得高纯度的 L-天冬酰胺酶冻干粉。

第三节　吸附设备与操作

一、固定床吸附操作

固定床是将吸附剂固定在某一部位上，在其静止不动的情况下进行吸附操作。它多为圆柱形设备，在内部支撑的隔板或孔板上放置吸附剂，使处理的气体通过它，吸附质被吸附在吸附剂上。

1. 形式与结构　工业上应用最多的吸附设备是固定床吸附器，主要有立式和卧式两种，都是圆柱形容器。两端为球形顶盖，靠近底部焊有横栅条，其上面放置可拆式铸铁栅条，栅条上再放金属网（也可用多孔板替代栅条），若吸附剂颗粒细，可在金属网上先堆放粒度较大的砾石再放吸附剂。

（1）立式固定床吸附器　立式固定床吸附器如图 7-3 所示。分上流和下流式两种。吸附剂装填高度以保证净化效率和一定的阻力降为原则，一般取 0.5～2.0m。床层直径以满足气体流量和保证气流分布均匀为原则。处理腐蚀性气体时应注意采取防腐蚀措施，一般是加装内衬。立式固定床吸附器适合

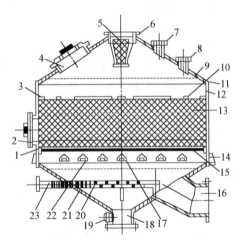

图 7-3　立式固定床吸附器（孙彦，2005）

1. 砾石；2. 卸料孔；3、6. 网；4. 装料孔；5. 废气及空气入口；7. 脱附气排出；8. 安全阀接管；9. 顶盖；10. 重物；11. 刚性环；12. 外壳；13. 吸附剂；14. 支撑环；15. 栅板；16. 净气出口；17. 梁；18. 视镜；19. 冷凝排放及供水；20. 扩散器；21. 吸附器底；22. 梁支架；23. 扩散器水蒸气接管

于气量小、浓度高的情况。

（2）卧式固定床吸附器　卧式固定床吸附器适合处理气量大、浓度低的气体，其结构如图 7-4 所示。

卧式固定床吸附器为一水平摆放的圆柱形装置，吸附剂装填高度为 0.5～1.0m，待净化废气由吸附层上部或下部入床。卧式固定床吸附器的优点是处理气量大、压降小，缺点是床层截面积大，容易造成气流分布不均。因此在设计时特别注意气流均布的问题。

（3）环式固定床吸附器　环式固定床吸附器又称径向固定床吸附器，其结构比立式和卧式吸附器复杂，如图 7-5 所示。吸附剂填充在两个同心多孔圆筒之间，吸附气体由外壳进入，沿径向通过吸附层，汇集到中心筒后排出。

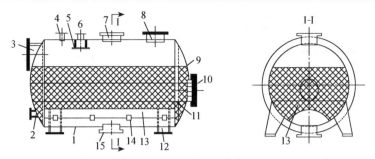

图 7-4　卧式固定床吸附器（孙彦，2005）

1. 壳体；2. 供水；3. 入孔；4. 安全阀接管；5. 挡板；6. 蒸汽进口；7. 净化气体出口；8. 装料口；
9. 吸附剂；10. 卸料口；11. 砾石层；12. 支脚；13. 填料底座；14. 支架；15. 蒸汽及热空气出入口

环式固定床吸附器结构紧凑，吸附截面积大、阻力小，处理能力强，在气态污染物的净化上具有独特的优势。目前使用的环式固定床吸附器多使用纤维活性炭作吸附材料，用以净化有机蒸气。实际应用上多采用数个环式吸附芯组合在一起的结构设计，自动化操作。

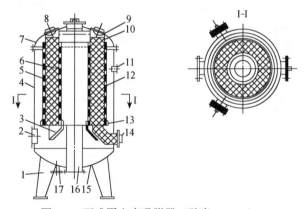

图 7-5　环式固定床吸附器（孙彦，2005）

1. 支脚；2. 废气及冷热空气入口；3. 吸附剂筒底支座；4. 壳体；5, 6. 多孔外筒和内筒；7. 顶盖；8. 视孔；9. 装料口；
10. 补偿料斗；11. 安全阀接管；12. 吸附剂；13. 吸附剂筒底座；14. 卸料口；15. 器底；16. 净化器出口及脱附水蒸气入口；
17. 脱附时排气口

2．吸附过程的操作方式

（1）间隙过程　预处理的流体通过固定床吸附器时，吸附质被吸附剂吸附，流体由出口流出，操作时吸附和脱附交替进行。

（2）连续过程　大多数工业应用要求连续操作，因此经常采用双吸附床或三吸附床系统，其中一个或两个吸附床分别进行再生，其余的进行吸附。典型的双吸附床和三吸附床系统如图 7-6 和图 7-7 所示。

3．结构特点　固定床吸附器的优点是结构简单，造价低，吸附剂磨损少。固定床吸附器也存在一些缺点。

（1）间歇操作　为使气流连续，操作必然不断地周期性切换，为此必须配置较多的进出口阀门，操作十分麻烦。即使实现了自动化操作，控制程序也比较复杂。

（2）需设有备用设备　即当一部分吸附器进行吸附时，要有一部分吸附床再生；这些吸附床中的吸附剂即处于非生产状态。即使处于生产中的设备里，为了保证吸附区的高度有一定的富余，也需要放置多个实际需要的吸附剂，因而总吸附剂用量增多。

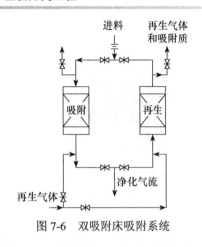

图 7-6 双吸附床吸附系统

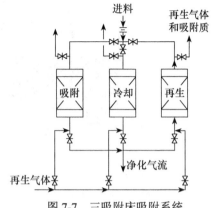

图 7-7 三吸附床吸附系统

（3）**吸附剂层导热性差** 吸附时产生的吸附热不易导出，操作时容易出现局部床层过热。另外，再生时加热升温和冷却降温都很不容易，因而延长了再生的时间。

（4）**热量利用率低** 对于采用厚床层，压力损失也较大，因此能耗增加。

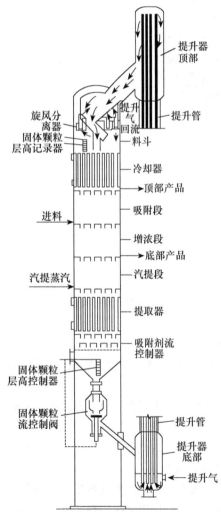

图 7-8 超吸附塔结构（孙彦，2005）

二、移动床吸附操作

移动床吸附器又称"超吸附器"，特别适用于轻烃类气体混合物的提纯。流体或固体可以连续而均匀地在移动床吸附器中移动，稳定地输入和输出。同时使流体与固体两相接触良好，不致发生局部不均匀的现象。

移动床吸附过程可实现逆流连续操作，吸附剂用量少，但吸附剂磨损严重。可见能否降低吸附剂的磨损消耗，减少吸附装置的运转费用，是移动床吸附器能否大规模用于工业生产的关键。高级烯烃的聚合使活性炭的性能恶化，则需将其送往活化器中用高温蒸汽（400～500℃）进行处理，以使其活性恢复后再继续使用。

移动床吸附器的优点在于其结构可以使气、固相连续稳定地输入和输出，还可以使气、固两相接触良好，不致发生沟流和局部不均匀现象。由于气、固两相均处于移动状态，因此克服了固定床局部过热的缺点。其操作是连续的，用同样数量的吸附剂可以处理比固定床多得多的气体，因此对处理量比较大的气体的操作，选用移动床较好。但是，移动床的固有缺点主要是由于吸附剂处在移动状态下，磨损消耗大，且结构复杂、设备庞大，设备投资和运行费用均较高。

工业上应用的典型移动床吸附器是超吸附塔（图7-8），设备高近 30m，由塔体和流态化粒子提升装置两部分组成。吸附剂采用硬质活性炭。活性炭经脱附、再生及冷却后继续下降用于吸附。在吸附塔内，吸附与脱附是按顺序进行的。在吸附段，待处理的气体由吸附段的下部（即塔体中上部）进入，与从塔顶下来的活性炭逆流接触并把吸附质吸附下来，处理过的气体经吸附段顶部排出。吸附了吸附质的活性炭继续下降，经过增浓段到达汽提段。在汽提段的下部通入热蒸汽，使活性炭上的吸附质进行脱附，经脱附后，含吸附质的气流一部分由汽提段顶部作为回收产品（底部产品）回收，有一部分继续上升，到达增浓段。在增浓段蒸汽中所含的吸附质被由吸附段下来的活性炭进一步吸附，等于使这部分活性炭的"浓度"又增加了。活性炭经过汽提，大部分吸附质都被脱附，为了使其更彻底地脱附再生，在汽提段下面又加设了一个提取器，使活性炭的温度进一步提高。一是为了干燥，二是为了使活性炭更好地再生。经过再生的活性炭到达塔底，由提升器将其返回塔顶，于是完成了一个循环过程。在实际操作中，过程连续不断地进行，气体和固体的流速得到很好的控制。

三、膨胀床吸附操作

膨胀床（expanded bed）是发展中的吸附分离技术，其在蛋白质类生物大分子的单步分离过程（single step separation process）的诱人开发潜力，吸引了产学界的高度重视。

膨胀床与传统固定床的区别在于：膨胀床的床层上部安装有可调节床层高度的调节器（adjuster），当液体（料液或清洗液等）从床底以高于吸附剂最小流化速率（minimum fluidization velocity）的流速输入时，吸附剂床层产生膨胀，高度调节器上升，如图 7-9 所示。膨胀床状态下床层高度一般为固定床状态的 2～3 倍，床层空隙率高，允许菌体细胞或细胞碎片自由通过。因此，膨胀床吸附操作可直接处理菌体发酵液或细胞匀浆液，回收其中的目标产物，从而可节省离心或过滤等预处理过程，提高目标产物收率，降低分离纯化过程成本，这是膨化床吸附操作的最大诱人之处。

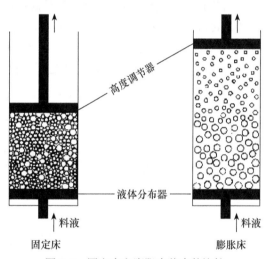

图 7-9 固定床和膨胀床状态的比较

1. 吸附剂 可形成稳定膨胀床的吸附剂主要有两类。一类是磁性粒子，在外部磁场作用下，磁性粒子呈现稳定的膨胀状态。但磁性粒子膨胀床的缺点是设备复杂，需要换热设备分散电磁场热，在反复清洗过程中磁性粒子的稳定性较差。另一类广泛研究和应用的吸附剂有一定粒径或密度分布，在液体流速的分级作用下，大粒径或高密度吸附剂分布于床层底部附近，而小粒径或低密度吸附剂分布于床层的顶部，从而在床层内有稳定的吸附剂分布。市售交联琼脂糖凝胶类吸附剂存在一定的粒径分布，可形成稳定的膨胀床，但由于多糖凝胶与水溶液的密度差很小，形成膨胀床的流体流速很低（10～30cm/h）。为此，Pharmacia 生物技术公司等开发了膨胀床专用的高密度吸附剂，如多孔玻璃和 STREAMLINETM（交联琼脂糖凝胶内包埋晶体石英，以提高吸附剂密度）等。高密度吸附剂的膨胀床流速为 100～300cm/h。在较高流速下进行膨胀床吸附操作，使流速远高于菌体细胞或其碎片的终端速率，有利于微粒子透过膨胀床。

2. 膨胀床的结构 除特殊吸附剂外，膨胀床底液体分布器对膨胀床的流体力学特性即吸附操作特性有重要影响。液体分布器应保证床截面的流速分布均匀，透过料液内的微粒子（菌体细胞或其碎片）而截留吸附剂。床层高度调节器的位置能自由改变，吸附操作过程中需恰好在膨胀床层的顶部，以减少吸附死区。

3. 床层膨胀特性　　膨胀床的床层高度随液相流速线性增大，增大的速率与吸附剂和液相的物理性质密切相关。研究表明，膨胀床的床层膨胀规律符合 Richardson-Zaki 方程

$$U=U_t\varepsilon^n \tag{7-24}$$

式中，U 为液相空塔速率（superficial velocity）；ε 为膨胀率；n 为 Richardson-Zaki 系数（层流区的 n 值一般为 4.8）；U_t 为吸附剂的终端速度（terminal velocity），可用 Stokes 沉降方程计算：

$$U_t=\frac{d_p^2(\rho_s-\rho_L)g}{18\mu_L} \tag{7-25}$$

从上述二式可知，液相黏度 μ_L 和密度 ρ_L 越大，U_t 值越小，达到一定膨胀率（ε）所需的液相流速越低，即床层的高度随液相流速的增加而增大。当液相和吸附剂物性已知时，可利用这两式估算达到所需膨胀率（床层高度）的液相流速。

由于膨胀床的床层结构特性和处理原料的特点（主要为微粒悬浮液），其吸附操作方式与固定床不尽相同。处理细胞悬浮液或细胞匀浆液的一般操作流程见图 7-10。首先用缓冲液膨胀床层（图 7-10A）以便输入悬浮液，开始膨胀床吸附操作（图 7-10B）。当吸附接近饱和时，停止进料，转入清洗过程。在清洗过程初期，为除去床层内残留的微粒子，仍需要采用膨胀床操作（图 7-10C）。待微粒子清除干净后，则可恢复固定床操作，以降低床层体积，减少清洗剂用量和清洗时间（图 7-10D）。清洗操作之后的目标产物洗脱过程也采用固定床方式（图 7-10E）。

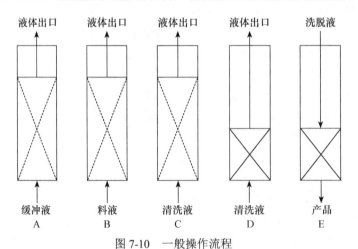

图 7-10　一般操作流程

A. 缓冲液膨胀（膨胀床）；B. 进料（吸附）（膨胀床）；C. 清洗微粒（膨胀床）；D. 清洗可溶性杂质（固定床）；E. 洗脱（固定床）

清洗操作可利用一般缓冲液或黏性溶液。利用黏性溶液清洗时流体流动更接近平推流，清洗效率高，清洗液用量少。目标产物的洗脱操作采用固定床方式不仅可节省操作时间，而且可提高回收产物的浓度。洗脱液流动方向可与吸附过程相反，这样可以提高洗脱速率。另外，由于处理料液为悬浮液，吸附剂污染较严重。为循环利用吸附剂，洗脱操作后需进行严格的吸附剂再生，恢复其吸附容量。

图 7-11 是膨胀床和固定床穿透曲线的比较。离子交换柱内径为 1.0cm，吸附剂的固定床高为 20cm，料液空塔流速为 115cm/h，其中葡萄糖-6-磷酸脱氢酶（G6PD）活力如图注所示，膨胀床

床层高度为固定床的 2 倍左右。结果表明，利用澄清料液时，膨胀床与固定床的穿透行为几乎完全相同，当处理匀浆液时，细胞碎片带负电荷，使膨胀床的吸附容量略有降低。

表 7-5 是膨胀床离子交换纯化葡萄糖-6-磷酸脱氢酶的结果。所用柱内径为 5.0cm，吸附剂的固定床高为 22.3cm（435cm^3），膨胀床床层高度为固定床的 2 倍，料液为 25%酵母细胞匀浆液，膨胀空塔流速为 196cm/h（A 液：50mol/m^3 磷酸钠，pH 6.0）。清洗液为含 25%甘油的 A 液；洗脱液 1 为含 0.05mol/L 氯化钠的 A 液；洗脱液 2 为含 0.15mol/L 氯化钠的 A 液；洗脱液 3 为含 1.0mol/L 氯化钠的 A 液。

表 7-5 的纯化结果表明，经一步膨胀床吸附纯化，不仅除去了细胞碎片，而且葡萄糖-6-磷酸脱氢酶纯度提高 11 倍，收率达 98%。

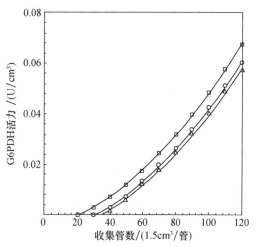

图 7-11 膨胀床和固定床穿透曲线的比较
○. 固定床，澄清料液，3.63U/cm^3；
△. 膨胀床，澄清料液，3.63U/cm^3；
□. 膨胀床，细胞匀浆液，3.4U/cm^3

表 7-5 膨胀床离子交换纯化葡萄糖-6-磷酸脱氢酶结果

步骤	体积/cm^3	空塔流速/(cm/h)	总活力/U	总蛋白/mg	比活/(U/mg)	纯化倍数	收率/%
匀浆液	1 068	—	2 873	13 670	0.21	—	(100)
进料透过	1 068	66～196	4	7 273	—	—	0.14
清洗	550	66～122	5	4 102	—	—	0.17
洗脱液 1	1 300	200	42	258	—	—	1.46
洗脱液 2	2 100	200	2 819	1 125	2.51	12.0	98.1
洗脱液 3	900	200	6	917	—	—	0.2

四、流化床吸附操作

与膨胀床的床层膨胀状态不同，流化床（fluidized bed）内吸附剂粒子呈流化状态，与液体在床层内混合程度高，但吸附效率低；而膨胀床的吸附剂粒子基本悬浮于固定的位置，液体的流动与固定床相似，接近平推流，吸附效率高。

利用流化床的吸附过程可间歇或连续操作。与膨胀床一样，流化床的主要优点是压降小，可处理高黏度或含固体微粒的粗料液。流化床处理含菌体细胞或细胞碎片的粗料液时，操作方式同膨胀床。与膨胀床不同的是，流化床无须特殊的吸附剂，设备结构设计也比膨胀床容易，操作简便。与移动床相比，流化床中固相的连续输入和排出方便，即流化床的连续化操作较容易。

用于气态污染物治理的流化床吸附工艺是 20 世纪 60 年代发展起来的，是固体流态化技术在气态污染物净化方面的具体应用。流化床的运动形式，使它具有许多独特的优点。

1）流体与固体的强烈扰动，大大强化了气固传质。

2）采用小颗粒吸附剂，使单位体积中吸附剂表面积增大。

3）固体的流态化，优化了气固的接触，提高了界面的传质速率，从而强化了设备的生产能力。由于流化床采用了比固定床大得多的气速，因而可以大大减少设备投资。

4）气体和固体同处于流化状态，不仅可使床层温度分布均匀，而且可以实现大规模的连续

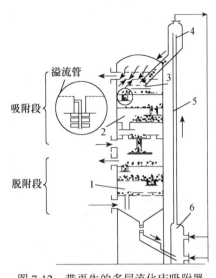

图 7-12　带再生的多层流化床吸附器
（宋航，2020）

1. 脱附器；2. 吸附器；3. 分布板；4. 料斗；
　　5. 空气提升机构；6. 冷却器

生产。

　　流化床的缺点是床内固相和液相的返混剧烈，特别是高径比较小的流化床。所以，流化床的吸附剂利用效率远低于固定床和膨胀床。

　　当吸附剂需要再生时，可采用如图 7-12 所示的流化床吸附器。该吸附器由吸附段、脱附段、分布板、冷却器及空气提升机构等部分组成。

　　需净化的气体由吸附段的中部送入，与分布板上的吸附剂颗粒接触进行传质。气流穿过筛孔的速度应略大于吸附剂颗粒的悬浮速度，使吸附剂颗粒在分布板上处于悬浮状态。这样既使传质更加充分，又使吸附剂能逐渐自溢流管流下。相邻两塔板上的溢流管相互错开，以使吸附剂在各层板上均布。净气由塔顶进入旋风分离器，将气流带出的少量吸附剂颗粒分离下来，再回到吸附塔内。运转一定时期后，可将旋风分离器收回的吸附剂粉末移走，而补入新吸附剂。

　　吸附剂由塔顶加入，沿塔向下流动，在各层塔板上形成吸附剂层，吸附剂层的工作高度由溢流堰高度决定。吸附了吸附质的吸附剂从最下一层塔板降落到预热段，经间接加热后进入脱附段，脱附后的吸附质进入冷却器进行冷却，其中的部分吸附质被冷凝成液体，进入储槽。未凝气体中还含有部分吸附质，又回到吸附段。

　　脱附后的吸附剂自塔下部进入吸附剂提升管，再送入吸附塔上部重新使用。

　　在流化床吸附塔中，塔板称为气流分布板，是流化床装置的最重要部件，它对于流化质量的影响极为重要。设计好的分布板使气流分布均匀，吸附剂颗粒产生平稳的流化状态。同时还可防止正常操作时物料的下漏、磨损和小孔堵塞。多层流化床吸附器采用多块气体分布板，以抑制床内气体与固体颗粒的返混，改善停留时间分布，提高吸附效率。常用几种气流分布板的结构形式如图 7-13 所示。

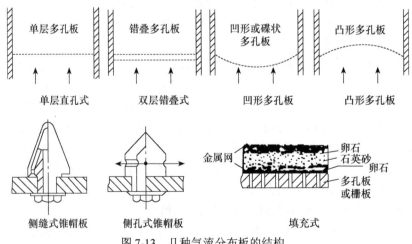

图 7-13　几种气流分布板的结构

流化床吸附器由于气流速度大，与移动床相比，具有更强的处理能力，但能耗更高，对吸附剂的机械强度要求也更高。

五、吸附器净化效率的计算与选择

从理论上讲，要求吸附器的净化效率越高越好。然而，要想达到理想的净化效率，一方面需要庞大的吸附设备和很长的气、固接触时间，另一方面需要采用高强吸附能力的吸附剂，这将使设备投资和运行费用大大增加。这在实际上往往是不可行的，而且对于大部分场合也并不是完全必要的。

吸附器净化效率是由吸附器的入口气体浓度，即污染气体的浓度和吸附器的穿透浓度决定的，设污染气体浓度为 y_0，污染物穿透吸附床时的浓度为 y_B，吸附器的吸附效率 η 可由下式计算：

$$\eta = \frac{y_0 - y_B}{y_0} \times 100\%$$

对于一定的处理任务，y_0 是已经确定了的，而净化效率的高低就取决于 y_B 的选择。对于一定的吸附器，y_B 越低，净化效率会越高，但是吸附剂的利用率就会降低。为了充分利用吸附剂，尽可能地延长吸附床的吸附时间，往往希望确定出较高的 y_B。但 y_B 的选定是受环境保护法规规定的该污染物排放浓度限制的。因此，在实际吸附器设计时，一般是在满足环境保护法规的前提下，尽可能地提高 y_B 值，以达到充分利用吸附剂的目的，从而降低处理成本。

离子交换过程的本质与液固相间的吸附过程类似，所以它所采用的操作方式、设备及设计过程等均与吸附过程相类似。工业生产中常用的离子交换设备包括搅拌槽、固定床离子交换设备、半连续式离子交换设备及连续式离子交换设备等。

第四节　离子交换设备与操作

离子交换过程通常包括：①待分离料液与离子交换剂进行交换反应；②离子交换剂的再生；③再生后离子交换剂的清洗等步骤。在进行离子交换过程和树脂的选择时，既要考虑交换反应过程，又要考虑再生、清洗等过程。离子交换设备按结构可分为罐式、塔式、槽式等；按操作方式可以分为间歇式、半连续式和连续式。

一、搅拌槽间歇式操作

搅拌槽是带有多孔支撑板的筒形容器，离子交换树脂置于支撑板上，间歇操作，过程如下。

1. 交换　将溶液置于槽中，通气搅拌，使溶液与树脂充分混合进行交换，过程接近平衡后，停止搅拌，排出溶液。

2. 再生　放入再生液，通气搅拌，再生完全后，将再生废液排出。

3. 清洗　通入清水，搅拌，洗去树脂中残存的再生液，然后进入下一个循环操作。

这种设备结构简单，操作方便，但是分离效果较差，只适用于规模小、分离要求不高的场合。根据两相间接触方式的不同，离子交换设备又可分为固定床、移动床、流化床等。

二、固定床离子交换设备

固定床是应用较为广泛的一类离子交换设备，它的构造、操作特性、操作方式和设计等与固定床吸附相似。在一定量再生剂的条件下逆流再生获得较高的分离效果，并具有设备结构简单、操作树脂磨损少等优点。在固定床中离子交换树脂的下部需要用多孔陶土板、石英砂等作为支撑。通常被处理的料液从树脂的上方加入，经过分布管均匀分布在整个树脂的横截面上。如果是用压力加料，则要求设备密封。料液与再生剂从树脂上方各自的管道和分布器分别进入交换器，树脂支撑下方的分布管便于水的逆流冲洗。离子交换柱通常用不锈钢等材料制成，管道、阀门等一般用塑料制成。通常有顺流和逆流两种再生方式，逆流再生效果较好，再生剂用量较少，但易造成树脂层的上浮。如果将阳离子、阴离子两种树脂混合起来，则可以制成混合离子交换设备。混合床应用于抗生素等产品的精制，可以避免采用单床时溶液变酸（通过阳离子柱时）及变碱（通过阴离子柱时）的问题，从而能够减少目标产物的破坏。单床及混合床固定式离子交换装置如图 7-14 所示。有些离子交换器既可用于固定床的操作，也可用于流化床的操作。

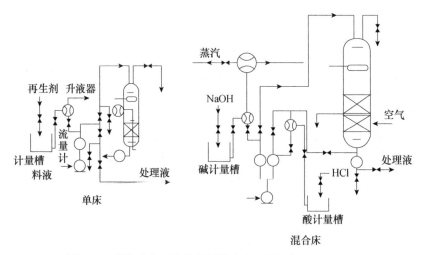

图 7-14　固定式离子交换装置的流程（吴梧桐，2015）

三、半连续式移动床离子交换设备

移动床过程属于半连续式离子交换过程。在此设备中，离子交换、再生、清洗等步骤是连续进行的。但是离子交换树脂需要在规定的时间内流动一部分，而在树脂的移动期间没有产物流出，所以从整个过程来看是半连续的，简化了阀门与管线，又将交换、再生、清洗等步骤分开进行。

其操作过程为待处理液进入处理柱后，树脂随待处理液一起在柱内流动，同时进行交换反应，树脂悬浮液流到中间循环柱，进行固液分离，处理水外排。当再生信号发出，水处理系统内部分树脂进入饱和树脂存储柱，同时有再生好的树脂补充过来。随后，存储柱内的树脂进入再生柱再生。该装置可实现水处理，饱和树脂再生及再生后树脂返回等过程同时进行，从而达到连续产纯净水的目的。半连续式移动床离子交换设备的示意图如图 7-15 所示。

四、连续式离子交换设备

固定床的离子交换操作中，只能在很短的交换带中进行交换，因此离子交换树脂利用率低，生产周期长。如图 7-16 和图 7-17 所示，采用连续逆流式操作则可解决这些问题，而且交换速度快，产品质量稳定，且连续化生产更易于自动化控制。

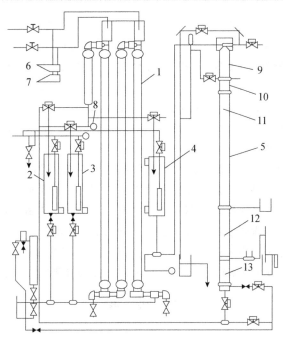

图 7-15　半连续式移动床离子交换设备（吴梧桐，2015）

1. 处理柱；2、3. 中间循环柱；4. 饱和树脂存储柱；5. 再生柱；6～8. 传感器；
9. 树脂计量段；10. 缓冲液；11. 再生段；12. 清洗段；13. 快速清洗段

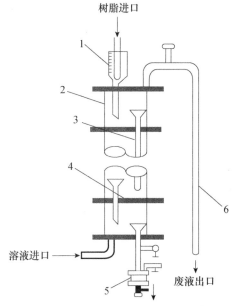

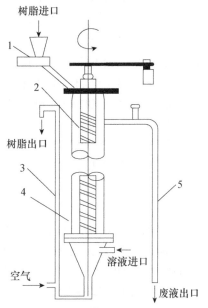

图 7-16　筛板式连续操作离子交换设备
（吴梧桐，2015）

1. 树脂计量及加料口；2. 塔身；3. 漏斗型树脂加料口；
4. 筛板；5. 饱和树脂接收器；6. 虹吸器

图 7-17　涡旋式连续操作离子交换设备
（吴梧桐，2015）

1. 树脂加料口；2. 具有螺旋带的转子；
3. 树脂提升器；4. 塔身；5. 虹吸器

小　　结

吸附是指某种物质通过表面作用力吸附在另一种物质的表面上的现象，利用吸附现象可以实现物质的分离、净化和浓缩等。

吸附分为化学吸附和物理吸附两种。化学吸附是指吸附物与吸附介质之间发生了化学反应，如化学吸附污染物的活性炭处理；物理吸附是指吸附物与吸附介质之间没有发生化学反应，是一种物理作用力，如物理吸附污染物的沸石处理。常用的吸附剂有活性炭、分子筛、人造沸石、硅胶、纤维素等材料。吸附剂可以用于污水处理、空气净化、固体废物处理和医药等行业。以活性炭为例，由于其相对便宜、吸附效果良好，广泛应用于废水、废气处理。而分子筛和人造沸石由于其特殊孔隙结构，用于催化反应技术、固体废物处理和天然气加工等领域。

离子交换是指离子吸附树脂与溶液中的离子发生交换作用，从而达到离子的分离、浓缩和纯化等目的。离子交换技术被广泛应用于药品、食品、环境、化学工业等领域。以水处理行业为例，离子交换技术可以用于软水处理、饮用水净化、工业废水处理等。其中硝酸盐、氯离子、氟离子是净水中常见的需要去除的离子。影响离子交换效率的因素包括介质 pH、温度、离子浓度、流速等。

总之，吸附和离子交换技术在环境治理、化学工业和药品食品等领域发挥着重要作用，研究和应用吸附和离子交换技术，有助于提高资源利用效率，减少环境污染，从而促进可持续发展。

思　考　题

1. 什么是吸附？
2. 常用的吸附剂有哪些？各有何特点？
3. 使用活性炭时，应考虑哪些问题？
4. 大孔网状吸附剂和传统的吸附剂比有何优越性？
5. 吸附剂的哪些特性会影响到吸附过程？
6. 什么是离子交换剂？
7. 根据活性基团的不同，离子交换剂可分为几大类？
8. 影响离子交换剂选择性的因素有哪些？
9. 影响离子交换速度的因素有哪些？
10. 常用的吸附分离设备有哪些？
11. 常见的离子交换分离设备有哪些？
12. 吸附与离子交换技术在制药领域中有哪些主要的应用？

主要参考文献

曹军卫，马辉文．2002．微生物工程．北京：科学出版社．

陈来同．2004．生化工艺学．北京：科学出版社．

郭勇．2005．现代生化技术．2 版．北京：科学出版社．

李淑芬，白鹏．2009．制药分离工程．北京：化学工业出版社．

刘国诠．2003．生物工程下游技术．2 版．北京：化学工业出版社．

孙彦．2005．生物分离工程．2 版．北京：化学工业出版社．

吴梧桐．2015．生物制药工艺学．4 版．北京：中国医药科技出版社．

辛秀兰．2005．生物分离与纯化技术．北京：科学出版社．

俞俊棠，唐孝宣．2002．生物工艺学．上海：华东理工大学出版社．

第八章
色谱分离技术

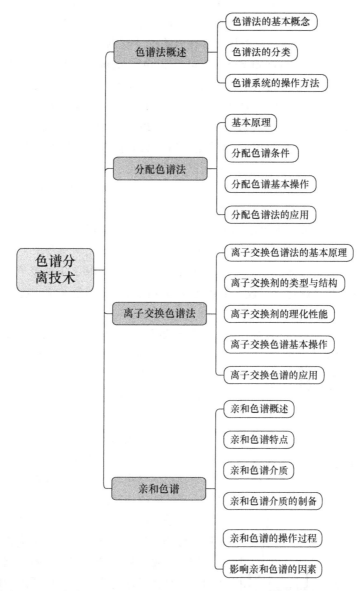

色谱是一种常用的分离技术，在生物分离过程中应用广泛且具有很高的分辨率。色谱法（chromatography）又称色层分析法，它是在 1903～1906 年由俄国植物学家 M.Tswett 首创的。当时他将叶绿素的石油醚溶液通过 $CaCO_3$ 管柱，并继续以石油醚淋洗，由于 $CaCO_3$ 对叶绿素中各种色素的吸附能力不同，色素被逐渐分离，在管柱中出现了不同颜色的谱带，因此这种能用于混

合物分离的方法称为色谱法。当时这种方法并没引起人们的足够注意，直到 1931 年将该方法应用到分离复杂的有机混合物，人们才发现了它的巨大价值。

随着科学技术的发展及生产实践的需要，色谱法得到了迅速的发展。为此英国生物学家 Martin 和 Synge 做出了重要的贡献。他们首先提出了色谱塔板理论。这是在色谱柱操作参数基础上模拟蒸馏理论，以理论塔板来表示分离效率、描述半定量、评价色谱分离过程的基本理论。他们根据液液逆流萃取的原理，发明了液液分配色谱 [liquid-liquid（partition）chromatography，LLC]。特别是他们提出了远见卓识的预言：①气体也可作流动相，与液体相比，物质间的作用力减小了，这对分离更有好处；②使用非常细的颗粒填料并在柱两端施加较大的压差，应能得到最小的理论塔板高度（即增加了理论塔板数），这将会大大提高分离效率。

1952 年诞生了气相色谱仪，它给挥发性化合物的分离测定带来了划时代的变革。20 世纪 60 年代末高效液相色谱（high performance liquid chromatography，HPLC）走入人们的视线；20 世纪 70 年代末至 80 年代初，高效液相色谱（HPLC）技术迎来了重大突破，引入了高压泵、细粒径高效填充色谱柱，这标志着 HPLC 向高效转变。液相色谱与光学检测器相结合，也使 HPLC 不仅可以分离，还可以同时完成分析任务。在 20 世纪 80 年代，John Fenn 开发的电喷雾离子源（ESI）成功应用于液相色谱-质谱联用（LC-MS）技术，该技术可以更准确地确定化合物的结构和分子量，提高分析的灵敏度和选择性。随着技术的不断进步，2004 年前后，引入了粒径更小、耐压能力更强的新系统，推动了超高效液相色谱（UHPLC）的出现，进一步提高了色谱的分离效率。如今，随着 HPLC 技术的飞速发展，其在不同领域的应用也得到了极大的拓展，根据待检测物质的不同，有着更为丰富的色谱柱选择。根据使用目的的不同还出现了二维液相、凝胶渗透色谱、半制备液相等。现在 HPLC 已成为生物化学与分子生物学、生物技术等领域不可缺少的分离分析技术之一。因此，Martin 和 Synge 于 1952 年被授予诺贝尔化学奖。由于检测手段的发展，如今的色谱已没有颜色这个特殊的含义，但色谱法或色层分析法这个名字仍保留下来沿用。

色谱系统由固定相、流动相、泵系统和在线检测系统 4 个基本部分组成（图 8-1）。物质的物理、化学和生物学性质相互作用被综合应用在色谱系统中，以用于分离各种混合物。如图 8-1 所示，流动相被输送通过填充固定相的色谱柱，固定相通常是不溶性的高分子小球，其颗粒直径范围是 5～300μm。分离过程中，流动相载着被分离组分以恒定流速穿过色谱柱，色谱柱末端的吸光度检测器可以跟踪洗脱液中被分离组分的浓度，根据检测结果将洗脱液分成若干组分，分别收集以供进一步检测或处理。

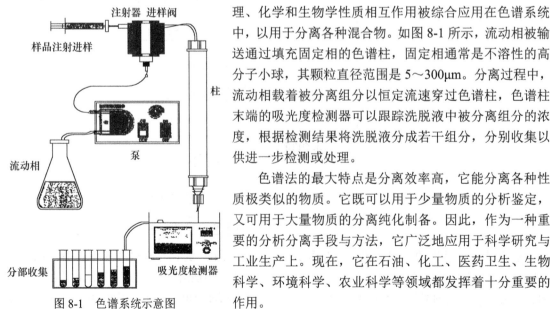

图 8-1　色谱系统示意图

色谱法的最大特点是分离效率高，它能分离各种性质极类似的物质。它既可以用于少量物质的分析鉴定，又可用于大量物质的分离纯化制备。因此，作为一种重要的分析分离手段与方法，它广泛地应用于科学研究与工业生产上。现在，它在石油、化工、医药卫生、生物科学、环境科学、农业科学等领域都发挥着十分重要的作用。

第一节　色谱法概述

一、色谱法的基本概念

色谱法是一种基于被分离物质的物理、化学及生物学特性的不同，使它们在某种基质中移动速度不同而进行分离和分析的方法。例如，利用物质在溶解度、吸附能力、立体化学特性、分子的大小、带电情况、离子交换能力、亲和力的大小及特异的生物学反应等方面的差异，使其在流动相与固定相之间的分配系数（或称分配常数）不同，达到彼此分离的目的。例如，图 8-2 待分离的各组分对固定相亲和力的次序为白球分子＞黑球分子＞三角形分子。将预分离的混合物加入色谱柱的上部（图 8-2A），使其流入柱内，然后用流动相冲洗，如图 8-2B 所示，随着洗脱的不断进行，如果色谱柱选择适当且柱有足够长，则三种组分逐渐被分开，如图 8-2C～G 所示。三角形分子最先流出，白球分子跑得最慢，最后流出，如图 8-2H 所示。这种移动速率的差别是色谱法的基础。加入洗脱剂使各组分分层的操作称为展开。洗脱时从柱中流出的液体称为洗脱液。展开后各组分的分布情况称为色谱图。将样品加到柱上的操作称为上样或加样。显然，因为可以选择各种特有的物质作为固定相和流动相，所以色谱法有广泛的适用范围。

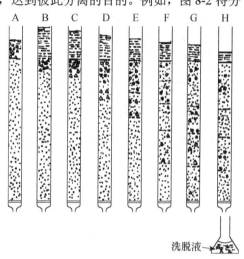

图 8-2　色谱法的基础

（一）固定相

固定相是色谱的一个基质。它可以是固体物质（如吸附剂、凝胶、离子交换剂等），也可以是液体物质（如固定在硅胶或纤维素上的溶液），这些基质能与待分离的化合物进行可逆吸附、分配、交换等作用。它是影响色谱分离效果的重要因素。

绝大多数的色谱固定相由两个主要部分构成：①空间结构部分，它取决于高聚物骨架的组成，决定了固定相的尺寸与孔隙率；②化学和生物大分子功能性成分，它赋予基质与目标溶质特异性相互作用的能力。最合适的固定相设计除了满足以上两条，还应满足分离任务的其他要求，如样品体积、分离成本及过程速率等。表 8-1 中列出了常用于分离生物分子的色谱固定相材料、特点和用途。

（二）流动相

在色谱过程中，推动固定相上待分离的物质朝着一个方向移动的液体、气体或超临界流体等都称为流动相。柱色谱中一般称为洗脱剂，薄层色谱时称为展层剂。它也是色谱分离中的重要影响因素之一。

表 8-1　常用于分离生物分子的色谱固定相材料、特点和用途

固定相基质	主要用途	可能的优点	可能的局限性
硅胶	亲水作用色谱, 反相色谱	可承受高水力学压力	高密度
琼脂糖	亲和色谱	生物相溶性好	流速低, 温度稳定性低
多糖-纤维素交联介质	疏水作用色谱, 亲和色谱	高生物相溶性	流速低
聚甲基丙烯酰胺	离子交换色谱, 亲和色谱	易于改性	流速通常较低
聚苯乙烯-二乙烯基苯	离子交换色谱	表面积很大, 在有机溶剂中稳定	生物相溶性有限
聚丙烯酰胺	凝胶渗透色谱	价格便宜, 用途广	流速低
葡聚糖	凝胶渗透色谱	交联后其强度高于琼脂糖	在有机溶剂中不稳定
琼脂糖/葡聚糖或葡聚糖/丙烯酰胺	凝胶渗透色谱	高强度粒子, 高流速	非特异性吸附蛋白质
羟基磷灰石	离子交换色谱, 亲和色谱	可经受高水力学压力	采用微细颗粒时才可能实现高效分离

（三）分配系数

在吸附色谱中, 平衡关系一般用 Langmuir（朗缪尔）方程式表示:

$$m = \frac{ac}{1+bc} \tag{8-1}$$

式中, m、c 分别为溶质在固定相和流动相的浓度; a、b 为常数。

当浓度很低时, 即 c 很小时（在 X 点以下）, 上式为 $m = ac$, 平衡关系为一直线（图 8-3）。

在分配色谱法中, 平衡关系服从分配定律。当浓度低时, 分配系数为一常数, 所以平衡关系也为一直线:

$$\frac{C_1}{C_2} = K_d \tag{8-2}$$

式中, C_1 为目标化合物在固定相中的浓度; C_2 为目标化合物在流动相中的浓度。

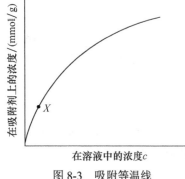

图 8-3　吸附等温线

（纵轴：在吸附剂上的浓度/（mmol/g）；横轴：在溶液中的浓度 c；标记点 X）

在离子交换色谱法中, 平衡关系可用下式表示:

$$\frac{M_1^{\frac{1}{Z_1}}}{(m-m_1)^{\frac{1}{Z_1}}} = \frac{K_d C_1^{\frac{1}{Z_1}}}{(C_0-C_1)^{\frac{1}{Z_2}}} \tag{8-3}$$

式中, m 为固定相的总离子交换容量; m_1 为固定相中目标离子的浓度; C_0 为流动相中的总离子浓度; C_1 为流动相中目标离子的浓度; Z_1 为目标离子的电荷; Z_2 为流动相中背景离子的电荷。

当浓度很低时, 即 C_1 很小, m_1 因而也很小时, 上式为 $m_1 = K_d C_1$, 即平衡关系也为一直线。

在凝胶色谱法中, 分配系数表示凝胶颗粒内部水分中为溶质分子所能达到的部分, 故用一定的凝胶分离一定的溶质时, 分配系数也是一常数。

综上所述, 不论色谱分离的机制怎样, 当溶质浓度较低时, 固定相浓度和流动相浓度都呈线性的平衡关系, 分配系数是色谱中分离纯化物质的主要依据。

$$K_d = \frac{C_s}{C_m} \tag{8-4}$$

式中，C_s 为固定相中被分离组分的浓度；C_m 为流动相中被分离组分的浓度。

不同物质的分配系数是不同的。分配系数的差异程度是决定几种物质采用色谱法能否分离的先决条件。很显然，差异越大，分离效果越理想。

分配系数主要与被分离物质本身的性质、固定相和流动相的性质、色谱柱的温度等因素有关。对于温度的影响有下列关系式：

$$\ln K_d = -\frac{\Delta G_0}{RT} \tag{8-5}$$

式中，K_d 为分配系数（或平衡常数）；ΔG_0 为标准自由能变化；R 为气体常数；T 为绝对温度。

这是色谱分离的热力学基础。一般情况下，色谱分离时组分的 ΔG_0 为负值，则温度与分配系数呈反比关系。通常温度上升 20℃，K_d 值下降一半，它将导致组分移动速率增加。这也是为什么在色谱时最好采用恒温柱的原因。有时对于 K_d 值相近的不同物质，可通过改变温度的方法，增大 K_d 值之间的差异，达到分离的目的。

（四）阻滞因素

阻滞因素又称迁移率（或比移值），是指在一定条件下，在相同的时间内某一组分在固定相移动的距离与流动相本身移动的距离之比，常用 R_f 来表示（$R_f \leq 1$）。可以看出：

$$R_f = 溶质的移动速度/流动相在色谱系统中的移动速度 或$$

$$R_f = 溶质的移动距离/在同一时间内溶剂前沿的移动距离$$

K_d 增加 R_f 增大；反之，K_d 减小，R_f 减小。

这里的流动相为与固定相无亲和力（即 $K_d = 0$）的物质。

令 A_s 为固定相的平均截面积，A_m 为流动相的平均截面积（$A_s + A_m = A_t$，即系统或柱的总截面积）。如体积为 V 的流动相流过色谱系统流速很慢，可以认为溶质在两相间的分配达到平衡，则有

$$溶质的移动距离 = V/能进行分配的有效截面积 = \frac{V}{A_m} + K_d A_s \tag{8-6}$$

$$流动相的移动距离 = \frac{V}{A_m}$$

$$R_f = \frac{A_s}{A_m} + K_d A_s \tag{8-7}$$

因此当 A_m、A_s 一定时，一定的 K_d 有相应的 R_f。

实验中还常用相对迁移率的概念。相对迁移率是指在一定条件下，在相同时间内，某一组分在固定相中移动的距离与某一标准物质在固定相中移动的距离之比。它可以小于等于 1，也可以大于 1，用 R_x 来表示。

（五）分辨率

分辨率也称分离度，一般指相邻两个峰的分开程度，用 R_s 来表示。R_s 值越大，两种组分分离越好。当 $R_s = 1$ 时，两组分具有较好的分离，互相沾染约 2%，即每种组分的纯度约为 98%。当 $R_s = 1.5$ 时，两组分基本完全分开，每种组分的纯度可达到 99.8%。两种组分的浓度相差较大时，尤其要求较高的分辨率。

（六）解离常数 K_p 和分离因子 α

在反应工程中，人们习惯应用解离常数 K_p 来讨论分子间的相互作用。令吸附柱中空余的有效结合粒子的浓度为 m，结合溶质分子的有效粒子总浓度为 m_t，游离态溶质分子浓度为 C，溶质总浓度（游离的＋被结合的）为 C_t，结合态溶质分子（结合在吸附柱固定相上的溶质分子）浓度为 q，则有

$$m_t = m + q \tag{8-8}$$
$$C_t = c + q \tag{8-9}$$

按通常定义，溶质分子-吸附剂之间相互作用的解离常数 K_p 为

$$K_p = \frac{mC}{q} \tag{8-10}$$

如果将分离因子 α 定义为某一瞬间被吸附的溶质占总量的分数，又称质量分布比，即

$$\alpha = \frac{q}{C_t} \tag{8-11}$$

那么，用 $q = C_t \alpha$ 及式（8-8）、式（8-9）中的 m、C 代入式（8-10），得

$$K_p = \frac{(m_t - C_t \alpha)(C_t - C_t \alpha)}{C_t \alpha} = \frac{(m_t - C_t \alpha)(1 - \alpha)}{\alpha} \tag{8-12}$$

所以，

$$C_t \alpha^2 - (m_t - C_t + K_p)\alpha + m_t = 0 \tag{8-13}$$

这里，分离因子 α 是二次方程的解，它是色谱柱有效结合粒子总浓度 m_t、溶液中溶质总浓度 C_t 及被结合目标物质的解离常数 K_p 的函数。

有效结合粒子的总浓度 m_t 可能在 0.01mol/L 左右（亲和色谱）到 1mol/L 以上（离子交换色谱剂）。而欲分离的溶质的总浓度也可能在类似范围内。对于一个有效的柱色谱分离，通常要求 $\alpha \geqslant 0.8$，由此 K_p 一般要求 $\leqslant 0.1$mol/L。这一点在亲和色谱中特别重要。

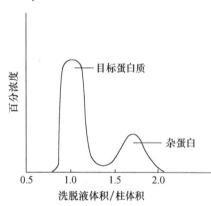

图 8-4　两种蛋白质的混合物（$\alpha_1 = 0$ 和 $\alpha_2 = 0.4$）的柱色谱图

如果色谱分离技术用于生物大分子的制备，那么，所用的样品量一般较大，其体积往往比柱体积要大得多，分离因子为 α 的目标物质（$0 < \alpha < 1$），将沿柱子不断往下移动。当操作开始后有 $1/(1-\alpha)$ 柱体积的流动相通过柱时，目标物质将会从柱的末端流出。因此，如果样品体积是柱体积的 5 倍，并且再用 5 倍柱体积的缓冲液洗涤色谱柱，要使目标物质仍然留在柱上，则 $\alpha \geqslant 0.9$。这时，杂质已去除，样品得到纯化。另外，如果样品量少，并且混合液中目标物质 $\alpha \geqslant 0$，而杂质分子 $\alpha = 0.4$，将样品上柱后，用 1 倍柱体积的洗脱液洗脱，目标物质出现，继续洗脱到洗脱液体积为 1.5 倍柱体积时，杂蛋白开始流出。只要分段收集，可使它们得到分离（图 8-4）。

从式 $C_t \alpha^2 - (m_t - C_t + K_p)\alpha + m_t = 0$ 中可以看出，在同一色谱系统中，分离因子取决于溶质的浓度，较高的浓度往往得到较低的结合比例。相反，较低的溶质浓度一般有较高的分离因子。

（七）色带变形和"拖尾"现象

色带移动过程中常常会出现色带变形或"拖尾"现象。究其原因有两种。①固定相在色谱柱

中横向填充不均匀，因为在固定相颗粒粗的地方，溶剂的流速快，溶质的流速也加快，就会形成斜歪、不规则的色带，从而使流出曲线中各组分分离不清楚。显然柱的截面积越大越易变形，因而使用细长的柱子较好。

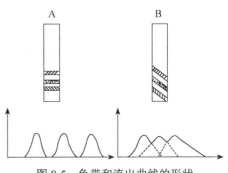

图 8-5　色带和流出曲线的形状
A. 填充均匀的柱；B. 填充不均匀的柱

②平衡关系偏离线性所引起的。一般平衡关系如图 8-5 所示，当柱中目标物质的色带移动时，如果有些分子由于纵向扩散或者不均匀地流动超过了色带前缘，它们的浓度会变小，分离因素会增大，其大部分被吸附，相对于后面的主色带被阻滞了。结果在主色带的前缘产生了一个自动削尖的效应（self-sharpening effect）。但是，在色带尾部边缘上，溶质浓度的减少，将引起不断增加的结合强度。如 $\alpha=0.9$，色带后部仅以缓冲液流动速度的 10%移动，而主色带却以缓冲液流动速度的 30%～40%移动。结果在不变的缓冲液条件下，溶质的洗脱有一个尖锐的、富集的前缘和一个很长的尾巴——"拖尾"。这是一种离子交换色谱中经常出现的现象。但使用不同梯度的缓冲液会克服这种现象。在纸色谱中，也可能会出现"拖尾"，可通过选择合适的展层剂避免此现象。

（八）正相色谱与反相色谱

正相色谱是指固定相的极性高于流动相的极性，在这种色谱过程中，非极性分子或极性小的分子比极性大的分子移动的速度快，先从柱中流出来。反相色谱是指固定相的极性低于流动相的极性，在这种色谱过程中，极性大的分子比极性小的分子移动的速度快而先从柱中流出。一般来说，分离纯化极性大的分子（带电离子等）采用正相色谱（或正相柱），而分离纯化极性小的有机分子（有机酸、醇、酚等）多采用反相色谱（或反相柱）。

（九）操作容量

操作容量（或交换容量）是指在一定条件下，某种组分与基质（固定相）反应达到平衡时，存在于基质上的饱和容量。它的单位是 mg/g（基质）或 mg/mL（基质），数值越大，表明基质对该物质的亲和力越强。应当注意，同一种基质对不同种类分子的操作容量是不相同的，这主要受分子大小（空间效应）、带电荷的多少、溶剂的性质等多种因素的影响。因此，实际操作时，加入的样品量要尽量少些，特别是生物大分子，对样品的加入量更要控制，否则用色谱法不能得到有效的分离。

（十）洗脱容积 V_e

在色谱分离中，使溶质从柱中流出时所通过的流动相的体积，称为洗脱容积，这一概念在凝胶色谱分离中用得最多。

设色谱柱长为 L，在时间 t 内流过的流动相的体积为 V，则流动相的体积速率为 V/t。

根据溶质的移动距离＝$V/(A_m+K_dA_s)$，得到溶质的移动速度＝$V/[t(A_m+K_dA_s)]$，溶质流出色谱柱所用的时间为

$$T=\frac{L(A_m+K_dA_s)}{V/t}$$

于是，此时流过的流动相的体积为

$$V_e = L(A_m + K_d A_s) \tag{8-14}$$

如果令 $L \cdot A_m = V_m$，色谱柱中流动相体积 $L \cdot A_s = V_s$，则色谱柱中固定相体积

$$V_e = V_m + K_d V_s \tag{8-15}$$

由式（8-15）可见，不同溶质有不同的洗脱体积（V_e），后者取决于分配系数。

（十一）色谱法的塔板理论

塔板理论可以给出在不同瞬间，溶质在柱中的分布和各组分的分离程度与柱高之间的关系。其要点是：①柱子可以分成多层，每一层为一理论塔板且有一定高度；②在色谱柱中，物质只有横向扩散，无纵向扩散，两相瞬间达到分配平衡；③体系中其他物质的存在不影响待分离物质的分配，待分离物质的存在也不影响其他物质的分配。与化工原理中的蒸馏操作一样，这里引入了"理论塔板高度"的概念。所谓"理论塔板高度"是指这样一段柱高，自这段柱中流出的液体（流动相）和其中固定相的平均浓度呈平衡关系。设想把柱分成若干段，每一段等于一块理论塔板。假设分配系数是常数且没有纵向扩散，则不难推断出第 x 块塔板上溶质的质量分数为

$$f_z = \frac{n!}{x!}\left(\frac{1}{E+1}\right)^{n-x}\left(\frac{E}{E+1}\right)^x \tag{8-16}$$

式中，n 为色谱柱的理论塔板数；E 为流动相中所含溶质的量与固定相中所含溶质的量之比。

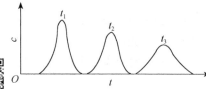

图 8-6 色带的变化过程

n 越大，即加入的溶剂越多，展开时间越长，色带越往下流动，其高峰浓度逐渐减小，色带逐渐扩大（图 8-6）。

（十二）检测方法

建立检测方法的 4 个基本目标是：灵敏度、线性度、重现性达标，以及在线操作简便。色谱操作者必须了解所用检测系统的局限性，才能从实验数据与处理数据中得出正确结论，检测方法见数字资源 8-1。

数字资源
8-1

二、色谱法的分类

色谱根据不同的标准可以分为多种类型。

（一）根据固定相基质的形式分类

色谱可以分为纸色谱（paper chromatography）、薄层色谱（thin layer chromatography）和柱色谱（column chromatography）。纸色谱是指以滤纸作为基质的色谱；薄层色谱是将基质在玻璃或塑料等光滑表面铺成一薄层，在薄层上进行的色谱过程；柱色谱则是指将基质填装在管中形成柱形，在柱中进行色谱分离。纸色谱和薄层色谱主要适用于小分子物质的快速检测分析和少量分离制备，而柱色谱是常用的色谱形式，适用于样品分析、分离。生物化学中常用的凝胶色谱、离子交换色谱、亲和色谱、高效液相色谱等通常都采用柱色谱形式。

（二）根据两相所处的状态分类

流动相（mobile phase）为气体的色谱称为气相色谱（gas chromatogram）；流动相为液体的色谱称为液相色谱（liquid chromatography）。固定相也有两种状态，以固体吸附剂作为固定相和以附载在固体上的液体为固定相，所以色谱法按两相所处的状态可分为液-固色谱（liquid-solid chromatography）、液液色谱（liquid-liquid chromatography）、气-固色谱（gas-solid chromatography）和气-液色谱（gas-liquid chromatography）。气相色谱测定样品时需要气化，这大大限制了其在生化领域的应用，而液相色谱是生物领域最常用的色谱形式，适于生物样品的分析、分离。

（三）根据分离原理的不同分类

色谱主要可以分为吸附色谱（adsorption chromatography）、分配色谱（partition chromatography）、离子交换色谱（ion-exchange chromatography）、凝胶过滤色谱（gel-filtration chromatography）和亲和色谱（affinity chromatography）等。

1. 吸附色谱 是以吸附剂为固定相，根据待分离物与吸附剂之间吸附力不同而达到分离目的的一种色谱技术。吸附作用是指某些物质能够从溶液中将溶质聚集在其表面的现象。吸附剂吸附能力的强弱与被吸附物质的化学结构、溶剂的本质和吸附剂的本质有关。不同物质对同一种吸附剂的吸附能力不同，同一物质对同一吸附剂的吸附力也会因环境因素（溶剂）而改变。

2. 分配色谱 分配色谱是在一个有两相同时存在的溶剂系统中，不同物质的分配系数不同而达到分离目的的一种色谱技术，相当于一种连续性的溶剂抽提方法。

在分配色谱中，固定相是极性溶剂（如水、稀硫酸和甲醇等）。此类溶剂能和多孔的支持物（常用的是吸附力小、反应性弱的惰性物质如淀粉、纤维素粉、滤纸等）紧密结合，使其呈不流动状态。流动相则是非极性的有机溶剂。

3. 离子交换色谱 是以离子交换剂为固定相，根据物质的带电性质不同而进行分离的一种色谱技术。离子交换色谱的固定相是离子交换剂，流动相是具有一定 pH 和一定离子强度的电解质溶液。

4. 凝胶过滤色谱 是以具有网状结构的凝胶颗粒作为固定相，根据物质的分子大小进行分离的一种色谱技术。凝胶过滤是利用具有一定孔径范围的多孔凝胶的分子筛作用对生物大分子进行分离。分子大小不同的物质随洗脱液流过柱床时，小分子的物质易于进入凝胶颗粒内部，流出柱子用的时间长，大分子的不易进入凝胶颗粒内部，流出时间早，这样使得大小不同的分子流出的顺序不同而分离。

5. 亲和色谱 是根据亲和分子和配体之间的特异性可逆亲和力，将某种配体连接在载体上作为固定相，而对亲和分子进行分离的一种色谱技术。亲和色谱是分离生物大分子最为有效的色谱技术，具有很高的分辨率。表 8-2 列出了各种色谱法的特点和用途。

表 8-2 各种色谱法的特点和用途

色谱法	分离原理	特点	应用
凝胶过滤色谱	分子的大小	① 流速较低，分级周期约≥8h，脱盐仅 30min ② 在分级方法中分辨率中等，但脱盐效果优良 ③ 容量受样品体积局限	用于大规模纯化的最后步骤，在纯化过程中的任何阶段均可进行脱盐处理，尤其适用于两种缓冲液交替时
离子交换色谱	电荷多少和种类	① 选用介质得当时流速快 ② 通常分辨率较高 ③ 容量很大，样品体积不受限制	最适用于大量样品的前期处理和分离阶段
聚焦色谱	等电点	① 流速快 ② 分辨率很高 ③ 容量很大，但柱的大小限制样品体积	适用于纯化的后阶段

续表

色谱法	分离原理	特点	应用
疏水色谱	疏水性	① 流速快 ② 分辨率好 ③ 容量大，样品体积不受限制	适用于分离的任何阶段，尤其是样品离子强度高时，即在盐析、离子交换或亲和色谱之后使用
亲和色谱	生物大分子的特异结合性	① 流速很快 ② 分辨率非常好 ③ 样品体积不受限制	适用于分离纯化的任何阶段，尤其是样品体积大、浓度很低而杂质含量很高时

三、色谱系统的操作方法

（一）装柱

装柱是成功得到分离物质最关键的一步，实验室色谱分离操作的重力沉降装柱法可按以下步骤进行操作。

1）将柱中待填充的材料（填料）在溶剂中充分溶胀后抽真空除去气泡。

2）将柱子清洗干净后垂直固定在铁架台上，装入少许缓冲液让其自然流下，离柱底 2～3cm 处仍有洗脱液时，关闭柱的流出口。

3）慢慢连续不断地将填料装入柱中，待填料自然沉降 3cm 后，打开下口，让缓冲液慢慢流出，控制流速和一定的操作压，并不断补加填料，使其形成的柱床体积达到预定体积为止。

整个过程一般需要反复多次操作才能达到较好的效果。需注意以下几点：①为了防止搅动溶剂或样品引起柱表面不平，可在柱表面上加一个保护装置，比如滤纸、尼龙纱或人造丝网，有些商品有一个承接管或柱塞；②柱床中不能有气泡；③柱子绝对不能流干，也就是说必须在柱床上面保留一小段缓冲液。

由于固定相种类的不同，装柱的方法还有很多，除重力沉降装柱法外，还有加压法，在柱顶上连接一个耐压的厚壁梨形瓶，其中贮放交换剂悬浮液。梨形瓶上口连接加压装置，装柱过程中随柱床的升高，压力逐渐加大，达到 $1.01 \times 10^5 Pa$，立即再减压。还有一种可靠的装柱方法是：在电动搅拌下或用蠕动泵连续将处理好的填料装入柱中沉积，这是一种比较理想的方法。

对于离子交换色谱来说，交换剂进入柱中采用减压或加压等机械操作，进入后又利用气压的变化来抖松交换剂使其分布均匀，这样不易产生"节"和气泡等不正常现象。色谱柱形状的选择需根据介质和分离目的来定，以直径和高度的比例为 1：15 为宜。柱越细长，分离效果越好，但流速越慢。在样品组分不太复杂、交换剂目细的情况下，为了防止细目交换剂加压排列紧密引起柱阻塞的现象，可选用粗短型的柱子。在离子交换色谱中，通常应根据样品的量和杂质的情况，通过交换剂总交换量指标，先粗略估算应用多少交换剂后，再根据样品中组分情况和色谱条件决定所用柱的形状。

（二）平衡

色谱柱装好之后，必须用起始缓冲液平衡至与其 pH 和离子强度相同时才可使用。一般在恒压下平衡，起始缓冲液的用量为柱床体积的 3～5 倍，使交换剂充分平衡，柱床稳定即可。装好的柱子必须均匀，无纹路，无气泡，柱顶部平整。检查柱是否均匀，可用蓝色葡聚糖-2000，在恒压下走柱，如色带均匀下降，说明柱是均匀的，可以使用，否则应重新装柱。

（三）上样量和上样体积

上样量的多少和上样体积的大小是影响分离效果的关键因素，上样体积越小，量越少，分离效果越好。它主要取决于色谱目的（分析性柱色谱和制备性柱色谱），也与样品的种类多少、相对浓度及亲和力有关。对于分析性柱色谱，加样量一般不超过柱床体积的 0.5%～1%，制备性柱色谱加样量一般不超过柱床体积的 1%～3%。分子筛的加样量要远小于离子交换色谱。如果要求高分辨率，样品的体积要尽可能小。分子量较小的物质亲和力弱，上样量要少，体积要小。总之任何物质的上样量需通过反复实验来决定。

1. 样品的准备　样品在进行上柱前必须经过预处理，预处理方法因分离和制备目的的不同而异。通常，样品溶解后需要与起始缓冲液具有相同的 pH、离子强度，并且体积较小、浓度合适。

样品在上柱前，需将不溶的物质通过离心法或过滤法去除，并根据需要进行透析、超滤或凝胶过滤等处理，以实现浓缩和脱盐。

2. 加样方法　加样的方法有以下几种。①移去柱床上方的液体至柱床刚露出，用移液管小心地将样品沿离柱床表面 1cm 处的内壁转动一周，然后迅速移至中央，尽可能快地覆盖胶面，打开下口，待胶面刚露出，关闭下口。同样操作用缓冲液洗涤 2～3 次，再加缓冲液 1～2mL，然后将柱和贮液瓶相连进行洗脱。这样可以使样品全部进入色谱柱中，以免造成拖尾，降低分辨率。加样前如果胶面不平整，可用玻璃棒轻轻将胶面搅起，待自然沉降至平整后，再加样。加样过程中不可破坏胶面的平整性。②不需要将柱子流干至胶面露出，而是加入 1%的蔗糖来增加样品的密度，当这种溶液铺在柱床上部的溶剂上时，它自动沉到柱的胶表面，因而很快地通过柱，当然这种方法是以蔗糖的存在不影响分离和以后样品的分析为前提的。③用一根毛细管和一个注射器或蠕动泵把样品直接传送到柱表面（如一些商品柱附有专门加样装置）。

保持柱上端胶面平整、柱内无气泡和胶床不干裂对于分离效果是很关键的。因此，在加样时及色谱过程中都应保持胶面的平整，且过程中应在胶面上方保持一定的液面高度。

（四）洗脱

洗脱液的 pH 及离子强度等是影响分离效果、产品质量和数量的重要因素，故不同物质应选用不同的洗脱液。离子交换法根据洗脱液配比不同，洗脱方法有 3 种：①改变洗脱液的 pH。根据目的物质的等电点和介质性质选择合适的 pH，通过改变 pH，使大分子的电荷减少，从被吸附状态变为解离状态。②改变离子强度。用一种比吸附物质更活泼的离子，增加洗脱液的离子强度，使离子竞争力加大，将被分离物从交换剂上换下来。③当被分离物组分复杂用一种方法往往分离效果不理想时，可同时改变 pH 及离子强度。洗脱一般借助重力或蠕动泵洗脱。洗脱的方式有三种，即一步洗脱、阶段洗脱和梯度洗脱。

一步洗脱的方法最简单，洗脱缓冲液就是起始缓冲液，如用 DEAE-纤维素分离血清中的 IgG。

阶段洗脱是用几种具有不同离子强度或 pH 的缓冲液相继进行洗脱。首先用起始缓冲液洗脱，待不出新的洗脱峰后，改用离子强度较高或 pH 改变了的缓冲液洗脱，此时可出现新的洗脱峰，待不再出新的洗脱峰后，改用离子强度更高或 pH 改变了的缓冲液继续洗脱，如此反复，直到将不同组分分离开为止。当待分离物质组成简单，或分子量及性质差别较大，或需要快速分离时，该方法比较适用，但这种方法也有一定缺点：首先，洗脱能力较强，分辨率较差，亲和力或分子量相近的不同组分不易分开；其次，大分子和介质表面的电荷分布不均匀或分子构象的不规则，可使同一个组分的不同分子所遇到的微环境有差异，吸附的紧密程度就有所不同，在同一恒定的洗脱条件下，吸附较紧密的分子将在后面出现拖尾现象。

梯度洗脱是用离子强度改变或 pH 连续改变的洗脱液进行洗脱。通常采用一种低离子强度的盐溶液为起始溶液（A），另一种高离子强度的盐溶液（B）为最终溶液。两种溶液之间通过一根玻璃管接通时，高离子强度溶液向低离子强度溶液处流动，起始溶液直接流入柱内，这样可使柱内的离子强度梯度上升，克服了直线洗脱中的拖尾现象。同时，混合物中的各组分逐个进入解吸状态，因此，其分辨率要高于阶段洗脱。在生物化学实验及生化物质制备中常常用到梯度洗脱。由于用到装 A 液和 B 液的容器形状和大小不同会产生凹形梯度、凸形梯度和线性梯度几种形式，无论什么样的梯度，它的效力都是通过对其 pH 或电导率的测定来检验，因此形成梯度应满足以下要求。

1）梯度上限要足够高，若目的物质是酸性的大分子，则选择碱性 pH；若目的物质为碱性物质，则选择酸性 pH。

2）梯度的斜度要足够平缓，以使各峰分开，但又足够陡峭，以免峰形过宽或拖尾。

3）洗脱液的总体积要足够大，洗脱时间足够长，以使分离的各个峰不致丢失。

4）梯度升降速度要适当，恰好能使移动区带接近柱末端时，达到解吸状态，这样可用全柱长进行无数次的解吸和再吸附，达到分离目的。

5）最大分辨率的梯度洗脱，在那些对吸附和洗脱有相近亲和力的大分子出现的区域比较平坦，而在相邻大分子的亲和力差异较大的区域则是陡峭的，通常需要反复试验，特别是用优选法或正交实验摸索一个合适的梯度洗脱液配方来调节梯度，才能达到理想的结果。

（五）流速及控制

在整个分离过程中，洗脱液的流速对色谱的分辨率也有影响，因此洗脱液通过柱时保持稳定的流速是很重要的。由于流速与所用介质的结构、数量及粒度有关，且与柱子的大小、介质填料的松紧及洗脱液的黏度、操作压有关，因此必须根据具体条件反复试验以确定一个合适的流速。过高的流速会导致洗脱峰加宽，继而降低了分辨率；操作压过高时，有时会使流速先快后慢甚至发生阻塞。流速可以通过调节操作压来实现，即调节柱上部贮液瓶中溶剂的水平和出水口位置的水平差。保持流速恒定的方法有两种：①用装有恒压管的恒压瓶来保持；②用蠕动泵将洗脱液泵入或泵出柱子。

（六）分部收集

要想分离各组分，必须将溶在洗脱液中已经分离的各组分分部收集，即将洗脱液分成小部分收集，以确保柱上已经分离的化合物仍然处于分离状态。每管收集的体积越小，越容易得到纯的组分。一种特殊的化合物可能分布在好几个小管中，但是如果分离得好，会集中在相对较少的管中，它们通过一些不含任何化合物的中间部分与含有别的化合物的部分分开。含有相同化合物的部分可以合并。

分部收集可以人工实现，也可通过自动部分收集器实现。自动部分收集器被设计成当一个管中收集了一定量的洗脱液后，另一个新的收集管自动地接替它的位置。每一部分中洗脱液的实际用量可以用几种方法来确定。①在固定的时间内，让洗脱液进入每个管子。在这种情况下，如果柱的流速改变，收集的每一部分的体积也会发生改变。②用一种虹吸式或类似的系统使一个预先确定的体积转移到每一个管中。③用电子控制的方法使预定的滴数滴入每一管，此法有一个缺点，如果洗脱液的组分改变（如在梯度洗脱时），表面张力可能改变，就会改变液滴的大小，使得实际收集的体积发生变化。

目前市场上已有多种形式商品化的自动部分收集器生产和出售。

（七）检测和合并收集

为了测定各部分中各种成分的分布，洗脱液按一定的体积分别收集于试管中。在进行分析时，必须使用能够特异性检测被分离化合物的方法。根据溶质的性质和分离的目的，可以采用直接法和间接法两种方法。直接法包括分光光度法、光折射法、荧光法和免疫法等。有许多的化合物可能必须用手工方法来分析所有的部分，如果某一化合物对可见光或紫外光有吸收，如蛋白质在280nm、核酸在260nm处有最大的吸收，在这种情况下可以通过核酸蛋白质检测仪来检测。当洗脱液从柱口流出后，可以经毛细管与一个分光光度计连接，分光光度计上吸光度值的变化通过一个光电管转换器在图表记录仪或在电脑显示屏上被描绘出来，这样可连续地记录各部分的号码和每一部分中分离成分的量。

洗脱液的合并方法对目标物质量和产量有较大影响。一般来说，根据洗脱峰的位置，合并较窄的部分可提高纯度，而合并较宽的部分则可能增加含量。

（八）洗脱峰纯度鉴定

在实际工作中，由于检测系统的分辨率有限，因此一个对称的洗脱峰并不总是代表一个纯净的组分。为了确保洗脱峰的均一性，在特定的柱色谱分离条件下显示的每个峰都需要经过多个纯度标准的检验。例如，可采用等电聚焦法、高效液相色谱法、SDS-PAGE 和 N 端氨基酸残基分析法等，如果洗脱峰不对称，或出现"肩"，则表明可能存在杂质混入。

（九）脱盐和浓缩

纯度鉴定完成后，可将相同组分合并。为获得某一特定产品，有必要依次经过透析法除盐、超滤（去盐、去水）或减压薄膜浓缩，再用冻干机干燥或有机溶剂沉淀等方法处理，以得到干粉或沉淀。科研、生产中要得到高纯度组分，往往要经过几次柱色谱，每次柱层析后，某一峰的洗脱液可依次用透析法除盐、超滤或减压薄膜浓缩将样品浓缩到一定体积后，再进一步通过柱层析纯化。

第二节　分配色谱法

分配色谱法是一种利用固定相与流动相对待分离组分溶解度的差异来实现分离的色谱技术。分配色谱法的本质是组分分子在固定相和流动相之间不断达到溶解平衡的过程。分配色谱法广泛应用于天然药物的提取分离，尤其是对于中低分子量的非离子或极性化合物的分离。随着衍生化技术和离子对色谱法的发展，分配色谱法的应用范围已经扩展到强极性和离子性化合物的分离。

一、基本原理

分配色谱法是利用被分离物质中各成分在两种不相混溶的液体之间的分布情况不同而使混合物得到分离。相当于一种连续性的溶剂提取方法，只是把其中一个溶剂设法固定，用另一种溶剂来冲洗，这种分离不经过吸附程序，仅由溶剂的提取而完成，所以叫分配色谱法。

固定在柱内的液体叫作固定相，用作冲洗的液体叫作流动相。为了使固定相固定在柱内，需要有一种固体来吸牢它，这种固体本身不起分离作用，只是起支撑固定相的作用，叫作载体。进行分离时先将含有固定相的载体装在柱内，加少量被分离的溶液后，用适当溶剂进行洗脱。在洗脱过程中，流动相与固定相发生接触，由于样品中各成分在两相之间的分布不同，因此向下移动的速度不同，容易溶于流动相中的成分移动快，而在固定相中溶解度大的成分移动就慢，从而得到分离。

二、分配色谱条件

1．载体的选择　　分配色谱法中所用的载体，通常是惰性、没有吸附能力、能容留较大量固定相的物质，主要有硅胶、硅藻土、纤维素等，近年来也有用有机载体的，如聚乙烯粉等。

（1）纤维素　　将纤维粉 2g 加 8～12mL 蒸馏水湿法铺板，晾干后，100℃左右活化 1h。纤维素作为载体，与其烃基相结合的水作为固定相，其他溶剂为流动相，可从纤维板上自由通过。

（2）硅胶　　硅胶吸水量为 50% 时仍为粉末状，当其吸水量在 17% 以上时，硅胶就失去其吸附作用，作为载体使用，此时硅胶色谱则为分配色谱。

（3）硅藻土　　硅藻土具有微孔结构，不具吸附作用，是现在使用最多的载体。装柱时，要将拌成浆状的硅藻土分批小量放入大柱中，用一端成平盘的棒把硅藻土压紧压平。流动相的流速一般与硅藻土所含水分有关，但水分太多，会造成流动困难，一般每克硅藻土可吸着 2～3mL 水溶液。

2．固定相的选择　　常用的固定相有水、各种缓冲溶液、酸的水溶液、甲酚胺、丙二醇及为水所饱和的有机溶剂等。按一定比例与支持剂混匀后填装于色谱柱内，用有机溶剂为洗脱剂进行分离。在水中添加某些物质作为固定相，其目的在于控制溶质的电离度，有时还能减轻色带"拖尾"现象。

有时也采用反相色谱法，即用有机溶剂为固定相，而以水或水溶液或与水混合的有机溶剂为流动相。被分离物质的移动情况与正常的相反，亲脂性成分移动慢，在水中溶解度较大的成分移动快。因此，有时可用于正常色谱法分离不好的体系。反相色谱法常用的固定相有硅油、液体石蜡等。如果所处理的溶质憎水性很强，如高级脂肪酸等，则可将载体经适当的处理，以吸着有机溶剂作为固定相，而以水作为流动相，进行色谱分离。

3．流动相的选择　　流动相一般用为水所饱和的有机溶剂或水-有机溶剂互溶的混合液，常用的流动相溶剂有石油醚、醇类、酮类、酯类、卤代烷类、苯类等或它们的混合物。反相色谱法常用的流动相则为正相色谱法中的固定相，如水、各种水溶液（包括酸、碱、盐与缓冲液）、低级醇类等。

固定相与流动相的选择，要根据被分离物质中各成分在两相溶剂中的溶解度比，即分配系数而定。一般在选择流动相时，首先选择各组分溶解度相差大的溶剂。表 8-3 列举了分配色谱常用的流动相系统。

表 8-3　分配色谱常用的流动相系统

载体	固定相	展开剂
纤维素	水	水饱和的酚、水饱和的正丁醇、正丁醇∶乙酸∶水（4∶1∶5）、异丙醇∶氨水∶水（45∶5∶10）等
硅藻土	乙二醇	正己烷、正己烷∶苯（1∶1）、苯、苯∶氯仿（1∶1）
纤维素	丙二醇	异丙醚∶甲酸∶水（90∶7∶3）、氯仿
硅胶	聚乙二醇	苯∶庚烷∶氯仿∶二乙胺（60∶50∶10∶0.2）、氯仿
	甲酰胺	正己烷、正己烷∶苯（1∶1）、苯、苯∶氯仿（1∶1）

续表

载体	固定相	展开剂
硅藻土	液体石蜡	甲醇：水或丙酮：水（90：5、90：10、80：20、70：30）
纤维素	正十一烷	乙酸乙酯：水或丙腈（90：5、90：10、80：20、70：30）
硅胶	硅油	氯仿：甲醇：水（75：25：5）

三、分配色谱基本操作

1. 装柱　　装柱前，将固定相与载体混合，如果用硅胶、纤维素等载体时，可以直接称出一定量固体，再加入一定比例的固定相液体，混匀后按上节所述的方法装柱。

以硅藻土为载体，加固定相直接混合的办法不容易得到均匀的混合物。为此先把硅藻土放在大量流动相液体中，在不断搅拌下，逐渐加大固定相，加时不宜太快，加完后继续搅拌片刻。有时因局部吸着水分过多，硅藻土会聚成大块，可用玻璃棒把它打散，使硅藻土颗粒均匀，然后填充柱管，分批小量地倒入柱中，用一端是平盘的棒把硅藻土压紧压平，随时把过多的溶剂放出。流动相通过时的流速与硅藻土所含的水分固定相有关，水分太多时流动困难。一般每克硅藻土最多可以吸着 2～3mL 水溶液，再多时流动相就不容易通过了。

2. 加样　　分析用分配柱色谱的加样方法有三种：①将被分离物配成浓溶液，用吸管轻轻沿管壁加到含固定相载体的上端，然后加流动相洗脱；②被分离物溶液用少量含固定相的载体吸收，溶剂挥发后，加在色谱管载体的上端，然后加流动相洗脱；③用一块比管径略小的圆形滤纸吸附被分离物溶液，溶剂挥发后，放在载体上，然后加流动相洗脱。

3. 洗脱　　洗脱方法参照上节相关内容。

四、分配色谱法的应用

分配色谱适用于分离极性比较大、在有机溶剂中溶解度小或极性很相似的成分。若所分离的化合物的极性基团相同和类似，但非极性部分（化合物的母核烃基部分）的大小及构型不同，或者所分离的各种化合物溶解度相差较大，或者所分离的化合物极性太强不适于吸附色谱分离时，可采用分配色谱法。分配色谱法多用于分离亲水性的成分，如糖及氨基酸等。

第三节　离子交换色谱法

离子交换色谱法是利用离子交换树脂作为固定相，以适宜的溶剂作为流动相，使溶质按它们的离子交换亲和力的不同而得到分离的方法。用离子交换纯化蛋白质，最早是在 20 世纪 50 年代由 Sober 和 Peterson 用纤维素离子交换介质完成的，他们合成了如今仍广为使用的 DEAE、CM 的纤维素衍生物。如今，离子交换介质得到了很大的发展，包括在交联葡聚糖、交联琼脂糖及在合成有机高分子聚合物上引入带电基团的新一代色谱介质，尤其为适应工业化大生产及高压液相色谱对压力和流速的要求而开发的刚性好的颗粒介质，使这一技术得到了更加广泛的应用。

一、离子交换色谱法的基本原理

离子交换色谱法是基于不溶性高分子化合物作为色谱介质的一种分离方法。通过分子中的活性离子将溶液中带相反电荷的物质吸附在离子交换剂上，然后用适当的洗脱剂将吸附物质从离子交换剂上洗脱下来，从而达到目的产物的分离、浓缩和纯化。

目前在生产中常用的离子交换剂主要有离子交换树脂和多糖基离子交换剂。它们都是由三部分组成：①不溶性载体是由高分子化合物构成的不溶于水、酸、碱，也不溶于普通有机溶剂，化学性质稳定的网络状骨架；②功能基团，是大量与载体连接、不能自由移动的活性基团；③可交换离子，在功能基团上携带的可移动的活性离子。在离子交换过程中，溶液中的离子由于扩散作用达到离子交换剂的表面，然后穿过表面，再扩散到交换剂颗粒内部，这些离子与交换树脂中的同性离子发生互换反应，完成交换过程。交换出来的离子由于扩散离开交换剂表面，进入溶液中。这样，当溶液和离子交换剂分离后，其组成都发生了变化，从而达到分离纯化的目的。

离子交换反应有一个重要特征，就是对任何离子型的化合物，这种交换反应都是可逆的，并可以进行化学计量。化学计量可以为交换剂的使用量及设备大小提供依据。离子交换反应可表示为

$$R^- {-} H^+ + Na^+Cl^- \rightleftharpoons R^- {-} Na^+ + H^+Cl^-$$

式中，R^- 为载体及载体连接的功能基团，H^+ 为功能基团上携带的活性离子；Na^+ 为溶液中可交换离子（物质）。在交换过程中载体不发生任何变化，所以离子交换剂是可以重复使用的。

上述离子交换反应的平衡常数为

$$K = \frac{[R^- {-} Na^+][H^+Cl^-]}{[R^- {-} H^+][Na^+Cl^-]}$$

一般来说，如果 K 很大，表示正反应容易进行，而逆反应困难。如要使逆反应进行就需要更多的再生剂（H^+Cl^-）。通过选择适当的反应过程和再生剂可使离子交换剂带有不同类型的离子。虽然离子交换反应都是平衡反应，但在色谱柱中进行时，由于连续添加新的交换溶液，平衡不断朝正反应方向进行，直至完全，因而可以把离子交换剂上原有的离子全部或大部分洗脱下来，交换上新的离子。如果有两种以上的成分被吸附在离子交换剂上，用洗脱液进行洗脱时，其被洗脱的能力取决于各自洗脱反应的平衡常数。这就是离子交换色谱使物质分离的基本原理。

二、离子交换剂的类型与结构

（一）离子交换树脂

离子交换树脂是目前使用较多的离子交换剂，基本都是人工合成的，根据交换基团的不同，可分成以下几种类型。

1. 阳离子交换树脂　　活性基团为酸性，对阳离子具有交换能力，根据其活性基团酸性的强弱又可分为以下两种。

（1）强酸性阳离子交换树脂　　这类树脂的活性基团为磺酸基团（$-SO_3H$）和次甲酸磺酸基团（$-CH_2SO_3H$）。它们都是强酸性基团，能在溶液中解离出 H^+，解离度基本不受 pH 影响。反应简式为

$$R{-}SO_3H \rightleftharpoons R{-}SO_3^- + H^+$$

树脂中的 H^+ 与溶液中的其他阳离子如 Na^+ 交换，从而使溶液中的 Na^+ 被树脂中的活性基团 SO_3^- 吸附，反应简式为

$$R{-}SO_3^-H^+ + Na^+ \rightleftharpoons R{-}SO_3^-Na^+ + H^+$$

强酸性阳离子交换树脂由于解离能力很强，因此在很宽的 pH 范围内都能保持良好的离子交换能力，使用时的 pH 没有限制，在 pH 为 1～14 范围内均可使用。

以磷酸基 [$-PO(OH)_2$] 和次磷酸基 [$-PHO(OH)$] 作为活性基团的树脂，具有中等强度

的酸性。

（2）弱酸性阳离子交换树脂　　这类树脂的活性基团主要有羧基（—COOH）和酚羟基（—OH），它们都是弱酸性基团，解离度受溶液 pH 的影响很大，在酸性环境中的解离度受到抑制，故交换能力差，在碱性或中性环境中有较好的交换能力，羧基阳离子交换树脂必须在 pH>7 的溶液中才能正常工作，对于酸性更弱的酚羟基，则应在 pH>9 的溶液中才能进行反应。弱酸性阳离子交换树脂可进行如下反应：

$$R—COOH+Na^+ \rightleftharpoons R—COONa+H^+$$

2. 阴离子交换树脂　　活性基团为碱性，对阴离子具有交换能力，根据其活性基团碱性的强弱又可分为以下几种。

（1）强碱性阴离子交换树脂　　这类树脂的活性基团多为季铵基团（—NR₃OH），能在水中解离出 OH⁻ 而呈碱性，且离解度基本不受 pH 影响。反应简式为

$$R—NR_3OH \rightleftharpoons R—NR_3^+ + OH^-$$

树脂中的 OH⁻ 与溶液中的其他阴离子如 Cl⁻ 交换，从而使溶液中的 Cl⁻ 被树脂中的活性基团 NR_3^+ 吸附，反应式为

$$R—NR_3OH+Cl^- \rightleftharpoons R—NR_3^+Cl^- + OH^-$$

由于强碱性阴离子交换树脂的解离能力很强，因此在很宽的 pH 范围内都能保持良好的离子交换能力，使用时的 pH 没有限制，在 pH 为 1~14 范围内均可使用。

（2）弱碱性阴离子交换树脂　　这类树脂含弱碱性基团，如伯胺基（—NH₂）、仲胺基（—NHR）或叔胺基（—NR₂），它们在水中能解离出 OH⁻，但解离能力较弱，受 pH 影响较大，在碱性环境中的解离度受到抑制，故交换能力差，只能在 pH<7 的溶液中使用。

以上 4 种树脂是树脂的基本类型，在使用时，常将树脂转变为其他离子形式。例如，将强酸性阳离子交换树脂与 NaCl 作用，转变为钠型树脂。在使用时，钠型树脂放出钠离子与溶液中的其他阳离子交换。由于交换反应中没有放出氢离子，避免了溶液 pH 下降和由此产生的副作用，如对设备的腐蚀。进行再生时，用盐水而不用强酸。弱酸性阳离子交换树脂生成的盐如 RCOONa，很容易水解，呈碱性，所以用水洗不到中性，一般只能洗到 pH 9~10。但是弱酸性阳离子交换树脂和氢离子结合能力很强，再生成氢型较容易，耗酸量少。强碱性阴离子交换树脂可先转变为氯型，工作时用氯离子交换其他阴离子，再生只需用食盐水。但弱碱性阴离子交换树脂生成的盐如 RNH₃Cl 同样容易水解。这类树脂和 OH⁻ 结合能力较强，所以再生成轻型较容易，耗碱量少。

各种树脂的强弱最好用其活性基团 pK 来表示。对于酸性树脂，pK 越小，酸性越强，而对于碱性树脂，pK 越大，碱性越强。

（二）多糖基离子交换剂

离子交换树脂在无机离子交换和有机酸、氨基酸、抗生素等生物小分子的回收、提取方面应用广泛，但不适用于蛋白质等生物大分子的分离提取。这主要是由于其疏水性强、交联度大、空隙小和电荷密度高。以蛋白质类生物大分子为分离对象时，离子交换剂必须具有很强的亲水性、较大的孔径、较小的粒度和较低的电荷密度。较强的亲水性能使离子交换剂在水中充分溶胀后成为"水溶胶"类物质，从而为生物大分子提供适宜的微环境；较大的孔径使蛋白质容易进入离子交换剂的内部，提高实际交换容量；较小的粒度能增大生物大分子的扩散速率，减少其运动阻力；电荷密度适当的离子交换剂则可避免生物大分子的多个带电荷残基与交换剂的多个活性基团结合，从而使生物大分子的构象发生变化而失活。

采用生物来源稳定的高分子聚合物（多糖）作离子交换剂的载体，能满足分离生物大分子的全部要求。根据载体多糖种类的不同，多糖基离子交换剂可分为离子交换纤维素、离子交换葡聚糖和离子交换琼脂糖。

1. 离子交换纤维素 离子交换纤维素是以天然纤维素分子为母体，通过酯化、醚化等化学反应，引入可交换的离子基团，构成一种半合成的离子交换剂。离子交换纤维素为开放的长链骨架结构，大分子物质能自由地在其中扩散和交换，亲水性强，表面积大，容易吸收大分子。交换基团稀疏，对生物大分子的实际交换容量大。非特异性吸附少，交换和洗脱条件温和，不容易引起生物分子的变性。分辨率高，能对复杂的生物大分子混合物进行有效分离。

根据连接于纤维素骨架上的活性基团的性质，可分为阳离子交换纤维素和阴离子交换纤维素两大类。每一大类又分为强酸（碱）型、中强酸（碱）型、弱酸（碱）型三类。常用的离子交换纤维素及化学式如下：

二乙氨基乙基纤维素：纤维素—O—CH$_2$CH$_2$N（C$_2$H$_5$）$_2$

三乙氨基乙基纤维素：纤维素—O—CH$_2$CH$_2$N$^+$（C$_2$H$_5$）$_3$

羧甲基纤维素：纤维素—O—CH$_2$COOH

交联醇胺纤维素：纤维素—O—CH$_2$CH$_2$N$^+$（C$_2$H$_5$OH）$_3$

磷酸纤维素：纤维素—O—PO$_3$H$_2$

胍基乙基纤维素：纤维素—O—CH$_2$CH$_2$NH—C—NH$_2$
$$\parallel$$
NH

氨乙基纤维素：纤维素—O—CH$_2$CH$_2$N$_2$

对氨基苯甲基纤维素：纤维素—O—CH$_2$—〈 〉—NH$_2$

磺乙基纤维素：纤维素—O—CH$_2$CH$_2$SO$_3$H$_2$

2. 离子交换葡聚糖和离子交换琼脂糖 离子交换葡聚糖是葡聚糖经环氧氯丙烷交联后形成的具有多孔三维空间网状结构和离子交换功能基团的多糖衍生物（Sephadex G）。它和纤维素一样具有亲水性强，不会引起生物分子的变性和失活，母链对蛋白质、核酸及其他生物分子的非特异性吸附能力弱等特性。它能引入大量活性基团而骨架不被破坏，交换容量很大，是离子交换纤维素的 3～4 倍，外形呈球形，装柱后，流动相在柱内流动的阻力较小，流速理想。另外，Sephadex、Sepharose 还具有分子筛效应，因此，20 世纪 70 年代以来，这类离子交换剂已广泛用于生物大分子的分离纯化。

离子交换葡聚糖命名时将活性基团写在前面，然后写骨架 Sephadex，最后写原骨架的编号。为使阳离子交换剂与阴离子交换剂便于区别，在编号前添一字母"C"（阳离子）或"A"（阴离子）。该类交换剂的编号与其母体（载体）凝胶相同，如载体 Sephadex G-25 构成的离子交换剂有 CM-Sephadex C-25、DEAE-Sephadex A-25 等。

市售的离子交换葡聚糖是由葡聚糖凝胶 G-25（Sephadex G-25）及 G-50（Sephadex G-50）两种规格的母体制成的。其中以 CM-Sephadex C-25（50）、DEAE-Sephadex A-25（50）在国内外使用最广泛。

离子交换琼脂糖是携带 DEAE 或 CM 基团的 Sepharose CL-6B，DEAE-Sepharose（阴离子型）和 CM-Sepharose（阳离子型）的离子交换介质具有硬度大、性质稳定、流速好、分离能力强等优点，尤其是介质受 pH 和离子强度的影响所引起的膨胀和收缩效应较小，因此具有稳定的外形体积。

离子交换葡聚糖在使用方法和处理上与离子交换纤维素相似。

三、离子交换剂的理化性能

（一）离子交换树脂的理化性能

树脂的原料和制备方法不同，会对离子交换树脂的分离性能等指标产生较大的差异。因此在选择树脂时除考虑被分离物质的性质外，还需要考虑以下理化性能。

1. 物理性质　离子交换树脂的颗粒尺寸和有关的物理性质对它的工作和性能有很大影响。

（1）颗粒尺寸　　离子交换树脂通常制成珠状的小颗粒，它的尺寸很重要。树脂颗粒较细者，反应速度较大，但细颗粒对液体通过的阻力较大，需要较高的工作压力；特别是浓糖液黏度高，这种影响更显著。因此，树脂颗粒的大小应选择适当。如果树脂粒径在 0.2mm（约为 70 目）以下，会明显增大流体通过的阻力，降低流量和生产能力。

树脂颗粒大小的测定通常用湿筛法，将树脂在充分吸水膨胀后进行筛分，累计其在 20 目筛、30 目筛、40 目筛、50 目筛网上的留存量，以 90%粒子可以通过其相对应的筛孔直径，称为树脂的"有效粒径"。多数通用的树脂产品的有效粒径为 0.4～0.6mm。

树脂颗粒是否均匀以均匀系数表示。它是在测定树脂的"有效粒径"坐标图上取累计留存量为 40%粒子相对应的筛孔直径与有效粒径的比例，如一种树脂（IR-120）的有效粒径为 0.4～0.6mm，它在 20 目筛、30 目筛及 40 目筛上留存粒子分别为 18.3%、41.1%及 31.3%，则计算得均匀系数为 2.0。

（2）树脂的密度　　树脂在干燥时的密度称为真密度。湿树脂每单位体积（连颗粒间空隙）的重量称为视密度。树脂的密度与它的交联度和交换基团的性质有关。通常，交联度高的树脂密度较高，强酸性或强碱性树脂的密度高于弱酸或弱碱性者，而大孔型树脂的密度则较低。例如，苯乙烯系凝胶型强酸阳离子树脂的真密度为 1.26g/mL，视密度为 0.85g/mL；而丙烯酸系凝胶型弱酸阳离子树脂的真密度为 1.19g/mL，视密度为 0.75g/mL。

（3）树脂的溶解性　　离子交换树脂应为不溶性物质。但树脂在合成过程中夹杂的聚合度较低的物质及树脂分解生成的物质，会在工作运行时溶解出来。交联度较低和含活性基团多的树脂，溶解倾向较大。

（4）膨胀度　　离子交换树脂含有大量亲水基团，与水接触即吸水膨胀。当树脂中的离子变换时，如阳离子树脂由 H^+ 转为 Na^+，阴离子树脂由 Cl^- 转为 OH^-，都因离子直径增大而发生膨胀，增大树脂的体积。通常，交联度低的树脂的膨胀度较大。在设计离子交换装置时，必须考虑树脂的膨胀度，以适应生产运行时树脂中离子转换发生的树脂体积变化。

（5）耐用性　　树脂颗粒使用时有转移、摩擦、膨胀和收缩等变化，长期使用后会有少量损耗和破碎，故树脂要有较高的机械强度和耐磨性。通常，交联度低的树脂较易碎裂，但树脂的耐用性更主要地取决于交联结构的均匀程度及其强度。例如，大孔树脂具有较高的交联度者，结构稳定，能耐反复再生。

2. 交换容量　离子交换树脂进行离子交换反应的性能，表现在它的"离子交换容量"，即每克干树脂或每毫升湿树脂所能交换的离子的毫克当量数，meq/g（干）或 meq/mL（湿）；当离子为一价时，毫克当量数即毫摩尔数（对二价或多价离子，前者为后者乘离子价数）。它又有"总交换容量""工作交换容量"和"再生交换容量"等三种表示方式。

1）总交换容量，表示每单位数量（重量或体积）树脂能进行离子交换反应的化学基团的总量。

2）工作交换容量，表示树脂在某一定条件下的离子交换能力，它与树脂种类和总交换容量，以及具体工作条件如溶液的组成、流速、温度等因素有关。

3）再生交换容量，表示在一定的再生剂量条件下所取得的再生树脂的交换容量，表明树脂中原有化学基团再生复原的程度。

通常，再生交换容量为总交换容量的 50%～90%（一般控制 70%～80%），而工作交换容量为再生交换容量的 30%～90%（对再生树脂而言），后一比率也称为树脂的利用率。

在实际使用中，离子交换树脂的交换容量包括了吸附容量，但后者所占的比例因树脂结构不同而异。现仍未能分别进行计算，在具体设计中，需凭经验数据进行修正，并在实际运行时复核。

离子树脂交换容量的测定一般以无机离子进行。这些离子尺寸较小，能自由扩散到树脂体内，与它内部的全部交换基团起反应。而在实际应用时，溶液中常含有高分子有机物，它们的尺寸较大，难以进入树脂的显微孔中，因而实际的交换容量会低于用无机离子测出的数值。这种情况与树脂的类型、孔的结构尺寸及所处理的物质有关。

3. 吸附选择性　　离子交换树脂对溶液中的不同离子有不同的亲和力，对它们的吸附有选择性。各种离子受树脂交换吸附作用的强弱程度有一般的规律，但不同的树脂可能略有差异。主要规律如下。

1）对阳离子的吸附。高价离子通常被优先吸附，而对低价离子的吸附较弱。在同价的同类离子中，直径较大的离子被较强吸附。一些阳离子被吸附的顺序如下。

$$Fe^{3+}>Al^{3+}>Pb^{2+}>Ca^{2+}>Mg^{2+}>K^+>Na^+>H^+$$

2）对阴离子的吸附。强碱性阴离子树脂对无机酸根吸附的一般顺序为

$$SO_4^{2-}>NO_3^->Cl^->HCO_3^->OH^-$$

弱碱性阴离子树脂对阴离子吸附的一般顺序如下。

$$OH^->C_5H_7O_5COO^->SO_4^{2-}>C_4H_4O_5^{2-}>C_2O_4^{2-}>PO_4^{3-}>NO_2^->Cl^->CH_3COO^->HCO_3^-$$

3）对有色物的吸附。例如，糖液脱色常使用强碱性阴离子树脂，它对拟黑色素（还原糖与氨基酸反应产物）和还原糖的碱性分解产物的吸附较强，而对焦糖色素的吸附较弱。这被认为是由于前两者通常带负电，而焦糖的电荷很弱。

通常，交联度高的树脂对离子的选择性较强，大孔结构树脂的选择性小于凝胶型树脂。这种选择性在稀溶液中较强，在浓溶液中较弱。

（二）多糖基离子交换剂的理化性能

离子交换纤维素与离子交换树脂相比，它的理化性能具有自己的一些特点。

1）有极大的表面积和多孔结构。由于纤维素的特殊构型，其有效交换基团间的空间地位较大，故易于吸附蛋白质等高分子物质，与离子交换树脂相比它的交换容量较低（一般为 0.2～0.9mmol/g）。但对于分离蛋白质类的高分子物质已很适用。

2）有良好的化学、物理稳定性，这使洗脱剂的选择范围很广，如用 DEAE-C 吸附胰岛素可以用 0.3mol/L 盐酸洗脱，也可以用 pH＝10.0 的碱液洗脱。

3）离子交换纤维素吸附生物高分子时的结合键比较松，吸附与解吸条件都较缓和，适于易变性的蛋白质、酶、激素等生化产品的纯化。

4）分离能力很强，能将一组复杂的混合物逐一分开，如用 DEAE-C 能分离垂体前叶各种激素。

5）能分离纯化毫克量至克量的纯品，适用于生化产品的工业生产。

四、离子交换色谱基本操作

（一）离子交换树脂的操作

1. 离子交换树脂的选择

1）对阴阳离子交换树脂的选择。一般根据被分离物质所带的电荷来决定选用哪种树脂。如果被分离物质带正电荷，应采用阳离子交换树脂；被分离物质带负电荷，应采用阴离子交换树脂。例如，酸性糖胺聚糖易带负电荷，一般采用阴离子交换树脂来分离。如果某些被分离物质为两性离子，则一般应根据在它稳定的 pH 范围带有何种电荷来选择树脂，如细胞色素 c，等电点为 pH 为 10.2，在酸性溶液中较稳定且带正电荷，故一般采用阳离子交换树脂来分离。核苷酸等物质在碱性溶液中较稳定，则应用阴离子交换树脂。所以阴阳离子交换树脂的选择主要取决于生物大分子本身的性质及所处的环境。

2）对离子交换树脂强弱的选择。当目的物具有较强的碱性和酸性时，宜选用弱酸性或弱碱性的树脂，以提高选择性，并便于洗脱。因为强性树脂比弱性树脂的选择性小，如简单的、复杂的、无机的、有机的阳离子很多都能与强酸性离子树脂交换。如果目的物是弱酸性或弱碱性的小分子物质时，往往选用强碱性或强酸性树脂，以保证有足够的结合力，便于分步洗脱。例如，氨基酸的分离多用强酸树脂。对于大多数蛋白质、酶和其他生物大分子的分离多采用弱碱或弱酸性树脂，以减少生物大分子的变性，有利于洗脱，并提高选择性。

另外，pH 也影响离子交换树脂强弱的选择。一般地说，强性离子交换树脂应用的 pH 范围广，弱性离子交换树脂应用的 pH 范围窄。所以在选用离子交换树脂时应注意所用工作液及离子交换树脂的适用范围。

3）对离子交换树脂离子型的选择。主要是根据分离目的进行选择。例如，将肝素钠转换成肝素钙时，需要将所用的阳离子交换树脂转换成 Ca^{2+} 型，然后与肝素钠进行交换；又如制备无离子水时，则应用 H 型的阳离子交换树脂和 OH 型的阴离子交换树脂。

使用弱酸或弱碱性树脂分离物质时，不能使用 H 型或 OH 型，因为这两种交换剂分别对这两种离子具有很大的亲和力，不容易被其他物质所代替，应采用钠型或氯型；而使用强酸性或强碱性树脂，可以采用任何类型，但如果产物在酸性或碱性条件下容易被破坏，则不宜采用氢型或羟型。

选择离子交换树脂时，还应考虑树脂的一些主要理化性能，如粒度、交联度、稳定性、交换容量等。

2. 操作条件的选择

1）交换时合适的 pH 应具备三个条件：pH 应在产物的稳定范围内，能使产物离子化，能使树脂解离。

2）在溶液中，低价离子浓度的增加有利于它们被树脂交换吸附，而高价离子在溶液稀释时更容易被树脂吸附。

3）洗脱条件应尽量使溶液中被洗脱离子的浓度降低。洗脱条件一般应和吸附条件相反。如果吸附在酸性条件下进行，解吸应在碱性下进行；如果吸附在碱性条件下进行，解吸应在酸性下进行。例如，谷氨酸吸附在酸性条件下进行，解吸一般用氢氧化钠作洗脱剂。为使在解吸过程中，pH 变化不致过大，有时宜选用缓冲液作洗脱剂。如果单凭 pH 变化洗脱不下来，可以试用有机溶剂，选用有机溶剂的原则是：能和水混合，且对产物溶解度大。

洗脱前，树脂的洗涤工作很重要，很多杂质可以在洗涤时除去，洗涤可以用水、稀酸和盐类溶液等。

3．离子交换树脂的预处理、转型、再生与保存

（1）离子交换树脂的预处理及转型　　首先用清水对树脂进行冲洗（最好为反洗），洗至出水清澈无混浊、无杂质为止。而后用 1mol/L 的 HCl 和 NaOH 在交换柱中依次交替浸泡 2～4h，在酸碱之间用大量清水淋洗（最好用混合床高纯度去离子水进行淋洗）至出水接近中性，如此重复 2～3 次，每次酸碱用量为树脂体积的 2～4 倍，完成预处理过程。最后一步用酸处理使其变为氢型树脂的操作也可称为转型（即树脂去杂后，为了发挥其交换性能，按照使用要求，人为地赋予平衡离子的过程）。对强酸性树脂来说，应用状态还可以是钠型。若把上面的酸-碱-酸处理改为碱-酸-碱处理，便可得到钠型树脂。

预处理中最后一次通过交换柱的是酸还是碱，取决于使用时所要求的离子型式。为了保证所要求的离子型式的彻底转换，所用的酸、碱应是过量的。

（2）离子交换树脂再生　　再生时，首先要用大量水冲洗使用后的树脂，以除去树脂表面和空隙内部吸附的各种杂质，然后用转型的方法处理即可（表8-4）。

表 8-4　离子交换树脂再生剂

树脂	转化	再生剂	再生剂溶剂/树脂溶剂
强酸	$H^+ \rightarrow Na^+$	1mol/L NaOH	2
中强酸	$H^+ \rightarrow Na^+$	0.5mol/L NaOH	3
弱酸	$H^+ \rightarrow Na^+$	0.5mol/L NaOH	10
强碱	$Cl^- \rightarrow OH^-$	1mol/L NaOH	9
中强碱	$Cl^- \rightarrow OH^-$	0.5mol/L NaOH	2
弱碱	$Cl^- \rightarrow OH^-$	0.5mol/L NaOH	2

再生可在柱外或柱内进行，分别称为静态法和动态法。前者是将树脂放在一定容器内，加进一定浓度的适量酸碱浸泡或搅拌一定时间后，水洗至中性。动态法是在柱中进行再生，其操作程序同静态法，该法适合工业生产规模的大柱子的处理，其效果比静态法好。

（3）离子交换树脂保存　　离子交换树脂内含有一定量的水分，在贮存和运输过程中应保持这部分水分。如果树脂暂不使用，应以下述离子型式贮存：阳离子交换树脂为钠（Na^+）型，阴离子交换树脂为氯（Cl^-）型，弱碱阴离子交换树脂为游离胺型。离子交换树脂在贮存过程中应防止铁锈、油污、强氧化剂、有机物的污染，以免发生氧化降解、中毒等事故。应尽量保持 5～40℃ 的温度环境，避免过冷或过热造成树脂被冻裂或加速微生物繁殖而影响产品质量，降低产品性能。在冬季如没有保温装置，也可将树脂贮存在食盐水中，食盐水的浓度可根据气温而定，避免结冰。

4．离子交换的基本操作

1）离子交换的操作方式一般分为静态和动态操作两种。静态交换是将树脂与交换溶液混合置于一定的容器中搅拌。静态法操作简单、对设备要求低、分批进行、交换不完全。不适宜用于多种成分的分离。树脂有一定的损耗。

动态交换是先将树脂装柱。交换溶液以平流方式通过柱床进行交换。该法不需要搅拌、交换完全、操作连续，而且可以使吸附与洗脱在柱床的不同部位同时进行。适合于多组分分离。

2）离子交换完成后将树脂所吸附的物质释放出来重新转入溶液的过程称为洗脱。洗脱方式也分静态与动态两种。一般地说，动态交换也作动态洗脱，静态交换也作静态洗脱，洗脱液分酸、碱、盐、溶剂等类。酸、碱洗脱液旨在改变吸附物的电荷或改变树脂活性基团的解离状态，以消除静电结合力，迫使目的物被释放出来。盐类洗脱液是通过高浓度的带同种电荷的离子与目的物竞争树脂上的活性基团，并取而代之，使吸附物游离。实际工作中，静态洗脱可进行一次，也可进行多次反复洗脱，旨在提高目的物的收率。

动态洗脱在色谱柱上进行。洗脱液的 pH 和离子强度可以始终不变，也可以按分离的要求人为地分阶段改变其 pH 或离子强度，这就是阶段洗脱，常用于多组分分离上。这种洗脱液的改变也可以通过仪器（如梯度混合仪）来完成，使洗脱条件的改变连续化。其洗脱效果优于阶段洗脱。这种连续梯度洗脱特别适用于高分辨率的分析目的。

（二）离子交换纤维素的操作

1. 离子交换纤维素的选择　离子交换纤维素种类的选择与前述的离子交换树脂相似，一般情况下，在介质中带正电的物质用阳离子交换剂；带负电的物质用阴离子交换剂。

对于具有两性性质的生物活性物质，必须考虑保持其生物活性和可溶性的 pH 范围，如果已知其等电点，可根据其等电点和在上述 pH 范围内的带电情况，选择合适的离子交换纤维素种类。一般原则是，在高于其等电点的 pH 条件下，因分子带负电荷而应采用阴离子交换纤维素；在低于其等电点的 pH 下，则应选用阳离子交换纤维素。

对于未知等电点的两性物质，可用电泳等简单的分析方法确定其在某一 pH 下的带电情况，向阳极泳动的物质，在同样条件下可被阴离子交换纤维素吸附；向阴极泳动的物质在同样条件下可被阳离子交换纤维素吸附。

实验室中最常用的离子交换纤维素如 DEAE-C、CM-C 等适合在中性和酸性条件下使用。如需在更低 pH（pH<2）下操作时，可用 P-纤维素和 SM-纤维素。在 pH 为 10 以上操作时，可用 GE-C。在实际工作中，选择离子交换纤维素时还需要考虑被分离物质的稳定性和杂质情况。

离子交换纤维素颗粒大小的选择对吸附容量的影响不显著，主要影响分辨率和流速。用较粗颗粒装柱时，虽然可增加流速，但由于颗粒间隙大，容易引起区带扩散，故分辨率降低；细颗粒的情况刚好相反。通常采用 100～325 目的颗粒，最常用颗粒为 100～230 目。

2. 离子交换纤维素的实验操作技术　离子交换纤维素与离子交换树脂相似，既可静态交换，也可动态交换，但因为离子交换纤维素比较轻、细，操作时需要仔细一些。又因为它的交换基团密度低，吸附力弱，总交换容量低，交换体系中缓冲盐的浓度不宜高（一般控制在 0.001～0.02mol/L），过高会大大减少蛋白质的吸附量。

用离子交换纤维素分离蛋白质类生物大分子时，应首先考虑在蛋白质稳定的 pH 和离子环境中。利用蛋白质在偏离等电点时的带电性质，选择可与其进行交换的（带相同电荷）离子交换纤维素作为吸附剂，如蛋白质在低于等电点时带正电荷，选用阳离子交换纤维素，蛋白质在高于等电点时带负电荷，选用阴离子交换纤维素。同样，改变 pH 或离子强度可以改变蛋白质和交换纤维素的电荷状态，使蛋白质从离子交换剂上解吸下来。利用不同蛋白质在离子交换纤维素上的吸附及解吸的差异，达到分离的目的。

五、离子交换色谱的应用

在离子交换过程中，理论上任何可溶于水的有机或无机离子化合物都会按照化学计量关系并以可逆的方式参与交换反应。化合价较高的离子，其与生物物质的结合能力会更强。而在相同的化合价和条件下，随着原子数的增多，离子与生物物质结合的亲和力也会相应增强。离子交换的具体应用主要包括以下几类。

1. 反离子的交换　反离子的交换过程是通过将树脂暴露于过量的另一种反离子中，从而实现树脂上原有反离子被新反离子置换的目的。

2. 物质的浓缩　用一种树脂吸附，再用另一种高亲和力的物质洗脱。

3. 相似物质的分离　可以设法让蛋白质像反离子那样吸附在树脂上进行蛋白质的纯化，它能被某些中性盐洗脱，如 NaCl，虽然蛋白质在这类离子交换树脂上容易失活，但在离子交换纤维素上不易失活。

4. 离子排出　利用 Donnan 排斥效应产生的离子排斥进行分离，主要用于有机酸和氨基酸等的分离，以及从生物分子中分离无机离子。

5. 在离子交换葡聚糖和离子交换琼脂糖上进行分配　用这类离子交换技术可对非离子化合物分离。

目前离子交换分离技术在硬水的软化处理、无盐水的制备，以及在发酵液中提取氨基酸、抗生素、蛋白质等生物活性物质等方面得到广泛应用。

第四节　亲 和 色 谱

一、亲和色谱概述

亲和色谱是利用亲和作用分离纯化生物物质的液相色谱法，是根据生物分子和其配基之间的特异性生物亲和力对样品进行分离。

亲和色谱可以追溯到 1910 年，当时发现不溶性淀粉可以选择性吸附 α-淀粉酶，到了 20 世纪 60 年代，亲和色谱的优点得到了充分认识。而作为一种现代的分离手段是于 1967 年 Axen 等和 Cuatrecasas 等开发了利用溴化氰活化琼脂糖凝胶制备亲和吸附介质的方法而开始的。亲和色谱这一名词也在此时首次出现。

亲和色谱已经广泛应用于生物分子的分离和纯化，如酶、治疗蛋白、抑制剂、抗原、抗体、激素、激素受体、糖蛋白、核酸、多糖类及辅助因子，以及细胞、细胞器、病毒等。特别是对于那些分离流程长、浓度低、杂质多、采用常规方法难以分离的生物分子来说，亲和色谱具有独特的优越性。

二、亲和色谱特点

（一）原理

将一对能可逆结合和解离的生物分子的一方作为配基（也称为配体），与具有大孔径、亲水性的固相载体相偶联，制成专一的亲和吸附剂作为固定相，当含有被分离物质的混合物随着流动相流经色谱柱时，亲和吸附剂上的配基就选择地吸附能与其结合的物质，而其他的蛋白质及杂质不被吸附，从色谱柱中流出，使用适当的缓冲液使被分离物质与配基解吸，即可获得纯化的目的产物。

（二）优点

几十年来，亲和色谱发展十分迅速，已经成为生物物质分离纯化的主要方法。与其他分离技术相比，亲和色谱具有以下优点。

（1）高选择性　待分离物质与配基专一性结合，分辨率高、操作简单，通过一次纯化即可得到很高纯度的被分离物质。

（2）具有浓缩作用　可以从含量很低的溶液中得到高浓度的样品，纯化倍数甚至可以达到几千倍，特别适用于含量极少的活性物质的分离。

（3）操作条件温和　利用生物学的特异性进行分离，分离条件温和，可有效保持样品原有的生物学性质，活性样品回收率高，适用于不稳定活性物质的分离。

三、亲和色谱介质

亲和色谱介质由配基和载体构成。配基是指能与目的产物大分子相结合、解离的生物结构或分子。载体是指被活化剂活化后，与配基发生偶联，并为其提供支持的化学物理性质稳定的聚合物。

（一）配基

1. 配基应具备的条件　用于亲和色谱的配基必须具备下列条件。①配基必须具有适当的化学基团以利于固定在载体上，固定后不能影响配基和被分离生物大分子的专一结合特性。②配基的分子大小必须合适，以减小分离过程中的空间位阻效应。③配基与待分离物之间的结合具有可逆性，配基既能有效地与目标产物结合，又能有效地与目标产物分离，且不破坏生物大分子的生物活性和理化性质。④配基与被分离物质之间应该有足够大的亲和力，配基-分离产物复合物能稳定一定时间，以便在色谱过程中产生有效阻滞。⑤配基与被分离物质之间具有合适的特异性，根据分离要求，既可以选择专一性配基，又可以选择基团特异性配基。

2. 亲和色谱配基的类型　按照配基的选择性，亲和色谱配基又可大体分为专一性配基和基团特异性配基两大类，前者指仅对某种生物物质具有特别强的亲和性，如用单克隆抗体纯化相应的抗原；后者是指对某类化学基团，即某一类生物分子具有结合作用，如一些辅酶（NAD^+、$NADP^+$、ATP 等）能与许多需要它们才起催化作用的酶（各种脱氢酶、激酶等）发生亲和作用。

（1）专一性配基　专一性小分子配基包括固醇类激素、维生素和特定酶抑制剂等，它们仅与样品液如细胞抽提液或体液中的一个或少数几个蛋白质相结合。

专一性大分子配基主要是指能发生特异性蛋白质-蛋白质相互作用的特定蛋白质。常见的有抗体-抗原的结合，以及亚基间、多酶复合物间及大分子激素-受体间的相互作用，其中免疫作用最具代表性。

（2）基团特异性配基　基团特异性小分子配基的种类最多，包括许多酶的辅助因子及其类似物，以及仿生染料、硼酸衍生物和许多氨基酸、维生素等（表 8-5）。

基团特异性大分子配基包括分离糖蛋白的凝集素、纯化 IgG 的蛋白质 A 和蛋白质 G、分离多种钙依赖性酶的钙调蛋白、纯化一些凝固蛋白和血浆蛋白及酶的肝素等（表 8-5）。

表 8-5　基团特异性亲和配基（田亚平，2020）

小分子配基	目标蛋白	大分子配基	目标蛋白
5′-AMP	NAD 依赖性脱氢酶、ATP 依赖性激酶	poly（U）	真核 mRNA、poly（U）结合蛋白
ATP	ATP 依赖性激酶	凝集素	糖蛋白
NAD	NAD 依赖性脱氢酶	苯基硼酸盐	糖蛋白
NADP	NADP 依赖性脱氢酶	钙调蛋白	钙依赖性酶
Cibacron Blue F3G-A	NAD（P）依赖性脱氢酶、激酶、磷酸酶、白蛋白、干扰素	蛋白质 A/蛋白质 G	IgG 或 IgG 对应抗原
Procion Red HE-3B	NAD（P）依赖性脱氢酶、干扰素、抑制蛋白、纤溶酶原	肝素	某些凝固蛋白、血浆蛋白、脂蛋白、核酸相关酶、受体等
赖氨酸	纤溶酶、纤溶酶原、纤溶酶原激活剂		

3．几类常用的亲和配基

（1）抗体与抗原　　抗体与抗原之间具有高度特异性结合能力，因此，可利用抗体（或抗原）为配基分离纯化相应的抗原（或抗体），此种亲和色谱法又称免疫亲和色谱法。利用免疫亲和色谱法，特别是以单抗为配基的免疫亲和色谱法是高度纯化蛋白质类生物大分子的有效手段。

（2）蛋白质 A 和蛋白质 G　　蛋白质 A 来源于金黄色葡萄球菌（*Staphylococcus aureus*），蛋白质 G 分离自 G 群链球菌，它们与许多动物免疫球蛋白 G（IgG）的 Fc 片段具有很强的亲和结合作用，不与抗体（IgG）的抗原结合部位结合，因此可以作为各种抗体的亲和配基。而且它们与抗体的结合并不影响抗体与抗原的结合，因此也可用于分离抗原-抗体的免疫复合体。

（3）凝集素　　外源凝集素（lectin）是一种天然蛋白质，与一些糖的残基或链段具有高度亲和力，因此可结合糖基。不同的凝集素与糖结合的特异性不同。例如，伴刀豆球蛋白 A（ConA）与葡萄糖和甘露糖的亲和结合作用较强，而麦芽凝集素（WGA）与 *N*-乙酰葡糖胺的亲和结合作用较强。扁豆凝集素也可作为亲和色谱配基使用。

（4）抑制剂　　酶的抑制剂具有特殊的结构能够与酶结合，因此酶的抑制剂可以作为配基用于酶的分离纯化。例如，胰蛋白酶的天然蛋白质类抑制剂有胰蛋白酶抑制剂（PTI）、卵黏蛋白和大豆胰蛋白酶抑制剂（STI）等，小分子抑制剂有苄脒、精氨酸和赖氨酸。这些抑制剂均可作为亲和纯化胰蛋白酶的配基。

（5）辅酶和磷酸腺苷　　某些酶如脱氢酶和激酶需要在辅酶存在的情况下才能表现出催化活性，即辅酶能与酶之间通过亲和作用相互结合，因此这些辅酶可用作亲和配基。主要的辅酶有辅酶 I（烟酰胺腺嘌呤二核苷酸，NAD）、辅酶 II（NADP）和二磷酸腺苷（ATP）等。此外，$5'$-磷酸腺苷（$5'$-AMP）与 NAD^+ 及 ATP 分子中的腺嘌呤核苷酸部分具有结构类似性，因此，凡是需要 NAD^+ 及 ATP 作辅酶的酶一般都可用 $5'$-AMP 作配基的亲和色谱分离纯化。$2,5'$-ADP 与 $NADP^+$ 分子中的腺嘌呤核苷酸具有结构类似性，因此，需要 $NADP^+$ 作辅酶的酶可用 $2,5'$-ADP 作配基进行亲和色谱分离纯化。

（6）金属离子　　某些金属离子如 Cu^{2+}、Ni^{2+}、Zn^{2+}、Mn^{2+} 和 Cd^{2+} 等可与 N、S 和 O 等供电原子产生配位键，因此可与蛋白质表面组氨酸的咪唑基、半胱氨酸的巯基和色氨酸吲哚基发生亲和结合作用，其中以组氨酸的咪唑基的结合作用最强。

金属离子被固定在固相载体表面用作亲和吸附蛋白质的配基，这种利用金属离子为配基的亲和色谱称为金属螯合亲和色谱或固定化金属离子亲和色谱（IMAC）。金属螯合亲和色谱的应用范围比较广泛，目前用于分离富含半胱氨酸、组氨酸的蛋白质、酶类、肽类，如尿激酶、胰蛋白酶、胰岛素、SOD、干扰素、金属硫蛋白（MT）或用于分离金属结合蛋白等。尤其适用于末端标有组氨酸六肽的基因工程表达重组蛋白的分离纯化。

（7）组氨酸　　组氨酸可与蛋白质发生亲和结合作用，在低盐和 pH 约等于目标蛋白等电点的溶液中，固定化组氨酸的亲和吸附力最强，随盐浓度的增大，亲和吸附作用降低。因此，利用组氨酸为配基可亲和分离等电点相差较大的蛋白质。

（8）其他分子　　肝素、多聚尿苷酸和多聚腺苷酸等分子也可用作亲和色谱的配基。肝素为存在于哺乳动物的肝、肺、肠等脏器中的酸性多糖，具有抗凝血作用。肝素与脂蛋白、脂肪酶、限制性核酸内切酶、甾体受体、抗凝血酶、凝血蛋白等具有亲和作用，可用作这些物质的亲和配基。多聚尿苷酸与碱基对互补的多聚腺苷酸具有紧密的结合作用，可用于分离纯化信使 RNA，还可用于逆转录酶、干扰素及植物中核酸的色谱分离。以多聚腺苷酸为配基的亲和色谱可用于信使 RNA 的结合蛋白、病毒 RNA、与 DNA 有关的 RNA 聚合酶、核酸的抗体等生物活性物质的色谱分离。

（二）载体

1. 载体应具备的条件　　理想的亲和色谱载体应具备以下特性。①不溶于水，但具有高度亲水性，以便载体上的配基容易接近并结合水溶液中的目的产物。②有化学惰性，没有或有极少的物理吸附或离子交换等非特异性结合作用，减少被分离物质的损失。③具有多孔网状结构，有利于溶液的流动和渗透，大分子可自由通过，能提高配基的有效浓度和亲和容量。④必须具有足够的可同配基结合的化学基团。⑤具有良好的化学稳定性，不会因为 pH 变化、离子强度、温度的改变和变性剂、去污剂的使用而改变其结构，使用过程中能抵抗微生物和酶的侵蚀。⑥具有良好的物理稳定性，机械性能好，不容易发生变形，以确保最佳的分离效果，耐用，易回收再生。⑦均匀性好，最好是均匀的球形结构，保证亲和柱具有较好的流速，不影响色谱结果。

载体由于物理化学性质和分子结构的特点，对不同的分离产物具有不同的分离效果。

2. 几类常用载体的基本性质

（1）琼脂糖凝胶　　琼脂糖凝胶是由 β-D-半乳糖和 3,6-L-内醚半乳糖聚合而成的大分子多聚糖，以糖链间的次级键交联形成稳定网状结构的凝胶。目前应用最多的琼脂糖凝胶是瑞典 Pharmacia 公司生产的 Sepharose 系列琼脂糖，具有理想载体的特性，如机械强度高、透性好、非特异性吸附少等。

（2）交联琼脂糖　　交联琼脂糖凝胶是通过交联剂共价交联后得到的机械强度更高的琼脂糖凝胶色谱介质，如 Pharmacia 公司生产的 Sepharose CL 系列介质。Sepharose CL 介质比 Sepharose 介质具有更好的稳定性，在各种有机溶剂中稳定，孔径不会改变，可耐受有机溶剂修饰、高温灭菌和盐酸胍处理等条件，还可以用水不溶性的小分子作为配基。

（3）葡聚糖凝胶　　葡聚糖凝胶是由葡聚糖经环氧氯丙烷交联而成的凝胶，具有良好的化学和物理稳定性，骨架上具有很多羟基用于偶联配基。但此类凝胶的孔径小，多孔性差，活化后由于进一步交联，孔径缩小。葡聚糖凝胶只适合与小配基制成亲和吸附剂及免疫吸附系统。

（4）纤维素　　亲水性纤维素是葡萄糖残基的链状化合物以氢键相连接的网状结构，纤维素衍生物价格低廉，来源充足，但纤维素活化后会产生带电荷的离子，物理结构较为紧密，受空间位阻影响，限制了其应用范围。

（5）聚丙烯酰胺凝胶　　聚丙烯酰胺是由丙烯酰胺单体和甲叉双丙烯酰胺在加速剂 N,N,N',N'-四甲基乙二胺（TEMED）和催化剂过硫酸铵作用下聚合形成的稳定结构的凝胶。凝胶具有三维网状结构和碳氢骨架，具有大量亲水性的酰胺基支链可供活化。聚丙烯酰胺凝胶物理化学性质稳定，耐微生物侵蚀，可制成各种衍生物载体，可偶联不同类型基团的配基。

（6）多孔玻璃　　多孔玻璃是由硼硅酸钠玻璃经高温和酸碱处理制备的具有均匀孔径的载体材料，机械强度高，化学性质稳定，耐高温，耐微生物侵蚀，对制备无菌、无病毒、无热源生物制剂有利，但价格昂贵。

除此之外，一些合成的高分子材料，如交联聚苯乙烯、交联聚甲基丙烯酸等，具有刚性良好、粒度均匀、孔径较大和 pH 适用范围广等特点，而且对生物样品具有较好的相容性，也适于用作亲和色谱的载体。

（三）间隔臂

亲和色谱中经常采用一些小分子化合物作为配基，而被分离物质通常为生物大分子，若小分子配基直接固定在载体上，空间位阻效应导致目标产物与配基不能很好地结合，最终亲和吸附无效（图 8-7）。因此需要载体与配基之间连接一个间隔臂以增大配基与载体之间的距离，配基向外延伸，增加了配基的活动自由度和与被分离物质的接触面，减少了空间位阻，提高了结合效率。

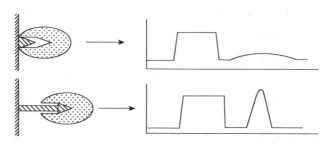

图 8-7 配基的空间位阻效应及对色谱效果的影响

▷. 配基；▨▨▨. 间隔臂；🔴. 目标产物

间隔臂一般为线性脂肪族碳氢链，链的两端各带有一个功能基团，其中一个功能基团连接到载体上，多为伯氨基；另一个功能基团因所连接的配体不同而不同，通常为羧基或氨基。间隔臂的长度非常重要，过短不起作用，过长配基与目标产物的结合能力反而下降，一般甲基数目为 6~8 个。常用的间隔臂有己二胺、6-氨基己酸、3,3′-二氨基二丙基胺、1,6-己二胺等。

（四）活化剂

载体上的化学基团是不活泼的，不能与配基直接偶联，通过化学反应使亲和介质上的化学基团变成活化状态，称为活化。亲和色谱中常用的几种活化剂有溴化氰（CNBr）、环氧氯丙烷、1,4-丁二醚、戊二醛和高碘酸盐等。亲和载体活化时，不同的载体需要不同的活化剂。

四、亲和色谱介质的制备

亲和色谱介质是由特定的配基与选定的载体通过合适的偶联方法连接而成的，其质量好坏直接影响纯化效率。制备过程包括：①选择合适的配基、载体和间隔臂；②选择合适的活化剂和活化方法；③活化载体；④配基偶联；⑤封闭未偶联配基的活化基团（图 8-8）。

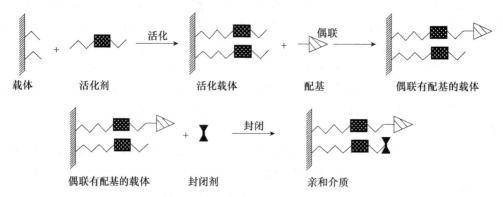

图 8-8 亲和色谱介质的制备过程

制备亲和介质比较费时费力，若无特殊要求，可选择商品化的亲和色谱介质。目前，多家公司供应商品化的亲和色谱介质，几乎能满足分离各类产物的需要。

（一）配基的选择

选择合适的配基是亲和色谱的重要环节。对于某一特定的生物分子，其相应的配基可能不止一种，需要综合考虑选择合适的配基，以便简化纯化过程，提高纯化效率。首要考虑的因素是目标产物与配基之间亲和力的大小和专一性，配基-生物分子之间的结合常数 K_a 应为 $10^4 \sim 10^8 mol/L$，即解离平衡常数为 $10^{-8} \sim 10^{-4} mol/L$。若配基-生物分子之间的结合作用过强，需要强烈的洗脱条件，则容易导致蛋白质变性。如果解离平衡常数能随着洗脱条件的变化而改变，则可以选择高亲和性的配基。

（二）载体的选择

亲和载体应该具有高的比表面积，亲水凝胶尤其适合作为亲和色谱的载体。几类常见的亲和载体前面已经提到。不同的载体适合分离不同的生物分子，如纤维素载体主要用于核酸的亲和分离，而且由于其价格低廉，适合大规模工业应用。多糖类载体洗脱速率慢，容易滋生细菌，在工业上的应用受到限制，多用于实验室规模。多孔玻璃及硅胶等无机载体的机械强度高，又不利于微生物生长，应用前景较好。进行亲和色谱时需根据待分离生物分子的特性及分离要求选择合适的载体。

（三）载体偶联

1. 偶联条件的选择

（1）pH　　与配基偶联的 pH 为 8～10 最有效，如蛋白质的偶联一般选择 pH 为 8.3，此时配基上的氨基多以非质子化形式存在。若所选用的配基在碱性条件下比较稳定，可选择碱性条件，但 pH 过高，偶联率高，可导致配基的高级结构改变，甚至丧失活性。因此，pH 的选择还需根据具体情况而定。

（2）缓冲液　　不同的载体活化所需要的缓冲液组成不同，如溴化氰活化的载体，可使用碳酸氢钠或硼酸盐缓冲液，不能用 Tris 和其他含氨基的缓冲液，否则缓冲液中的氨基会干扰配基的偶联。偶联蛋白质配基时缓冲液要使用 0.5mol/L 的 NaCl，以防止蛋白质配基的聚合。

（3）温度和时间　　溴化氰活化的载体，需要在 4℃ 下偶联过夜，或者室温（20～25℃）反应 2h。环氧氯丙烷活化的载体，一般在 35～45℃ 下偶联，偶联时间根据配基的浓度而定。

（4）配基的浓度　　多数亲和吸附介质每毫升凝胶的配基量为 1～20μmol，2μmol 最常用；蛋白质配基每毫升凝胶用量为 5～10mg；免疫吸附剂每毫升凝胶最有效的配基量小于 5mg，对于吸附力很弱的系统（解离常数 $K_d > 10^{-4} mol/L$）配基浓度可适当增大，但并不是配基浓度越高效果越好，高浓度配基的偶联在增加结合强度的同时，也增加了空间位阻和非特异性的结合，可引起吸附剂结合效率的降低。

2. 偶联反应　　目前有多种方法可以完成载体活化和配基偶联过程。载体和配基的化学基团不同可以采用不同的活化方法，同一化学基团也可以选择不同的方法。

（1）溴化氰法　　溴化氰法是最常用的载体活化方法。此种方法普遍适用于含羟基的多糖载体和含羟基的合成载体的活化，既可用于含氨基小分子配基的偶联，又可用于含氨基大分子配基的偶联。活化时，溴化氰与载体上的羟基反应，使其活化为高反应性的氰酸酯和环亚氨碳酸盐，二者再与配基发生反应，从而将配基固定于载体上（图 8-9）。

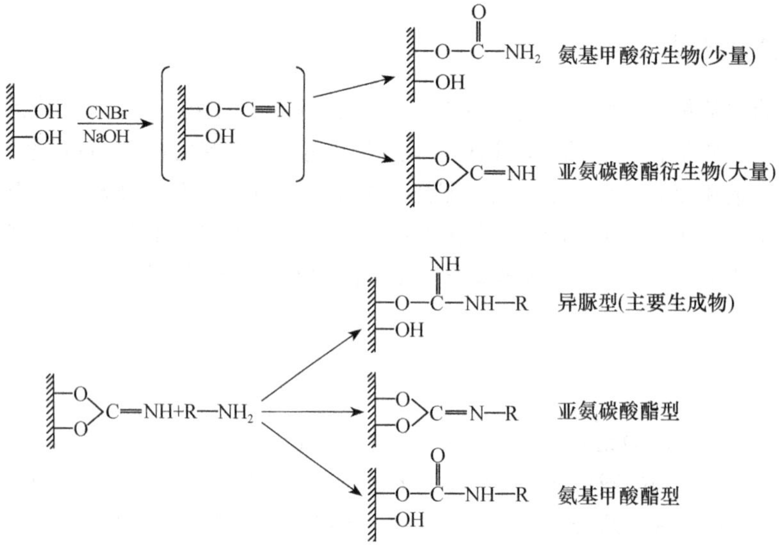

图 8-9 溴化氰活化多糖与配基偶联反应（罗贵民，2003）

为保证羟基处于脱质子化状态，活化反应一般稳定在高 pH 条件下，但此时 95%以上的溴化氰会发生水解而产生氰酸盐离子，只有 2%的溴化氰能形成有用的活化基团。研究者对此进行了改进，用溴化氰和特定碱如三乙胺（TEA）、二氨基吡啶（DAP）等形成的氰基转移复合物取代溴化氰，这样 20%~80%的氰基都能转化成氰酸酯（图 8-10），但需要控制活化反应在有机溶剂/水混合液和低温下进行。

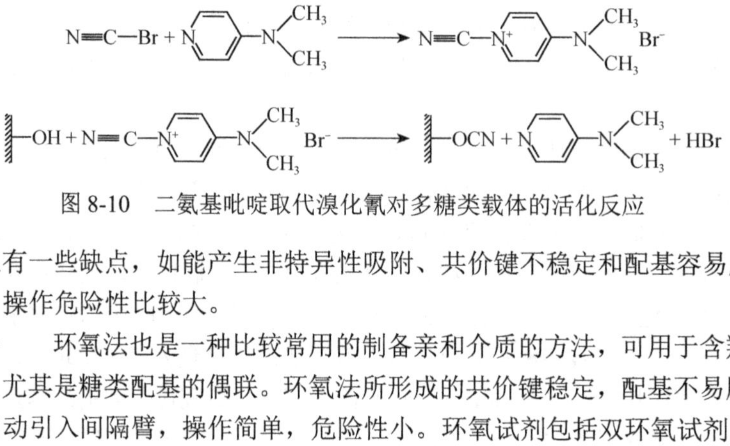

图 8-10 二氨基吡啶取代溴化氰对多糖类载体的活化反应

溴化氰法也有一些缺点，如能产生非特异性吸附、共价键不稳定和配基容易脱落等。另外，溴化氰有剧毒，操作危险性比较大。

（2）环氧法 环氧法也是一种比较常用的制备亲和介质的方法，可用于含羟基、氨基和巯基配基的偶联，尤其是糖类配基的偶联。环氧法所形成的共价键稳定，配基不易脱落，非特异性吸附少，并能自动引入间隔臂，操作简单，危险性小。环氧试剂包括双环氧试剂（双环氧乙烷）和环氧氯丙烷。

对于双环氧法，载体活化需要在碱性条件下进行，用双环氧化物活化含羟基或氨基的凝胶，产生带有亲水链的活化琼脂糖。配基上的巯基、氨基或羟基与活化琼脂糖上的环氧乙烷基团反应，被固定在载体上（图 8-11）。

环氧氯丙烷对多糖凝胶的活化偶联过程与此类似（图 8-12），活化后也会在凝胶上引入环氧基团，只是间隔臂较短。环氧氯丙烷可制备高配基密度的亲和载体，残留的活化基团在以后的反应过程中会自行水解，不会产生非特异性吸附。

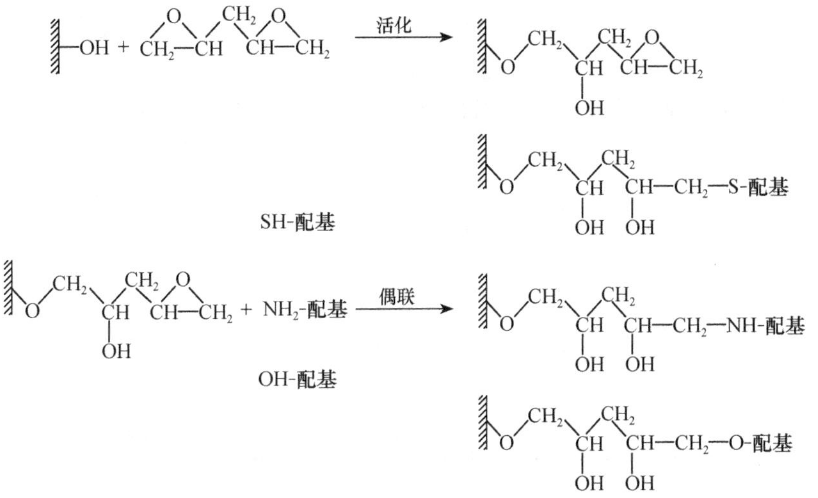

图 8-11 双环氧法制备亲和介质化学反应

活化需要在碱性条件下进行，环氧基团在中性和酸性 pH 条件下很稳定，所以可通过升高偶联温度和 pH 来提高偶联效率。偶联羟基类配基时 pH 应为 11～12，氨基类配基 pH 应大于 9，巯基类配基在中性条件下即可。因此，环氧法不适合含有不稳定羟基和氨基类配基的偶联。

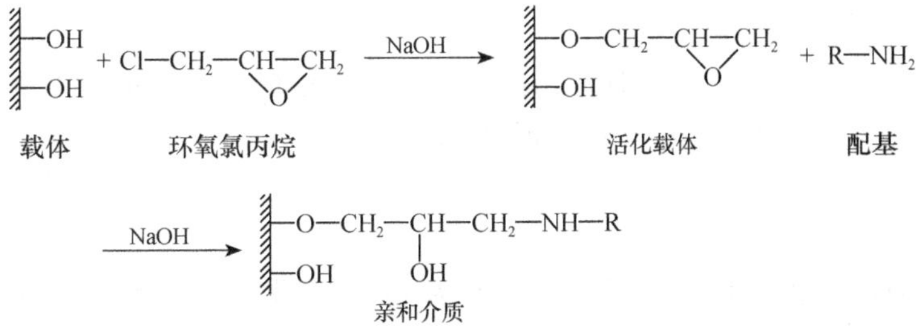

图 8-12 环氧氯丙烷活化载体反应

（3）碳二亚胺法 碳二亚胺法可用于将氨基类配基偶联到具有羧基末端的间隔臂（或载体）上，或将羧基类配基偶联到具有氨基末端的间隔臂（或载体）上。反应在弱酸性条件下进行（pH 5.0），氨基类配基（载体或间隔臂）应过量（图 8-13）。

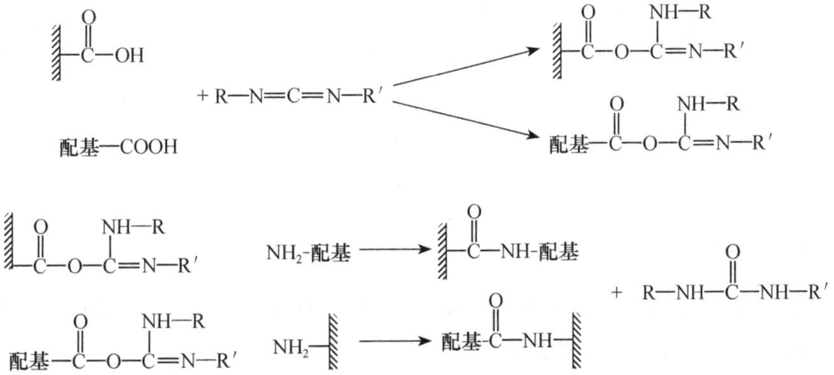

图 8-13 碳二亚胺法制备亲和介质的反应

（4）有机磺酰氯法 有机磺酰氯法适合将含氨基和巯基的配基偶联到琼脂糖上。通常使用的有机磺酰氯试剂为对甲苯磺酰氯和三氟代乙磺酰氯。对甲苯磺酰氯较三氟代乙磺酰氯便宜，而且可释放发色基团，可用分光光度法监测偶联反应。

载体活化时，对甲苯磺酰氯与载体的羟基反应生成磺酰酯基团，磺酰酯基团与配基偶联后容易脱落，不引入电荷，配基与羟基之间形成稳定化学键。偶联配基的缓冲液可采用 pH 9.5 的碳酸盐缓冲液，其他缓冲液也可以使用，但含氨基的缓冲液能与配基产生竞争性反应，应避免使用。用三氟代乙磺酰氯活化偶联时，反应可在中性 pH、4℃下进行（图 8-14）。

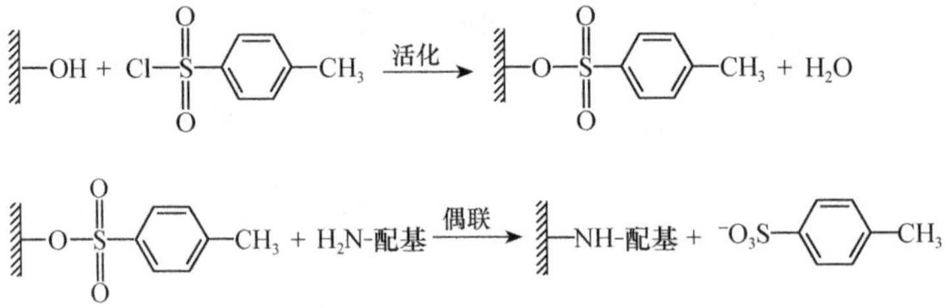

图 8-14 对甲苯磺酰氯活化反应

（5）戊二醛法　　戊二醛法适合聚丙烯酰胺凝胶的活化。戊二醛将凝胶上的酰胺基团活化后，再将含氨基的配基固定到活化基团上。20～40℃下，25% 的戊二醛溶液（溶于 pH 7.5、0.5mol/L 磷酸缓冲液）将载体的氨基或酰胺基活化过夜；40℃下，同样的缓冲液中，配基的伯氨基与活化载体偶联。

该方法操作简单，适宜对碱性 pH 敏感的配基进行活化偶联，制备的亲和介质性质稳定，偶联时可同时引入间隔臂。但戊二醛有毒，使用时要注意。

（四）封闭

活化结束后载体上会有部分活化基团未被配基偶联，需要将其封闭。可以加入过量的能与活化剂反应的伯氨基试剂封闭多余的活化基团，或者置于适宜条件下水解活化基团。最常采用的封闭试剂是 pH 8.0 的 1mol/L 的乙醇胺，其他的如巯基乙醇、葡萄糖胺、甘氨酸、谷氨酸和葡萄糖等。

（五）亲和色谱介质的技术指标

亲和色谱操作过程中常用到以下几个指标。①配基偶联量。以每克或每毫升载体偶联的微摩尔数表示（µmol/g 或 µmol/mL），此种表示方法适于小分子量配基的表示。②样品吸附量。以每克或每毫升载体偶联的毫克数表示（mg/g 或 mg/mL），适用于大分子量配基的表示。③化学稳定性，如抗氧化物的能力、配基不降解的程度等。④耐酸碱。稳定的 pH 应用范围，如 pH 3～10。

五、亲和色谱的操作过程

亲和色谱的操作过程与其他色谱基本一致，其典型过程分为样品制备、装柱与平衡、吸附（上样）、清洗、洗脱、再生与保存几个步骤。

（一）样品制备

目标产物通常在发酵液中含量很低，而亲和色谱过程中即使有少量杂质的存在也会大大降低纯化效率。若样品液中杂质很多或样品浓度过低时，需要进行预处理以除去主要的污染物，提高样品浓度，减少上样体积，提高亲和色谱的纯化效果。对于复杂样品，如组织、培养细胞、发酵产物等，应先进行分级分离粗提才可用于亲和层析。常用的预处理方法有盐析沉淀法和离子交换色谱，有时还可对样品进行透析、凝胶过滤脱盐或置换缓冲液。

（二）装柱与平衡

装柱操作对色谱分离效果影响较大，其操作可简述为固定色谱柱，打开柱子下端出口，上端接入漏斗。将 50% 的亲和介质悬浮液一次性加入漏斗中，待水面接近胶面时，关闭下端出口。取下漏斗，将适配器插至接近胶面，也可剪一片塑料纸置于胶面上，防止液滴扰动胶面。连接蠕动泵，打开下端出口，将水输送至色谱柱中。流过一定体积水后，亲和介质被压实，关闭出口。要保证介质装填均匀，表面平整，不能有气泡。注意装柱时环境温度与应用时环境温度一致，否则会产生气泡。

装柱后应使用 5 个柱床体积的起始缓冲液进行平衡，以使介质处于最佳的适于结合的状态。缓冲液的种类、浓度、pH 等需经实验确定并加以优化。

（三）吸附

上样过程即吸附过程，是待分离纯化的目标产物与亲和吸附介质上配基紧密结合的过程。亲和色谱操作中存在两种吸附作用：一种是基于亲和配基与目标产物分子之间的特异性结合的亲和吸附；另一种是样品液中的各种溶质（包括目标产物和杂质）的非特异性吸附。特异性吸附的选择性高，非特异性吸附的选择性低。吸附操作要在保证亲和介质对目标产物有较高的吸附作用和吸附容量的基础上，将杂质的非特异性吸附控制在最低水平。如果对目标产物与配基的结合情况比较了解，可以直接设定吸附条件。例如，金黄色葡萄球菌蛋白 A 与免疫球蛋白 IgG 之间的结合主要为疏水作用，可以通过增大盐浓度、提高 pH 来促进吸附。若对结合情况不了解，可预先进行小样的比较实验，以确定最佳吸附条件。

为了减少非特异性吸附，所用缓冲液的离子强度要适当，一般为 0.1～0.5mol/L，缓冲液的 pH 应使配基和目标产物与杂质的静电作用较小。若样品中杂质过多，目标产物与配基结合力较弱时，控制上样速度或者重复上样，进行多次吸附，以使目标产物与配基充分结合。为了减少杂质和目标产物的疏水性吸附，可在样品液（和清洗液）中加入一定浓度的表面活性剂（如吐温-80、Triton X-100 等），尤其是对疏水性较大的蛋白质（如组织型纤溶酶原激活剂，t-PA），加入表面活性剂是提高产物纯度和回收率的有效手段。

（四）清洗

清洗的目的是洗去未被吸附的物质，尽可能留下专一性吸附的结合物。一般使用与吸附操作相同的平衡缓冲液（pH 和离子强度相同）清洗，必要时可加入表面活性剂。若亲和介质上存在较多的非特异性吸附，则清洗缓冲液离子强度应该处于起始吸附缓冲液和洗脱缓冲液之间。如某种蛋白质在 0.1mol/L 磷酸盐缓冲液中吸附，洗脱条件是 0.6mol/L 的 NaCl，则可考虑用 0.3mol/L 的 NaCl 溶液清洗。

清洗不充分会使回收的目标产物纯度降低，但清洗过度会损失目标产物，尤其是吸附结合常数较小的亲和体系。因此，清洗操作时要通过试验确定适宜的清洗时间与清洗次数。

（五）洗脱

洗脱是使目标产物与配基解吸附后进入流动相并随流动相流出色谱柱的过程。洗脱条件可以是特异性的，也可以是非特异性的。

1. 洗脱方法 常用的洗脱方法有以下几种。

（1）特异性洗脱 特异性洗脱是指使用能与配基或待分离物质发生更强特异性亲和作用的小分子化合物作为洗脱剂，通过与配基或目标产物竞争性结合，使配基与目标产物解吸附的洗脱方法。例如，葡萄糖与凝集素伴刀豆球蛋白 A（ConA）具有亲和结合作用，利用 ConA 为配基的亲和色谱可用葡萄糖溶液洗脱。咪唑能与 Ni^{2+} 结合，因此可用于以 Ni^{2+} 为配基亲和纯化表面含组氨酸目标产物的洗脱过程中。特异性洗脱通常在低浓度、中性 pH 下进行，条件温和，有利于保护目标产物的生物活性。此外，对于特异性较低的亲和体系或非特异性吸附较严重的体系，特异性洗脱有利于提高目标产物的纯度。

（2）非特异性洗脱 非特异性洗脱通常是指改变洗脱液的 pH、离子强度、离子种类或温度等理化性质降低目标产物与配基之间亲和作用的洗脱方法。目标产物与配基之间的作用力主要包括静电作用、疏水作用和氢键等，任何导致此类作用减弱的情况都可用作非特异性洗脱的条件。

当目标产物与配基通过静电作用相互结合时，可采用提高离子强度的方法洗脱。一般情况下 1mol/L 的 NaCl 溶液就能达到有效解吸附。若配基与被分离物质间疏水作用占优势，则降低离子强度能够有效地将目标产物洗脱下来。

改变流动相的 pH 是比较常见的洗脱方法，pH 的变化可改变结合位点上带电基团的离子化程度，从而影响亲和作用。一般情况，高 pH 利于样品吸附，低 pH 利于样品解吸附。

在目标产物与配基结合过于牢固的情况下，可采用强洗脱条件，包括降低溶液极性、加入水化试剂或加入变性剂等。例如，加入乙二醇可降低溶液的极性，加入水化试剂可破坏溶液中水分子的有序结构，加入 8mol/L 的尿素或 6mol/L 的盐酸胍可破坏蛋白质产物的结构，影响其与配基的结合。

2. 洗脱方式 亲和色谱的洗脱方式可以分为三类。

（1）一步洗脱 此种方法针对目标产物与配基高度特异性结合的情况。调节洗脱液的 pH、离子强度、温度和介电常数，以改变目标产物与配基之间的结合作用，将目标产物一次性洗脱下来，可以得到较纯的分离物。

（2）分步洗脱 某些情况下，亲和配基的专一性结合作用较弱，配基上结合了包括目标产物在内的一组结构特性相似的物质，需要用几种不同的洗脱条件分步洗脱，即先用解吸附作用弱的洗脱液，再用解吸附作用强的洗脱液洗脱，可以将亲和力不同的成分从配基上洗脱下来。

（3）梯度洗脱 利用洗脱液的 pH、离子强度等因素的梯度变化，将吸附性质相同、特异性程度不同的物质洗脱下来。随着洗脱液解吸附能力的逐渐增强，与配基亲和力不同的被吸附物质分别被洗脱下来。梯度洗脱一般比分步洗脱的效果要好，目标产物洗脱集中，无拖尾现象，分辨率高。

（六）再生与保存

1. 再生 亲和柱再生的作用是去除未被洗脱的仍然结合在亲和介质上的物质，以使亲和柱能反复使用。通常先用大量的洗脱液洗涤色谱柱，再用平衡缓冲液平衡，使色谱柱达到初始状态，或者采用高浓度盐溶液如 2mol/L 的 KCl 进行再生。但是随着使用次数的增加，变性蛋白质或各种杂质在亲和柱上产生较严重的不可逆吸附时，必须采用苛刻的条件才能去除，如升高或降低 pH，加入洗涤剂、变性剂或使用非专一性蛋白酶进行再生。普通的亲和色谱介质可使用 0.5～1.0mol/L 的 NaCl 中性盐、异丙醇及 8mol/L 的尿素和 6mol/L 的盐酸胍分别去除离子性、疏水性和中性分子杂质。含染料配基的亲和色谱介质上的杂质可用 8mol/L 的腺或去污剂（1%SDS 或 Triton X-100）及 1～3mol/L KSCN 去除。再生时注意，亲和介质与试剂作用时间不能太长，以免破坏介质。

2. 保存 亲和色谱介质一般保存于溶胀状态，保存温度为 4～8℃。为防止细菌滋生，可加入 20%的乙醇或 0.02%的叠氮钠。

六、影响亲和色谱的因素

1. 上样体积 若目标产物与配基的结合作用较强，上样体积对亲和色谱效果影响较小。若二者间结合力较弱，样品浓度要高一些，上样量不要超过色谱柱载量的 5%～10%。

2. 柱长 亲和柱的长度需要根据亲和介质的性质确定。如果亲和介质的载量高，与目标产物的作用力强，可以选择较短的柱子，相反，则应该增加柱子的长度，保证目标产物与亲和介质有充分的作用时间。

3. 流速 亲和吸附时目标产物与配基之间达到结合反应平衡需要一个缓慢的过程，因此，样品上柱的流速应尽量慢，保证目标产物与配基之间有充分的时间结合，尤其是二者间结合力弱和样品浓度过高时。

洗脱时一般采用低的洗脱速度，尤其是亲和介质能结合几种物质和特异性洗脱时，某些情况下还要根据洗脱方式的不同采用不同的流速，以保证获得最佳的分离效果。

4. 温度 温度效应在亲和色谱中比较重要，亲和介质的吸附能力受温度影响，可以利用不同的温度进行吸附和洗脱。一般情况下亲和介质的吸附能力随温度的升高而下降，因此在上样时可选择较低的温度，使待分离物质与配基有较大的亲和力，充分地结合，而在洗脱时可采用较高的温度，使待分离物质与配基的亲和力下降，便于待分离物质从配基上脱落，如一般选择在 4℃下进行吸附，25℃下进行洗脱。

小 结

吸附色谱法作为一种经典的分离技术，在多个领域有着重要的应用价值。通过合理选择吸附剂和优化操作条件，可以有效提高分离效率和分辨率。

分配色谱法是一种重要的液相色谱技术，凭借其独特的分离机制和广泛的应用领域，实现样品中各组分的有效分离，是一种广泛应用于化学分析和天然产物分离的重要技术。

离子交换色谱法因其高效、简便和高分辨率的特点，在多个领域得到了广泛应用。通过合理选择固定相和控制实验条件，可以有效地实现复杂样品中带电组分的分离和纯化。

对于那些分离流程复杂、浓度低、杂质多、采用常规方法难以分离的生物分子来说，亲和色谱技术具有独特的优越性。

思 考 题

1. 什么是梯度洗脱？如何选择展开剂？
2. 薄层色谱常用的显迹方法有哪些？试述其适用范围。
3. 薄层色谱法的操作要点是什么？

4．吸附柱色谱法的操作要点是什么？

5．试述分配色谱的装柱和上样操作与吸附色谱有哪些不同。

6．分配色谱的载体选择依据是什么？

7．适合用离子交换色谱分离的物质应具有什么特性？为什么？

8．如何选择离子交换色谱的洗脱剂？

9．试说明离子交换色谱的特点及它在色谱分析中的地位和作用。

10．亲和色谱的分离机制是什么？

11．试比较亲和色谱的特异性洗脱法和非特异洗脱法的优缺点。

12．亲和色谱主要适用于分离什么物质？其特点是什么？

主要参考文献

曹译，王瑞林，张敏，等．2006．鹿茸硫酸软骨素蛋白聚糖的分离纯化研究．生物学杂志，（5）：30-33．

陈洪章，等．2004．生物过程工程与设备．北京：化学工业出版社．

陈来同，唐运．2003．生物化学产品制备技术．北京：科学技术文献出版社．

冯慧，伊德林，曾艳，等．2006．亲和层析法纯化抗大肠肿瘤相关抗原的单克隆抗体．新乡医学院学报，（6）：564-568．

黄竹，袁勤生．2001．以硅胶和 Agarose 6B 为载体金属螯合亲和层析分离纯化重组人 Cu，Zn-SOD．药物生物技术，（5）：255-259．

李津，俞咏霆，董德祥．2003．生物制药设备和分离纯化技术．北京：化学工业出版社．

李元，陈松森，王渭池．2002．基因工程药物．北京：化学工业出版社．

廖小雪，查丽杭，刘骁，等．2004．吸附层析分离麻黄生物碱的过程优化．天然产物研究与开发，（4）：281-285．

林成招，张彦明，陈伟华，等．2003．肝素亲和柱分离纯化乳铁蛋白．色谱，（4）：434．

罗贵民．2003．酶工程．北京：化学工业出版社．

毛忠贵．2005．生物工程下游技术．北京：中国轻工业出版社．

施巧琴．2005．酶工程．北京：科学出版社．

苏立强．2009．色谱分析法．北京：清华大学出版社．

孙彦．2005．生物分离工程．2 版．北京：化学工业出版社．

田亚平．2006．生化分离技术．北京：化学工业出版社．

田亚平．2020．生化分离技术．2 版．北京：化学工业出版社．

韦传宝，黄亚南．2007．舟山眼镜蛇毒神经生长因子的亲和层析分离．生物学杂志，（4）：41-44．

辛秀兰．2005．生物分离与纯化技术．北京：科学出版社．

严希康．2001．生化分离工程．北京：化学工业出版社．

俞俊棠，唐孝宣，邬行彦，等．2003．新编生物工艺学（下册）．北京：化学工业出版社．

袁勤生，赵健．2005．酶与酶工程．上海：华东理工大学出版社．

张峻，吉伟之，陈晓云，等．2002．吸附层析法制备低聚原花青素．天然产物研究与开发，（4）：31-33．

张志强，王云山，苏志国．2001．紫杉醇在常压反相层析柱上的纯化．高校化学工程学报，（1）：56-60．

张志强，王云山，田桂莲，等．2000．固相萃取及反相层析分离提纯紫杉醇．药物生物技术，（3）：157-160．

甄永苏，邵荣光．2002．抗体工程药物．北京：化学工业出版社．

周先碗，胡晓倩．2003．生物化学仪器分析与实验技术．北京：化学工业出版社．

第九章
离 心 技 术

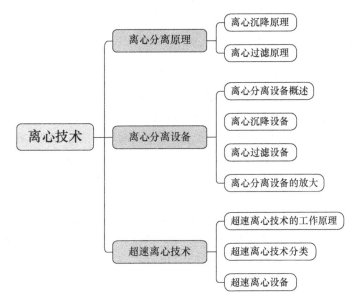

离心技术主要用于固液或液液分离过程，是利用转鼓高速转动所产生的离心力来实现悬浮液、乳浊液的分离或浓缩的分离技术。由于离心力场产生的离心力可以比重力高几千甚至几十万倍，因此对于固体颗粒小的或液体黏度很大的，过滤速度很慢甚至难以过滤的悬浮液，就可用离心技术，对于那些忌用助滤剂或助滤剂使用无效的悬浮液的分离，使用离心技术也能得到满意的结果。

离心技术具有悠久的历史，其基本原理最早由荷兰科学家 Antonie van Leeuwenhoek 在 17 世纪末期提出，他发现了离心力的存在。在 19 世纪初期，法国物理学家 Claude Pouillet 发明了第一个真正意义上的离心机，用于分离液体混合物中的固体颗粒。1878 年，瑞典工程师 Gustaf de Laval 发明了连续操作离心机，从牛奶中分离出奶油。1896 年，这项设计被应用于发酵工业中提取酵母。20 世纪中叶，随着技术的进步，超高速离心机被发明出来，使得离心技术的分离效率和速度大大提高。如今，离心应用于生物物质（如 DNA、大分子、哺乳动物细胞和细胞内组分等）的分离。例如，啤酒和果酒的澄清，酵母液的增缩，谷氨酸结晶的分离，各种发酵液菌体和流感、肝炎的疫苗及干扰素的制备等，大量使用各种类型的离心分离机。通常，离心分离设备比过滤设备更复杂更精密，因此设备投资高，但对于难过滤的待分离物的分离效果却很好。

离心分离原理是悬浮粒子与周围溶液间存在密度差，高密度相在离心加速的作用下从低密度相中沉降下来或利用分离物的沉降系数、质量及浮力等因子的不同而使物质分离。

离心分离过程根据分离原理可分为 3 种。①离心沉降。利用固液两相的相对密度差，在离心机无转鼓或管子中进行悬浮液的操作。②离心过滤。利用离心力并通过过滤介质，在有孔转鼓离心机中分离悬浮液的操作。③离心分离和超离心。利用不同溶质颗粒在溶液各部分分布的差异，分离不同相对密度液体的操作。

因此，习惯上把离心机分为过滤式离心机、沉降式离心机和离心机。过滤式离心机的转鼓壁上开有小孔并有过滤介质，用于处理固体颗粒较大、固体含量较高的悬浮液；沉降式离心机用于分离固体浓度较低的悬浮液；而离心机用于分离两种互不相溶的密度有微小差异的乳浊液或含有微量固体颗粒的乳浊液。

第一节　离心分离原理

一、离心沉降原理

离心沉降的基础是固体沉降。当固体粒子在无限连续流体中沉降时，受到两种作用力，一种是连续流体对它的浮力，另一种是流体对运动粒子的黏滞力（摩擦力）。当这两种力达到平衡时，固体粒子将保持匀速运动。如果粒子在离心场中运动，还会受到离心力的作用。

1. 离心力　　离心分离是根据在一定角速度下作圆周运动的任何物体都受到一个向外的离心力进行的。当离心机转子以一定的角速度 ω（s^{-1}）旋转，颗粒的旋转半径为 r（cm）时，任何颗粒均受一个向外的离心力。此离心力为

$$F = \omega^2 r \qquad (9\text{-}1)$$

2. 相对离心力　　由于各种离心机转子的半径或者离心管至旋转轴中心的距离不同，所受离心力也会不同，因此文献中常用"相对离心力"或"数字×g"表示离心力。相对离心力（RCF）是指在离心力场的作用下，颗粒所受的离心力相当于地球重力的倍数，单位是重力加速度（9.8m/s^2）。RCF 可表示为

$$RCF = \frac{\omega^2 r}{980} \qquad (9\text{-}2)$$

RCF 为实际离心场转化为重力加速度的倍数。实际应用时，这一关系式常用转数 n（r/min）表示。由于 $\omega = 2\pi n/60$，于是

$$RCF = \frac{\dfrac{4\pi^2 n^2 r}{3600}}{980}$$

简化为

$$RCF = 1.119 \times 10^{-5} n^2 r \qquad (9\text{-}3)$$

计算颗粒相对离心力时，应注意离心管与旋转轴中心的距离 r，沉降颗粒在离心管中所处的位置不同，所受的离心力也不同。

在式（9-3）的基础上，Dole Cotzias 制作了与转子速度和半径相对应的离心力的转换列线图（图 9-1）。将离心机转数换成相对应的离心力时，先在离心机半径标尺上取已知离心机的半径和在转数标尺上取已知的离心机转数，然后将这两点间画一条直线，在图中间 RCF 标尺上的交叉点，即为相应的离心力数值。例如，已知离心机的转数为 2500r/min，离心机的半径为 7.7cm，将两点连接起来交于 RCF 标尺，此交点 500g 即 RCF。

3. 沉降速率　　根据 Stokes 定律，悬浮微粒在重力场中的重力沉降速度为

$$v_g = \frac{d^2 (\rho_p - \rho_m) g}{18\mu} \qquad (9\text{-}4)$$

要注意式（9-4）成立的条件是 $Re = d\rho_p v_g (\mu < 1)$。

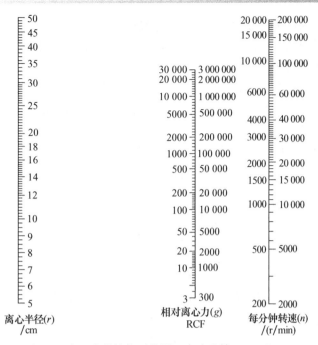

图 9-1 离心力的转换列线图（俞建瑛等，2005）

沉降速率是指在强大离心力的作用下，单位时间内物质运动的距离。体积为 V_p 的粒子，悬浮于密度为 ρ_m 的介质中，根据阿基米德原理，在地心引力场中将受到浮力作用（F_B）：

$$F_B = \frac{mg\rho_m}{\rho_p}$$

式中，m 为粒子质量；ρ_p 为粒子密度。

粒子在离心场中受到的浮力为

$$F_B = \frac{m\rho_m\omega^{2x}}{\rho_p}$$

根据 Stokes 定律，悬浮在介质中的球形粒子移动受到的摩擦力为

$$F_f = 6\pi n\mu r\left(\frac{dx}{dt}\right)$$

式中，r 为球形粒子半径；μ 为液体介质黏度；dx/dt 为粒子移动速率。

为简便起见，只考虑离心力（F_0）、浮力（F_B）和摩擦力（F_f）之间的关系。因此，当移动速率达到恒定时：

$$F_0 = F_f + F_B$$
$$m\omega^{2x} = 6\pi n\mu r\,(dx/dt) + m\rho_m\omega^{2x}/\rho_p$$

粒子质量 m 用 ρ_p 和体积 $4\pi r^3/3$ 的乘积来表示：

$$(4\pi r^3/3)\rho_p\omega^{2x} = 6\pi n\mu r\,(dx/dt) + (4\pi r^3/3)\rho_m\omega^{2x}$$

$$\frac{dx}{dt} = \frac{2r^2(\rho_p - \rho_m)\omega^{2x}}{4\times 9\mu}$$

或

$$\frac{dx}{dt} = \frac{r^2(\rho_p - \rho_m)\omega^{2x}}{18\mu} \tag{9-5}$$

从式（9-5）中可知，粒子沉降速率与粒子半径的平方、粒子密度与液体介质密度差成正比；当粒子密度等于介质密度时，沉降速率为零；当液体介质的黏度增加时，沉降速率下降；当离心力场增加时，沉降速率增加。

4．离心时间　常常会遇到要求在已有的离心机上把某一溶质从溶液中全部沉降出来的问题，这就必须首先知道用多大转速与多长时间才可达到分离目的。如果转速已知，则需要解决沉降时间来确定分离某粒子所需的时间。

某粒子在离心场中，从 X_1 处到 X_2 处所需时间为 $t = t_2 - t_1$：

$$\int_{X_1}^{X_2} \frac{\mathrm{d}x}{\mathrm{d}t} = \int_{t_1}^{t_2} \frac{d^2(\rho_p - \rho_m)}{18\mu} \cdot \omega^2 \mathrm{d}t$$

$$\ln \frac{X_2}{X_1} = \frac{d^2(\rho_p - \rho_m)}{18\mu} \cdot \omega^2 t$$

$$t_2 - t_1 = \frac{18\mu}{d^2(\rho_p - \rho_m)\omega^2} \cdot \ln \frac{X_2}{X_1} \tag{9-6}$$

5．沉降系数　沉降系数是指单位离心力作用下粒子的沉降速率，可以用下式表示：

$$S = \frac{\dfrac{\mathrm{d}x}{\mathrm{d}t}}{\omega^2 X}$$

$$S\mathrm{d}t = \frac{\mathrm{d}x}{x} \cdot \frac{1}{\omega_2}$$

积分得

$$S \cdot \int_{t_1}^{t_2} \mathrm{d}t = \frac{1}{\omega^2} \int_{X_1}^{X_2} \frac{\mathrm{d}x}{\mathrm{d}t}$$

$$S = \frac{\ln \dfrac{X_2}{X_1}}{\omega^2(t_2 - t_1)} = 2.303 \frac{\log \dfrac{X_2}{X_1}}{\omega^2(t_2 - t_1)} \tag{9-7}$$

$$\omega = \frac{2\pi n}{60} = 0.105 n$$

$$S = \frac{2.1 \times 10^2 \cdot \log \dfrac{X_2}{X_1}}{n^2(t_2 - t_1)}$$

所以，S 的单位应该是（cm/s）/（cm/s²），即其单位为（s）。

S 实际上时常在 10^{-13} s 左右，实践中这个单位太大了。令 $1S = 10^{-13}$s，是为了纪念在离心技术发展中做出了贡献的 Svedberg。

为了便于比较，常用 20℃纯水中的沉降系数为标准（$S_{20,w}$）表示，其他条件下的沉降系数与标准沉降系数的关系为

$$S_{20,w} = S_{T,m} \frac{\mu_{T,m}(\rho_p - \rho_{20,w})}{\mu_{20,m}(\rho_p - \rho_{T,m})} \tag{9-8}$$

式中，$S_{T,m}$ 为在温度为 T、介质 m 中的沉降系数，s；$\mu_{T,m}$ 为在介质 m、温度为 T 时的黏度，kg/（m³·s）；$\mu_{20,m}$ 为 20℃纯水中的黏度，kg/（m³·s）；ρ_p 为粒子 p 的密度，g/L；$\rho_{T,m}$ 为在介质 m、温度为 T 时的密度，g/L；$\rho_{20,w}$ 为 20℃纯水中的密度，g/L。

6. K因子（澄清因子） K因子又称澄清因子，它估计了粒子从离心管上最近转轴处（$X_{\min}$）到最远处（$X_{\max}$）所需的时间。有了K值就可以估计具有一定沉降系数的某种颗粒的沉降时间。

颗粒沉降时间可以用下式计算：

$$T=\frac{1}{S}\frac{\ln\frac{X_2}{X_1}}{\omega^2} \tag{9-9}$$

式中，T为样品颗粒安全沉降到管底的时间，也叫澄清时间，s；S为颗粒沉降系数；X_2和X_1分别是旋转轴中心到离心管底部及样品液面的距离，cm。

把 $[\ln(x_1/x_2)\omega^2]$ 用常数K表示：

$$K=TS$$

若t的时间单位用h，S以 Svedberg 单位（S）表示，由于$1S=10^{-13}$s，可得

$$K=\frac{10^{13}}{3600}\frac{\ln\frac{X_2}{X_1}}{\omega^2} \tag{9-10}$$

将$\omega=2\pi n/60$代入式（9-10）中，可得

$$K=\frac{2.53\times10^{11}\cdot\ln\frac{X_2}{X_1}}{\omega^2} \tag{9-11}$$

K因子是转子的效率因子，与转子大小和速率有关。

S、X_2和X_1不变时，由公式可知：①K值越低，颗粒沉降时间越短，转子使用效率越高；②$\omega_1^2 t_2=\omega_2^2 t_1$；③$K$值与转速平方成反比，$\omega_1^2 K_1=\omega_2^2 K_2$。

转子出厂时已标上最大转速时的K值，由此可求得低速时的转速，但文献或厂家所给K值均从离心管腔顶部而不是液面计算的，故实际K值比理论K值小。

通常，离心机的转子说明书中提供的K值，都是根据最大路径及在最大转速下所计算出来的数值。如果已知粒子的沉降系数为80S的Polysome，采用的转子的K因子是323，那么预计沉降到管底所需的离心时间是 $T=K/S=4$h，利用此公式预估的离心时间，对水平式转子最适合；对固定角式转子而言，实际时间将比预估的时间来得快些。

二、离心过滤原理

将料液送入有孔的转鼓并利用离心场进行过滤的过程，以离心力代替压力为推动力完成过滤作业，兼有离心和过滤的双重作用，其工作原理见图 9-2。半径越大离心过滤面积和离心力越大。

以间歇式离心过滤为例，离心过滤可分为3个阶段。

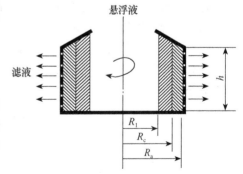

图 9-2 离心过滤原理（严希康，2003）

1. 滤饼形成 料液进入装有过滤介质（滤网或有孔套筒）的转鼓中，然后转鼓加速旋转到一定速度，料液在鼓壁上几乎形成一中空的圆柱面。粒子受离心力而沉积，过滤介质则阻止固体粒子通过，形成滤饼。当悬浮液的固体粒子沉积时，滤饼表面生成了澄清液，该澄清液透过滤饼层和过滤介质上的小孔向外排出。

2. 滤饼压紧 在过滤后期，由于施加在滤饼上的部分载荷的作用，相互接触的固体粒子经接触面传递粒子应力，逐渐排列紧密，空隙减小，空隙中的液体逐渐排出，滤饼开始体

积缩小，此时的过滤推动力是滤饼对液体的压力和液体所受的离心力，所以过滤推动力是变化的。

3. 滤饼的压干　此时滤饼层的结构已排列得非常紧密，其毛细组织中的液体被进一步排出。液体受到的离心力对固体产生压力，由于近转鼓内壁处的压力最大，因此越接近转鼓内壁，滤饼越干。

但是根据物料性质的不同，有时可能只需进行一个或两个阶段，如较大颗粒的结晶体就只有第一阶段。

第二节　离心分离设备

一、离心分离设备概述

离心机是生物化学实验室及生物化工业广泛使用的分离设备。实验室常用的离心机以离心管式转子离心机为主，离心操作为间歇式。工业用离心设备一般要求有较强的处理能力并可进行连续操作。

（一）离心机的分类

离心机根据其离心力（或转速）的大小可分为低速离心机、高速离心机和超速离心机。低速离心机最大转速为 8000r/min，相对离心力为 10^4g 以下，在实验室和工业中都有广泛用途，主要用于细胞、细胞碎片和培养基残渣等固形物的分离，也用于酶的结晶等较大颗粒的分离。高速离心机最大转速为 $(1\sim2.5)\times10^4$r/min，相对离心力为 $10^4\sim10^5g$，主要用于各种沉淀物、细胞碎片和细胞器等的分离；超速离心机最大转速为 $(2.5\sim12)\times10^4$r/min，相对离心力可达 10^6g，主要用于 DNA、RNA、蛋白质等生物大分子及细胞器、病毒等的分离纯化，样品纯度的检测，沉降系数和相对分子量的测定等。

按使用温度分为常温和冷冻离心机；按容量和用途分为分析型离心机、制备型离心机和大容量冷冻离心机；按放置方式分为台式离心机、落地式离心机等；根据排出沉渣的方式可分为停机排出沉渣的保留固体式离心机、连续运转分批自动排出沉渣的排出固体式离心机、连续运转连续排出浓缩液体的喷嘴式离心机及进行液液分离的离心机或萃取机。

生化分离常用的为高速冷冻离心机。各种离心机的种类和适用范围见表 9-1。常用的离心机分类如下：

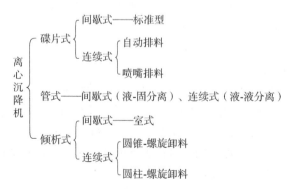

表 9-1 离心机的种类和适用范围（孙彦，2005）

离心机种类	转数/（r/min）	离心力/g	适用范围			
			细胞	细胞核	细胞器	蛋白质
低速离心机	2 000~6 000	2 000~7 000	适用	适用	—	—
高速离心机	10 000~26 000	8 000~80 000	适用	适用	适用	—
超速离心机	30 000~120 000	100 000~600 000	适用	适用	适用	适用

（二）离心机的转子及附件

离心机转子是离心机的重要组成部件。针对离心过程中对流和区带划分问题，研究者设计了多种不同形式的转子。对流问题在离心力较高时更为明显，而区带的确定和分离也较为困难。例如，在高角速度下进行胶体离心分离时就会出现这样的问题。转子的类型有水平转子、角转子、垂直转子、区带转子、分析转子等（图 9-3）。表 9-2 列出了常见的转子类型及其应用范围。转子用高强度合金制成，应力强，有的具备 X 射线检测系统，但是有使用寿命。

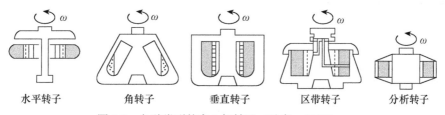

水平转子　　角转子　　垂直转子　　区带转子　　分析转子

图 9-3 各种类型的离心机转子（孙彦，2005）

表 9-2 转子类型及其应用范围（刘铮等，2004）

转子类型	粒化效果	带级沉降效果	带级浮选效果	等密性
固定角转子	很好	有限	好	易变
近垂直转子	—	差	好	易变
垂直转子	—	好	好	很好
摆动叶片转子	不好	好	很好	好
带状转子	—	很好	很好	好

1. 转子

1）角转子。离心管放置的位置与旋转轴心形成固定角度，一般为 14°~40°。铺设的梯度液和叶片平面开始是水平方向，当转子旋转时，改变为离心轴平行的垂直方向，离心停止后又恢复原来状态。适用于差速离心。

2）水平转子。开始处于垂直方向的离心管由于离心时转子高速旋转，受离心力的作用，装离心管的吊桶使离心管甩成水平方向，颗粒的沉降方向与旋转轴心垂直。常用于差速-区带离心和等密度离心。

3）垂直转子。离心管垂直插入转子孔穴，离心时液层产生 90°变化，从开始的水平方向变成垂直方向，当转子降速时，垂直分布的液层又逐渐趋向水平，待停转后，液面又恢复成水平方向。主要应用于差速-区带离心和等密度离心。

4）区带转子。是中空的圆柱体，分上下两半，中间由螺纹连接。转子中央有一轴核及伸向四面的 4 块隔板，把转子腔分为 4 个扇形槽室，梯度液及样品可以通过轴核及隔板内通道流入转子的中心区及边缘区。在离心时，可使密度梯度分离在转子腔中进行，提高了样品分离率。由于区带转子比其他转子容量大，因此适用于较大量样品的分离。

2. 附件　不同离心机用途不同，有的还带有一些附件，如梯度混合仪、部分收集器、记录仪和分光光度计。

3. 离心管　离心机的离心管根据材料不同分为有玻璃离心管、塑料离心管和不锈钢离心管。

塑料离心管常用聚乙烯管、纤维素管、聚碳酸酯管和聚丙二醇酯管等，它们都有各自的物理特性和化学特性，要根据不同情况来选用。这种类型的离心管使用时切记样品充满离心管，离心力不能超过 200 000g。不锈钢离心管是用优质合金制成的，它能抗热、抗化学腐蚀，又能用来蒸、煮、高压消毒，一般是配对的，上有编号。

下面根据分离原理不同，分别介绍一下离心沉降设备和离心过滤设备，超速离心设备将在下一节中介绍。

二、离心沉降设备

（一）设 备

沉降式离心机包括实验室用瓶式离心机和工业用的无孔转鼓离心机，其中无孔转鼓离心机有管式（或鼓式）、多室式、碟片式及卧螺式等几种类型（图 9-4）。

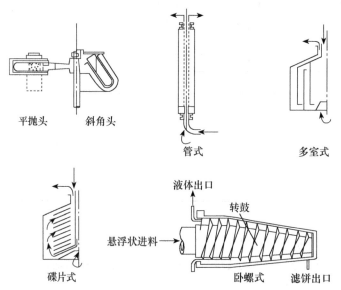

图 9-4　沉降式离心机设备类型（严希康，2003）

1. 瓶式离心机　这是一类结构简单的实验室常用的低、中速离心机，转速一般在 3000～6000r/min，其转子外摆式或角式。操作一般在室温下进行，也有配备冷却装置的冷冻离心机。

2. 管式离心机　分为液液分离的连续式管式离心机和液固分离的间歇式管式离心机，结构简单（图 9-5），仅是一根直管形的圆筒或转鼓，其直径较小，长度较大，壁上没有开孔，转速较高，可达到 50 000r/min，从而产生强大的离心力，除此之外它还可以冷却，这有利于蛋白质的分离。操作时，悬浮液或乳浊液从管底加入，在离心力的作用下，被转筒的纵向肋板带动与转筒同速旋转，上清液在顶部排出，固体粒子沉降到筒壁上形成沉渣和黏稠的浆状物。由于这种设备无固体排出口，运转一段时间后，有部分沉渣就会从出口随清液流出，当出口液体中固体含量达到规定的最高水平，澄清度不符合要求时，需停机清除沉渣后才能重新使用，因此沉渣的去除是间歇式的。虽然其结构简单，设备的拆卸和清洁过程易于完成，但反复停顿会影响生产效率，这是该设备的不足之处。

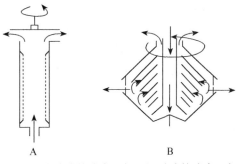

图 9-5 连续式管式离心机和间歇式管式离心机
（刘铮等，2004）

管式离心机转筒一般直径为 $40\sim150mm$，长径比为 $4\sim8$，离心力强度可达 $15\,000\sim65\,000g$，处理能力为 $0.1\sim0.4m^3/h$，适合固体粒子粒径为 $0.01\sim100\mu m$、固液密度差大于 $0.01g/cm^3$、体积浓度小于 1%的难分离的悬浮液，常用于微生物菌体和蛋白质的分离等。

管式离心机具备脱水的功能，但固体容量有限。如果不采取特殊的能够去除泡沫的泵或离心泵，则泡沫现象会影响分离效果。这种设备易于实施冷却，因此能够用于蛋白质的分离。

3. 多室式离心机　　多室式离心机的转鼓内有若干同心圆筒组成若干同心环状分离室间隔而成的环隙通道，这些通道是串联相通的（图 9-6）。这样可加长分离液体的流程，使液层减薄，以增加沉降面积，减少沉降距离，同时还有粒度筛分的作用，越靠近旋转轴心的液体流速越大，而颗粒所受的惯性离心力越小，悬浮液中的大颗粒沉降到靠近内部的分

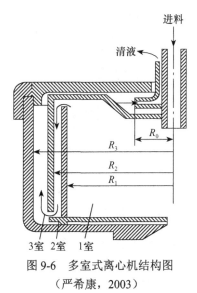

图 9-6 多室式离心机结构图
（严希康，2003）

离室壁上，澄清的分离液经溢流口或由向心泵排出。多室式离心机的出渣比较困难，一般在运转一段时间后，待分离液澄清度不符合要求时，停机处理。这种离心机有 $3\sim7$ 个分离室，转鼓的分离线路较长，离心力强度为 $2000\sim8000g$，处理能力为 $2.5\sim10m^3/h$，适合固体粒子的粒径为 $0.1\mu m$、固液浓度小于 5%易于分离的悬浮液，并且有较大的生产能力。常用于抗生素液液萃取分离、果汁和酒类饮料的澄清等。

4. 碟片式离心机　　这是一种应用最为广泛的离心机，最初是针对奶油的分离而研制的。它有一密封的转鼓，固定着十至上百个锥顶角为 $60°\sim100°$ 的锥形碟片，悬浮液由中心进料管进入转鼓，从碟片间隙向碟片内缘流动。由于碟片间隙很小，形成薄层分离，从而增加了沉降面积，固体颗粒的沉降距离短，分离效果好。颗粒沉降到碟片内表面上后向碟片外缘滑动，最后沉降到鼓壁上，已澄清的液体经溢流口或由向心泵排出。在碟片转动的时候，可用一束光穿过它们来监测不同的组分区域。碟片式离心机的离心力强度为 $3000\sim10\,000g$，碟片间距一般为 $0.5\sim2.5mm$，与被处理物料的性质有关。锥顶角的大小应大于固体颗粒与碟片表面的摩擦角。

碟片式离心机既能分离低浓度的悬浮液（液固分离）又能分离乳浊液（液液分离）。两相分离和三相分离的碟片形式有所不同，液固或液液两相分离所用的碟片为无孔式，它们的工作原理见图 9-7。三相分离所用的碟片在一定位置有孔，以此作为液体进入各碟片间的通道，孔处于轻

液和重液两相界面的相应位置上（图 9-7 右侧）。

根据卸渣方式，碟片式离心机又可分为以下几种。

（1）人工排渣的碟片式离心机　　这是一种间歇式离心机，其转鼓如图 9-8 所示，机器运行一段时间后，转鼓上聚集的沉渣增多，而分离澄清度下降到不符合要求时，需停机清除沉渣后才能重新使用。这种离心机用于进料中固体颗粒浓度很低的场合（<1%），但可达到很高的离心力，特别适合用于分离两种液体并同时除去少量固体颗粒，也可用于澄清作业，如用于抗生素的提取，疫苗的生产，梭状芽孢杆菌的收集及维生素、生物碱甾类化合物的制造。

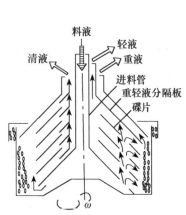

图 9-7　液固分离（左侧）和液液
分离（右侧）的工作原理（欧阳平凯和胡永红，2003）

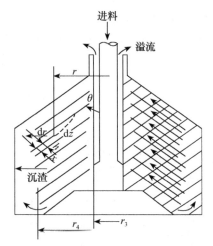

图 9-8　碟片式离心机转鼓及物料流动示意图
（严希康，2003）

（2）喷嘴排渣碟片式离心机　　这是一种连续式离心机，具有结构简单生产能力强等特点。其转鼓（图 9-9）呈双锥形，转鼓周边有若干个喷嘴，一般为 2～24 个，喷嘴直径为 0.5～3.2mm。由于排渣的含液量较高，具有流动性，故喷嘴排渣碟片式离心机多用于浓缩过程，浓缩比例可达 5～20。这种离心机的转鼓直径可达 900mm，最大处理量为 300m³/h，喷嘴易堵，适合于处理颗粒直径为 0.1～100μm、体积浓度小于 25% 的悬浮液，如用于抗生素、酶、氨基酸和微生物或单细胞蛋白质、酵母、淀粉、糖蜜等。该设备排出固体为浓缩液，为了减少损失，提高固体纯度，需要进行洗涤；喷嘴易磨损，需要经常调换。

（3）活塞排渣碟片式离心机　　这种离心机利用活门启闭排渣口进行断续自动排渣（图 9-9）。位于转鼓底部的环状活门在操作时可以作上下运动，位置下降时开启排渣口卸渣，排渣时可以不停车；上升时，则关闭排渣口，停止卸料，这种离心机的离心强度为 5000～9000g，处理能力可高达 40m³/h，适合固体粒子的直径为 0.1～500μm、固液密度差大于 0.01g/cm³、固相含量小于 5% 的悬浮液。对于一些难分离的物料特别有效，如大肠杆菌之类，因此其应用范围是最广的。

（4）喷嘴排渣碟片式离心机　　这是近年来开发的机型，它和相同直径的活塞机相似，其速度可增加 23%～30%，故可使离心强度达 15 000g 左右，这是其他碟片式离心机所不能及的，该机型可用于酶制剂、疫苗和胰岛素生产中分离物的澄清、酶的生产中细菌的收集及 DNA 的收集和澄清（图 9-10）。

（5）螺旋卸料沉降离心机　　该机型有立式和卧式两种，后者又称卧螺机，是用得较多的形式（图 9-11）。悬浮液经加料孔进入螺旋内筒的进料孔进入转鼓，沉降到鼓壁的沉渣由螺旋运输到转鼓小端的排渣孔排出，螺旋与转鼓在一定的转速差下，同向回转，分离液经转鼓大端的溢流口排出。

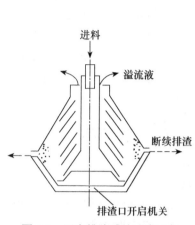

图 9-9 活塞排渣碟片式离心机
（严希康，2003）

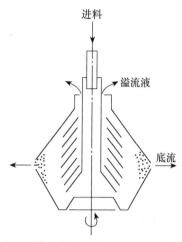

图 9-10 喷嘴排渣碟片式离心机
（严希康，2003）

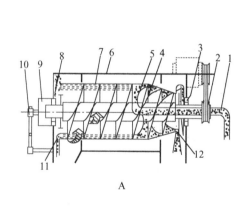

A

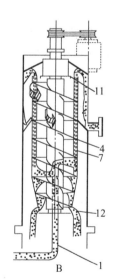

B

图 9-11 卧式（A）和立式（B）螺旋卸料沉降离心机结构示意图（严希康，2003）

1. 进料管；2. 三角皮带轮；3. 右轴承；4. 螺旋输送器；5. 进料孔；6. 机壳；
7. 转鼓；8. 左轴承；9. 行星差速器；10. 过载保护装置；11. 溢流口；12. 排渣孔

转鼓有圆锥形、圆柱形和锥柱形等形式，其中圆柱形有利于液相澄清，圆锥形有利于固相脱水，锥柱形则兼顾二者的特性，是常用的转鼓形式，锥柱筒体的半锥角为 5°～18°。

卧螺机是一种连续进料、全速旋转、分离和卸料的离心机。其最大离心强度可达 6000g，操作温度可达 300℃，操作压力一般为常压（密闭性可从真空到 0.98MPa），处理能力为 0.4～60m³/h，适于处理颗粒粒度为 2～5000μm、固相浓度为 1%～50%、固液密度差大于 0.05g/cm³ 的悬浮液，常用于胰岛素、细胞色素、胰酶的分离和淀粉精制及废水处理等。

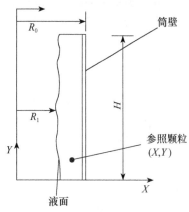

图 9-12 管式离心机工作示意图
（严希康，2003）

（二）离心沉降机的计算

1. 管式离心机计算　　管式离心机的分离原理可用图 9-12 进行分析。管式离心机的分离过程模型，其核心是描述颗粒的位置如何随时间变化。进入离心机的颗粒将获得两个方向的运动，一个沿轴向的自下而上运动，另一个沿径向的向壁运动。

设料液中微粒与旋转轴线距离为 X，与离心管底部的距离为 Y，根据 Belter 方程，微粒随料液在泵的作用下，在管中由上而下运动，其轴向速度：

$$\frac{dY}{dt} = \frac{Q}{\pi(R_0^2 - R_1^2)} \tag{9-12}$$

式中，Q 为给料流速或生产能力，m^3/s；R_0 为离心半径，m；R_1 为液体界面与旋转轴线的距离，m。

在实际操作中，管式离心机的转速高达 $10^4 \sim (8 \times 10^4)$ r/min，所以重力的作用可以忽略不计，转鼓内液体界面与旋转轴线的距离 R_1 几乎不随距离 Y 的改变而改变。固体微粒在离心力的作用下，沿径向运动的速度为

$$\frac{dX}{dt} = \frac{d^2(\rho_s - \rho)\omega^2 r}{18\mu} \tag{9-13}$$

式中，μ 为料液的黏度，$Pa \cdot s$。

微粒在重力场中的沉降速度 v_g 为

$$v_g = \frac{d^2(\rho_s - \rho)g}{18\mu} \tag{9-14}$$

将式（9-14）和式（9-13）合并，可得

$$\frac{dX}{dt} = v_g \frac{\omega^2 r}{g} \tag{9-15}$$

用式（9-12）除以式（9-15）可得出微粒在离心管中的运动轨迹，即

$$\frac{\frac{dX}{dt}}{\frac{dY}{dt}} = \frac{dX}{dY} = v_g \frac{\omega^2 r}{g} \frac{\pi(R_0^2 - R_1^2)}{Q} \tag{9-16}$$

从式（9-16）可以看出当 v_g 较高时，微粒较快到达管壁，凡是沉降到管壁的粒子才有可能被除去；而当给料流速 Q 增大时，悬浮固体微粒将向上运动更远的距离才能到达管壁沉降，Q 太大时，微粒就很难达到管壁而去除不掉。所以，对于那些刚好能被分离沉降的微粒，若其进入转管时（$Y=0$）处于 $X=R_1$ 的位置，则其随料液向上运动到转管顶部时（$Y=L$），微粒刚好沉降运动到转管壁面而被截获分离，这类粒子称为边界粒子。系统内的粒子很多，有很多难去除的粒子，在生产上关注的主要是那些难以去除的粒子，对于这些难以去除的粒子，按进入和离开的边界条件（边界粒子的条件）进行积分得有效分离的适宜物料流量 Q 为

$$Q=\frac{\pi L(R_0{}^2-R_1{}^2)v_g\omega^2}{g\ln\dfrac{R_0}{R_1}} \tag{9-17}$$

式（9-17）中给出了粒子在离心机中获得分离时的最大流速与粒子性质（v_g）和离心机特性（L、R_0、R_1 及 ω）的函数关系。由于管式离心机的转速很高，离心力很大，故 R_0 几乎等于 R_1。令 $R=(R_0+R_1)/2$，则 $(R_0^2-R_1^2)/\ln(R_0/R_1)$ 可以简化为

$$\frac{R_0{}^2-R_1{}^2}{\ln\dfrac{R_0}{R_1}}=\frac{(R_0-R_1)(R_0+R_1)}{\ln\dfrac{1+(R_0-R_1)}{R_1}}$$

$$=(R_0+R_1)R_0=2R^2 \tag{9-18}$$

将式（9-18）代入式（9-17）中，得

$$Q=v_g\frac{2\pi LR^2\omega^2}{g}=v_g\sum \tag{9-19}$$

式（9-19）同样表明了最大流量 Q 取决于系统的性质 v_g（料液的黏度、密度，固体粒子的大小及密度等）和离心机的特性（L、R 和 ω）。这给离心机的设计、发展及操作带来了方便，可以在固定一种性质的情况下，考虑另一种特性变化的影响，反之亦然。

2. 碟片式离心机的计算 碟片式离心机的分离原理可用理想的碟片式离心机（图 9-13）来分析，碟片式离心机分离模型的核心也是描述颗粒的位置如何随时间变化，只是碟片式离心机的几何结构更为复杂，这使得分析和描述更为困难。

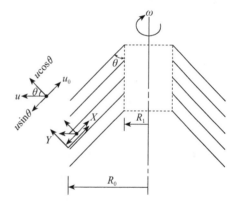

图 9-13 碟片式离心机工作示意图（严希康，2003）

在碟片式离心机中，料液从中心管中进入离心机的底部，有两种运动即以 θ 角沿着锥形碟片向上、向内运动。假设典型粒子位于直角坐标的某点 (X,Y)，X 是指沿着碟片方向离开碟片外缘的距离；而 Y 是指离开碟片的垂直（最下面碟片外缘）距离。碟片外缘与内缘半径分别为 R_0、R_1，转速为 ω。

1）粒子在 X 轴方向的速度。由于流体流动和沉降，颗粒沿 X 轴方向移动的速度为

$$\frac{\mathrm{d}X}{\mathrm{d}t}=v_0-v_\omega\sin\theta \tag{9-20}$$

式中，v_0 为产生的液速，m/s；v_ω 为粒子在离心力的作用下产生的沉降速度，m/s；θ 为碟片与垂直线间的倾角。

当 $\theta=0$ 时，粒子的运动只受对流的影响，这时粒子的运动与管式离心机中的运动相当。在多数场合下，v_0 比 v_ω 大得多，v_0 与半径成反比，因碟片间的环隙通道截面积是与半径成正比的。此外，v_0 还是微粒位置的 Y 坐标的函数，即在碟片表面，$v_0=0$，所以可用下式表示：

$$v_0=\frac{Qf(Y)}{n(2\pi rl)} \tag{9-21}$$

式中，Q 为给料流速或生产能力，m³/s；n 为碟片间隙数；r 为微粒与转鼓轴线的距离，m；l 为相邻碟片间隙宽度，m；$f(Y)$ 为碟片间流速变化的函数。

从式（9-21）中可以看出，Q 为常数时，$Q/[n(2\pi rl)]$ 代表了液体流经碟片间的平均速度，与离心机半径成反比。根据质量守恒定律，液体在 Y 方向上 v_0 的平均值与对流速度相等，
即

$$\frac{1}{l}\int_0^l v_0 dY = \frac{Q}{N(2\pi rL)} \tag{9-22}$$

根据定义，函数 $f(Y)$ 在碟片间隙 l 上的积分为

$$\frac{1}{l}\int_0^l f(Y)dY = 1 \tag{9-23}$$

将式（9-20）和式（9-21）合并，当 v_0 远大于 v_ω 时，可得粒子在 x 轴上的运动速度为

$$\frac{dX}{dt} = v_0 - v_\omega \sin\theta \approx v_0 = \frac{Q}{2\pi nrl}f(Y) \tag{9-24}$$

2）粒子在 Y 轴上的运动速度。由图 9-13 可知，粒子沿 Y 轴方向的运动速度分量为

$$\frac{dY}{dt} = v_\omega \cos\theta \tag{9-25}$$

用 v_g 和角速度 ω 表示 v_ω：

$$\frac{dY}{dt} = v_g \cos\theta\left(\frac{\omega^2 r}{g}\right) \tag{9-26}$$

用式（9-24）除以式（9-26）可以表示粒子在碟片式离心机片层间的运动轨迹：

$$\frac{\dfrac{dY}{dt}}{\dfrac{dX}{dt}} = \frac{dY}{dX} = \frac{2\pi n l v_g \omega^2 r^2 \cos\theta}{Qgf(Y)}$$

由图 9-13 可知，$r=R_0 - X\sin\theta$，将其代入上式中，可得粒子在碟片式离心机片层间的运动轨迹：

$$\frac{dY}{dX} = \frac{2\pi n l v_g \omega^2 \cos\theta(R_0 - X\sin\theta)^2}{Qgf(Y)} \tag{9-27}$$

同样，在生产上关注的主要是那些难以去除的粒子，为了达到有效的固液分离，必须使难去除的固相粒子在相邻两碟片间运动时抵达碟片底部。可以看出，处于碟片外缘半径（即 $X=0$ 处）且在相邻两碟片中下碟片上（即 $Y=0$ 处）的粒子是难以分离的，若离开碟片间隙前正好抵达上碟片底部，即坐标为 $X=(R_0 - R_1)/\sin\theta$，$Y=1$ 的粒子在离心力的作用下，刚好被收集到沉渣中，这些粒子称为边界粒子。这些难以去除的粒子，按进入和离开的边界条件（边界粒子的条件）进行积分得有效分离的适宜物料流量 Q 为

$$Q = v_g\frac{2\pi n\omega^2(R_0^3 - R_1^3)\cot\theta}{3g} = v_g\sum \tag{9-28}$$

从式（9-28）不难看出，此公式与管式离心机得出的公式是一致的。离心机允许的最大料液流量即生产能力 Q，取决于系统的性质 v_g（料液的黏度、密度，固体粒子的大小及密度等）和离心机的特性（l、r 和 ω）。

3. 卧螺机的计算　　卧螺机的分离原理也可以从粒子运动的规律分析得出，根据管式和碟片式离心机得出的普遍结论，生产能力的公式为

$$Q = v_g\sum \tag{9-29}$$

式中，Q 为给料流速或生产能力；v_g 为粒子的沉降速度；$\sum$ 为当量沉降面积。

从图 9-14 和图 9-15 可以看出，∑与离心机的结构性能有关，转鼓不同，∑也不同。

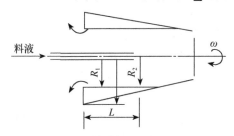
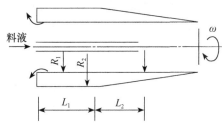

图 9-14　卧螺机转鼓示意图（圆锥形）　　　图 9-15　卧螺机转鼓示意图（圆锥形-圆柱形）

（1）转鼓为圆锥形

$$\sum = \frac{\pi l \omega^2 (R_0{}^2 + 3R_0 R_1 + R_1{}^2)}{4g} \tag{9-30}$$

式中，l 为料液的轴向长度。

（2）转鼓为圆锥形-圆柱形

$$\sum = \frac{\pi l_1 \omega^2 (R_0{}^2 + 3R_1{}^2)}{2g} + \frac{\pi l_2 \omega^2 (R_0{}^2 + 3R_0 R_1 + R_1{}^2)}{4g} \tag{9-31}$$

式中，l_1 为圆柱部分料液的轴向长度；l_2 为圆锥部分料液的轴向长度。

三、离心过滤设备

（一）离心过滤设备分类

离心过滤机的转鼓多为一个多孔圆筒，圆筒内装通常真空抽滤或加压过滤。操作时，被处理的料液由圆筒口连续进入筒内，在离心力的作用下，清液透过滤布及鼓壁的小孔被收集排出，固体颗粒则被截留于滤布表面形成滤饼。可以分离固体密度大于或小于液体密度的悬浮液，它可分为连续式和间歇式（图 9-16）。间歇式离心机通常在减速的情况下由刮刀卸料，或停机抽出滤布或转鼓套筒进行卸料。工业上常用篮式（或筐式）离心机。

常用的离心过滤机的分类如下所示。

1. 连续式离心机　　用活塞卸料和振动卸料两种方法：①活塞卸料离心机借助活塞的往返运动带动卸料盘进行脉动卸料，另有多级活塞卸料离心机，它是活塞卸料离心机的改进型式，其网孔转鼓多为多阶梯结构；②振动卸料离心机为立式结构，其网孔转鼓为锥

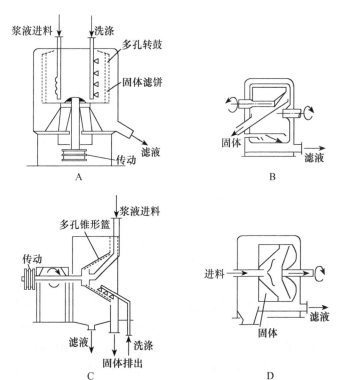

图 9-16　离心过滤设备（严希康，2003）

A. 间歇立式轴；B. 间歇卧式轴；C. 连续锥形滤网；D. 连续推送式

形，物料由小端进入，转鼓的轴向振动和固体粒子的重力产生指向大端方向的总推动力，该推动力克服了粒子与转鼓间的摩擦力，使粒子从转鼓小端向大端移动，达到卸料的目的。

2. 螺旋卸料式离心机　螺旋卸料式离心机分卧式（图 9-17）和立式两种。立式螺旋卸料式离心机用于需耐压的场合，并具有较高的离心力。卧式螺旋卸料式离心机的转鼓有圆柱形、圆锥形和圆锥-圆柱形三种。圆柱形用于液相的澄清；圆锥形用于固相的脱水；圆锥-圆柱形既能用于澄清又能用于脱水，是一种常用的型式，连续沉降-过滤式螺旋卸料离心机（图 9-18）便是一种，该机集螺旋沉降离心机和螺旋过滤离心机于一体，在连续沉降式离心机的锥部小端至卸渣口设置一个柱形网孔转鼓段，液体借助于粒子的沉降而澄清，粒子则借助于压缩和锥部排流而脱水，但最终脱水和洗涤在网鼓段进行。

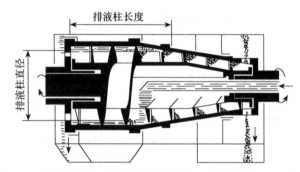

图 9-17　卧式螺旋卸料式离心机结构图（欧阳平凯，2003）

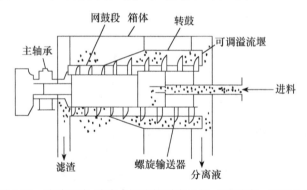

图 9-18　连续沉降-过滤式螺旋卸料离心机（严希康，2003）

高速沉降式螺旋卸料离心机适用于黏性大、较难分离的物料（如活性污泥），其转速为 3000～6000r/min，离心力为 3000～46 000g。

螺旋卸料离心机的规格很多，WL 型螺旋卸料离心机有三种规格：转鼓直径为 200mm、300mm、450mm，半锥角为 11°，转速为 2000～4000r/min，离心力为 100～2400g。

螺旋卸料离心机主要有以下特点。①对颗粒直径的适应范围大。②进料浓度对分离效率的影响较小，保证了产品的均一性。③沉降性差的物料使转鼓和螺旋的转速差降低，可以提高分离效率。④占地面积小，处理量大。⑤普通型耐压 9.8×10^4Pa，特殊的可使耐压增加 10 倍（如立式）。螺旋卸料离心机可用于易燃、易爆、有毒需密闭操作的场合。⑥对料液浓度的适应范围大。既可用于 1%以下的稀薄悬浮液，又可用于 50%的浓悬浮液。在操作过程中浓度有变化时无须特殊调整。⑦可在料液中加入凝聚剂一起入机，从而加快固体的沉降。

3. 篮式离心机　结合了滤布置于打孔薄板侧壁处离心和过滤的功能。此类离心机由一个侧壁为打孔薄板的转篮构成。金属网或滤布截拦固体，但允许液体通过。悬浮液从轴线进入离心机，固体沉积在转篮壁上，转篮内置于容器中，该容器将分离出的液体引入储液罐中，用来处理或循环利用。目前最常用的为三足式离心机。立式有孔转鼓悬挂于三根支足上，所以习惯上称为三足式（图9-19）。

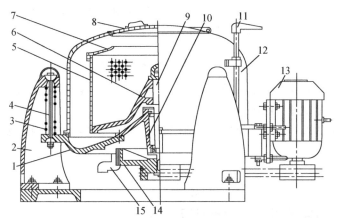

图9-19 三足式离心机的结构（欧阳平凯，2003）

1. 底盘；2. 支足；3. 缓冲弹簧；4. 摆杆；5. 转鼓壁；6. 转鼓底；7. 拦液板；8. 机盖；9. 主轴；
10. 轴承座；11. 制动器手把；12. 外壳；13. 电动机；14. 制动轮；15. 滤液口

三足式离心机的悬挂点比机体重心高，可以保证机器的稳定性；缓冲弹簧可以减轻垂直重力方向的振动；主轴很短，所以机构紧凑；机身高度小利于卸料和加料。

4. 卧式刮刀离心机 卧式刮刀离心机结构（图 9-20）比三足式离心机的自动化程度高，各工序中间不需要停车，使用效率高，功率消耗较小，使用范围大。

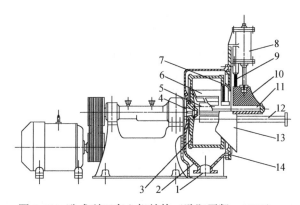

图9-20 卧式刮刀离心机结构（欧阳平凯，2003）

1. 滤液出口；2. 外壳；3. 转鼓；4. 主轴；5. 耙齿；6. 刮刀；7. 拦液板；8. 油缸；
9. 导向柱；10. 刀架；11. 刀杆；12. 进料管；13. 卸料斗；14. 前盖

卧式刮刀离心机的转鼓直径为240～2500mm；离心力为3000g，转速为450～3500r/min，可用于颗粒的范围为5～10mm、固相浓度范围为5%～60%的分离。

（二）离心过滤的计算

以工业上常用的篮式离心机为例进行计算讨论。过滤器是半径为 R_0 的多孔圆筒，转鼓的内表面铺有一层流动阻力较小的滤布，料液连续地加入圆筒，被迅速旋转的圆筒甩向内壁，一方面形成恒定的料液表面，离轴半径 R_1，另一方面粒子积累于内壁上形成滤饼，离轴的半径为 R_C，为简化离心过滤计算，设滤饼是不可压缩的。

其中，R_1 和 R_0 分别为中空柱状料液的内径和外径（即忽略介质厚度的转鼓内径），对某一离心机在一定转速下这两个值基本是不变的；而 R_C 为滤饼的内径，其值随过滤时间延长而增大。设滤饼是不可压缩的，过滤压差 ΔP 与滤液流速 v 成正比，即

$$\frac{\Delta P}{I} = (\mu r x_0)v \tag{9-32}$$

式中，I 为滤饼厚度，m；μ 为料浆黏度，Pa·s；r 为滤饼容积比阻力，$1/m^2$；x_0 为滤饼密度，即单位体积料液所含的滤渣量，kg/m^3。

由于转鼓上的滤饼非平面状，而是中空圆柱面，其压差沿半径方向而改变，故式应改写为微分式：

$$-\frac{dp}{dr} = (\mu r x_0)v \tag{9-33}$$

而滤液流速 v 与过滤生产能力即流量 Q 的关系：

$$v = \frac{Q}{2\pi l} \tag{9-34}$$

式中，Q 为滤液的生产能力；l 为离心机的高度。

结合式（9-33）和式（9-34），得

$$-\frac{dp}{dr} = (\mu r x_0) \cdot \frac{Q}{2\pi l} \tag{9-35}$$

沿滤饼层（即 $R=R_C$ 至 $R=R_0$）的过滤压差 Δp 可由式（9-35）从 $R_C \to R_0$ 积分求得，为

$$\Delta P = Q\frac{\mu r x_0}{2\pi l} \cdot \ln\frac{R_0}{R_C} \tag{9-36}$$

而在离心场的作用下转鼓壁面上的料液层沿径向的压力差为

$$\Delta P = \frac{x\omega^2(R_0^2 - R_C^2)}{2} \tag{9-37}$$

综合式（9-36）和式（9-37），可以得出过滤离心分离能力为

$$Q = \frac{\pi l \omega^2 x(R_0^2 - R_C^2)}{\mu r x_0 \ln\dfrac{R_0}{R_C}} \tag{9-38}$$

因上式中的滤饼半径 R_C 是随分离时间而减少的，故分离能力 Q 是逐渐下降的。

下面求解过滤离心分离得到滤液体积 V 所经历的过滤时间 t。

设 x 为滤饼密度（kg/m^3），则有

$$Q = \frac{dV}{dt} \tag{9-39}$$

和

$$V = \frac{\pi l x_1}{x_0}(R_0^2 - R_C^2) \tag{9-40}$$

把式（9-39）代入式（9-40）中，以 R_C 对 t 微分，再把式的 Q 值代入后，积分并移项整理得

所需时间：

$$t=\left[\mu r x_1 \frac{R_C{}^2}{2x\omega^2(R_0{}^2-R_C{}^2)}\right]\left[\left(\frac{R_0}{R_C}\right)^2-\ln\left(\frac{R_0}{R_C}\right)-1\right] \tag{9-41}$$

对通常的真空抽滤或加压过滤，所需的操作时间为

$$t=\left(\frac{\mu r x_0}{2\Delta p}\right)\cdot\left(\frac{V}{A}\right)^2 \tag{9-42}$$

根据质量衡算，有

$$\frac{V}{A}=\left(\frac{x_1}{x_0}\right)\left(x_0\cdot\frac{V}{x_1}\cdot A\right)=\left(\frac{x_1}{x_0}\right)(R_0-R_C) \tag{9-43}$$

把式（9-43）代回式（9-42）中，可得出近似离心式过滤机由开始操作至滤饼厚度为（R_0-R_C）时所需的过滤时间：

$$t=\mu r x_1{}^2\frac{(R_0{}^2-R_C{}^2)}{2x_0\Delta p} \tag{9-44}$$

四、离心分离设备的放大

离心分离根据规模可分为实验室小型的离心和大规模工业离心，二者存在着很大差异，但又有联系。大规模工业离心分离操作的设计包括利用实验室小型试验数据对现有型号的离心机的生产力进行估算和对合适商品离心机进行选用。

在放大时首先要注意两点：①实验室小型的离心和大规模工业的离心在过程上存在很大差异；②离心机是高速旋转的机械，有高强度要求，转鼓大小及其转速受到限制。

（一）应用等效时间 t_e 的近似方法

对给定的分离方法，可计算离心力和离心时间的乘积得出等效时间，以此来估计分离的难易度：

$$t_e=t\cdot\frac{\omega^2 R_0}{g}$$

式中，R_0 为特征半径，通常用转鼓的半径来表示，m；t 为分离时间，s；ω 为离心机旋转的角速度，rad/s；g 为重力加速度，约为 9.8m/s^2。

某些生物细胞或微粒的典型 t_e 如表 9-3 所示。

表 9-3 某些生物细胞或微粒的典型等效时间值（严希康，2003）

生物物质名称	等效时间/（×10^{6}s）	生物物质名称	等效时间/（×10^{6}s）
真核细胞、叶绿体	0.3	细菌细胞、线粒体	18
真核细胞碎片、细胞核	2	细菌碎片、溶菌体	54
蛋白质沉淀物	9	核糖体、多核糖体	1100

等效时间一经实验室小试确定，便可选择具有相似的等效时间的大型离心机。该方法比较粗糙，但在选择新型号离心机时可以使用。

用于估算等效时间的小试的离心机可一机多用，附加三种可变换的转鼓：第一种转鼓是管式

的，可用 10mL 带刻度的离心管便于估算等效时间；第二种转鼓是用于乳浊液分离的碟片式机；第三种是带喷嘴的排渣碟片式转鼓，用于固液分离，可连续操作。

（二）应用离心机的几何特征参数 ∑ 进行定量分析

对于已有离心机的选用，用参数∑计算是最有效的方法。但选用新型号的离心机最好是先估计等效时间后再用参数∑估算。

不同的离心机几何特征参数∑的计算公式如下。

对于管式离心机：

$$\sum = 2\pi L R^2 \omega^2 / g$$

对于碟片式离心机：

$$\sum = 2\pi n \omega^2 (R_0{}^3 - R_1{}^3) \cot\theta / 3g$$

对于卧螺式离心机：

$$\sum = \pi l \omega^2 (R_0{}^2 + 3R_0 R_1 + R_1{}^2) / 4g \ （圆锥形）$$

$$\sum = [\pi l_1 \omega^2 (3R_1{}^2 + R_0{}^2) / 2g] + [\pi l_2 \omega^2 (R_0{}^2 + 3R_0 R_1 + R_1{}^2) / 4g] \ （圆锥-圆柱形）$$

v_g 是微粒的函数，本质上与离心机无关，但可用上面介绍的小型离心机通过实验确定。∑是离心机的几何结构函数，对于管式和碟片式离心机而言都是长度平方的量纲，不是微粒的函数。因此，在选用离心机时，必须首先选那些能满足参数∑要求的离心机，以适应分离过程所需的微粒沉降速度 v_g 和生产能力 Q。

在离心机放大和选性时，还必须根据离心机分离实践经验进行具体分析，对待处理液，特别是悬浮液微粒的特性进行实验分析测试。另外，要仔细分析离心机制造厂提供的资料，详细了解离心机的操作性能和使用特性，表 9-4 和表 9-5 分别为常用离心机的特性和在生物分离中应用的例子。

表 9-4　常用离心机的特性和选用（欧阳平凯，2003）

分离特性	管式	机型		螺旋式
		碟片式		
		活塞排渣	喷嘴排渣	
微粒直径/(10^{-6}m)	0.01～1	0.5～15	0.5～15	>2
离心力/g	10^4～6×10^5	10^3～2×10^4	10^3～2×10^4	10^3～10^4
料液含固量/%	0.01～0.2	0.1～5	1～10	5～50
排渣方式	间歇或连续	间歇	连续	连续
滤渣状况	团块状	糊膏状	糊膏状	较干
生产能力/(m³/h)	10	200	300	200
适用分离过程	澄清、液液分离、液固分离	澄清、浓缩、液液分离、液固分离	沉降浓缩、液液分离、液固分离	沉降浓缩、液固分离

表 9-5　微生物及生化物质的分析（严希康，2003）

发酵产物	微生物名称	微粒直径/(10^{-6}m)	离心分离相对流量/%	适合的离心机类型
酶	枯草芽孢杆菌	1～2	7	活塞排渣式、喷嘴排渣式
疫苗	梭菌	1～2	5	活塞排渣式

续表

发酵产物	微生物名称	微粒直径/（10^{-6}m）	离心分离相对流量/%	适合的离心机类型
单细胞蛋白	假丝酵母	3～7	50	喷嘴排渣式、螺旋式
柠檬酸	黑曲霉	3～10	30	螺旋式、活塞排渣式
抗生素	霉菌	3～10	20	螺旋式
抗生素	放线菌	3～20	7	活塞排渣式
面包酵母	啤酒酵母	5～8	100	喷嘴排渣式
啤酒、果酒	啤酒酵母	5～8	60～80	喷嘴排渣式

第三节 超速离心技术

超速离心技术是指根据物质的沉降系数、质量和形状不同，在相对离心力在 100 000g 以上将混合物中各组分分离、浓缩、提纯的操作技术。离心技术既可以是制备型的，又可以是分析型的。它在生物化学、分子生物学及细胞生物学的发展中起重要的作用。超速离心技术主要用于线粒体、微粒体、溶酶体、病毒、DNA、RNA、蛋白质等细胞亚结构及生物大分子等的分离纯化、样品纯度的检测、沉降系数和分子量的测定等。

超速离心技术是现代生物技术领域研究中不可缺少的实验室分析和制备手段。这里主要介绍超速离心技术的工作原理、超速离心技术分类及超速离心设备。

一、超速离心技术的工作原理

超速离心技术中使用的离心机是无孔转鼓，也是离心沉降。根据前面的知识可知，粒子在离心场中进行沉降的沉降速度为

$$v_{\omega} = \frac{d^2(\rho_p - \rho_m)}{18\mu} \cdot \omega^2 x \tag{9-45}$$

式中，d 为粒子的直径；ρ_p 和 ρ_m 为分别为粒子和介质的密度；ω 为旋转角速度；x 为粒子离轴中心的距离；μ 为介质的黏度。

从式（9-45）可知，一个球形颗粒的沉降速度不但取决于所提供的离心力，也取决于粒子的密度和直径及介质的密度。

若粒子在离心场中作匀速直径运动，则有

$$v_{\omega} = \frac{dx}{dt} \tag{9-46}$$

式（9-45）和式（9-46）合并后积分，可以求出粒子在某介质中沉降到底部所需要的时间：

$$t = \frac{18\mu \ln \dfrac{x_1}{x_2}}{d^2 \omega^2 (\rho_p - \rho_m)} \tag{9-47}$$

式中，t 为沉降时间；d 为粒子的直径；ρ_p 和 ρ_m 分别为粒子和介质的密度；ω 为旋转角速度；x_1 为旋转轴中心到液体弯月面的距离；x_2 为旋转轴中心到离心管底部的距离；μ 为介质的黏度。

从式（9-47）中可知，在某一转速时，沉降一组均匀的球形颗粒所需的时间与它们的直径的平方及它们的密度和悬浮介质的密度之差成反比，与介质的黏度成正比。也就是说，当粒子直径和密度不同时，移动同样距离所需的时间不同，在同样的沉降时间里，其沉降的位置也不同，

这是"微分分离"的基础。利用它可以从组织匀浆中分离细胞器，其主要细胞成分的沉降从先到后的顺序为细胞和细胞碎片、细胞核、叶绿体、线粒体、溶酶体、微粒体和核蛋白。若采用密度梯度离心，分离会更加精密。

上述公式不适合于非球形粒子，对于质量一定但形状不同的粒子，沉降速度是不同的，超速离心就是利用这点来研究大分子构象的。另外，只适合于符合牛顿流体的稀的固体悬浮物，对于浓度较高的悬浮液，粒子运动会受到附近粒子的干扰，因此，必须对浓悬浮液中的粒子运动速度加以校正。

$$\frac{v_{\omega}'}{v_{\omega}} = \frac{1}{1 + \beta \varepsilon_{p}^{\frac{1}{3}}} \tag{9-48}$$

式中，v_{ω} 和 v_{ω}' 分别为稀和浓的固体悬浮物的沉降速度；β 为经验参数；ε_{p} 为悬浮粒子在液体中的体积分数。其中，

$$\beta = \begin{cases} 1 + 3.05\varepsilon_{p}^{2.84} & 0.15 < \varepsilon_{p} < 0.5 \text{（不规则粒子）} \\ 1 + 2.29\varepsilon_{p}^{3.43} & 0.20 < \varepsilon_{p} < 0.5 \text{（不规则粒子）} \\ 1 \sim 2 & \varepsilon_{p} < 0.5 \end{cases}$$

二、超速离心技术分类

超速离心技术按照处理要求和规模可以分为制备用超速离心技术、分析用超速离心技术和分析-制备两用超速离心技术。制备用超速离心机主要用于细胞器、生物大分子等的分离纯化；分析用超速离心机主要用于样品纯度的检测、沉降系数的测定、分子量的测定，所以分析用超速离心机配置了光学检测系统、自动记录仪和计算机数据处理系统等；分析-制备两用超速离心机则同时具备分离纯化和分析检测的功能。

下面主要介绍制备用超速离心技术、分析用超速离心技术。

（一）制备用超速离心技术

制备用超速离心技术的主要目的是最大限度从样品中分离高纯度目标组分，以进行深入的生物化学研究。它可以分离量非常大的物质，如从成批的或连续的培养液中收集微生物细胞；从组织培养液中得到动植物细胞，以及从血液中分离血浆，也可以从已通过某些预纯化的制剂中分离像蛋白质那样的大分子。

制备用超速离心技术分离和纯化生物样品用三种方法：差速离心法、差速-区带离心法和等密度离心法（图9-21）。

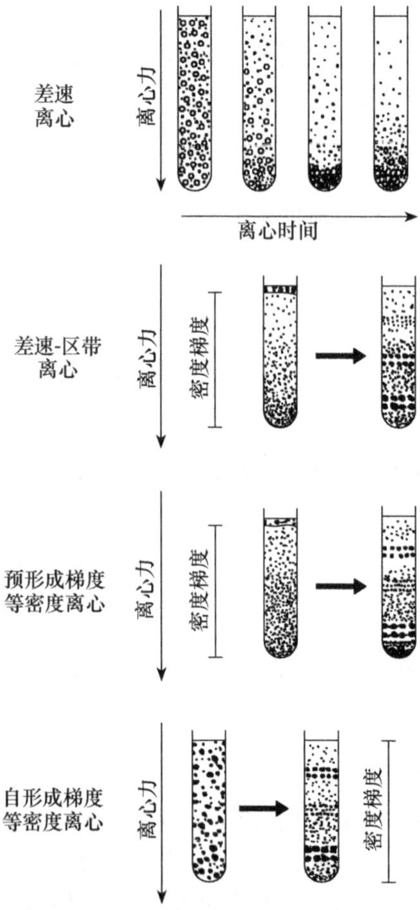

图 9-21 各类超速离心分离示意图
（严希康，2003）

1. 差速离心法 粒子差速离心，简称差速离心法。它是利用不同粒子在离心场中沉降的差别，在同一离心条件下，沉降速度不同，通过不断增加相对离心力，或低速高速交替进行离心，使一个非均匀混合液内大小、形状不同的粒子在不同速度及不同的离心时间下分批沉淀下来的方法。操作过程中一般在离心后用倾倒的方法把上清液与沉淀分开，然后将上清液加高转速离心，分离出第二级沉淀，如此反复加高转速，逐级分离出所需的物质。该方法的缺点如下。①在某离心力下除大粒子都沉淀外，一些中等粒子及少数小粒子也可能沉淀下来，且数目随时间延长而增加，所以每次沉降的沉淀颗粒不是均一的，需要将沉淀重新悬浮、洗涤、再次离心，反复数次，才有较好的效果。②颗粒被挤压，离心力过大、离心时间过长会使颗粒变形、聚集而失活。③壁效应严重，特别是当颗粒浓度很大或很高时，在离心管一侧会出现沉淀。其优点是操作简便，离心后用倾倒法即可将上清液与沉淀分开，并可使用容量较大的角转子。

差速离心的分辨率不高，沉降系数在同一个数量级内的各种粒子不容易分开，一般用来分离沉降系数（大小和密度）相差较大的粒子，用于其他分离手段之前的粗制品提取，如细胞器和病毒的分离。图9-22为从大鼠肝匀浆分级分离出各种亚细胞组分的示意图。

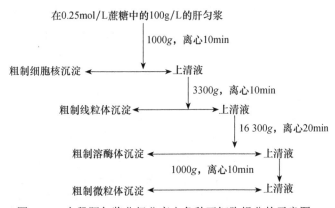

图 9-22 大鼠肝匀浆分级分离出各种亚细胞组分的示意图

2. 差速-区带离心法 差速-区带离心法又称密度梯度离心法、沉降速度法或动态法，它是把样品铺放在一个连续的液体密度梯度上（为了防止形成的区带由于对流而引起混乱），然后进行离心，并控制离心分离的时间，使粒子在完全沉降之前，在液体梯度中移动而形成不连续分离区带，使沉降系数比较接近的物质分离在一个区带中。

为了使沉降系数比较接近的颗粒得以分离，必须配制好合适的密度梯度系统。密度梯度系统是在溶剂中加入一定的溶质制成的。这种溶质称为梯度介质。梯度介质具有足够大的溶解度，以形成所需的密度梯度范围。不会与样品中的组分发生反应，也不会引起样品组分的凝集、变性或失活。常用的梯度介质如蔗糖、甘油或 CsCl 等，其适用范围是蔗糖浓度 5%～60%，密度范围是 $1.02～1.30g/cm^3$。

密度梯度一般采用密度梯度混合器进行制备。制备得到的密度梯度可以分为线性梯度、凹形梯度和凸形梯度等（图 9-23）。当贮液与混合室的截面积相等时，形成线性梯度 A；贮液小于混合室的截面积时，形成凹形梯度 B；贮液大于混合室的截面积时，形成凸形梯度 C。密度梯度离心常用的是线性梯度。形成的梯度有两种：连续密度梯度和不连续密度梯度。后者叫作分层的密度梯度，其特点是把密度不同的溶液一层一层地放在离心管中。如图 9-24 所示，密度最大的在最下层，密度小的在上边，要分离的样品放在最上面，然后进行离心。这个密度梯度的优点是可允许增加梯度的容量，而且可人为地使被分离组分分布更加集中。

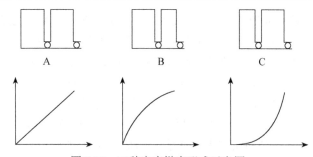

图 9-23　三种密度梯度形式示意图

A. 线性梯度；B. 凹形梯度；C. 凸形梯度

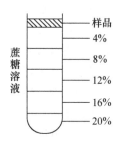

图 9-24　密度梯度混合器示意图

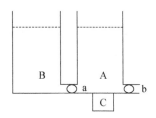

图 9-25　DGF-U 型自动密度梯度
混合器剖面图（郭勇，2005）

连续的密度梯度是通过一种特殊的密度梯度混合器来制备的。密度梯度混合器有两种：简易密度梯度混合器和自动密度梯度混合器。①简易密度梯度混合器由贮液室、混合室、电磁搅拌器和阀门等组成（图 9-25）。配制时，将稀释液置于贮液室 B，浓溶液置于混合室 A，两室的液面必须在同一水平。操作时，首先开动电磁搅拌器，然后打开阀门 a 和 b，流出的梯度液经过导管小心地收集在离心管中，也可以将浓溶液置于 B 室，稀溶液置于 A 室，但此时梯度的导液管必须直插到离心管的管底，让后来流入的浓度较高的混合液将先流入的浓度较低的混合液顶浮起来，形成由管口到管底逐步升高的密度梯度。②DGF-U 型自动密度梯度混合器如图 9-26 所示，此装置可同时制成 1～6 支梯度管，离心后又能把不同物质分部分层取出。它由蠕动泵、分配器、升降器、液面测定针等部件组成。整个装置由控制板上的选择器旋钮来控制仪器的运转和导管的升降。其工作原理如图 9-26 所示，轻溶液和重溶液分别在不同的两烧杯中，当蠕动泵旋转时，轻溶液沿着稀密度导管上升，经虹吸管一分为二，分别流入装有轻溶液、重溶液的两烧杯中。此时，轻溶液的浓度不变，而重溶液则变轻，又由于重溶液中附有搅拌器，其浓度能均匀下降。改变着浓度的重溶液由一蠕动泵送入分配器，把溶液均匀地分配给 6 支离心管。如果只制备 1 支或 3 支梯度管时，由于分配器上附有活塞，只需关闭分配器的 5 支或 3 支导管，同时降低泵速即可。在连接 1 号离心管的导管上附有液面测定针，它能把离心管液面上升（或下降）的信号输送给升降器，使其指挥插入 6 支离心管中的导管同时随液面的升降而升降，以时刻准确地计量离心管中制成梯度液的体积，并达到额定体积时停机。以上制成的梯度自管底到管口是线性递减的。

离心前，将样品小心地铺在预先制备好的密度梯度的表面，同梯度液一起离心。离心后在近旋转轴处（x_1）的密度最小，离旋

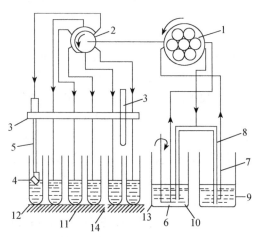

图 9-26　DGF-U 型自动密度梯度混合器
工作原理示意图（何忠效，2004）

1. 内有蠕动泵；2. 分配器；3. 升降器；4. 液面测定针；
5. 泄放导管；6. 浓密度导管；7. 稀密度导管；8. 虹吸管；
9. 5%蔗糖；10. 流速控制钮；11. 选择器旋钮；12. 离心管架；
13. 搅拌器；14. 离心管

转轴最远处（x_2）介质的密度最大，但最大介质密度必须小于样品中粒子的最小密度，即 $\rho_p > \rho_m$。经过离心，不同大小、不同形状、具有一定沉降系数差异的颗粒在密度梯度溶液中形成若干条界面清楚的不连续区带，再通过穿刺、虹吸或切割离心管的方法将不同区带中的颗粒分开收集，得到所需物质而达到彼此分离的目的。梯度液在离心过程中及离心完毕后，取样时起着支持介质和稳定剂的作用，避免因机械振动而引起已分层的粒子再混合。

由于 $\rho_p > \rho_m$，可知 $S > 0$，因此该离心法的离心时间要严格控制，有足够的时间使各种粒子在介质梯度中形成区带。如果离心时间过长，所有的样品可全部到达离心管底部；离心时间不足，样品还没有分离。

该法仅用于分离有一定沉降系数差的粒子，与粒子的密度无关。因此，大小相同密度不同的粒子（线粒体、溶酶体和过氧化物酶体）不能用此法分离。这种方法已用于 RNA-DNA 混合物、核蛋白体和其他细胞器的分离。常用的梯度液有 Ficoll、Percoll 及蔗糖。

3. 等密度离心法 等密度离心是指被分离的不同粒子的密度在离心介质的密度梯度范围内，在离心力场的作用下，不同浮力密度的颗粒或向下沉降，或向上漂浮，一直沿梯度移动到与它们浮力密度恰好相等的位置（等密度）上，形成区带。

等密度离心常常是在离心前先装入密度梯度介质，此种密度梯度液包含了被分离样品中所有粒子的密度，待分离的样品在梯度顶上或混在梯度液中，离心开始后，梯度液由于离心力的作用逐渐形成底浓而管顶稀的密度梯度，与此同时原来分布均匀的粒子也发生重新分布。当管底介质的密度大于粒子的密度，即 $\rho_m > \rho_p$ 时粒子上浮；在弯顶处 $\rho_p > \rho_m$ 时，则粒子沉降，最后粒子进入一个它本身的密度位置即 $\rho_p = \rho_m$，此时 $\mathrm{d}x/\mathrm{d}t$ 为零，粒子不再移动，粒子形成纯组分的区带，此区带的位置与样品粒子的密度有关，而与粒子的大小和其他参数无关，因此只要转速、温度不变，延长离心时间也不能改变这些粒子的成带位置。

等密度离心的有效分离取决于颗粒的浮力密度差，密度差越大，分离效果越好，与颗粒的大小和形状无关。但后者决定着达到平衡的速度、时间和区带的宽度。颗粒的浮力密度不是恒定不变的，还与其原来密度、水化程度及梯度溶质的通透性或溶质与颗粒的结合等因素有关。例如，某些颗粒容易发生水化使密度降低。等密度离心的分辨率受到颗粒性质（密度、均一性、含量）、梯度性质（形状、斜率、黏度）、转子类型、离心速率和时间的影响。颗粒区带宽度与梯度斜率、离心力、颗粒分子量成反比。

等密度离心常用的离心介质是铯盐，如氯化铯、硫酸铯、溴化铯等。有时也采用三碘化苯的衍生物。

在以氯化铯为离心介质时，产生所需起始密度的氯化铯的重量，可以按照下式计算：

$$a = 137.48 - \frac{138.11}{d} \tag{9-49}$$

式中，a 为每 100mL 样品液所需加入的 CsCl 克数；d 为所需配制的 CsCl 溶液的 25℃的密度。

表 9-6 为在实际应用过程中氯化铯溶液的起始密度（d）与所需加入的氯化铯重量（a）及氯化铯溶液的终体积（V）之间的关系。

根据梯度产生的方式可分为预形成梯度等密度离心和自形成梯度等密度离心。

（1）预形成梯度等密度离心 本法需要事先制备梯度，常用的梯度介质主要是非离子型的化合物（如蔗糖、甘油等）。离心时把样品铺在梯度介质的液面上或导入离心管底部，这个密度包括了所需要研究的密度范围，直到粒子的漂浮密度和梯度的密度相等时，粒子发生沉降，并排列成不同的区带。用这一技术可以定量地从线粒体和过氧化物酶体中分离溶酶体。

表 9-6 氯化铯溶液的起始密度与所需加入的氯化铯重量及氯化铯溶液的终体积之间的关系（郭勇，2005）

起始密度/（g/mL）	每100mL样品液所需加入的CsCl的重量/g	溶液最终体积/mL	起始密度/（g/mL）	每100mL样品液所需加入的CsCl的重量/g	溶液最终体积/mL
1.66	1.17	1.30	1.72	1.31	1.33
1.67	1.19	1.30	1.73	1.33	1.33
1.68	1.22	1.31	1.74	1.35	1.34
1.69	1.24	1.31	1.75	1.36	1.34
1.70	1.26	1.32	1.76	1.37	1.35
1.71	1.29	1.32			

等密度离心分离也可以不用密度梯度来进行，这时样品需要先在一个足够使较重粒子沉降的速度下离心，分离除去这些较重的粒子后，再把含有所需粒子的样品悬浮在一个与被分离组分具有相等密度的介质中，重新离心直到所需的物质沉降为止，密度低于所需物质的粒子漂浮在弯月面上。

（2）自形成梯度等密度离心　其又称平衡等密度离心。平衡等密度离心常用的梯度介质有粒子型盐类（如 CsCl 或铷盐和三碘化苯衍生物等）。离心时是把密度均一的介质溶液和样品混合后装入离心管中，通过离心自形成梯度，让粒子在梯度中进行分配。离心达到平衡后，不同密度的粒子在梯度中各自分配到其等密度点的位置上，形成不同的区带。粒子达到等密度点的时间与转速有关，提高转速可缩短平衡时间，延长时间可弥补转速不高的问题，一般离心所需的时间应以最小粒子达到平衡的时间为准。这一方法已用于分离和分析人血浆脂蛋白。

此法一般用于物质的大小相近而密度差异较大时，常用的梯度液是 CsCl。

（二）分析用超速离心技术

分析用超速离心技术主要用于研究纯的或基本上是纯的大分子或粒子（如核糖体）。它只需要很少量的粒子和特殊的转头，并配备有光学分析系统，如光吸收、折射、干扰等来连续地监测粒子在离心场中的行为，从这样的研究中得到的资料可以推断粒子的纯度、分子量和构象的变化。

1. 分子量的测定　借助纹影光学系统和吸收扫描光学系统，用沉淀速度法可以测定沉降系数（S）：

$$S = \frac{1}{\omega^2 r} \cdot \frac{\mathrm{d}x}{\mathrm{d}t}$$

式中，ω 为角速度；r 为粒子的瞬间旋转半径，cm；t 为时间，s。

取对数得

$$S = \frac{\ln x_2 - \ln x_1}{\omega^2 (t_2 - t_1)}$$

式中，x_1、x_2 分别为在时间 t_1、t_2 时运动粒子到离心机转轴中心的距离，cm；t_1、t_2 分别为测定开始和测定结束的时间，$t_2 - t_1$ 为测定时的离心时间，s。

分子量与沉降系数有一定的对应关系，测出沉降系数可以通过下列公式计算出粒子的分子量（M）：

$$M = \frac{RTS}{D(1 - v\rho)}$$

式中，M 为分子量；R 为气体常数；T 为热力学温度，K；S 为沉降系数，s；D 为分子扩散系数；v 为分子的部分比容积（1g溶质加入大溶剂中所占的体积）；ρ 为溶剂密度。

表 9-7 列出了几种蛋白质的沉降系数和分子量。

表 9-7　几种蛋白质的沉降系数和分子量（何忠效，2004）

蛋白质	分子量	沉降系数	蛋白质	分子量	沉降系数
核糖核酸酶	13 683	1.64	血红蛋白	68 000	4.54
卵清蛋白	45 000	3.55	过氧化氢酶	250 000	11.30
血清白蛋白	65 000	4.31	脲酶	480 000	18.60

2. 大分子纯度的估计　用沉降速度法分析沉降界面是测定制剂均质性的最广泛的方法之一，如果试剂是均质的，则会出现单个清晰的沉降界面，如果有杂质，则还有另外一些峰出现在主峰的一侧或两侧。

3. 检测大分子中构象的变化　分子构象上的变化，可以通过检查样品在沉降速度上的差异来证实，分子越是紧密，它在溶剂中的摩擦阻力越小；分子越不规则，摩擦阻力就越大，沉降速度就越慢，因此通过样品在处理前后沉降速度的差异，可以检测它在构象上的变化。

三、超速离心设备

超速离心设备主要是超速离心机，超速离心机主要由机械转动装置、转子和离心管组成。此外，还有一系列附件设备装置。为了防止样品液的溅出，一般有离心管帽；为了防止温度升高，超速离心机均有冷冻系统和温度控制系统。为了减少空气阻力和摩擦，均设置有真空系统。此外，还有一系列安全保护系统、制动系统及各种指示仪表。

超速离心机根据用途可分为制备型和分析型等。

（一）制备型超速离心机

制备型超速离心机是指在强大离心力场的作用下，按照粒子的沉降系数、质量和形状不同，将混合物样品中各组分分离、提取的设备。制备型超速离心机的结构装置较复杂，一般由转子传动系统、速度控制系统、温度控制系统和真空系统 4 个主要部分组成。完善的冷却和真空系统，消除摩擦热（转速大于 20 000r/min，摩擦产热较严重），可保护转子和离心样品；精确、严格的传动系统，速度、温度的控制系统，以及防过速装置、润滑系统、电子控制装置和操纵板等保证操纵安全、自动化和良好的离心效果。

在离心技术发展史上，制备型超速离心是制备离心发展的最高形式，它与其他离心形式的不同之处如表 9-8 所示。

表 9-8　几种不同级别的制备型离心机的比较（陈来同，2004）

类型	最大转速/（r/min）	离心力/g	转子	仪器性能和特点结构	应用
普通离心机	6 000	6 000	角转子或水平转子	速度不能严格控制，多数室温下操作	收集易沉降的大颗粒（如 RBC、酵母细胞等）
高速离心机	25 000	89 000	角转子、水平转子等	有制冷装置，温控和速度控制较准确、严格	收集微生物、大细胞碎片、硫酸铵沉淀物和免疫沉淀物等，但不能有效沉淀病毒、小细胞器（如核糖体）、蛋白质等大分子

续表

类型	最大转速/(r/min)	离心力/g	转子	仪器性能和特点结构	应用
超速离心机	可达 75 000 以上	可达 510 000 以上	角转子、水平转子、区带转子	有真空和冷却系统,有更为精确的温度和速度控制系统,有保证转子正常运转的传动和制动装置等	主要分离细胞器、病毒、核酸、蛋白质、多糖等,甚至能分开分子大小相近的同位素标记物 ^{15}N-DNA 和未标记的 DNA

(二)分析型超速离心机

分析型超速离心机主要为了研究生物大分子的沉降特征和结构,而不是实际收集一些特殊的部分。它使用了经过特殊设计的转头和检测系统,以便连续地监测物质在离心场中的沉降过程。

该机主要由一个圆形的转头组成,转头上装有透明小孔,以观察离心时粒子的分布,该转头通过一根柔性轴连接到一个高速的驱动装置上,转头在真空冷冻腔中旋转,转头能容纳两个小室,分析室和配衡室,这两个小室在转头中始终保持着垂直位置。配衡室是一个经过精密车工的金属块,作分析室的平衡用。在配衡室上钻通两个孔,它们离开旋转中心的距离是经过标定的,这些标定是用来确定分析室中的距离。分析室(通常容量为 1mL)为扇形,当正确地排列在转头中时,尽管处于垂直位置,其原理和水平转子相同,产生一个十分理想的沉淀条件。分析室有上下两个平面的石英窗,离心机中还装有一个光学系统,可在预定时间里拍摄沉降物质的照片,或通过紫外光的吸收或折射率的不同,对沉降物质进行监视,当光线通过一个具有不同密度区的透明液体时,在这些区带的界面上光线可折射,在检测系统的照相底板上产生一个"峰"。由于沉降不断进行,界面向前推进,因此峰也移动了。从峰移动的速度可以得到物质沉降的数据。

分析型超速离心机可以在约 70 000r/min 的速度下进行操作,产生高达 500 000g 的离心力。目前这类离心机又分为专用的分析型超速离心机和制备兼分析型两用机组。

操作时,将样品与一定浓度的介质溶液混合均匀,也可将一定量的铯盐加到样品液中使其溶解,然后在选定的离心力的作用下,经过足够的时间离心分离。在离心过程中,铯盐在离心力的作用下沉降,自动消除密度梯度。样品中不同浮力密度的颗粒在其各自的等密度点位置上形成区带。

采用铯盐作为离心介质时,它们对铝合金的转子有很强的腐蚀作用,必须注意的是要防止铯盐溶液溅到转子上,使用后将转子仔细清洗和干燥,有条件的最好采用钛合金转子。

小　结

离心分离技术在生物分离工程中是一种有效的固液分离方法,常用于生物分离中的不溶性固体的分离操作。同时离心技术通过高速旋转产生的离心力实现不同密度颗粒的高效分离,广泛应用于细胞分离、蛋白质纯化、病毒提取等领域。其核心原理是通过调整离心力大小(转速和半径)来实现精准分离,具有高效、快速且保护样品生物活性的优势。尽管设备复杂且需要根据具体样品的特性进行精细调整,但离心技术仍是生物分离中不可替代的核心技术,适用于过滤难以实现的复杂固液分离操作。掌握离心技术的原理与技能对于提高分离效率至关重要。

思 考 题

1. 已知某一离心机的转子半径为25cm，转速为1200r/min，计算相对离心力为多大？

2. 已知某发酵生产分离用的离心机转鼓直径为0.9m，转速为1800r/min，现用一台转鼓直径为0.15m的实验离心机模拟上述生产用离心机的分离操作，其转速应取多少？

3. 应用基因工程菌株生产乙肝疫苗，在产物的分离提取中，须从发酵液中分离提取出菌体。已知离心机转鼓直径是0.125m，转速12 000r/min，发酵液的黏度是2×10^{-2}Pa·s，细胞浓度是50kg/m^3，若转鼓壁面滤饼的厚度为0.04m，菌体细胞直径1×10^{-6}m，求：

1）上述分离条件下的生产能力。

2）若细胞破碎后离心，此时细胞碎片平均直径为5×10^{-7}m，料液黏度升至8×10^{-3}Pa·s，其他条件维持不变，估算离心分离生产能力。

4. 使用喷嘴碟片式离心机从培养液中增浓绿藻细胞，然后用管式高速离心机分离得到浓浆。所用的管式离心机转鼓高1.2m，内径为0.15m，回转分离操作时，液面至管壁距离为0.11m，回转速度为6500r/min，料液密度为1.01g/cm^3，黏度为1.03×10^{-3}Pa·s，绿藻细胞视为球形，其直径不小于1.0×10^{-5}m，细胞密度为1.03kg/m^3。若要回收全部绿藻细胞，允许的料液最高流速应为多少？

5. 应用某一管式离心机从发酵液分离回收面包酵母，当离心机转速为5000r/min，进料速度为0.75m^3/h时，可回收50%的酵母菌体，求：

1）把酵母回收率提高到95%，使用上述离心机时的料液流速。

2）若离心机的转速增至10 000r/min，其他条件维持不变，求此时的进料流速。

6. 从发酵液中提取酵母细胞，假设酵母细胞为球形，密度为1.03g/cm^3，直径为50μm，液体的浓度为1.01g/cm^3，黏度为1.03×10^{-3}Pa·s，求：

1）酵母自由沉降的最终速度。

2）离心机在5000r/min下操作，颗粒距离离心机中心的旋转半径为3cm时，酵母细胞的沉降速度。

3）如果细胞的直径加倍，1）和2）中的最终速度又是多少，如果黏度减少一半呢？

7. 用某一管式离心机来浓缩大肠杆菌的悬浮液。进口流量为30L/s，筒的内径13cm，长75cm，在16 000r/min下操作。如果某碟片机有32块碟片，倾角为45°，内外半径分别为6cm和12cm，在同样的转速下操作，估计两个离心机的∑因子。

1）哪一个可用来进行工业放大？

2）如果把所选择的离心机的∑因子加倍，则将如何影响进口流率？

主要参考文献

陈来同. 2004. 生化工艺学. 北京：科学出版社.

郭勇. 2005. 现代生化技术. 北京：科学出版社.

何忠效. 2004. 生物化学实验技术. 北京：化学工业出版社.

欧阳平凯，胡永红. 2003. 生物分离原理及技术. 北京：化学工业出版社.

孙彦. 2010. 生物分离工程. 2版. 北京：化学工业出版社.

严希康. 2001. 生化分离工程. 北京：化学工业出版社.

俞建瑛，蒋宇，王善利. 2005. 生物化学实验技术. 北京：化学工业出版社.

第十章
蒸发浓缩与干燥

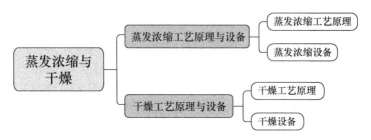

蒸发浓缩（evaporation concentration）是利用加热的方法使溶液中的一部分溶剂（通常为水）汽化后除去，得到含较高浓度溶质的一种操作过程。常作为沉析、结晶、干燥和包装等操作之前的预处理过程。

干燥（drying）是利用热能使湿物料中的湿分（水或其他溶剂）汽化除去的单元操作。干燥操作往往是整个生产过程中在包装之前的最后一道工序。

蒸发浓缩与干燥广泛应用于化工、医药、食品等行业，是相关产物分离过程中重要的单元操作，各自有其相对应的工艺理论基础和装备，下面对它们在生物工程中的应用分别加以讨论。

第一节　蒸发浓缩工艺原理与设备

蒸发浓缩操作是产物分离过程中能耗最高的两大单元操作之一。解决蒸发浓缩过程中的耗能问题，实现节能操作是降低生产成本、与同类企业竞争的制胜法宝。

蒸发浓缩操作为保证溶剂的蒸发，通常在较高的温度下操作，这一操作手段与生物工程制品在高温下易分解、易变性的特性相矛盾，此外，生物工程制品还有易发泡、黏度大等特点，选择合适的蒸发浓缩设备与操作工艺是实现生物制品浓缩的关键。

沸点升高（boiling point elevation）是蒸发浓缩过程中最常见的现象，它不仅影响到蒸发设备的设计水平，还限制了蒸发设备的节能操作。作为一名蒸发浓缩设备的选型和设计人员，沸点升高问题是必须要考虑进去的。

一、蒸发浓缩工艺原理

（一）蒸发浓缩操作目的

1. 提高产物的浓度　　随着蒸发操作的进行，溶剂不断从溶液中逸出，溶质虽然绝对质量未发生改变，但其在溶液中的比例大大增加，这样不仅为实现结晶所需要的过饱和度创造了条件，还为后续的干燥操作降低能耗创造了条件，也为液体包装产品抗杂菌污染提供了高浓环境。

2. 减少溶液体积　　产物经过浓缩操作后，体积大大减小，减少了液体剂型的包装费用和运输费用，并缩小了后道工序装储设备的体积，减少设备投资。

3．回收溶剂　当溶液中溶剂为有机溶剂时，可实现它们的回收。其好处在于：重新获得高价值、纯度较高的溶剂，可重复使用；减少易燃、易爆溶剂所带来的安全问题；减少有毒溶剂对环境造成的污染。

（二）蒸发浓缩应具备的操作条件

为了更好地实现蒸发浓缩操作，以下 4 个操作条件必不可少（梁世中，2002）。

1．持续供能　蒸发过程是一个不断蒸发出溶剂的过程，即溶剂由液态转化为气态的过程。这个过程需要大量的热量供其相变持续进行，溶液本身提供不了这么多的热量，故外部供热必不可少。这一供热手段由蒸汽、导热油、电、火来提供，在加热器中完成换热操作。

2．沸腾蒸发（boiling evaporation）　蒸发在沸腾状态下进行，液体的给热系数高、传热速度快。例如，常压下，水在无相变情况下给热系数不超过 10 000kcal/（$m^2 \cdot h \cdot$℃），而在沸腾时给热系数可达 50 000kcal/（$m^2 \cdot h \cdot$℃）。在蒸发器外对物料进行预热，物料在沸点状态下进料是实现沸腾蒸发的关键所在，可大大提高蒸发器的蒸发效率。

3．维持真空条件　从微观上看，蒸发过程实际上既有溶剂离开液面进入气相的过程，同时也有气相的溶剂分子回到液面成为液相的过程。只有溶剂分子离开液面进入气相的速度大于气相溶剂分子进入液面的速度时，才在宏观上表现为蒸发浓缩的现象。速度差越大，蒸发过程越剧烈，蒸发程度就越高。随着气相中溶剂分子浓度的增加，分子进入液面的速度也在增加，最终导致速度相等，蒸发浓缩过程终止。因此，只有不断地将溶剂分子移出系统，才能保证蒸发过程持续、稳定、高效地进行下去。真空操作是实现该工艺的主要条件，除此之外，真空操作还有以下其他特点。

1）真空蒸发的优点：真空下液体的沸点降低，增大了温度差，降低了加热面积；可促使溶剂迅速排除；可采用低压蒸汽或废蒸汽作加热源；操作温度低，适用于热敏性物料；热损失小，设备及管道可无须保温。

2）真空蒸发的缺点，溶液温度低，黏度大，沸腾的传热系数小，蒸发器传热系数小；系统内压力低于外部常压，料液和冷凝水排出困难，需用泵或大气腿排出；真空度越大，水的蒸发潜热越大，每千克水蒸发耗汽量越大；不断地维持真空条件，增加了真空发生装置的动力消耗，对于单效蒸发来说，没有必要过高地提高真空度。

4．足够的换热面积　在换热器类型、物料性质、加热蒸汽性质确定的条件下，换热器的热流密度（heat flux）是恒定值，它反映了单位时间、单位换热面积上的传热量。为了保证物料能在单位时间内获得足够的热量，必须保证足够的换热面积。

由此可以得出蒸发浓缩过程的基本流程：料液和生蒸汽进入加热室进行热交换，沸腾的料液进入蒸发室（汽液分离器）中分离出二次蒸汽，二次蒸汽进入冷凝器，由冷却水冷凝为冷凝水，二次蒸汽中夹带的不凝性气体由真空泵抽出并形成蒸发器内真空。加热蒸汽冷凝形成的冷凝水可进入预热器对料液进行预热。蒸发室排出的浓缩液进入后道工序。

（三）蒸发浓缩方式

蒸发浓缩操作方式可分为：分批式（间歇式）、连续式和循环式。

1．分批式　料液可一次加入，也可持续、缓慢地加入蒸发器，溶剂不断蒸发，达到指定浓度后，浓缩液一次出料。其特点是：操作简单，浓度控制准确，但加热时间长，不适应热敏性物料。主要设备有：实验室旋转蒸发仪、啤酒糖化工段煮沸锅。

2. 连续式　物料一次性、连续地通过蒸发装置，从蒸发装置出来的就是达到一定浓度的浓缩液，又叫一次式或单程式。其特点：物料受热时间短，适用于热敏性物料，处理量大，设备利用率高，但浓度不易控制。

3. 循环式　是在连续式蒸发装置中，使一部分浓缩液返回蒸发器，而使蒸发器内料液浓度增加的一种操作方法。其特点是：部分浓缩液回流，既增加了进料液的浓度，也保证了加热管中液体的流量，在多效降膜蒸发器中，可防止末效干壁现象的发生，产物浓度能得到很好的控制。目前，许多类型的连续式蒸发器改装为循环式蒸发器。

（四）不同性质物料的蒸发浓缩操作

被浓缩物料的物性如热敏性、结晶性、结垢性、发泡性、黏滞性和腐蚀性是蒸发设备选择的重要依据，不考虑物料的性质而作出的选型，必会带来设备使用过程中的各种故障。

1. 热敏性物料　热敏性物料通常是指那些在较高的温度下（80～110℃）就会发生分解、变性的物质，生物制品大多数属于此类。这类物质不能耐受持续的高温，其蒸发浓缩过程应选择较高真空度、较低温度和较短受热时间的工艺与设备。薄膜蒸发器的各种类型都能用于热敏性物料的蒸发浓缩。

2. 易结晶物料　对于溶解度较低，浓度过饱和度小的物料，在浓缩过程中易进入结晶操作的不稳区，极易产生晶体。一旦晶体出现，物料黏度大增，传热系数降低；如果在加热器内出现晶体，不仅会在加热壁上结垢，导致传热系数下降，更有甚者会造成加热管的堵塞。

例如，有的企业在采用板式热交换器作为多效蒸发器的加热室时，在浓度最高的一效加热室中出现堵塞现象，检查后发现是晶体生成引起板式热交换器流道堵塞。其主要问题是在物料高浓度的情况下，仍选择了高传热系数、流道间隙窄的板式热交换器。更换热交换器为列管式或螺旋板式后，故障消除。

对于易结晶物料，在蒸发浓缩过程中应选择传热系数合适的、大流道的浸液式换热器，提高沸点，防止在加热管中出现结晶。还应选择合适的温度差和真空度，防止蒸发速度过快而导致的结晶产生。

3. 易发泡物料　蛋白质含量高、黏度大的物料容易出现泡沫，其主要是溶液本身溶解的不凝性气体和蒸发过程中产生的大量的二次蒸汽。泡沫产生后，不仅造成传热面的传热系数下降，还使得排出的二次蒸汽夹带大量的泡沫，导致产品收率降低。

对于易发泡物料，在蒸发浓缩过程中首先应选择温度差适中、传热系数合适的加热器，控制二次蒸汽的生成量，减少泡沫的产生；选择长管薄膜蒸发器加热室，依靠高流速的二次蒸汽将产生的泡沫冲碎；增大汽液分离器（蒸发室）直径，降低二次蒸汽的流速，减少泡沫的夹带。

4. 腐蚀性物料　生物发酵法生产的有机酸、氨基酸及在低 pH 条件下提取的产物的浓缩，因其具有较强的腐蚀能力，常规材质加工而成的设备经过几个月的使用后，腐蚀严重，造成设备运行不正常。

对于腐蚀性物料，其蒸发浓缩设备在选材时，应选择耐腐蚀的材质。早期的设备材质多选用石墨，现行选择的材质有 316L、317L、双相钢及钛材，材质耐腐蚀能力逐渐提高。为了降低投资成本，根据产物浓度与腐蚀能力的正相关性，有些厂家采取分段浓缩的工艺，中低浓度下（小于 50%）采用双相钢，高浓度采用钛材。

5. 黏滞性物料　　物料的黏度除与物质本身的黏滞性有关外，还与物料的浓度、温度有关。黏度越大，物料输送越困难，湍流程度越差，传热系数越低。许多企业，尤其是生产成药的中药厂，多采用连续式多效外循环蒸发器进行中药提取物（浸膏）的浓缩，当浓缩到一定浓度后，提取物流动性变差，此时的中药浓缩液打入浸液式分批浓缩锅中进行最后的浓缩，延长了浸膏在浓缩锅中的受热时间，严重影响了成药的质量。

对于黏滞性物料，在蒸发浓缩过程中常采取三种方法来解决该问题：一是提高溶液温度，温度提高，黏度降低，流动性及传热系数提高；二是强化流动，如强制循环；三是选择强制成膜蒸发器，如刮板薄膜蒸发器和离心薄膜蒸发器。

（五）蒸发浓缩操作的节能方法

蒸发浓缩操作多采用蒸汽作为加热热源。一定量的生蒸汽由气相变为液相，因相变的发生而产生大量的相变热，物料吸收这些热量后，会使同样质量的水经相变转化为二次蒸汽，此为绝热条件下的理想情况。实际上因热量损失的存在，并不会有同样质量的水汽化为二次蒸汽，即蒸发1kg 水实际需要 1.1～1.3kg 生蒸汽。

生物工程中有许多市场巨大的产品，如味精、赖氨酸、乳酸、柠檬酸等，产品生产过程中的浓缩量也大，有的企业每小时的蒸发量就达到 15～20t，还有些生物工程企业的生产污水采取蒸发浓缩生产蛋白饲料工艺，每小时蒸发量高达 50t。目前蒸汽的价格为 130～150 元，相当于这些企业在蒸发浓缩阶段每小时的成本仅蒸汽一项就达到 2000～10 000 元。除此之外，还有输送泵和真空系统运行的电能消耗。

可见，蒸发浓缩操作是一个高能耗、高成本的工序，在蒸发浓缩操作中对能耗（energy consumption）和成本做文章，对现有工艺进行改造，降低能耗，是企业在同行中取得竞争优势的最主要手段之一（毛忠贵，1999）。

1. 二次蒸汽的利用　　由于蒸汽费用占整个蒸发设备运行费用的一半以上，因此合理利用蒸汽，可以大幅降低运行成本。常用的节能方法有多效蒸发（multi-effect evaporation）和二次蒸汽压缩（vapour recompression）等。

（1）多效蒸发　　采用多个蒸发器连用，将前一个蒸发器产生的二次蒸汽用作后面一个蒸发器的加热蒸汽，二次蒸汽经过反复利用，直到二次蒸汽无法再利用为止，该工艺称作多效蒸发，图10-1 所示为三效蒸发器流程。多效蒸发需通过真空系统将各效的操作压力依次降低，相应的液体沸点也依次降低，这样二次蒸汽与物料之间有一定的温度差存在，从而使二次蒸汽可以作为下一效的加热蒸汽，通过多次利用而达到节能目的。

二次蒸汽每经过一次利用后，温度会有所降低，故不能无限制地重复利用二次蒸汽。理论上 n 效蒸发器每蒸发 1kg 水仅需 $1/n$ kg 蒸汽，但实际上因热损失要大于该值，如双效需 0.57kg 蒸汽，三效需 0.4kg 蒸汽，四效需 0.3kg 蒸汽，五效需 0.27kg 蒸汽。

从多效蒸发实际消耗生蒸汽的数值上可以看出，虽然高效数可以节省更多的蒸汽，但随着效数的增加，生蒸汽的节省幅度在下降。例如，一效变为二效可节省一半的生蒸汽，但二效变为三效仅能节省三效用汽的 1/3 的生蒸汽，四效变为五效时仅能节省四效用汽 1/10 的生蒸汽。可见，随着效数增加，节能效果越来越差。再者，效数增加，设备投资大大增加。因此，需要找出一个投资成本与运行成本的平衡点，既要降低运行费用，还要节省投资费用。一般情况下，三效和四效是比较合适的多效蒸发方式。

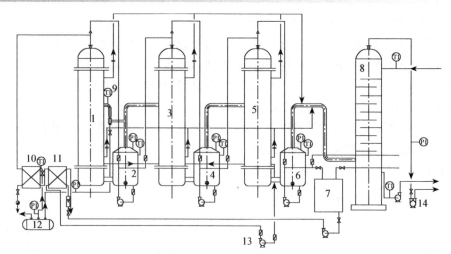

图 10-1　三效蒸发器流程

1，3，5. 一、二、三效加热室；2，4，6. 一、二、三效蒸发室；7. 稀溶液贮罐；8. 混合冷凝器；
9. 蒸汽喷射泵；10，11. 预热器；12. 分汽缸；13. 冷凝水泵；14. 水环真空泵

（2）二次蒸汽压缩　由于蒸发过程中产生的二次蒸汽温度较低，用来作加热蒸汽时，与物料之间的温度差太小，影响了二次蒸汽的利用及多效蒸发的效果和效数。采用二次蒸汽压缩来升高二次蒸汽的压力，使二次蒸汽得到更好的利用，达到节能的目的。图 10-1 中 9 所示的蒸汽喷射泵就是压缩第一效二次蒸汽的热泵。

二次蒸汽压缩又称为热泵压缩。热泵就是以消耗少量高品位能源（如电能）为代价，将大量无用的低温热能转化成有用的高温热能的装置（陈东，2006）。"热泵"是现今社会比较流行、比较时髦的一个有关节能的话题，我们平常生活中的热水器、空调上也开始采取热泵来节能，相应的热水器价格是普通电热水器的 3～4 倍，能耗为普通热水器的 0.25～0.3 倍。

除蒸发过程可通过热泵压缩节能外，蒸发结晶过程、干燥过程及蒸馏过程都可以通过热泵压缩来达到节能的目的。

（3）引出额外蒸汽　蒸发过程中的二次蒸汽不仅供自身蒸发利用，还可以引出部分二次蒸汽作为其他工序的加热热源。二次蒸汽虽然温度较低，但我们利用的不是它的显热，而是它的汽化潜热，故二次蒸汽仍还有相当高的热量可以值得利用。例如，有的工厂将四效蒸发器第二或第三效二次蒸汽引出部分作为产品干燥的加热热源；啤酒厂糖化车间将煮沸锅产生的二次蒸汽引出，加热酿造用水供配料和过滤洗糟用。

2. 冷凝水的再利用　由蒸发器排出的冷凝水（condensate water）仍有着很高的温度，可以作为加热热源来预热料液或加热其他物料。有两种方法利用冷凝水的热量：高温冷凝水与低温料液在预热器内换热（如图 10-1 所示，冷凝水泵 13 将高温冷凝水送入预热器 11 中，与稀溶液进行换热）；高温冷凝水进入下一效加热室的壳程，因真空度提高，冷凝水自蒸发，产生的二次蒸汽作为加热蒸汽加热料液（图 10-1）。

（六）多效蒸发

1. 多效蒸发流程的确定　多效蒸发的几种常用流程有：顺流、逆流和错流。每种流程是以蒸汽的利用流向和物料浓缩的流向之间的关系来确定的。每一效的命名是以二次蒸汽的利用顺序确定的，最先产生二次蒸汽的那一效通常也需要引入额外的生蒸汽，称为第一效，再按二次蒸

汽的流向定义为第二效，依次类推，最后一效的二次蒸汽被冷凝器冷凝成为水。

图 10-2 所示的是一套 GEA 公司的四效逆流蒸发器。生蒸汽 D 由图右侧进入蒸汽喷射泵 6，对进入的由设备 1 产生的二次蒸汽的一部分进行压缩后，对设备 1 本身进行加热；设备 1 产生的另一部分二次蒸汽进入设备 2 内作为加热蒸汽。设备 2 产生的二次蒸汽又对设备 3 进行加热。因此，设备 1、2、3、4 可分别定义为一效蒸发器、二效蒸发器、三效蒸发器和四效蒸发器。稀溶液在设备 8 内贮存，由泵经设备 5 打入蒸发器。设备 5 主要利用浓缩液在设备 7 内分离的二次蒸汽来加热稀溶液，同时，设备 4 排出的二次蒸汽在设备 5 的下部被冷却。因此，设备 5 既是稀溶液的预热器，又是二次蒸汽的冷凝器。

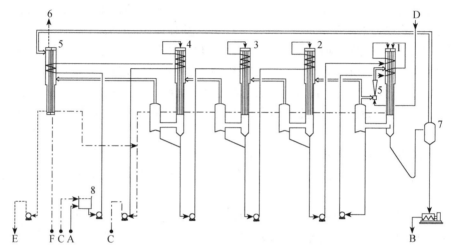

图 10-2　四效逆流蒸发器

1，2，3，4. 一、二、三、四效蒸发器；5. 预热器；6. 蒸汽喷射泵；7. 汽液分离器；8. 稀溶液贮罐；
A. 稀溶液；B. 浓缩液；C. 冷凝水；D. 生蒸汽；E. 不凝性气体；F. 冷却水

物料在蒸发器内的流动方向是由设备 5 到设备 4，再依次到设备 3、设备 2、设备 1，与二次蒸汽的利用方向相反，故该流程属于四效逆流流程。

2. 不同流程多效蒸发的优缺点比较　　顺流：物料流向是按第一效依次进入末效的方向进行，与二次蒸汽的流向相同。其优点为：真空度依次增加，物料可依靠压力差自动进入下一效，同时存在自蒸发现象；越向后效进入，加热温度越低，适合于高浓度下热敏性差的物料的浓缩（如乳酸）。其缺点为：越向后效进入，浓度越高，沸点升高也越高，温度差减小，黏度也越大，流动性降低，这些限制了多效蒸发效数的提高。

逆流：物料流向是从末效向第一效流动，与二次蒸汽的流向相反。其优点为：各效温度差相对恒定，受沸点升高的影响小，效数可以再提高；高浓度时，料液温度也较高，黏度几乎没有多少增加。其缺点为：逆压差方向，需要输送泵提供动力；无自蒸发过程出现；高温阶段，物料浓度也高，不适合热敏性与浓度呈正相关的物料的浓缩。

错流：物料既不从第一效进入，也不从最末效进入，而是从中间的任何一效进入的流程，称为错流多效蒸发。该流程进料、出料灵活多变，吸收了顺流和逆流的优点，根据具体的需要改变进、出料的位置，是目前比较流行的多效蒸发流程。

三种流程各有优缺点，顺流适合于热敏性物料，逆流适合于沸点高、黏滞的物料，错流兼顾了前面两种流程的优点。在选择具体的流程前，应综合考虑物料的热敏性、黏滞性、沸点升高等因素的存在。

（七）二次蒸汽压缩

多效蒸发大多与二次蒸汽压缩联用，装置中二次蒸汽被压缩的位置并不是一成不变的，可以在第一效被压缩也可以在后面的某一效被压缩，这由加热蒸汽的性质决定。根据加热蒸汽的需要、实际温度差和二次蒸汽的性质，二次蒸汽可多次被压缩。国外曾用于海水脱盐的52效蒸发装置，每当二次蒸汽温度降低后，由热泵加压一次，这样才能够保证足够的温度差和52效流程的实现。

在多效蒸发中配合以二次蒸汽压缩工艺，可使生蒸汽耗量再一次降低，如采用五效蒸发与两个热泵压缩相结合，可达到8效蒸发的节能效果；APV公司的带两台热泵的七效降膜蒸发器，从料液中蒸发1kg水仅耗生蒸汽0.09kg，相当于12效蒸发器的节能效果。

1. 蒸汽喷射泵实现的热泵压缩　蒸汽喷射泵属于静态混合器的一种。当以生蒸汽作为蒸汽喷射泵的工作介质以一定流速进入到蒸汽喷射泵的喷嘴处时，按照伯努利方程，它会因管道直径的变小而出现流速增加、压力减少的现象，当流速增加到一定的数值时，压力会减小到低于二次蒸汽管道内的压力。这样，二次蒸汽就会进入到蒸汽喷射泵内，与生蒸汽混合而使得二次蒸汽的压力得到提升。

目前二次蒸汽压缩主要使用的设备是蒸汽喷射泵，绝大多数厂家使用这一产品，它的功效与二次蒸汽的压力、温度有很大的关系，当二次蒸汽温度低于60℃时，对其进行压缩用作加热蒸汽是没有意义的。

2. 机械泵实现的热泵压缩　机械泵消耗电能将低压蒸汽压缩为较高压力的蒸汽。由于机械泵在使用过程中出现过许多问题，如能耗高、故障较多、设备磨损严重等，大多数厂家没有使用它。国外现已开发出新型机械蒸汽再压缩设备（MVR），在二次蒸汽压缩上很有优势，最多可节省35%的蒸汽，目前在多效蒸发、蒸发结晶和蒸馏中使用。

（八）沸点升高

水在沸腾的时候，水的温度应等于蒸发产生的二次蒸汽的温度。例如，水在常压下沸腾，沸点为100℃，此时，液相水的温度和产生的蒸汽温度都是100℃。当水中有溶质存在时，液相温度会高于二次蒸汽的温度。沸点升高（boiling point elevation）是指在蒸发时液体的温度比蒸发的二次蒸汽的温度高出的现象。沸点升高又称为传热的温度差损失。

1. 产生原因　沸点升高产生的原因有如下几方面：①由于溶液中溶质的存在，它的沸点比纯液体高，而且随着浓度的增大，沸点升高的数值也增大；②液体静压差的存在，也会影响沸点升高，液体沸腾除与大气压有关外，还与液体静压差有关；③由于溶液的蒸气压下降及管路流体阻力，从而引起沸点升高。

2. 危害　沸点升高带来的危害主要有：实际传热温度差小于理想条件下的传热温度差，使得蒸发器加热面积增大、液体蒸发量降低；在多效蒸发中，后几效的二次蒸汽温度与溶液温度相差无几，限制了较多效数的采用；在设计过程中，因忽视了沸点升高的存在或沸点升高计算失误，而导致蒸发器设计失败。

3. 沸点升高的利用　沸点升高虽然给蒸发过程带来了一些危害，但其还有一些可以值得利用的地方。

（1）避免晶体的生成　在浓缩或结晶操作中，蒸发易结晶和易结垢的物料时，在加热壁上液膜容易达到过饱和浓度，引起加热壁上物料的结晶、结垢。如图10-3所示，如果在加热管上保留一定高度的液柱，加热管中的液体因获得静压差而沸点升高。这样液柱上部的液体沸腾，而在加热管中的液体并不沸腾，避免了在加热管上晶体的析出。

（2）利用沸点升高可测量和控制蒸发器内料液的浓度　如图 10-4 所示，首先通过实验测定不同浓度时的溶液的沸点升高值，并对不同的真空度进行校正，建立不同真空度下，沸点升高与浓度的一一对应关系。精确测定蒸发器溶液和二次蒸汽的温度，将信号送入计算机，由计算机计算 T_2-T_1 的值，就可以推算出溶液的浓度。将该值与计算机程序中的与出料浓度相对应的温度差设定值进行比较，根据比较结果，可控制执行机构（调节阀）进、出料。值得注意的是该测定过程应消除液体静压差对沸点升高的影响。

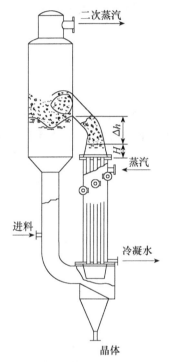

图 10-3　利用沸点升高防止结晶生成

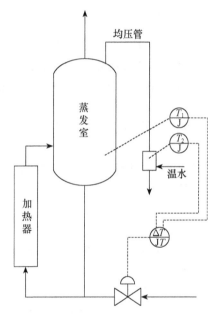

图 10-4　利用沸点升高控制溶液的浓度与进料

4. 冷凝水的排出　随着蒸发过程的进行，蒸汽放出相变热并由气相转为液相，在加热管一侧会有大量冷凝水生成。如果不及时排出冷凝水，冷凝水淹没加热面，导致换热面积减小，蒸发过程恶化。如果冷凝水完全排出蒸发器，而又没有采取液封装置，会使得加热器内部与大气相通，破坏了加热器壳程内的压力，蒸发过程同样会恶化。

冷凝水的排出有三种方法：①采取重力自流，多效蒸发器后面几效加热室壳程为真空状态，这要求加热室应有较高的安装位置，壳程内的冷凝水排至一定高度后自动停止排出，可起到液封的作用；②采取泵抽出冷凝水的方式，由液位探头控制壳程内的水位；③利用多效蒸发器壳程内的压力差，由第一效逐步流入末效，最末效采取前两种方法排出冷凝水，可通过冷凝水的自蒸发回收一部分热能（图 10-2）。

（九）不凝性气体的排出

由于水中多少会溶解一定量的不凝性气体（non-condensable gas），如氮气、氧气、二氧化碳等，因此蒸发过程中夹带不凝性气体是必不可少的。不凝性气体的存在，不仅降低了真空度，而且如果不能及时排出，在加热器内占据的体积空间会越来越大，蒸汽无法达到该部位，换热面积逐步减少，导致蒸发效果逐步恶化。

料液一侧的不凝性气体可直接由真空系统抽出，但加热蒸气一侧的不凝性气体必须由专门的管道与真空系统接在一起。由于不凝性气体有些相对密度较大，沉积在加热管底部，而另一些相对密度小，在加热管上部，因此加热管上部和下部都应该有一根排不凝性气体的管道（图 10-2）。

二、蒸发浓缩设备

蒸发浓缩设备种类繁多，采用不同的分类标准可进行多种方式的分类，适合的蒸发设备应以物料特性和工艺要求作为依据进行选择。

（一）设备分类方法

依照不同的分类标准，可将蒸发浓缩设备分为不同的类别。

1. 按照循环方式分类　　按照是否进行循环，可将蒸发器分为无循环式和循环式。循环式中又按照循环的动力分为自然循环型和强制循环型，还可以将循环式分为内循环式和外循环式。

2. 按照传热面上液体形状分类　　按照传热面上液体形状可分为：非膜式（浸液式）、膜式。非膜式又分为夹套式、列管式、盘管式等；膜式可分为列管式、旋转式、板式、旋液式。

3. 按照加热器类型分类　　按照加热器类型分为直接加热型、夹套加热型、管式加热型和板式加热型等。

（二）设备的选择原则

1）满足工艺要求，浓缩比适当，收得率高，保持溶液的特性。

2）传热系数高，热的利用率高。

3）动力消耗小，易于加工制造，维修方便，节省材料，又满足强度要求。

4）根据物料不同的性质选择蒸发器类型是蒸发器选型成败的关键。物料的性质有：耐热性、结垢性、发泡性、结晶性、腐蚀性、黏滞性。

（三）设备介绍

下面将按照蒸发器加热面上液体形状的分类法进行设备的逐一介绍，每一大类中又细分为循环、不循环、强制、非强制等。

1. 浓缩锅　　浓缩锅属分批、浸液式蒸发器，啤酒糖化工段煮沸锅属于浓缩锅类型，如图 10-5 所示。煮沸锅采取夹套蒸汽加热，或增设中央循环管加热，带搅拌。顶部为蒸汽排出管道，管道直径为锅直径的 1/10 左右。

该类蒸发器操作简单，浓度可以较准确地控制，但加热温度高，传热系数小，料液受热时间长，不适合热敏性物料的浓缩。

2. 外循环蒸发器　　如图 10-6 所示，外循环蒸发器（outside loop evaporator）的加热室置于蒸发室外，通过循环管相互连接形成闭合回路。加热管的高径比（H/D）＝20～70，循环速度比内循环式快，故传热系数比内循环要高得多。

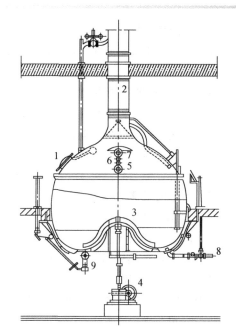

图 10-5　夹套加热麦汁煮沸锅

1. 入孔；2. 升汽管；3. 搅拌器；
4. 搅拌电机；5. 视镜；6. 压力表；
7. 温度计；8. 蒸汽阀；9. 排料阀

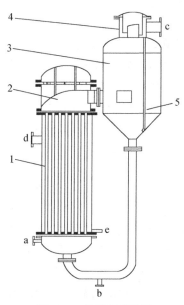

图 10-6　外循环蒸发器

1. 加热管；2. 导流罩；3. 蒸发室；4. 分离器；
5. 循环管；a. 进料口；b. 出料口；c. 二次
蒸汽出口；d. 生蒸汽入口；e. 冷凝水出口

外循环蒸发器有分批式与连续式，还可分为自然循环型及强制循环型。自然循环型依靠其在加热和蒸发过程中温度的变化，而使其密度随之而变，形成循环。液体在加热管内开始沸腾并产生气泡，料液因温度升高及含气率大而密度降低，故可上升至加热室上部，然后进入蒸发室。蒸发室内料液与二次蒸汽分离，二次汽经液沫分离后排出，液体因蒸发而温度降低、密度变大而经循环管下降，再次进入加热管。

外循化蒸发器属于浸液式蒸发器，料液不断循环，达到浓度后开始出料，浓度控制准确，加热管上部存在静压差，适合于易结晶料液的浓缩，但物料受热时间长，加热器传热系数比不上薄膜蒸发器，该设备中药厂使用较多。另外，个别味精厂在葡萄糖浓缩和废水浓缩上使用过。

3．薄膜蒸发器　　加热面上，料液呈薄膜状流过的蒸发器形式统称为薄膜蒸发器（thin-film evaporator）。按照成膜的方式可分为自然成膜和强制成膜。

（1）长管薄膜蒸发器（自然成膜）　　以列管换热器作为蒸发器的加热室，H/D 在 $100 \sim 150$ 的薄膜蒸发器称为长管薄膜蒸发器。按照蒸汽和液膜在加热管中的流动方向，可细分为升膜、降膜和升降膜。长管薄膜蒸发器是目前工业化应用最普遍的一类蒸发器。

1）升膜（rising-film）。如图 10-7 所示，升膜蒸发器的

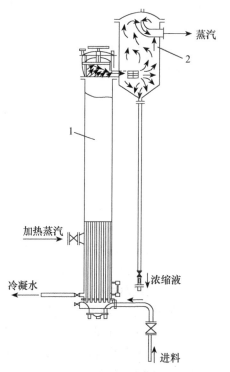

图 10-7　升膜蒸发器

1. 加热管；2. 蒸发室

显著特征是料液由加热管下部进入，达到爬膜状态后，蒸汽和液膜在加热管中向上流动，进入加热管的上部的蒸发室分离二次蒸汽，浓缩液由蒸发室底部流出。升膜蒸发器的加热室形式有列管式、套管式、套筒式、板式等。

升膜蒸发器加热管内由下至上液膜的形成过程如下：①料液在低于沸点温度时进入加热管内，管外通蒸汽，加热料液，使其温度上升，传热方式为自然对流，不发生相变；②料液温度继续升高到沸腾时，大量气泡产生，并分散在连续的液相中；③此时开始两相流动，当气泡生成更多时，气泡碰撞汇合增大而形成块状流；④气泡进一步增大形成柱栓；⑤柱栓被冲破而形成环状流动体系；⑥此时在管子中央形成蒸汽柱，上升的蒸汽将料液在管壁四周拉曳成一层液膜，沿管迅速上升；⑦若上升气速进一步增大，冲刷管壁上的液膜，而形成了雾沫夹带，在蒸汽柱内形成带有液体雾沫的喷雾流；⑧随着热流量和蒸汽上升速度继续增加，环状液膜被进一步蒸发而变薄，甚至部分消失，会导致产生局部干壁现象。在上述现象中，以环状流动（④～⑥）的传热系数最大，这一段是加热管的最佳工作状态。升膜形成前的整个过程，在加热管内必不可少。

升膜形成所需要的条件为：加热管必须有足够的长度，保证升膜能在加热管内形成；温度差要合适；温度差太小，二次蒸汽量不足以充满整个加热管中心的空间，升膜所需的拖带速度也不够；料液应在沸点温度下进入加热管，这样可缩短加热管长度。

升膜蒸发器的特点：适用于黏度不大于 0.5Pa·s、易发泡、热敏性物料，不适于有结晶析出或有结垢的物料；一次通过的浓缩比可达 4；总传热系数 500～3600kcal/（m² · h · ℃），蒸发速度快、效率高。

2）降膜（falling-film）。降膜蒸发器的显著特征是料液由加热管上部进入，经料液分配器均匀分布后进入加热管，沿管内壁向下以液膜状下降，产生的二次蒸汽因液封的阻挡而随液膜一起向下流动。蒸汽和液膜进入加热管下部的蒸发室分离二次蒸汽，浓缩液由蒸发室底部流出。

料液进入加热管时要分配均匀，使每根加热管都能被液体呈薄层浸润，防止干壁及液膜厚薄不均现象发生。降膜料液分配器（distributor）在降膜蒸发器中起到了关键的作用，见图10-8。降膜料液分配器有筛板式、螺旋槽式、喇叭口式、锯齿式、旋液式、套管式等。

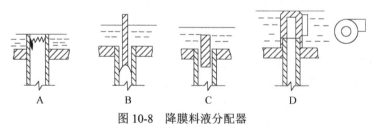

图 10-8　降膜料液分配器

A. 锯齿式；B. 喇叭口式；C. 螺旋槽式；D. 旋液式

降膜蒸发器的特点：适用于黏度不大于 1Pa·s、热敏性、易发泡的物料；适用于多效蒸发和二次蒸汽压缩合用；总传热系数高于升膜蒸发器，一次通过的浓缩比不小于 7；操作方便，制造费用少，占地面积小。

3）升降膜。如图10-9所示，升降膜蒸发器的显著特征是：将加热室底部进料处用隔板分隔两半，料液先经升膜管上升再经降膜管下降，最后进入汽液分离器分离。

其特点为：符合物料的要求，开始时物料浓度低，蒸发内阻小，适合用升膜进行；经初步浓缩后，浓度增大，适合用降膜进行；经升膜后的气液混合物，进入降膜蒸发，有利于降膜的形成，也加速物料的湍流和搅动，提高了给热系数；用升膜控制降膜的料液分配，控制容易；两个浓缩过程串联，可提高浓缩比，设备更紧凑。

（2）强制成膜蒸发器

1）刮板蒸发器（wiped film evaporator）。利用旋转的刮板借离心力和刮板的刮带作用使料液在传热面上形成一薄层液膜而蒸发（图10-10）。

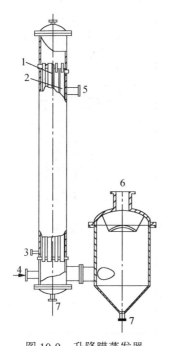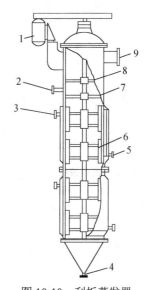

图 10-9　升降膜蒸发器
1. 升膜管；2. 降膜管；3. 冷凝水出口；
4. 进料口；5. 加热蒸汽入口；
6. 二次蒸汽出口；7. 浓缩液出口

图 10-10　刮板蒸发器
1. 电机；2. 进料口；3. 加热蒸汽入口；
4. 出料口；5. 冷凝水出口；6. 刮板；
7. 分配盘；8. 除沫器；9. 二次蒸汽出口

刮板分固定式和离心式（活接头、沟槽嵌入）。离心式刮板在不同的转速下，因受到离心力的作用，可沿径向伸展，使液膜厚度发生改变。刮板上开有倾斜的槽，可以增加料液的停留时间。

该蒸发器有立式、卧式、卧式倾斜之分，也有降膜和升膜之分。立式降膜刮板蒸发器较其他形式常用。

特点：可处理黏度高达 100Pa·s 的物料；传热系数高，并与黏度关系密切；浓缩比为 3 左右，若设置停留环浓缩比可达 100；可用于物料的结晶、精馏和脱臭；可任意调节停留时间；动力消耗高，加工和装配要精密；加热面积不能大，不超过 20m²。

2）离心薄膜蒸发器（centrifugal thin-film evaporator）。如图 10-11 所示，在蒸发器的转鼓中有数组空心碟片，碟片中空可通入蒸汽。料液由顶部的中心进料管进入后，由喷嘴喷到碟片底部的加热面上。由于离心力的作用（转速一般在 600r/min），碟片底部的料液由中心向外呈薄膜状（0.11mm）流动，因传热系数很高，料液在离开碟片时已达到指定的浓度。物料在加热面上停留时间只有 0.5～1s。

生蒸汽由空心的转鼓驱动轴送入空心碟片，产生的冷凝水同样在离心力的作用下排出碟片。

特点：可处理高黏度的物料（20Pa·s）；总传热系数为 5000kcal/（m²·h·℃），浓缩比约为 7；可处理热敏性极高的物料；动力消耗大，结构复杂、造价高，设备不能做大。

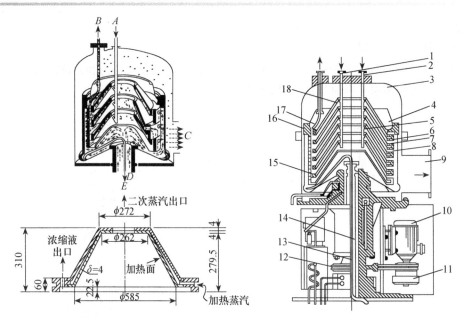

图 10-11　离心薄膜蒸发器剖面图（左）及内部结构图（右）（梁世中，2005）

A. 料液；B. 浓缩液；C. 二次蒸汽；D. 加热蒸汽；E. 冷凝水。

1. 清洗管；2. 进料管；3. 外壳；4. 浓液槽；5. 喷嘴；6, 7. 上、下碟片；8. 蒸汽通道；9. 二次蒸汽出口；10. 电机；11. 联轴器；12. 皮带轮；13. 冷凝水排管；14. 蒸汽进管；15. 浓液通道；16. 转鼓；17. 浓液吸管；18. 清洗喷嘴

4. 多室蒸发器　多室蒸发器并非一种新的蒸发器形式，而是在原有的连续式、低传热系数、低效率的蒸发器基础上，加以改造得到的高性能的蒸发器。在这里，重点强调的是将传统蒸发器改造为多室蒸发器后的效果。

在连续操作的老式、单效蒸发设备（浓缩锅、外循环蒸发器等）中，出料浓度和设备内的浓度相当，这就带来两个不利因素：①浓度高沸点也高，降低了温度差；②浓度高黏度也高，降低了加热器的传热系数，增加了加热面积和受热时间。

如图 10-12 所示，若用隔板将蒸发室分隔成若干小室，隔板上有孔使各室相通，各室的料液在同一温度下蒸发，其浓度依次升高，则其平均浓度低于出料时浓度。这样，其平均沸点升高和

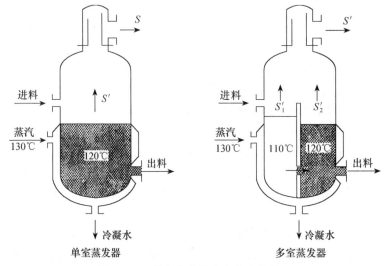

图 10-12　单室蒸发器和多室蒸发器

平均黏度低于单室蒸发器，而温度差和传热系数高于单室蒸发器。

例如，加热面积为 $2m^2$ 的单室蒸发器，工作蒸汽 $130℃$，出料时料液的沸点为 $120℃$。传热系数 $K=200kcal/(m^2·h·℃)$；将其改为二室后，第一室沸腾温度为 $110℃$，传热系数 $K=300kcal/(m^2·h·℃)$，第二室条件与原单室蒸发器相同。

可以算出传热量：

$$Q_{单室}=KF\Delta t=200×2×(130-120)=40\ 000kcal/h$$

$$Q_{二室}=300×1×(130-110)+200×1×(130-120)=80\ 000kcal/h$$

由此可知，当蒸发潜热相同时，具有同样加热面积的二室蒸发器比单室蒸发器的蒸发量提高了一倍。

特点：蒸发效率高，平均传热系数大；一次浓缩可达高浓度，省去采用循环式的所需的附属设备、管道、保温费用；与多效蒸发结合，可有效发挥各自的优点；设备小型化，停留时间缩短，适合热敏性物料；设备费用低、占地小，维修方便。

第二节　干燥工艺原理与设备

干燥操作是一种热能利用率很低、能耗很高的单元操作，提高热能利用率及节能是降低产品成本、提高竞争力的关键。选择干燥工艺和设备时，除考虑它对产品品质的影响外，还应考虑它热能的利用率。

由于生物产物具有不同于一般化工产品的特殊性质和用途，在生物产物的干燥过程中必须注意到生物产物多为热敏性物质，而干燥是涉及热量传递的扩散分离过程，因此在干燥过程中必须严格控制操作温度和操作时间，要根据特定产物的热敏性，采用不使该物质热分解、着色、失活和变性的操作温度，并在最短的时间内完成干燥处理。

生物产物中的湿分多为水分，也有少数为有机溶剂的情况。为方便起见，本节仅以除去水分的干燥操作为对象。以有机溶剂为湿分的物料干燥与除水干燥原理相同，但应注意控制操作温度在有机溶剂的燃点以下。

一、干燥工艺原理

（一）干燥操作的目的

干燥的目的是减少成品的体积，便于运输，减少运输费用及包装费用；防止成品在保存过程中变性、变质，便于长期保存；便于使用。

（二）干燥方式的分类

根据向湿物料传热的方式不同，干燥可分为传导干燥、对流干燥、辐射干燥和介电加热干燥，或者是两种以上传热方式联合作用的结果（毛忠贵，1999）。

1. 传导干燥　载热体（如空气、水蒸气、烟道气等）不与湿物料直接接触，而是通过导热介质（如不锈钢）以传导的方式传给湿物料。因此，传导干燥（conductive drying）又称间接加热干燥。该法热能利用率较高，干燥 1t 水，蒸汽用量是 1.4t 左右。与传热壁面接触的物料在干燥时易局部过热，不太适合生物类热敏性物料的干燥，但可用于生物工程企业中副产物如玉米蛋白、干酒精及其可溶物（distillers dried grains with solubles，DDGS）及活性污泥等的干燥。

2. 对流干燥 对流干燥（convection drying）是指热能以对流给热的方式由热干燥介质（通常是热空气）传给湿物料，使物料中的水分汽化，物料内部的水分以气态或液态形式扩散至物料表面，然后汽化的蒸汽从表面扩散至干燥介质主体，再由介质带走的干燥过程，故又称直接加热干燥。对流干燥的载热体同时又是载湿体。

对流干燥过程中，传热和传质同时发生。热能由干燥介质的主体以对流方式传给固体物料的表面，然后再由物料表面传至固体的内部。而水分却由固体内部向固体表面扩散，被汽化后由固体表面扩散至气相介质的主体。传热的推动力是温度差，传质的推动力是水的浓度差或水蒸气的分压差，传热和传质的方向相反，但密切相关。干燥介质既是热载体又是湿载体，干燥过程对于干燥介质是降温增湿的过程。

3. 辐射干燥 辐射干燥（drying by radiation）是指电磁波由辐射器发射至湿物料表面后，被物料所吸收转化为热能，而将水分加热汽化，达到干燥的目的。

辐射干燥设备有电能辐射器（如专供发射红外线的灯泡）和热能辐射器。红外辐射干燥比热传导干燥和对流干燥的生产强度大几十倍，且设备紧凑，干燥时间短，产品干燥均匀而洁净，但能耗大，适用于干燥表面积大而薄的物料。

4. 介电加热干燥 介电加热干燥（dielectric drying）是将需要干燥的物料置于高频电场内，利用高频电场的交变作用将湿物料加热，水分汽化，物料被干燥。

（三）湿空气的性质

传导干燥和对流干燥是工业中应用最多的干燥方式，传导干燥以热空气作为载湿体，对流干燥中热空气既是载热体也是载湿体，这两种干燥方式中都用到了空气，因此应对空气的性质有所了解。

地球上的大气是空气和水汽的混合物，因此称为湿空气。湿空气作为载湿体，初始水汽含量决定了其载湿的能力。湿空气中的水汽含量称为湿度，其定义为湿空气中水汽的质量与湿空气中干空气的质量之比，即

$$H = \frac{n_w M_w}{n_g M_g} \tag{10-1}$$

式中，M_w 和 M_g 分别为水汽和空气的分子量，n_w 和 n_g 分别为水汽及空气的摩尔数。

设湿空气的总压为 p_t，水汽分压为 p，则干空气的分压为 $p_t - p$。根据分压定律（混合气体各组分的摩尔数比等于分压之比），并设空气的分子量为 29，则式（10-1）变为

$$H = \frac{18p}{29(p_t - p)} \tag{10-2}$$

所以，当总压一定时，湿度是水汽分压的函数。

若空气中的水汽分压为同温度下的饱和蒸气压 p_s，则湿空气呈饱和状态，此时的空气湿度称为饱和湿度，用 H_s 表示：

$$H_s = \frac{18p_s}{29(p_t - p_s)} \tag{10-3}$$

当空气湿度达到饱和湿度值时，不再有载湿能力。

天气预报中常用"湿度"一词。此时的湿度并非式（10-1）或（10-2）定义的湿度，而是水汽分压与饱和蒸气压之比，称为相对湿度，用百分数的形式表示

$$\varphi = \frac{p}{p_s} \times 100\% \tag{10-4}$$

若 $\varphi=100\%$，则 $p=p_s$，表示空气中的水汽已达饱和，即达到该温度下的最高值。φ 值越小，距离饱和湿度越远，表示湿空气吸收水汽的能力越强，即载湿能力越大。因此，湿度 H 表示的是水汽含量的绝对值，不能直接反映空气的载湿能力，而相对湿度 φ 才能直接反映空气的载湿能力。

（四）湿物料中的水

1. 物料与水分的结合方式　物料中所含的水分大致可分为吸附水分、溶胀水分、化学结合水分和毛细管水分。

1）吸附水分是指湿物料的粗糙表面上附着的水分，因此，它的存在形式和液体水相同。

2）溶胀水分是渗透于某些生物质物料的细胞壁内的水分。

3）物料和水以化学方式结合存在的水分（如化学结合水分），这部分水分的除去，不属于干燥的范围。但有一些物料，这部分水与物料的结合力不强，在干燥过程中很容易失去。例如，带结晶水的葡萄糖和谷氨酸钠等，在干燥条件不恰当时，往往会使结晶水脱落，这是需要防止的。

4）多孔性物料的孔隙中借毛细管作用力所包含的水分称为毛细管水分。在干燥过程中，其存在状态有三种情况。①物料孔隙较大时，水分能通过毛细管连续转移到物料表面而被蒸发，毛细管内的水分始终保持连续状态，因此它的蒸气压也等于与物料同温度的水的饱和蒸气压，此种水同吸附水的情况一样。这类物料称为非吸水性物料。②孔隙很小的物料，在干燥过程中水分向表面转移时，在毛细管中不能形成连续状态，这部分水分将在物料孔隙中汽化，以蒸汽形式转移到物料表面。③孔隙极小的物料，由于毛细管力的作用，水分与物料的结合力特别强，而产生不正常的低气压，使水分的蒸气压小于与物料同温度的纯水的饱和蒸气压。随着干燥过程的进行，更细的毛细管中将残留一部分水分，所以水分的蒸气压将进一步减小。这类物料称为吸水性物料。

2. 平衡水分和自由水分　在一定干燥条件下，根据在物料中所含水分能否用干燥方法除去来划分，可分成平衡水分和自由水分两类，见图10-13。

（1）平衡水分　如将物料与一定温度和一定相对湿度的空气接触，物料将排除水分或吸收水分，直到物料表面所产生的水蒸气压与空气中水汽分压相等，此时达到平衡，物料水分不再因与空气接触时间的延长而有所增减。此时，物料中所含的水分称为该空气状态下的平衡水分。大部分发酵产品为吸水性物料，它们的平衡水分都很高。物料的平衡水分可由实验方法测定。

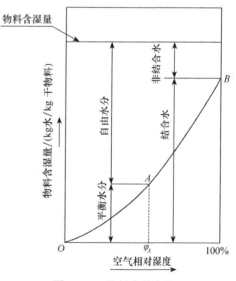

图 10-13　物料中的水分

平衡水分是表示在特定的空气状态下物料能被干燥的极限。在实际生产中，由于物料和空气的接触时间不可能太长，成品物料的含水率要比平衡水分高。

（2）自由水分　物料所含的水分中大于平衡水分的那部分水分称为自由水分（游离水分），它是能用干燥方法除去的水分。

3. 结合水和非结合水　根据物料中水分除去的难易程度划分，可以分为结合水和非结合水，见图10-13。

结合水包括物料细胞壁内的水、物料内可溶固体溶液中的水及物料内较细毛细管内的水等。由于这些水与物料的结合力强，水汽到空气的扩散推动力 ΔP 小，除去较困难。

（五）干燥过程原理

干燥操作通过向湿物料提供热能促使水分蒸发，蒸发的水汽由气流带走或真空泵抽出，从而达到物料减湿进而干燥的目的。因此，干燥是传热和传质的复合过程，传热推动力是温度差，而传质推动力是物料表面的饱和蒸气压与气流（通常为空气）中水汽分压之差。

1. 恒定干燥条件　　如果干燥介质（热空气）的温度、湿度、流速及与物料的接触方式在整个干燥过程中保持恒定，称为恒定干燥条件。例如，大量空气干燥少量湿物料时，近似于恒定干燥条件。在恒定的条件下，可用实验方法测定物料的干燥速率。实验方法是将每个时间间隔 $\Delta \theta$ 内物料的失重 Δw 和物料表面温度 t 记录下来，直到物料重量不变为止，即达到了平衡状态，物料中残存的水分即为平衡水分。由上述实验数据可绘出如图 10-14A 的曲线，两条曲线表示物料含水率 w 和物料表面温度 t_m 与干燥时间 θ 的关系；图 10-14B 表示 w 与干燥速率 R 的关系，称为干燥特性曲线。由图可以看出，在恒定干燥条件下，物料的整个干燥过程可分成三个阶段：预热阶段、恒速干燥阶段和降速干燥阶段。

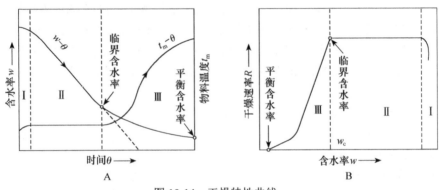

图 10-14　干燥特性曲线

（1）预热阶段　　该阶段主要对湿物料进行加热，物料温度逐步在增加，水分的蒸发量很少。

（2）恒速干燥阶段　　在恒速干燥阶段（constant rate drying period），湿物料表面全部为非结合水所润湿。由于非结合水分与物料结合能力小，故物料表面水分汽化的速率与纯水的汽化速率相一致。这样，湿物料表面的温度必为该空气状况下的湿球温度，同时由于干燥试验是在恒定的条件下进行，空气的湿度和湿含量、流速均不变，这样，空气与物料间的传热温差应为一定值，空气与物料间的传热速率也应当恒定。但由于所传递的热量全部用来汽化水分，故水分汽化的速率不会改变，从而维持了物料恒速干燥的特征。

若从质量传递的基本原理来看，由于非结合水的蒸气压与同温度下的纯水一致，在恒定干燥条件下，此蒸气压与空气中的水蒸气分压之差即传质推动力不变，故湿物料能以恒定的速率向空气中汽化水分。

在上述条件下，在物料表面水分汽化过程中，若湿物料内部水分向表面的扩散速率等于或大于水分的表面汽化速率，则物料表面总将维持湿润状态，物料的干燥速率也将停留在恒速干燥阶段。

恒速干燥阶段的干燥速度取决于物料表面水分汽化的速率，也取决于外部的干燥条件（空气的温度、湿度和流速等），所以恒速干燥阶段又称表面汽化控制阶段，或表面蒸发阶段。

（3）降速干燥阶段　　在恒速和降速干燥阶段（falling rate drying stage）的交界点称为临界点，此点的物料含水率称为临界含水率 w_c。物料含水率降到临界含水率 w_c 后，干燥速率随着物料含水率的减少而降低，这是水分由物料内部向表面迁移的速度低于湿物料表面水分的汽化速率，使物料表面出现局部干燥区，因而表面温度逐渐上升。随着干燥过程的进行，干燥区将逐渐扩大。最后表面水分将完全汽化，水分的汽化面开始由物料表面向内部移动，干燥速率进一步降低，直到物料的含水率降至与外界空气达成平衡的平衡含水量。

在某些颗粒状或纤维状物料中，有很多大小不同的毛细管，其中微孔或小孔毛细管在其部分水分被干燥除去后，利用其较强的毛细管力能把大孔的水分吸过来。所以，在干燥中，一般总是大孔先干，小孔后干。在大孔部分的面积先干后，就造成了物料干燥表面的减小，这样，虽然这些毛细管水不一定产生蒸气压的降低，但干燥表面积的减小使干燥速率下降，从而进入降速干燥阶段。

总之，如果物料内部的水分能有足够的速度流向表面，及时补充被干燥的水量，则物料表面依然可以保持湿润，干燥速率也不变；若内部水分流出的速率低于物料表面的汽化速率，则将使物料温度升高，或部分表面变干，从而进入降速干燥阶段。随着物料的不断干燥，其内部水分越来越少，这样，水分由内部向表面传递的速率就越来越慢，干燥速率也就越来越小，表面物料温度则随之不断提高。

2. 非恒定干燥条件　　在发酵工业中最多使用的是连续干燥器，物料在干燥器内是运动的，连续进出，与热空气的流向有并流或对流。在整个干燥器中，热空气的温度和湿度并不恒定。凡热空气状态不断变化的干燥过程称为非恒定干燥条件下的干燥。

（1）并流干燥　　干燥初期，湿物料与高温低湿空气接触，干燥速率较高，随着干燥过程的进行，干燥速率下降，在干燥末期，低湿物料与低湿空气接触，干燥速率最低。在整个过程中干燥速率的变化颇大。

（2）对流干燥　　干燥初期，湿物料与低湿空气接触，而干燥末期，低湿物料与高湿空气接触。在整个干燥过程中，干燥速率的变化较小。

并流干燥是发酵工业中最常用的干燥方法，这是因为在干燥初期表面蒸发阶段时，物料的温度始终为空气的湿球温度。当进入降速阶段，物料温度开始上升，但热空气温度已显著下降，这对热敏性产品较为有利。但是，由于干燥末期物料与热空气之间的温度差和湿度差较小，不易获得低含水率的产品，而对流干燥则相反。

（六）干燥过程的节能方法

物料的干燥是能耗很大的单元操作。因此，降低干燥的能耗，对于降低产品的成本有重要的意义。

降低干燥过程的能耗，应考虑干燥过程的各个方面及各个环节，在保证产品收率和质量的前提下，从总体上达到最佳的节能效果。有关干燥节能的一些方法及措施如下。

1）应用高效能的干燥装置（如传导干燥装置），改善保温，防止热风泄漏，防止物料的过度干燥以提高物料的干燥速率和节能效果。

2）扩大干燥介质的种类。除热空气外，应用惰性气体、高温燃气，特别是应用过热蒸汽作为干燥介质，具有很多优点。首先过热蒸汽可循环使用（仅需冷凝排出干燥过程中去除的水分量），故热效率很高。过热蒸汽干燥物料表面没有惰性气膜，因此给热与干燥速率可有显著提高。

3）在恒速阶段用高气速，使物料在全混态下快速干燥。而在进入降速阶段后，则采用低气速，使物料在活塞流移动床状态下循序渐进，这样不但消耗热气少，且物料干燥程度均匀，尚可减少物料在床层内的停留时间。

4）在干燥前，对湿物料进行挤压或离心过滤，尽量降低物料的湿含量。

5）干燥过程中废气带走的热量占总热量支出的比例很大，降低排出废气的温度，或采用部分废气循环，则能大大提高干燥过程的热效率。

6）对废热（蒸汽冷凝水）进行回收，以及采用热泵干燥器等。

二、干燥设备

（一）干燥设备的分类

干燥设备种类繁多，按照不同的原则有不同的分类。

1. 按照干燥方式　传导干燥设备、对流干燥设备、辐射干燥设备和介电加热干燥设备。

2. 按照物料是否被搅拌　搅拌式、静置式。

3. 按照干燥设备的形式　槽式、圆筒式、圆盘式、管束式、滚筒式、带式、箱式和隧道式等。

4. 按照生产方式　间歇式、连续式。

5. 按照物料在干燥时是否悬浮　气流式、闪蒸式、流化床式。

（二）干燥工艺与设备的选型

选择合适的干燥设备是提高产品质量、降低能耗和操作时间的关键所在。干燥设备的选择与物料的性质、干燥设备的特点、干燥速率及干燥的经济性有关。干燥工艺与设备的选型原则如下。

1. 物料的性质　被干燥物料的状态和物料化学性质是决定干燥介质种类、干燥方法、干燥设备的重要因素，也是决定干燥工艺的重要因素。

（1）物料的状态　　根据状态，可把物料分为溶液及泥浆状物料、冻结物料、膏糊状物料、粉粒状物料、块状物料等。状态不同所选择的设备也不同。例如，溶液及泥浆状物料一般只能选择喷雾干燥；膏糊状物料可供选择的设备也不多，除气流干燥和喷雾干燥外，还可选择带式、隧道式和滚筒式等。进料装置应带分散机或出料要进行粉碎；流化床干燥设备一般只能对粉状、粒状和块状的物料进行干燥，膏糊状物料需要特殊的进料装置。

（2）热敏性物料的干燥　　热敏性物料不耐高温，不能长时间受热，应选择在低温下就能干燥及可以快速蒸发掉水分的干燥设备，如可使物料悬浮，受热时间短的气流干燥、喷雾干燥、流化床干燥、闪蒸干燥；可在低温下进行真空干燥、冷冻干燥。

（3）易吸潮物料的干燥　　易吸潮物料主要是一些溶解度较大或吸水性的物料，稍微吸收一点水后就出现结块、潮解。其干燥一方面在工艺上应降低传质介质——空气排出系统时的湿度，降低干燥后产品的含水率。常用方法有进气除湿、增大空气流速、升高排气温度；另外，要尽量与环境空气隔绝，防止水分再次被吸收。常用方法有干燥空气保护、快速真空包装。

（4）高临界含水率物料的干燥　　高临界含水率物料干燥时，降速干燥阶段提前，为达到较好的干燥程度，必须延长受热时间。在工艺和设备选择上，应采用能将物料尽量分散并悬浮于热气流中，可控制受热时间和加热温度的卧式多室流化床干燥器；有时干燥器内还需设置内置式的加热器。例如，赖氨酸一水结晶干燥时，结晶水难以去除，除采用卧式多室流化床干燥器外，还需在降速干燥段内置一个加热器。

（5）含糖量高和熔点低的物料的干燥　　干燥温度若高于物料中某一组分的熔点，该组分处于熔融状态，容易导致大量物料粘在设备内壁上，影响产品的质量和收得率。干燥时，应降低加热空气的温度，设置振打装置和吹扫装置。

2．产品的经济价值　　各种产品的利润空间有很大的差别，1kg 产品的利润空间从几角钱到几百甚至上千元，在干燥设备选择上也会有所差别。利润空间大的产品如可作为药物或者保健品的这一类活性物质，可选择投资大、运行费用高的冷冻干燥，而利润空间小的产品只能选择投资较少、运行费用相对较低的真空干燥或对流干燥设备。

3．设备的热效率　　传导干燥热效率高，可达到 70%，而对流干燥只能达到 30%～35%。耐热物料的干燥可优先选择传导干燥设备。

4．生产规模的大小　　中小规模生产多采用间歇设备，大规模生产采用连续设备。

（三）设备介绍

1．气流干燥设备

（1）工艺流程　　气流干燥（air-stream drying）是把含水的泥状、块状、粉粒状物料通过适当的方法使其分散到热气流中，在与热气流并流输送的同时进行干燥而获得粉粒状干燥制品的过程。如图 10-15 所示，长管式气流干燥流程及设备与气流输送的相似，也有真空和压力之分。

（2）主要部件

1）预热器。多采用蒸汽加热空气，当蒸汽不足以将空气温度升高到所需的温度时，可采用电加热来补偿。

2）加料斗。根据物料在加料前的不同状态而定。分为直接加料型、分散机型和粉碎机型。

3）干燥管。竖直管分为直管型、变径和脉冲管型。变径的目的是将在颗粒等速运动段的直径扩大，使物料与气流的相对速度加大，有利于颗粒表面气膜更新、加速传热，并使物料在干燥管内的停留时间加大。

（3）气流干燥的特点　　干燥时间极短，只有几秒钟，可得到高度干燥的成品，适用于热敏性物料；适用于 0.7mm 以下、高含水率的物料，但不适于 w_c 高、降速段时间长的物料。干燥、输送、粉碎可在一个设备中完成，且有很大的装置规模；设备简单、结构紧凑，投资低、热损失小。操作稳定、便于自动化。

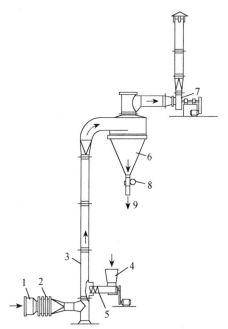

图 10-15　长管式气流干燥流程
1．空气过滤器；2．预热器；3．干燥管；
4．加料斗；5．螺旋加料器；6．旋风分离器；
7．风机；8．锁气器；9．产品出口

2．旋转闪蒸干燥设备

（1）工艺流程　　旋转闪蒸干燥（spin flash drying）开始，热空气切线进入干燥器底部，在搅拌器带动下形成强有力的旋转风场。膏状物料由螺旋加料器进入干燥器内，在高速旋转搅拌桨的强烈作用下，物料受撞击、摩擦及剪切力的作用得到分散，块状物迅速粉碎，与热空气充分接触、受热、干燥。脱水后的干料随热气流上升，分级器将大颗粒截留，小颗粒从环中心排出干燥器外，由旋风分离器和布袋除尘器回收，未干透或大块物料受离心力作用甩向器壁，重新落到底部被粉碎干燥（图 10-16）。

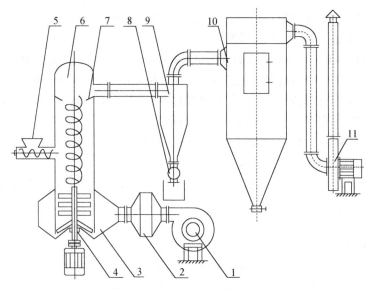

图 10-16　旋转闪蒸干燥设备

1. 送风机；2. 加热器；3. 空气分配器；4. 搅拌机；5. 螺旋加料器；6. 干燥器；
7. 分级器；8. 旋风分离器；9. 星形卸料器；10. 布袋除尘器；11. 引风机

（2）主要部件　　该设备的主要部件为搅拌型干燥器，干燥器本身在底部搅拌装置的作用下，对湿物料进行分散、粉碎和混合；热空气切线进入干燥器，又对物料进行干燥；依靠顶部的分级装置和离心力的作用，对物料进行分级。

（3）旋转闪蒸干燥的特点　　由于物料受到离心力、剪切、碰撞、摩擦而被微粒化呈高度分散状态，且气固两相间的相对速度差大，强化了传热传质。产生强烈的旋转气流，对器壁上物料产生强烈的冲刷、带出作用，消除粘壁。干燥室内周向气速高，物料停留时间短，达到高效、快速。干燥室上部分机器控制干燥物料的粒度和湿度。

3. 流化床干燥设备

（1）工艺原理　　流化床干燥（fluid-bed drying）利用机械振动或气流的带动，使固体湿颗粒或粉末处于悬浮状态，此即流态化（流化床）状态。在悬浮状态下与热气流接触，每一颗固体物料都能与热气流充分接触，接触面积最大。湿物料中的水分吸收了热气流的热能而汽化，湿物料得以干燥。

（2）振动流化床干燥设备　　振动流化床干燥是通过振动电机使连续进入设备湿物料在筛板上处于流化床状态，增压后的空气从筛板下经加热和空气分布后与流化床状态的湿物料接触，干燥后的物料由出口端连续出料。含湿热气流由顶部排出，经回收和除尘后排空。

（3）沸腾流化床干燥设备　　沸腾流化床干燥是通过从筛板下经加热和空气分布后的热气流，使连续进入设备湿物料在筛板上被热气流吹起而处于流化床状态，流化床状态的湿物料在悬浮状态下与热气流接触而干燥。

1）单层沸腾干燥器。单层沸腾干燥器的器身有圆柱形和圆锥形两种，立式，单层筛板，见图 10-17。

为了限制未充分干燥的颗粒排出，必须增加颗粒在床层的停留时间。若限制未干燥颗粒的带出量为 0.1%，物料在床层中的停留时间为单个颗粒干燥时间的 250 倍；若限制带出量为 1%，则需要 25 倍时间。适用于处理量大而干燥不严格的场合。

2）多层沸腾干燥器。湿物料由顶部加入上层沸腾床，经溢流管逐渐落入下层沸腾床，最后由卸料管排出。热空气由底部进入，向上通过各层后由顶部排出。

物料在干燥器内停留时间较均匀。若未干燥颗粒带出量为 0.1%，则停留时间为 5 倍；带出量为 1%，停留时间为 2 倍。适用于降速干燥阶段较长或产品含水率要求低的物料。

3）多室沸腾干燥器。如图 10-18 所示，多室沸腾干燥器外形为矩形箱式，连续操作。床层用竖向隔板分成小室，下部连通，物料依次经过各室最后经出料管排出。该干燥器可以很好地控制物料在干燥室内的停留时间，保证干燥质量。

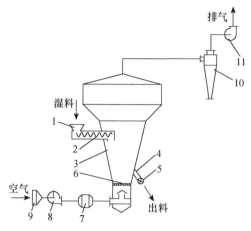

图 10-17　单层沸腾干燥器

1. 进料口；2. 螺旋输送机；3. 干燥器；4. 出料管；
5. 出料阀；6. 空气分布器；7. 加热器；8. 鼓风机；
9. 过滤器；10. 旋风分离器；11. 引风机

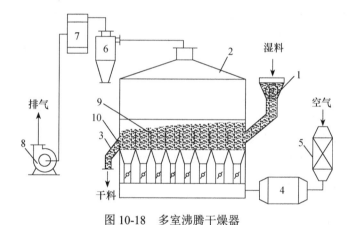

图 10-18　多室沸腾干燥器

1. 加料器；2. 干燥室；3. 卸料管；4. 加热器；5. 空气过滤器；6. 旋风分离器；
7. 袋滤器；8. 排风机；9. 隔板；10. 排出堰

筛板下部可用不同的热风进管与每个小室相连，分别调节流量和温度，即整个干燥器可分成若干干燥段和冷却段，适应于热敏性物料的干燥。

（4）流化床干燥的特点　　适用于无严重凝聚现象、颗粒直径为 30μm～6mm 的湿物料。对膏糊状物料，只要经预处理和配备合适的喂料机构，也能适用。热效率高，物料在干燥器内的停留时间可任意调节；同一台设备，变更产品品种容易。设备占地面积小，生产能力大。动力消耗大，对气流速度有一定的要求，所处理的湿物料的含水率一般较低；碰撞剧烈，对于易碎物料或对表面形状、光泽有所要求的不宜采用。

4. 喷雾干燥设备

（1）工艺原理与流程　　喷雾干燥（spray drying）是利用雾化器将料液（含水 50% 以上的溶液、悬浮液、浆状液等）喷成雾滴分散于热气流中，使水分迅速蒸发而成为粉粒状干燥制品的一种干燥方式（图 10-19）。

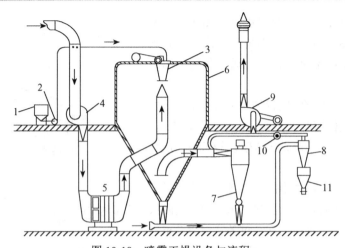

图 10-19 喷雾干燥设备与流程

1. 贮槽；2. 料泵；3. 雾化器；4. 进风口；5. 加热器；6. 干燥器；7，8. 旋风分离器；
9. 排风机；10. 吸料风机；11. 贮斗

（2）主要部件

1）雾化器（atomizer）。喷雾干燥的关键就是要将料液雾化，这样才能增大雾滴与热空气的接触面积，保证物料的瞬间干燥。常用的雾化器有离心雾化器、压力雾化器和气流雾化器。

A. 气流雾化器：压缩空气和料液分别在不同的通道内从雾化器喷嘴喷出。喷嘴出口的气流速度一般为 $200 \sim 300m/s$，而料液流出速度一般不超过 $2m/s$。两相流体之间存在很大的相对速度，由此产生的摩擦把料液拉成细长的液丝，最后断裂而形成球状雾滴。压缩空气压强越大，喷射速度也越大，雾滴也就越细。

B. 压力雾化器：采用高压泵使液体加压到 $20 \sim 200$ 大气压[①]，并以一定速度沿切向进入压力雾化器的旋转室，使液体做旋转运动。液体在喷口以一叶双曲面状的液膜向外喷射。然后由于液膜的扩散拉成细丝，最后断裂成液滴。

压力雾化器分成两种形式：①旋涡式，液体切向进料；②离心式，在喷嘴芯的头部开有与轴线倾斜的槽，引导液体形成旋转运动。

C. 离心雾化器：将液体加入高速旋转的离心盘中，在离心力的作用下，液体不断被加速，在盘的外缘被高速抛出，拉成薄膜状并获得雾化。为了使雾化均匀，圆周线速度一般为 $90 \sim 140m/s$。

2）振打器和气扫。为了防止粉末在喷雾塔内粘壁，提高活性成分的回收率。可用振打器将附在塔壁上的粉末振落，或用气扫装置来将附在塔壁上的粉末吹落。

A. 振打器：在塔壁上设置一定数量的振打锤，各个锤依次振打塔壁以振落粉末。

B. 气扫：由底部安装的电机、减速机、空心轴、吹气管构成。热空气从空心轴进入，由吹气管吹出。吹气管上开有许多小孔并紧贴塔壁行走。

3）热风分布盘（hot air distributor）。由塔顶进入的热风须经过扇形热风分布盘（即内风道）旋转而下，在塔内均匀分布。喷雾干燥的效果与热风分布盘的性能好坏有很大的关系，其作用主要在于：保证传热均匀，保证液滴充分干燥，减小离心喷雾塔塔径，防止黏壁现象。

（3）喷雾干燥的特点　　能直接干燥溶液状态的物料，使前工序简化（如可省去分离、浓缩

---

① 1 大气压 $\approx 1.013 \times 10^5 Pa$。

工序），特别是对高黏度物料的浓缩。干燥时间短，温度低，适用于热敏性物料。可制得空心球状产品，溶解度很高。成品粒度小，产品收集和除尘要求高。设备庞大，占地面积大。

5. 热泵干燥设备

（1）工作原理　　热泵与各种干燥装置结合组成的干燥装置称为热泵干燥（heat pump drying）装置。热泵干燥的主要原理是利用热泵蒸发器回收干燥过程排气中的放热，经压缩升温后再加热进入干燥室的空气，从而大幅度降低干燥过程的能耗，其原理示意如图10-20所示。

空气在干燥室、蒸发器（空气侧）、冷凝器（空气侧）及风道组成的封闭系统中循环流动，其基本工作过程如下。

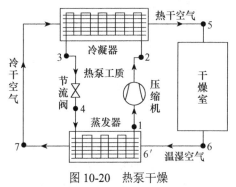

图10-20　热泵干燥

空气在循环中的状态变化为：热干空气5进入干燥室，吸收物料的水分，自身降温加湿；出干燥室的温湿空气6进入蒸发器，在蒸发器中被降温析湿，变为温度较低、含水量极少的冷干空气状态［当空气被冷却到0℃时，含水仅为约4g（水蒸气）/kg（干空气）］，并进入冷凝器；在冷凝器中，冷干空气被加热为热干空气，再进入干燥室开始下一个循环，如此在干燥室中不断把湿物料中的水分吸走，在蒸发器中不断把水分凝结排出，从而实现湿物料的连续干燥。

反映热泵干燥装置总体性能的主要指标是除湿能耗比SMER（消耗单位能量所除去湿物料中的水分量），其定义为

$$SMER = \frac{待干物料的水分去除量}{热泵干燥装置消耗的能量} \qquad (10-5)$$

式中，SMER为除湿能耗比，kg（水分）/（kW·h）。

（2）热泵干燥的主要特点　　特点如下：①可实现低温（20～80℃）空气封闭循环干燥和无氧干燥，温度、湿度调控方便，物料干燥质量好，可满足大多数热敏物料的高质量干燥要求；②高效节能，热泵干燥装置的SMER（消耗单位能量所除去湿物料中的水分量）通常为1.0～4.0kg/（kW·h），而传统对流干燥器的SMER为0.2～0.6kg/（kW·h）；③可实现多功能，并可回收物料中的有用易挥发成分。

6. 微波干燥设备

（1）工作原理　　工业上微波干燥（microwave drying）所用的频率为9GHz、15GHz和24.5GHz，属于超高频干燥。微波干燥时，湿物料在高频电场中很快被均匀加热。由于水分的介电常数比固体物料的介电常数要大得多，当干燥到一定程度，物料内部的水分比表面多时，物料内部所吸收的电能或热能比表面多，致使物料内部的温度高于表面温度，温度梯度与水分扩散的浓度梯度方向一致，即传热和传质的方向一致。传热过程将促进物料内部水分的扩散，使干燥时间大大缩短，得到的干燥产品均匀而洁净。

（2）微波干燥的主要特点　　能适应各种形状、各种水分含量物料的干燥。低温干燥，适合热敏性物料的干燥；加热速度快，热效率极高，物料回收率100%；结构紧凑，占地面积小。

小　结

蒸发浓缩是指利用加热的方法使溶液中的一部分溶剂汽化后除去，以获得含较高浓度溶质的操作过程。其是化工、医药和食品行业的关键预处理步骤。蒸发浓缩操作需满足持续供能、沸腾蒸发、维持真空条件和足够的换热面积等条件，适用于各类物料。蒸发浓缩设备主要包括：浓缩锅、外循环蒸发器、薄膜蒸发器、多室蒸发器等。

干燥是利用热能去除湿物料中水分的单元操作，能耗高，提高热能利用率是降低成本的关键。干燥方式包括传导、对流、辐射和介电加热等。湿空气的性质和物料水分都会影响干燥过程，且不同干燥方式的原理和设备结构差距很大，需要依据待干燥产品特性选择合适的干燥设备。干燥设备主要包括：气流干燥设备、旋转闪蒸干燥设备、流化床干燥设备、喷雾干燥设备、热泵干燥设备、微波干燥设备等。

思　考　题

1. 实现蒸发浓缩的条件是什么？真空蒸发的优缺点是什么？

2. 蒸发浓缩的节能方法有哪些？

3. 简述沸点升高的原因及对蒸发、结晶操作的影响。

4. 简述热敏性、易结晶、高黏度物料的蒸发浓缩设备的选型原则。

5. 临界含水率对干燥操作和质量的影响有哪些？

6. 简述干燥工艺和设备选择原则。

7. 干燥操作中的节能方法有哪些？

主要参考文献

陈东，谢继红. 2006. 热泵技术及其应用. 北京：化学工业出版社.

梁世中. 2005. 生物工程设备. 北京：中国轻工业出版社.

欧阳平凯，胡永红，姚忠. 2010. 生物分离原理及技术. 北京：化学工业出版社.

孙彦. 2005. 生物分离工程. 2版. 北京：化学工业出版社.

严希康. 2010. 生物物质分离工程. 2版. 北京：化学工业出版社.

郑裕国. 2021. 生物工程设备. 北京：化学工业出版社.

第十一章
生物分离技术在生物制造产业中的应用

生物分离技术在生物制造产业中的应用

- 谷氨酸工业下游分离技术
  - 谷氨酸产业概述
  - 谷氨酸性质
  - 谷氨酸分离提取工艺技术
  - 谷氨酸产业提取技术发展方向

- 柠檬酸工业下游分离技术
  - 柠檬酸产业概述
  - 柠檬酸的性质
  - 柠檬酸分离提取工艺技术
  - 柠檬酸产业提取技术发展方向

- 乳酸工业下游分离技术
  - 乳酸产业概述
  - 乳酸的性质
  - 乳酸分离提取工艺技术
  - 乳酸精制技术
  - 乳酸产业提取技术发展方向

- 抗生素工业下游分离技术
  - 抗生素产业概述
  - 抗生素的分类
  - 抗生素分离提取工艺技术
  - 抗生素产业提取技术发展方向

- 酶制剂工业下游分离技术
  - 酶制剂产业概述
  - 酶的提取与分离纯化技术
  - 工业用酶下游工艺技术
  - 酶制剂产业发展方向

生物制造（biomanufacturing）是利用生物机体进行物质加工与合成的绿色生产方式。《"十四五"生物经济发展规划》中，明确将生物制造作为生物经济战略性新兴产业发展方向。大力发展生物制造产业，将助力我国加快构建绿色低碳循环经济体系，推动生物经济实现高质量发展。生物分离技术主要应用于生物制造产业的下游加工过程。所谓下游加工过程是指利用发酵产物和杂质物理、化学性质的不同，采用合适的分离技术，从发酵液或酶反应液中分离、纯化产品的过程。该过程和技术是生物制造产业最终获得商业产品的重要环节，不仅决定着产品的最终质量，同时也决定着生物产品的成本。发酵液中的杂质包括反应过程中的副产物、未消耗完的原料和生产过程中加入的化学试剂等。因此，要获得高质量的产品，必须要合理运用生物分离技术进行后处理。

本章主要介绍生物分离技术在谷氨酸、柠檬酸、乳酸、抗生素和酶制剂等生物制造产业中的应用。

第一节 谷氨酸工业下游分离技术

一、谷氨酸产业概述

谷氨酸（glutamic acid，GA）最早是由德国人于 1866 年从面筋中水解分离得到的。1908 年，日本人在研究海带汁的鲜味时发现了味精，并从海带中提取得到谷氨酸。1909 年，日本味之素公司开始工业化生产味精，主要用酸水解法从植物蛋白质中提取谷氨酸，然后加工成味精。到了 19 世纪 50 年代末，利用微生物发酵法生产谷氨酸率先在日本实现商业化生产。

我国谷氨酸生产可以追溯至 20 世纪 20 年代初。受日本人发明"味之素"的启发，我国化学家吴蕴初先生以小麦面筋为原料，经硫酸水解后提取出谷氨酸，最后将谷氨酸用纯碱中和，得到具有强烈鲜味的白色结晶——谷氨酸钠（味精）。直到 50 年代初，我国谷氨酸生产始终使用该方法，不仅产品收得率低，而且排放废液对周围环境造成极大污染。

1958 年，我国上海天厨味精厂开始试验以淀粉为原料，以谷氨酸棒状杆菌为生产菌种，利用微生物发酵法生产谷氨酸，并获得成功。随着发酵生产谷氨酸工艺的成熟，我国的谷氨酸产量开始逐年跃升。从 50 年代初，全国年产量从 600t 增至 1980 年的 8 万 t，到 90 年代中期更上升至 65 万 t，2000 年正式突破 100 万 t 大关，2010 年全国谷氨酸总产量达 256 万 t。从 2010 年起，受国家"节能减排、淘汰落后产能"等宏观政策的影响，我国谷氨酸总产量有所降低，总体维持在 230 万 t 左右。2022 年，我国谷氨酸总产量约为 263 万 t，是亚洲谷氨酸产能最大的国家，更是全球产能最大的国家，占据全球 70% 以上的市场份额（图 11-1），全国年产谷氨酸超过 10 万 t 的企业多达 12 家以上。

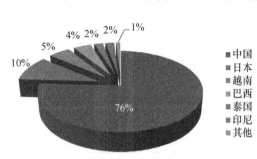

图 11-1 2022 年全球谷氨酸产能市场份额

尽管我国谷氨酸产业蓬勃发展，然而仍然面临工艺技术相对落后、创新性不足的问题。例如，在原料方面，日本味之素公司生产谷氨酸主要采用甘蔗糖蜜，而我国大多数企业仍用玉米淀粉。在谷氨酸发酵环节，国内采用的生物素缺陷型菌株发酵工艺的糖酸转化率平均为 58%，而以日本味之素公司为代表的温敏型发酵工艺的糖酸转化率达到 68% 以上，意味着生产 1t 谷氨酸多消耗玉米 360kg。在谷氨酸提取环节，国内的等电离交工艺和国外的浓缩等电工艺比较，年增加硫酸消耗 130 万 t，液氨 36 万 t。另外，谷氨酸生产过程中产生大量具有高 COD、高 BOD、高 NH_3-N、高 SO_4^{2-}、低 pH 等特性的废水，且难以用常规生化处理的方法治理，这成为制约整个行业持续发展的关键因素。

　　近年来，随着合成生物学及新型生产装备等谷氨酸生产关键技术创新与产业化应用的快速发展，我国谷氨酸生产关键技术的产业创新也逐步展开。例如，阜丰集团与中国科学院天津工业生物技术研究所合作，基于研究所先进的系统育种技术，获得了高转化率新菌种，结合企业工艺技术的创新开发和系统升级，实现了谷氨酸高效生产关键技术的产业创新与应用。在分离提取工艺方面，阜丰集团针对谷氨酸提取分离过程高消耗及高污染等问题，组合运用碟片分离偶联膜过滤，创造性地将超声波技术应用于谷氨酸转晶过程，完善了谷氨酸浓缩连续等电结晶工艺，使谷氨酸收率和纯度达到 90% 和 99% 以上，副产物焦谷氨酸含量下降 50% 以上。与传统的等电离交工艺相比，硫酸和液氨的消耗量分别降低了 44.1% 和 31.0%，蒸汽消耗降低了 28.0%。谷氨酸生产技术的产业创新不仅促进了我国发酵行业的科技进步，也使味精发酵工业生产技术水平显著提高，具有很高的经济、社会和环境效益。

二、谷氨酸性质

　　谷氨酸是一种酸性氨基酸，学名 α-氨基戊二酸，分子式为 $C_5H_9NO_4$，是蛋白质和肽的结构氨基酸之一，也是一种重要的游离氨基酸。商品谷氨酸为颗粒状、片状或针状无色晶体，微酸性，微溶于水而易溶于碱性或酸性水溶液，在其等电点（pI 3.22）时溶解度最小。有左旋体、右旋体和外消旋体，左旋体即 L-谷氨酸，分子量为 147.13。L-谷氨酸是一种鳞片状或粉末状晶体，呈微酸性，无毒，微溶于冷水，易溶于热水，几乎不溶于乙醚、丙酮及冰醋酸中，也不溶于乙醇和甲醇。在 200℃时升华，247~249℃分解，密度 1.538g/cm³。

　　味精（$C_5H_8O_4NNa \cdot H_2O$）是含一个结晶水的谷氨酸钠盐结晶体，分子量为 187.13。工业上先从谷氨酸发酵液中提取得到 L-谷氨酸结晶体，再用 NaOH 与软水将谷氨酸结晶体溶解成水溶液，然后经离子交换树脂法或其他方法脱去铁、钙等离子，以及通过活性炭脱色等除杂工序，最后用适当的结晶方法获得纯度大于 99% 的谷氨酸钠盐的一水合结晶。在发酵工业中，通常将谷氨酸从发酵液中分离出来的过程称为"提取"，而从半成品谷氨酸开始通过溶解、除杂、结晶、干燥、分级、包装等工序获得成品味精的过程称为"精制"。

三、谷氨酸分离提取工艺技术

　　目前，谷氨酸的分离提取方法主要有等电点法、离子交换树脂法、等电点-离子交换法、金属盐法和膜过滤法等。每种方法都有各自的优缺点，在生产中常将以上方法结合使用。现阶段，我国味精工业生产中主要以等电点法和离子交换树脂法的应用最为广泛。下面对以上方法逐一进行论述。

（一）等电点法

　　谷氨酸发酵液的 pH 偏酸性，所以谷氨酸在发酵液中以负离子形态存在。发酵过程中，细胞向外分泌的是分子态谷氨酸，在发酵液中解离成 GA^- 和 H^+。为防止 H^+ 浓度增加导致发酵液 pH 下降而偏离正常的发酵中性范围，需要连续提供浓度为 99% 的"液氨"，即分子态的 NH_3。它吸收了一个 H^+，使得其转变为离子态的 NH_4^+，从而将发酵液 pH 维持在适宜的中性范围，同时分子态的 NH_3 也充当发酵氮源。所提供的 NH_3 一部分经微生物吸收转为谷氨酸的氨基，另一部分在发酵液中起到了中和谷氨酸的作用。谷氨酸生产菌合成 1mol 的谷氨酸，理论上要消耗 2mol 的 NH_3，实际生产中要稍高，因为还需一小部分 NH_3 供细胞生长，转化为细胞成分，并中和乳酸及其他酸性副产物。在成熟发酵液中，NH_4^+ 与谷氨酸负离子浓度基本相同。因而发酵产酸水平越高，发酵液中的 NH_4^+ 浓度越高，但发酵液本身呈"电中性"状态。

因此，要使谷氨酸从发酵液中以分子形态析出结晶，必须加酸将发酵液从 pH 中性调至等电点（pI 3.22），此时谷氨酸溶解度最低，最容易析出结晶，这就是谷氨酸等电点法的理论依据。

等电点法又包括带菌体直接常温等电点、带菌体冷冻低温一次等电点、除菌体常温等电点、浓缩等电点和低温等电点法等。

1. 浓缩等电点法

（1）分离原理　将谷氨酸发酵液浓缩后，加入一定量的硫酸进行加压水解，发酵液中的菌体、蛋白质、残糖等有机杂质遭破坏后过滤除掉，滤液再经脱色和浓缩，用碱液中和至谷氨酸的等电点，经低温静置后，析出谷氨酸结晶。该法的优点是谷氨酸的得率比较高，因为菌体蛋白质水解使发酵液中的谷氨酸含量增加，同时发酵液中的谷氨酰胺和焦谷氨酸在酸性条件下也转化成了谷氨酸，提高了转化率。但是这种方法工艺比较复杂，由于是在酸性和一定压力条件下进行，故对设备要求比较高，需要耐腐蚀和耐高压设备。

（2）工艺流程　浓缩等电点法工艺流程如图 11-2 所示。谷氨酸生产的浓缩过程普遍采用减压浓缩工艺，主要设备有减压蒸发式结晶罐。浓缩时，真空度越高，料液的沸点就越低，这样既可加快浓缩，又可避免谷氨酸钠的脱水环化形成焦谷氨酸钠。目前工厂普遍采用的工艺是在温度为 70℃、压力 80kPa 的真空度下进行发酵液浓缩，浓缩至相对密度为 1.27（70℃），然后加入浓缩液体积 0.80~0.85 倍的硫酸进行水解，在 135℃下水解 4h。水解液经过活性炭或弱酸性阳离子交换树脂脱色后，先浓缩至相对密度为 1.25，再用水调至相对密度 1.23，然后用碱液进行中和以除去水解液中的硫酸，调节 pH 至 3.22 左右，搅拌 48h 后，置于低温处析出结晶，然后经干燥后得到谷氨酸晶体。干燥方法有箱式烘房干燥、真空箱式干燥、气流干燥、传送带式干燥、振动床式干燥等方法。

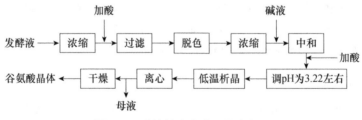

图 11-2　浓缩等电点法工艺流程

该工艺酸的消耗量很大，工业中主要使用硫酸调节等电点将谷氨酸从发酵液中析出结晶，很少使用盐酸，主要原因是用盐酸调等电点后将大量的 Cl^- 残留在结晶母液中，一方面影响谷氨酸成品的质量，另一方面对不锈钢材质的罐体、搅拌器、输送泵、阀门、管道等产生严重的"晶点腐蚀"，使不锈钢设备完全报废。

2. 低温等电点法

（1）分离原理　在低温下，溶液的 pH 等于谷氨酸等电点时，谷氨酸的溶解度最小。例如，30℃时溶解度为 1.06，5℃时溶解度小于 0.41，因此可以采用低温等电点法将谷氨酸从发酵液中结晶析出。

（2）工艺流程　低温等电点法工艺流程如图 11-3 所示。

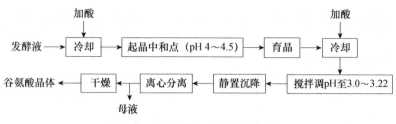

图 11-3　低温等电点法工艺流程

　　在常温下，等电点母液含谷氨酸 1.2%～1.5%，一次提取收率仅为 60%～70%。若用低温等电点法，发酵液温度冷却至 5℃以下，收率可达 78%左右。目前，许多味精厂都采用低温等电点法和其他方法配合使用，总回收率可达 85%以上。

3. 影响谷氨酸结晶的因素

　　（1）谷氨酸生产菌的影响　　工业中谷氨酸生产菌多为生物素缺陷型菌株或温度敏感型菌株，采用低温等电点法提取谷氨酸时，为了提高得率和节约成本，操作时发酵液中的菌体一般都不预先除去。但是发酵液中的菌体会影响谷氨酸结晶，同时谷氨酸晶体形成后菌体的存在使后期分离困难。因此有的工厂先用离心机将发酵液菌体除去，然后再进行等电点法提取操作。

　　（2）谷氨酸浓度的影响　　谷氨酸结晶过程会受到发酵液中谷氨酸浓度的影响，当含量大于 4%时，在等电点处，谷氨酸很容易从发酵液中析出，谷氨酸收率可达 70%以上；当含量低于 3.5%时，发酵液中的谷氨酸呈不饱和状态，即使采用低温等电点法，也很难从发酵液中析出结晶。这时，可先将发酵液中菌体过滤，然后加压浓缩或加一定量的晶种后，再用等电点法提取谷氨酸。若发酵液中谷氨酸含量大于 8%，发酵液中易析出 β-型晶体。

　　（3）温度的影响　　谷氨酸的溶解度与温度有关，溶解度随温度的降低而变小。因此温度越低，越有利于结晶，且析出的几乎全是 α-型晶体。如果结晶温度高于 30℃，会有大量的 β-型晶体析出，两种结晶形状如图 11-4 所示。谷氨酸发酵液的温度一般为 34℃左右，实际生产中，采用等电点法提取谷氨酸时，需进行降温。在常温下用等电点法提取谷氨酸时，母液中谷氨酸含量在 1.8%左右，而在 4～5℃下提取时，母液中仅残留 1.0%～1.3%的谷氨酸。发酵液降温的速度，对谷氨酸晶形的形成也有很大影响。如果发酵液降温速度缓慢，容易得到大颗粒的 α-型晶体；反之，则易生成细小的 β-型晶体。

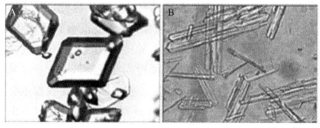

图 11-4　谷氨酸结晶图（张建华，2012）

A. α-型晶体；B. β-型晶体

　　（4）pH 的影响　　谷氨酸水溶液的 pH 等于谷氨酸等电点 pI 3.22 时，溶液的总静电荷等于零，此时谷氨酸分子溶解度最小。在分子间静电引力的作用下，形成聚合体而析出沉淀。发酵终了后，谷氨酸发酵液的 pH 为 6.5～7.3。因此，发酵液的 pH 是影响等电点法提取谷氨酸收率的重要因素。除此之外，加酸速度的快慢也会影响晶体的形成。缓慢加酸，pH 逐步下降，谷氨酸的溶解度逐渐降低，这样，晶核的形成不会太多，经育晶后晶体成长壮大，因而析出的晶体颗粒粗大、质重，易于沉淀分离。如加酸速度过快，就容易形成局部过饱和，这样，晶核的数太多，形成的晶体颗粒就细小，难以沉淀分离，影响收率。

进行等电点操作时，往发酵液中加酸，可采用先快、后缓、再慢的顺序将发酵液的 pH 调节到 3.22。开始加酸至 pH 5.0 这段时间里，加酸速度可稍快些，在 pH 5.0 处进一步调低 pH 时，加酸速度要缓，一旦发现有晶核出现，就立即停止加酸，育晶 2h，让晶体成长。之后，再缓慢地加酸将 pH 调节至 3.10～3.22。终点要准，发酵液 pH 偏离等电点就会引起谷氨酸溶解度增大，尤其是偏向高的一侧就更显著，对提取收率的影响更大。另外，在调节 pH 时，尽量做到不回调，如果 pH 调节过头超过 3.22，此时再用盐酸回调，氯化钠生成量增多，影响谷氨酸结晶。

（5）搅拌的影响　　适当的搅拌可使发酵液温度和 pH 均匀一致，同时也有利于晶体长大，防止晶体互相黏结，形成晶簇。搅拌的转速会影响晶粒的形成，搅拌转速过大，发酵液翻动剧烈，不利于晶体长大；搅拌转速过小，发酵液温度和 pH 不均匀，会造成局部 pH 偏低或温度偏高，这时就会产生许多细小晶核，以致形成的晶体质轻粒小。搅拌器的转速与结晶罐大小和搅拌桨叶直径有关。通常采用桨式搅拌器，直径为结晶罐的 0.4～0.5 倍，二档交叉安装，实际生产中控制转速为 20～30r/min。

（6）发酵液残糖的影响　　发酵液残糖量与发酵终点放罐时间有关。放罐早，发酵液中残糖量高，谷氨酸的溶解度变大，易使谷氨酸形成 β-型晶体。发酵液中的残糖量低，更容易使谷氨酸结晶析出。

（7）副产物的影响　　谷氨酸生成途径很复杂，发酵液中或多或少存在一些副产物，当发酵液中有 L-天冬氨酸、L-苯丙氨酸、L-酪氨酸、L-亮氨酸和 L-胱氨酸或其中的一种或数种与谷氨酸共存时，谷氨酸容易以 α-型晶体析出。在实际操作中，当采用等电点法结晶不理想时，可往发酵液中添加少量多种氨基酸的蛋白质水解液或将结晶母液进行回流，也可加入离子交换柱洗脱液的后流分，以促进谷氨酸 α-型晶体的析出。除此之外，也可添加金属离子、有机酸、胶体等物质促使谷氨酸以 α-型晶体析出。

（8）噬菌体的影响　　噬菌体是发酵工业的大敌，若谷氨酸生产菌为生物素缺陷型，则更易被噬菌体感染。感染噬菌体的谷氨酸发酵液由于发酵度低，不仅黏度大、泡沫多，而且残糖、色素和胶体物质含量都很高。利用等电点法结晶时，谷氨酸发酵液容易析出 β-型谷氨酸晶体。同时晶体中由于常夹杂胶体物质，给后期分离纯化造成很大困难。因此，对于这种发酵液最好先进行杀菌，将菌体沉淀后再进行结晶，这样既能防止噬菌体扩散，又有利于简化提取工艺和形成结晶。

（9）晶种投入的影响　　采用等电点法提取谷氨酸，在晶核形成前适时投入一定量的晶种，将有利于提取收率的提高。投入晶种的时间一定要控制在发酵液正处在介稳区阶段，生产上根据发酵液中谷氨酸含量和 pH 来确定投种时间。通常，若发酵液谷氨酸含量在 5% 左右，这时在 pH 4.0～4.5 时投入晶种；若发酵液谷氨酸含量在 3.5%～4.0%，这时在 pH 3.5～4.0 时投入晶种。晶种投入量一般为发酵液的 0.2%～0.3%。

（10）金属离子的影响　　发酵液中 Ca^{2+}、Mg^{2+} 会影响谷氨酸结晶。当发酵液中 Ca^{2+} 浓度大于 0.34% 时，谷氨酸就不容易析出结晶。用 $CaCO_3$ 来调节发酵液的 pH，特别要注意 Ca^{2+} 对谷氨酸结晶的影响。

（二）离子交换树脂法

当发酵液 pH＞pI（3.22）时，GA^- 能被阴离子交换树脂交换吸附；当发酵液 pH＜pI（3.22）

时，GA$^+$能被阳离子交换树脂交换吸附。利用阳离子交换树脂对 GA$^+$的选择性吸附，使其与发酵液中的残糖、蛋白质等非离子性杂质得以分离，然后经洗脱、浓缩提取得到谷氨酸，这就是离子交换树脂法提取谷氨酸的原理。目前，各味精厂均采用 732 强酸性阳离子交换树脂分离提取谷氨酸。当谷氨酸吸附饱和后，用热碱洗脱，收集谷氨酸洗脱液，经冷却，加盐酸调 pH 至 3.0～3.22 进行结晶，再用离心机分离即可得谷氨酸结晶。

离子交换树脂法过程简单，周期短，设备省，占地少，提取总收率可达 85%以上。缺点是酸碱用量大，废液产生量高，清洁生产压力增大。根据树脂柱使用数量该工艺可分为单柱法和双柱串联法。

1. 单柱法工艺流程   工艺流程如图 11-5 所示。先将发酵液用水稀释至 2～2.5°Bé，同时调节发酵液 pH 为 5.0～5.5，然后上柱交换。上柱有正上柱和反上柱两种方法，正上柱是多级交换，总交换量比较大，一般为 1.0～1.2kmol/m³ 湿树脂，反上柱是相互交换，总交换量比正上柱低，一般为 0.9～1.0kmol/m³ 湿树脂。采用正上柱法，必须事先除去菌体，否则会造成离子交换柱堵塞，以致交换无法进行。反上柱法无须事先除去菌体就能上柱进行交换，所以国内大多数工厂都采用此法。这种方法是在室温下将带菌体的发酵液不断从柱下部送入，谷氨酸等阳离子被交换到阳离子交换树脂上，菌体及非电解质等杂质则从柱的顶部流出。交换结束前，采用茚三酮试剂检查离子交换柱的流出液中是否有残留谷氨酸，避免因树脂漏吸造成的谷氨酸流失。

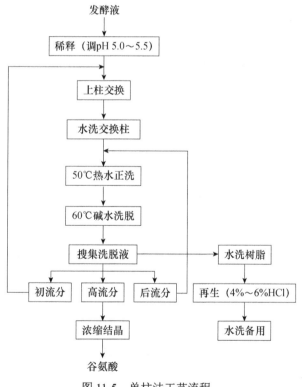

图 11-5 单柱法工艺流程

交换完成后，用水洗树脂柱，将柱子中的杂质排出。然后用 50℃热水正洗，这样不仅可以防止谷氨酸在柱子中析出而出现结柱现象，同时可避免碱液突然入柱而使树脂骤冷或骤热发生破裂。热水洗柱完成后，再用 60℃左右的 4.5%的 NaOH 溶液自柱子上部进行洗脱。

根据洗脱过程中洗脱液的 pH 和浓度来分段进行收集洗脱液，最初搜集的称为初流分，pH＜

2.5，谷氨酸含量仅为1%左右，杂质含量少，可重新上柱交换回用。随后搜集的洗脱液 pH 在 2.5～8.0，谷氨酸含量较高，在 6%左右，因此把这部分搜集液称为高流分，可采用等电点法直接提取谷氨酸。当高流分从交换柱上流尽时，搜集液中的 NH_4^+ 及其他金属离子也被洗脱下来，致使洗脱液 pH 骤然上升，为 8.0～10.0，这部分搜集液称为后流分。后流分中谷氨酸含量仅有 2%左右，NH_4^+ 及其他金属离子杂质较多，经过除杂后可以重新再上柱，也可以在用热水预热树脂后直接上柱，用来代替部分洗脱剂。交换柱交换完成后，经过水洗除污，再用 4%～6%的 HCl 浸洗后可重复使用。

2. 双柱串联法工艺流程　　双柱串联法工艺采用由弱酸性阳离子交换树脂和强酸性阳离子交换树脂两根交换柱组成的复床式双柱法来提取谷氨酸，见图 11-6。具体操作方法是先将除去菌体的发酵液或等电点分离提取后的母液通过 H^+ 式弱酸性阳离子交换树脂柱，将一些交换能力强的离子（NH_4^+ 及金属离子等）先被交换到树脂上，谷氨酸阳离子交换能力比较弱，不被交换到树脂上，从弱酸性阳离子交换树脂柱中直接流出，习惯上称这部分溶液为过流液。将收集的含谷氨酸的过流液通过 H^+ 式强酸性阳离子交换树脂柱，由于妨碍谷氨酸交换的 NH_4^+ 及金属离子已基本上被除去，过流液中谷氨酸阳离子就能充分与树脂交换，这就大大提高了强酸性阳离子交换树脂对谷氨酸的交换效率。被交换到树脂上的谷氨酸，用碱液洗脱、收集。

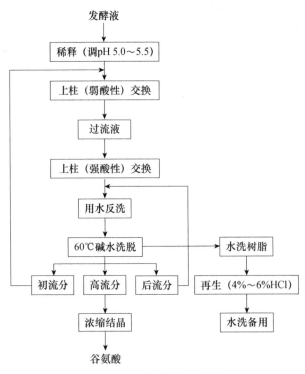

图 11-6　双柱串联法工艺流程

（三）等电点-离子交换法

1. 分离原理　　等电点-离子交换法提取谷氨酸是 20 世纪 90 年代中期出现的。该法先用等电点法将发酵液中的谷氨酸提取以后，再将母液通过离子交换柱进行吸附，洗脱回收，使洗脱所得的高流分再与发酵液合并进行等电点提取。这样既可弥补等电点法收率低的不足，又可克服离子交换法酸碱用量高的缺点，回收率可达 95%左右。

2. 工艺流程　　等电点-离子交换法工艺流程如图 11-7 所示。该法中等电点提取工序回收的低含量谷氨酸，可与发酵液合并，在等电点池内以 pH 1.5 的离子交换中的高流分母液（或用盐酸）进行中和。开始中和时流量可以大一些，但要均匀，防止局部过酸。当溶液 pH 为 5.0 时，要减小流量，并要仔细观察晶核形成情况，一旦有晶核出现应停止加酸，育晶 2h，继续加酸调 pH 至 3.8，育晶 2h 后，再调 pH 为 3.2，继续育晶 2h，缓慢冷却，搅拌育晶 16～20h，使其充分长晶，然后沉淀 4～6h，母液上离子交换柱进行交换。离子交换收集液中的初流分可上柱再交换，高流分用盐酸将 pH 调至 1.5，搅拌均匀，使谷氨酸全部溶解，供等电点中和用。后流分单独上离子交换柱，进行回收。该工艺的优点是提取收率高，缺点是原辅材料消耗高，污水产生量较大。

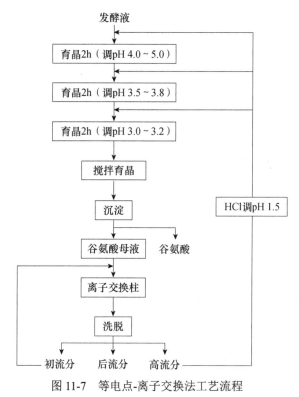

图 11-7　等电点-离子交换法工艺流程

（四）金属盐法

1. 分离原理　　将谷氨酸发酵液控制在一定 pH 下，GA^- 与 Zn^{2+} 或 Ca^{2+} 作用生成难溶于水的谷氨酸金属盐沉淀，然后在酸性条件下将谷氨酸金属盐沉淀溶解，再将 pH 调至 2.4 左右，谷氨酸形成结晶从母液中析出。金属盐法提取谷氨酸得率在 85% 左右。该法具有工艺简单、操作方便、对设备要求低、谷氨酸晶体颗粒大和母液中的谷氨酸含量低等优点，最大缺点是排放的废液中含有 0.3%～0.4% 的金属离子，对环境污染很大。

2. 工艺流程　　工业中最常用的金属离子是 Zn^{2+}，以硫酸锌（$ZnSO_4 \cdot 7H_2O$）盐形式投入发酵液中。锌盐法提取谷氨酸的工艺流程如图 11-8 所示。在发酵液中加入稍过量的硫酸锌，目的是使 GA^- 完全沉淀，然后用 NaOH 溶液将 pH 缓慢调至 6.3，并以 30r/min 的转速搅拌 5h，将母液静置 4～6h，使母液中的 GA^- 完全沉淀。用水将谷氨酸锌沉淀中的杂质洗去，加水 1～1.5 倍（沉淀体积），同时将温度缓慢升高至 55℃，搅拌调 pH 为 3.2，使谷氨酸锌沉淀全部溶解。然后将母液 pH 调至 2.8，并缓慢降温至 45℃。育晶 2h 后，维持母液温度不变，将 pH 进一步调至 2.4，再育晶 16h，静置 4h。离心分离后得到湿谷氨酸晶体，分离后的锌盐母液可回用。

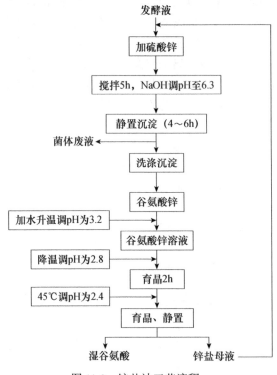

图 11-8　锌盐法工艺流程

3. 工艺要求

1）使用硫酸锌沉淀时，硫酸锌的纯度要高，硫酸钠的含量要低，这样可以避免在后续精制工序中 Na⁺产生的同离子效应引起谷氨酸锌溶解度增大，进而造成发酵液中谷氨酸沉淀不完全的现象，减少提取时的损失。

2）考虑到锌盐母液回用会影响 pH，用氢氧化钠溶液调 pH 至 6.3 时，要尽可能做到一次将 pH 调准。一旦 pH 调过后，再用盐酸进行回调，会使母液中的 Zn（OH）₂生成量增多。Zn（OH）₂ 属胶状物，会影响谷氨酸锌聚集，使晶核颗粒变得细小，给后续分离提取工序造成困难。另外，调 pH 时速度不宜过慢，要求在 10min 内完成，否则容易形成谷氨酸细小颗粒。为防止局部碱过量而生成 Zn（OH）₂胶状物，在加碱液时要进行搅拌，同时可借助盘香管式加碱器来完成。

3）溶解谷氨酸锌沉淀时，需要先升高溶液温度和控制 pH。要使谷氨酸锌全部溶解，此时的 pH 要低于 3.2。如果谷氨酸锌沉淀溶解不充分，在谷氨酸结晶操作时沉淀混杂进谷氨酸晶体中，会使成品谷氨酸中的 Zn²⁺量升高。待谷氨酸锌全部溶解后，才缓慢地将 pH 调至 2.4±0.2，使谷氨酸晶体析出。pH 的调节可分两步进行，先将谷氨酸锌溶液的 pH 用酸缓慢地调节至 2.8 左右，出现晶核后，育晶 2h，然后再用酸将 pH 慢慢调节至 2.4±0.2，使晶核不断壮大成长为晶体。

4）虽然谷氨酸的等电点为 3.22，但用锌盐制备谷氨酸时，谷氨酸结晶的 pH 是 2.4。这是因为在不同的 pH 下，溶液中残存的谷氨酸量是不同的，其中以 pH 为 2.4 时溶液中残留的谷氨酸量为最小（图 11-9）。其原因是溶液中 Zn^{2+} 浓度很高，产生的同离子效应使谷氨酸的等电点下降。

5）用谷氨酸锌制取谷氨酸时，一般都在 45℃ 下进行，这样制得的谷氨酸晶体比较粗壮。育晶时，为防止晶体黏结，需要进行搅拌，搅拌转速为 25～30r/min。

4. 影响谷氨酸锌形成的因素

（1）pH 谷氨酸锌在不同 pH 水溶液中的溶解度是不同的，如表 11-1 所示。因为在 pH 6.3 时谷氨酸锌的溶解度最小，所以用锌盐法提取谷氨酸时，要在此 pH 下制取谷氨酸锌。

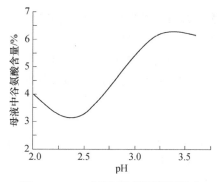

图 11-9 pH 对谷氨酸溶解度的影响（王传荣，2010）

表 11-1 不同 pH 下谷氨酸锌的溶解度（王传荣，2010）

pH	溶解度/(g/100g)	pH	溶解度/(g/100g)
4.5	3.3	6.3	0.29
5.0	1.3	6.5	0.3
5.5	0.5	6.8	0.4
6.1	0.34	7.5	0.6

（2）温度 表 11-2 表明温度对谷氨酸锌的溶解度影响不大，0～100℃溶解度值的变化很小。因此，为节约成本，用锌盐法提取谷氨酸，可以在常温下进行。

表 11-2 不同温度下谷氨酸锌的溶解度（王传荣，2010）

温度/℃	溶解度/(g/100g)	温度/℃	溶解度/(g/100g)
0	0.023	60	0.032
20	0.031	80	0.038
40	0.031	100	0.040

（3）投锌量 投锌量对谷氨酸锌沉淀影响很大，要使谷氨酸锌沉淀完全，必须往发酵液中加入稍过量的 Zn^{2+}。因此，准确把握好投锌量可使谷氨酸锌提取率大大提高，可达 90%。投锌量可根据发酵液中谷氨酸的量进行计算，Zn^{2+} 与谷氨酸的质量比以 0.55∶1 为适宜。

（4）酮酸 发酵液中的酮酸主要是糖酵解产物丙酮酸和三羧酸循环中间产物 α-酮戊二酸。这两种酸对谷氨酸锌的析出有显著影响。发酵液中酮酸含量高，谷氨酸锌生成量就会减少，而且生成的谷氨酸锌粒子细小，不易沉淀，很难与菌体分开。这是因为酮酸与 Zn^{2+} 结合生成了一种络合物，从而影响了谷氨酸锌的形成。事实上，只有谷氨酸发酵异常时，酮酸才会积累，这时可以通过稀释发酵液或者往发酵液中添加一定量的 H_2O_2 使酮酸完全氧化分解。

（五）膜过滤法

1. 分离原理 谷氨酸发酵液中含有许多无机离子、菌体、蛋白质、发酵代谢产物、铵离子和残糖等。这些物质的存在不利于后期谷氨酸结晶和分离，且谷氨酸得率难以提高，质量不易控制，同时会产生大量的酸碱废水，增加了下游废水处理的难度。将膜过滤法应用到谷氨酸提取工艺中，可先将谷氨酸发酵液中的杂质从料液中提前分离出来，避免了杂质在结晶过程中对谷氨酸含量及晶型的不利影响，同时可提高谷氨酸得率和产品质量。其作用原理是在外力的作用下，被分离的溶液按照一定的流速沿着超滤膜表面流动，溶液中的溶剂和低分子量物质、无机离子从高压侧透过超滤膜进入低压侧，并作为滤液排出，而溶液中的高分子物质、胶体微粒及微生物则被超滤膜截留，从而达到溶液分离、分级、纯化、浓缩的目的。

2. 工艺流程   膜过滤法工艺流程见图 11-10。谷氨酸发酵液经膜过滤后除掉菌体等杂质，然后经过中和、脱色后进一步浓缩。浓缩液再经超滤膜过滤以改善母液质量，然后滤液经过酸水解后用于等电点法提取，经离心、干燥后产出成品结晶。离心产出的母液可继续回用。膜过滤工艺料液规格少、质量稳定，产品质量便于把控，且整个生产工艺链是在工艺过程中进行排杂的，减少了物料中杂质对产品的影响。

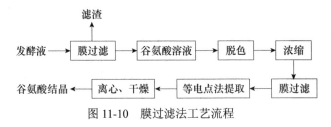

图 11-10   膜过滤法工艺流程

四、谷氨酸产业提取技术发展方向

（一）谷氨酸产业提取技术现状

谷氨酸提取工艺及其技术对谷氨酸生产成本、质量和环境等因素的影响最为重要。工艺路线的差异不仅决定了谷氨酸的收率和质量，同时也决定了硫酸、液氨等辅助材料的消耗水平。谷氨酸工业的高浓度废水集中产生于谷氨酸提取工序。随着国家环保政策的收紧，谷氨酸清洁生产标准也越来越高。因此，谷氨酸提取技术已不是一个单纯的产品初步分离工序，它在很大程度上决定着整个产业的制造成本、环境障碍和产品质量，最终制约着整个产业的可持续发展。改造现有谷氨酸提取技术将是我国谷氨酸工业实现可持续发展的重要突破口。

目前，在谷氨酸提取废液的治理方面也有两条成熟的工艺路线，一条是以离交尾液为对象的"线性开环"清洁工艺，"线性开环"工艺是通过絮凝除菌、多效蒸发浓缩、脱硫酸铵和造粒干燥等工序，从离交尾液中回收菌体蛋白、无机物和有机肥，蒸发冷凝水回用，既无废水又无废气；另一条是以浓缩等电母液（或离交尾液）为对象的喷浆造粒工艺，该工艺是先将离子交换后尾液（或等电母液）浓缩到可溶性固形物质量分数达到 20%以上，再利用高温烟道气喷浆造粒，将等电母液的干固物全部转化为有机肥。但是该工艺污染很大，大量酸性等电母液以"酸性气溶胶"的形式进入大气，最终以酸雨的形式返回地面，存在地域生态危害，且高温可能产生的有毒成分和刺鼻的气味恶化了环境，也危害居民身体健康。

（二）谷氨酸产业提取技术发展方向

谷氨酸发酵工业废水产生量大且浓度高，国际上也没有很好的技术加以解决。目前废水处理技术仍以末端处理为主。随着技术的发展和人们环保意识的增强，发酵产业环境污染被动补救的"末端治理"策略会逐步被源头减量的"清洁生产"预防所取代。对大宗微生物发酵产品谷氨酸而言，创建以"无废低耗工艺"为核心的清洁生产技术，将是谷氨酸提取技术的重要发展方向，也是行业科技工作者的努力方向。

综合上述提取技术及高浓度废水治理技术的优点，以谷氨酸提取无废低耗为目标，同时实现高收率、高质量、低物耗及资源综合利用等优势的集成，构建的谷氨酸提取无废低耗生产工艺如图 11-11 所示。无废低耗生产工艺采用新型的具有"细晶消除"功能的等电结晶工艺，以降低等电母液中残留谷氨酸的浓度，提高一步等电结晶的收率；同时以等电母液中残留谷氨酸的二次结晶技术替代现有的离子交换技术，以降低硫酸、液氨等辅料的消耗；将谷氨酸二次结晶和清洁工艺的蒸发浓缩巧妙结合，在不增加蒸汽消耗的前提下，有效地解决高浓度废水污染问题。

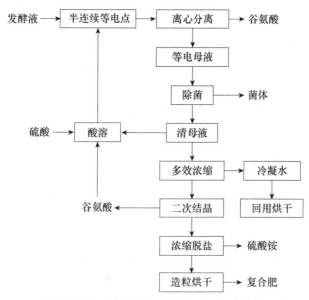

图 11-11　谷氨酸提取无废低耗工艺流程图（张建华等，2009）

国内外谷氨酸生产企业半个多世纪的生产实践证明，只有走源头减量、过程控制的"清洁生产"道路，研究开发"无废低耗生产工艺"取代现有的"高污染高消耗工艺"，才能最终解决经济和环境的和谐发展问题。谷氨酸提取技术单项指标的优劣已难以决定某项技术水平的高低，需要着眼生产全局，整体把握绿色制造的经济、环境和质量要求，研发创建整体最优的谷氨酸提取工艺路线，以及为实现这一工艺路线的关键技术，最终形成谷氨酸制造的无废低耗生产，这是谷氨酸提取技术发展的重要方向。

第二节　柠檬酸工业下游分离技术

一、柠檬酸产业概述

柠檬酸的发现至今有 200 多年的历史。1784 年，瑞典化学家 Scheele 首次从天然柠檬汁中分离出柠檬酸晶体，并命名为柠檬酸。之后在 1880 年，Grimoux 和 Adam 在实验室中由甘油合成了柠檬酸，开创了化学方法合成柠檬酸的先河。1893 年，Wehmer 发现某些微生物在糖类介质中生长繁殖时可产生柠檬酸，从而为近代采用发酵法生产柠檬酸奠定了基础。1923 年，美国 Pfizer 公司首次利用黑曲霉，并采用浅盘发酵法成功地产出柠檬酸，并在 20 世纪中期，又开发了深层发酵法，使柠檬酸的产量大幅提升。

中国于 20 世纪 40 年代初开始柠檬酸的研究，60 年代后期进入小规模生产。虽然柠檬酸产业化起步晚，但是发展很快。到了 90 年代初，我国柠檬酸生产企业已遍布全国各地，且数量达到了最多，有 120 多家，产量达 45 万 t。到了 2010 年，我国柠檬酸产量已接近 100 万 t。2010～2019 年，我国柠檬酸产量总体呈上升趋势，之后受疫情影响产量明显下滑，2022 年总产量约 136 万 t，同比减少 3 万 t，降幅约为 2.2%。目前，全国柠檬酸年产能占世界的 70% 左右，年产量占世界的 65% 左右，已成为全球最大的柠檬酸生产国。在我国柠檬酸工业蓬勃发展的同时，厂家规模、生产能力、产品质量等也在逐渐改变。从 2003 年开始，企业的产能不断向大规模集中，企业数量到目前锐减了 80% 以上，经过多年的竞争与发展，柠檬酸企业数量逐年减少。根据生态环境部公告，目前全国有二十多家柠檬酸生产企业达到环保要求，可以进行柠檬酸的生产与出口工作。

我国柠檬酸产业也面临着产能过剩、内需不足、对外贸易摩擦频发、出口受阻、环保监管严格、淘汰落后产能等多方面的压力。因此，柠檬酸行业应改进生产工艺和技术水平，淘汰落后产能企业，进一步提高行业集中度，加速产业整合。通过自主创新和提升管理手段降低成本，加快科技成果推广应用和产业化步伐，开发柠檬酸的深加工产品，提高产品的科技含量，向精细化、多元化、系列化方向发展，培育自主品牌。同时，有实力的企业可借助国家"一带一路"倡议，利用内部生产技术优势及市场经济体优势，实现走出去战略，既符合国家目前产业结构调整方向，同时又是行业未来发展的必由之路。

二、柠檬酸的性质

柠檬酸（citric acid），又名枸橼酸，学名为 2-羟基丙烷-1, 2, 3-三羧酸，为无色、无臭、具有强酸味的半透明晶体或白色结晶粉末，是一种普遍存在于各种生命细胞中的中间代谢产物。易溶于水、醇，难溶于有机溶剂，无旋光性。在温暖空气中渐渐风化，在潮湿空气中微有潮解性。根据其结晶形态不同，分为一水柠檬酸和无水柠檬酸，一水柠檬酸分子式为 $C_6H_8O_7 \cdot H_2O$，分子量为 210.14，是由低温（≤36.6℃）水溶液中结晶析出，经分离、干燥后的产物，含结晶水量为 8.58%，熔点 70～75℃，其晶体形态为斜方棱晶，晶体较大。无水分子式为 $C_6H_8O_7$，分子量为 192.13，是由较高温度（>36.6℃）水溶液中结晶析出的，熔点 153℃，其晶体形态为双棱锥体。

柠檬酸分子结构中含有三个羧基，因此具有一般多元酸的通性，可以和许多碱金属、土金属的阳离子形成一元、二元或三元盐。具有愉悦的酸味，入口爽快，安全无毒，被广泛用于食品饮料、医药化工、清洗与化妆品、有机材料等领域，是目前世界上需求量最大的一种有机酸。主要以淀粉及糖质为原料利用微生物进行发酵转化，经分离提取而获得。但是柠檬酸发酵液成分复杂，并且因原料和发酵工艺不同而各不相同，因此，柠檬酸提取技术水平直接关系到产品的生产能力和质量水平。

然而，柠檬酸发酵产品的提取技术一直是我国的薄弱环节，柠檬酸行业始终面临着"高产低收"的现状。为此，柠檬酸提取方法的研究得到了许多同行专家的关注。积极寻求更为经济、有效的分离方法及能够连续操作的生产过程，以求提高产品纯度与收率，降低生产成本和能耗，更好地适应大规模生产的需要，已成为柠檬酸提取新方法、新工艺所追求的目标。

三、柠檬酸分离提取工艺技术

柠檬酸成熟发酵醪中除含有柠檬酸外，尚有残糖、菌体、蛋白质、色素、胶体物质、无机盐、有机杂酸及由原料带入的各种杂质。要获得符合食品级质量标准的柠檬酸成品，必须采用一系列物理和化学的方法进行处理，有关柠檬酸的质量标准如表 11-3 所示。柠檬酸的提取方法有钙盐法、离子交换法、电渗析法、溶剂萃取法、液膜分离法和超滤法等，下面逐一进行介绍。

表 11-3　柠檬酸的质量标准　　　　　　　　　　　　　　（%）

指标名称		指标	指标名称		指标
柠檬酸（以 $C_6H_8O_7 \cdot H_2O$ 计）	≥	99.5	氯化物（以 Cl^- 计）	≤	0.01
硫酸盐（以 SO_4^{2-} 计）	≤	0.03	铁（Fe）	≤	0.001
草酸盐（以 $C_2O_4^{2-}$ 计）	≤	0.05	砷（As）	≤	0.0001
钙盐		符合规定	硫酸灰分	≤	0.1
钡盐		符合规定	易碳化物		不高于标准
重金属（以 Pb 计）	≤	0.0005			

（一）钙盐法

1. 分离原理　　钙盐法也叫石灰-硫酸法，是一种比较传统的提取方法。它是利用柠檬酸钙不溶于水，但能溶于酸的特点，将 $CaCO_3$ 或石灰粉加入发酵液中，形成柠檬酸钙沉淀，固液分离后用硫酸将沉淀溶解，同时析出硫酸钙沉淀和柠檬酸溶液。柠檬酸溶液经过脱色、除杂、浓缩、结晶，便可得到柠檬酸固体产品。这种方法目前被国内柠檬酸生产厂家普遍采用。

2. 工艺流程　　利用钙盐法提取柠檬酸的生产工艺流程如图 11-12 所示。尽管这种方法设备较简单，工艺成熟，原料易得，且产品质量稳定，但是劳动强度大，单元操作损失多，生产过程中产生大量的废水、废渣，对环境造成了很大的危害。同时此方法柠檬酸总收率低，国内生产厂家一般在 60%～70%。因此，钙盐法已越来越不适应当前柠檬酸的生产需求。目前，许多生产企业将目光投向了研究低能耗、少投入、无污染、低劳动强度及高提取率的清洁生产工艺上。

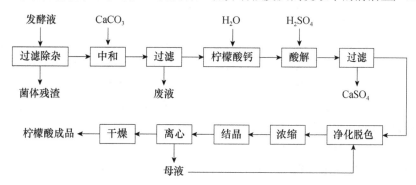

图 11-12　钙盐法提取柠檬酸的生产工艺流程图

3. 工艺要求

1）柠檬酸发酵液中成分较复杂，其中柠檬酸含量在 80%～95%、葡萄糖酸为 0.2%～0.3%、草酸为 0.1%、残糖为 0.2%～0.5%。此外，发酵液内还含有蛋白质等物质，若不提前过滤，则对后续精制工序有严重影响。发酵结束后，应及时将发酵液加热至 80～90℃，一方面可起到灭菌作用，终止发酵，防止柠檬酸被分解；另一方面加热可灭酶，使蛋白质等胶体物质变性凝固，降低发酵液黏度，有利于过滤。同时加热可改变菌体细胞膜透性，使菌体内柠檬酸释放出来，提高收率。加热温度不宜过高，否则易造成菌体破裂，细胞内溶物质释放到发酵液中，使糖度升高，给后面分离工序带来困难。

2）柠檬酸发酵液经预热后，接下来要进行过滤除杂工序。将发酵液残渣、热凝固物及废菌体等除去。过滤速度受温度、过滤介质、助滤剂的影响，要求杂质尽量要少，保证滤液澄清，同时还要保证残留在滤渣中的柠檬酸量少，以提高酸的收率。工业生产中过滤的设备包括过滤机、加热桶、泵、储罐。一般柠檬酸过滤采用板框式压滤机或全自动板框式压滤机或转筒真空过滤机等设备（详情见第二章过滤设备）。

3）柠檬酸母液的中和是通过投加钙盐来实现的，常用的钙盐有 $CaCO_3$ 和石灰粉，柠檬酸与钙离子反应生成柠檬酸钙沉淀，然后在母液中沉淀析出，从而达到分离柠檬酸根离子的目的。钙盐的投加量可根据化学反应式进行计算，每中和 100kg 柠檬酸需要 71.5kg 的 $CaCO_3$ 或 53kg 的石灰粉。实际操作中往往添加过量的钙盐，因为在柠檬酸母液中还存在草酸和葡萄糖酸等主要杂酸，在中和时也可与钙离子发生沉淀反应。通过控制母液 pH 和温度（在 95℃以上高温时柠檬酸钙溶解度低，而其他有机酸的钙盐溶解度则较高），可使草酸钙沉淀先被分离出来，而葡萄糖酸钙的溶解度很大，一直处于溶解状态，所以不会混杂到柠檬酸钙沉淀之中。然后用 90~95℃热水充分洗涤沉淀，以除去柠檬酸沉淀中的糖分和其他可溶性杂质。

4）柠檬酸发酵液经中和后得到的柠檬酸钙用硫酸酸解，将其置换。酸解时硫酸是逐步添加的，所以柠檬酸三钙先变成柠檬酸氢钙，再变成柠檬酸一钙，最后游离出柠檬酸。把热水洗净的柠檬酸钙加水搅成糊状，并在搅拌下加入浓硫酸，温度控制在 80℃以上。硫酸的用量至关重要，当硫酸添加量能完全满足置换反应时，柠檬酸游离出来，形成硫酸钙沉淀。如硫酸加入量不足，会造成柠檬酸钙反应不完全，多余的柠檬酸三钙混于柠檬酸中，柠檬酸无法结晶；而硫酸过量时，浓缩过程中酸度增高，当温度升高至 70~75℃时，会引起柠檬酸分解，产生甲酸等挥发酸，产品颜色较深。硫酸的用量为加入的碳酸钙的 85%~90%，也可以根据中和剂的消耗量来进行估算。在酸解反应中应严格控制温度，在相对饱和度下，温度越低，可溶性二水硫酸钙（含 2 个 H_2O）的量越多，并混于柠檬酸液中，影响后续过滤。在较高的温度下以水合硫酸钙（含 1 个 H_2O）与硫酸钙的形式存在，溶解度极低，成为沉淀被过滤除去。

5）为得到纯净的柠檬酸，结晶之前需要对母液进行净化脱色，主要是除去母液中 SO_4^{2-}、Fe^{3+}、Pb^{2+} 和 As^{2+}。除 SO_4^{2-} 用钡盐沉淀法，除 Fe^{3+} 用亚铁氰化钙，除 Pb^{2+} 和 As^{2+} 用硫化物沉淀法。硫化铅和三硫化二砷的溶解度极小，沉淀同硫酸钙一起可被滤除。去阳离子也可用阳离子交换树脂进行，常用的树脂为 732 型阳离子交换树脂。脱色可采用活性炭或大孔树脂等进行。

6）柠檬酸母液经净化脱色并过滤除杂质后进入外循环蒸发器，在低于 60℃温度下进行减压蒸发，蒸发室内的压力不超过 14kPa。经过滤除去 $CaSO_4$ 等固体，浓缩液放入结晶罐，以每小时温度下降 4~5℃为宜，降温至 10℃左右进行结晶。结晶经离心分离后，干燥得到柠檬酸成品，离心母液可进一步净化脱色后回用。

（二）溶剂萃取法

1. 分离原理　溶剂萃取法用于分离提取发酵所得的生物产品，已有几十年的应用历史。我国从 20 世纪 80 年代就开始利用溶剂萃取法提取柠檬酸。溶剂萃取法的原理主要是利用发酵液中柠檬酸和其他杂质组分在萃取剂中的溶解度不同而把柠檬酸萃取到溶剂相中，然后提高温度，用 80℃热水对溶剂相进行反萃取，使柠檬酸重新进入水相，再经过离子交换、蒸发、结晶，最后得到产品。萃取剂种类不同，剂量不同，萃取的效果也不同。目前常用的萃取剂大多是有机胺类，如三月桂胺、N,N-二烷基乙酰胺等，还有一些是非胺类物质，如三烷基氧磷、磷酸三丁酯、石油亚砜等。萃取法的优点就是提纯柠檬酸的萃取剂可反复使用、不消耗大量化工原料、节约热能、劳动强度低，但是绝大多数萃取剂均有毒性，难以完全满足食品级质量要求，一般只能得到工业品，不能用于医药、食品行业。

2. 工艺过程　　发酵原料不同，萃取法提取柠檬酸的流程也不同。当以葡萄糖或精制蔗糖为原料时，发酵液含杂质较少，可以用一次萃取法直接从发酵液中提取柠檬酸；当以甜菜糖蜜作为发酵原料时，发酵液中含大量阳离子杂质，这些阳离子会与柠檬酸发生络合反应，减少柠檬酸从水相转移到油相的比例，这时直接用萃取法提取柠檬酸的效果较差。可先采用溶剂萃取法提取发酵液中的大部分柠檬酸，水相中剩余的柠檬酸用离子交换法提取，可大大提高提取率。萃取法提取柠檬酸的基本工艺流程图如图 11-13 所示。

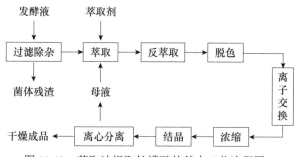

图 11-13　萃取法提取柠檬酸的基本工艺流程图

工业中，利用溶剂萃取柠檬酸一般是在萃取塔或混合澄清器中完成的（详见第五章萃取设备），这些设备有水、油两相，很容易形成乳化液，这也正是使萃取率降低的重要原因。因此，与萃取剂相配套的破乳方法及破乳剂和稀释剂也相继产生。试验证实，萃取剂具有提高萃取率、减少萃取级数的效用。在选择好恰当的萃取剂的前提下，只要解决好萃取中出现的乳化现象，溶剂萃取法还是一种比较有前途的提取方法。

溶剂萃取法省略了钙盐法的中和和酸解等步骤，大大节省了化工原料，特别是不用石灰粉或石灰石和硫酸，所以不会产生硫酸钙废渣，大大减少了占地面积，简化了操作过程，改善了劳动条件。且萃取过程简单，提取液浓度高，蒸发结晶所用设备少。但是，这种提取法也有一定的问题，即萃取时的设备比较庞大，反萃取时会有大量的废弃化学药品产生，如何处理废弃物也成为一个难题。

（三）离子交换法

1. 分离原理　　离子交换法开始应用于发酵液中柠檬酸的分离提取过程是在 20 世纪 70 年代末 80 年代初。该方法的分离原理是利用高选择性的阴离子交换树脂将处理过的发酵液中的柠檬酸根离子吸附，再用碱液将其洗脱，形成柠檬酸盐，然后再利用阳离子交换剂转型、除杂，得到柠檬酸粗液，最后采用浓缩结晶得到柠檬酸晶体。

离子交换法理论上可分为三步，基本化学原理如下。

（1）吸附　　　$3ROH + C_6H_8O_7 \longrightarrow R_3C_6H_5O_7 + 3H_2O$

（2）洗脱　　　$R_3C_6H_5O_7 + 3NaOH \longrightarrow Na_3C_6H_5O_7 + 3ROH$

　　　　　　　$R_3C_6H_5O_7 + 3NH_3 \cdot H_2O \longrightarrow (NH_4)_3C_6H_5O_7 + 3ROH$

（3）转型　　　$Na_3C_6H_5O_7 + 3RSO_3H \longrightarrow 3RSO_3Na + C_6H_8O_7$

　　　　　　　$(NH_4)_3C_6H_5O_7 + 3RSO_3H \longrightarrow 3RSO_3(NH_4)_3 + C_6H_8O_7$

用于提取柠檬酸的主要是阴离子交换树脂，常用的有 M 型、701 型、D315 型，大多是具有叔胺和吡啶官能团的弱碱型树脂，但也有带季胺官能团的强碱型树脂和中性阴离子树脂，如交联的聚苯乙烯聚合物和非离子疏水性聚丙烯酸酯聚合物等。

2. 工艺流程　　离子交换法工艺流程如图 11-14 所示,发酵液经过滤去除菌体及较大粒径的杂质并经活性炭脱色后,进入 701 型阴离子交换柱吸附和交换柠檬酸,再用柠檬酸和柠檬酸铵(或柠檬酸钠)缓冲液进行洗脱,并用 5%氨水解吸,得到的稀柠檬酸铵溶液再经 H 型阳离子交换树脂转型,洗脱后的柠檬酸分别用 732 型阳离子交换树脂和 D315 型阴离子交换树脂除正电和负电荷的杂质离子,最后得到高纯度的柠檬酸溶液,经浓缩、结晶,制成产品。结晶母液经脱色、吸附后继续回用,总提取率可达 90%。

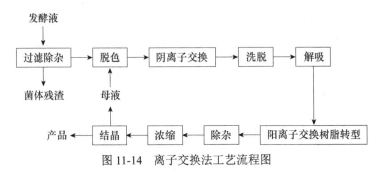

图 11-14　离子交换法工艺流程图

离子交换法工艺简单、能耗低、提取率高,国内已有几个柠檬酸厂家开始用离子交换法进行大规模生产。但是,该法还存在一些缺点,如在阴离子交换中,部分阴离子会和柠檬酸根离子一起进行交换并被洗脱下来,从而影响成品质量,而且离子交换树脂在使用中需要频繁再生,会产生大量废液。再者,离子交换树脂具有一定的寿命,也需要经常更换,会产生大量的固体废弃物。因此,寻求或研制高效、寿命长、易回收利用的离子交换树脂,就成为该工艺得以工业化推广的关键。

(四)液膜分离法

1. 分离原理　　液膜分离法是 20 世纪 60 年代发展起来的一项分离技术,其原理是利用与水不相溶的有机溶剂形成的液膜,以浓度差为推动力,进行选择性地分离水溶液中待分离的溶质。在分离过程中,液膜的一侧是反萃液,另一侧是待分离的料液。料液中的溶质首先被萃入液膜,然后再从液膜反萃到反萃液中。所以在分离过程中,萃取与反萃取同时进行,液膜萃取柠檬酸的机制示意图见图 5-21(详见第五章萃取技术载体输送机制示意图)。液膜根据结构主要可分为乳状液膜、支撑液膜和流动液膜三类。其中乳状液膜可分为(W/O)/W(水-油-水)和(O/W)/O(油-水-油)两种。乳状液膜的膜溶液主要由膜溶剂、表面活性剂和添加剂(流动载体)组成。其中膜溶剂含量占 90%以上,而表面活性剂和添加剂分别占 1%~5%。其提取柠檬酸的反应机制如下所示。

发酵液中的柠檬酸与膜相中三辛胺(TOA)作用形成胺盐并向内水相转移。

$$6R_3N + 2C_6H_8O_7 \longrightarrow 2(R_3NH)_3C_6H_5O_7$$

胺盐被 Na_2CO_3 反萃取形成 $Na_3C_6H_5O_7$:

$$2(R_3NH)_3C_6H_5O_7 + 3Na_2CO_3 \longrightarrow 2Na_3C_6H_5O_7 + 3(R_3NH)_2CO_3$$

产物 $(R_3NH)_2CO_3$ 向外水相转移并在界面发生如下反应:

$$3(R_3NH)_2CO_3 \longrightarrow 6R_3N + 3CO_2\uparrow + 3H_2O$$

该过程是流动载体与被迁移物间反复进行选择性可逆反应,在膜内两个界面间传递被迁移物,使外相中柠檬酸不断被提取到内相,以 $C_6H_5O_7Na_3$ 形式存在而被分离。由于这种载体具有单一性,可直接对发酵液进行处理,破乳后可得到柠檬酸钠盐,然后再进行浓缩、结晶,即可得到产品。

2. 工艺过程　　液膜分离法的工艺流程图见图 11-15。液膜分离法用于柠檬酸分离时，一般采用煤油作为膜溶剂，并添加适当的非离子型表面活性剂 Span-80（失水山梨醇单油酸酯）来稳定乳状液膜和增加液膜的渗透性。为了促进柠檬酸的迁移速度，还可以在其中添加三辛胺（TOA）作为流动载体（萃取剂）。萃取时乳状液膜的外水相为柠檬酸发酵液，内水相为 NaOH 或 Na$_2$CO$_3$ 水溶液。胺类物质可作为载体将柠檬酸从一侧载到另一侧，从而达到分离柠檬酸的目的。

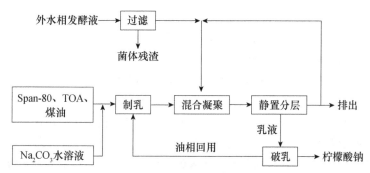

图 11-15　液膜分离法的工艺流程图

液膜分离法提取发酵液中的柠檬酸具有十分明显的优点，如工艺简单、有较高的传质速度和选择性、可在常温下进行、使能耗大大降低、膜相回收破乳后将油相回收利用可降低生产成本且不产生二次污染等，在柠檬酸生产工业中极具发展前景。但是这一方法对乳液的稳定性和破乳技术要求严格，而影响乳液的稳定性和破乳难易的因素又错综复杂且相互影响，过程的连续化也有不少难度。同时，目前采用的载体、表面活性剂或多或少都有一定毒性，达不到生产食用或医用产品的要求。因而迄今为止用液膜分离法提取柠檬酸都还停留在实验研究阶段，在传质机制、高效无毒液膜体系选择、工艺条件优化及设备的研制等方面都还需做深入的研究和探讨。

（五）电渗析法

1. 分离原理　　电渗析法是一种高效的膜分离技术，是在离子交换树脂基础上发展起来的新技术，主要用于海水淡化。20 世纪 70 年代，国内开始研究用电渗析的方法从发酵液中提取柠檬酸。它的工作原理是：在外加直流电场的作用下，溶液中的离子会产生迁移运动，这种情况下，利用带有固定可交换基团的阴、阳离子交换膜对溶液中离子有选择性透过的功能，使带有不同电荷的离子，从淡化室分别迁移至各自相应的浓缩室中，从而达到纯化的目的（电渗析装置示意图见第三节图 11-20）。例如，柠檬酸根由于带有负电荷，因此会向阳极迁移，从而被阳膜截流。由于不需要离子交换中的转型步骤，因此工艺简单、收率可达 85% 左右，便于工业化和自动控制，而且对环境没有太大污染。但当电渗析液中柠檬酸含量大于 20% 时，该方法耗电大大增加，所以提取液中柠檬酸质量分数较低（6.5% 左右），同时分离膜昂贵并且容易堵塞，因此还需要进一步研究开发。

2. 工艺过程　　用电渗析法提取糖蜜原料发酵液中柠檬酸的工艺流程如图 11-16 所示，发酵液（pH 为 1.5~3.0）经过滤预处理后，用电渗析器分离得到粗提液，这种粗提液再利用活性炭和离子交换剂除去色素和杂质离子，得到淡黄色、高纯度柠檬酸水溶液，然后再经过低压浓缩、结晶分离和成品干燥等工序制得柠檬酸成品。

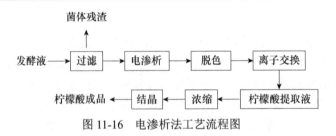

图 11-16　电渗析法工艺流程图

20 世纪 90 年代开始，国外开始研究双极膜电渗析，一个膜包括双极膜、阴膜和阳膜各一张，有酸室、碱室和料液室。经过这种电渗器后提取液分成以柠檬酸为主的酸性溶液、碱液和稀释的料液。这种方法与普通的电渗析相比，其明显的优点在于碱室产生的碱可循环使用，即中和发酵液，不仅能分离柠檬酸，同时还能对它进行浓缩。

双极膜也存在致命的缺点，能耗高，膜费用高，尤其是双极膜费用昂贵。当提纯柠檬酸这样的大分子、高电荷有机酸时，这些费用更高。为了降低能耗和膜费用，有研究者对双极膜电渗析器的工艺进行了调整，用一个普通的电渗析器串联一个改造后的双极膜电渗析器，取代传统的电渗析法，分离提纯发酵液中的柠檬酸时能降低能耗。在恒定电流密度下，每提取 1kg 柠檬酸能耗为 2.19kW·h，降低了 25%，并降低 27% 双极膜的使用面积，可以在高电流密度的条件下操作，最高达到 1500A/m^2，从而降低总投资。

各种电渗析器存在的一个共同问题是当发酵液中杂质较多时，膜污染严重。为了减弱膜污染，Miao 等在双极膜电渗析前加了纳滤和螯合剂吸附工艺，去掉大部分会污染电渗析膜的杂质，可降低生产成本。

（六）超滤法

超滤法只是简单的物理操作过程，属筛分机制，工艺简便易控制，不会产生污染。由于发酵液中含有大量蛋白质、糖、色素、霉菌等杂质，必须选择合适孔隙的耐酸超滤膜如抗氧化性和耐酸性皆佳的聚砜类膜，不宜选用使用寿命短的 CA 膜。由于膜组件通量一般较小，且易堵塞使滤速下降，如何使膜在反复清洗后分离效果不会下降，以及开发出耐酸、不被生物降解的高效超滤膜是该法能否实现工业化的关键。

四、柠檬酸产业提取技术发展方向

污染物的排放问题是柠檬酸企业的共同难题，也是柠檬酸行业发展所面临的巨大挑战。这就要求柠檬酸生产企业必须改进落后的提取工艺，寻求高效、环保节能、便于工业化和自动化的新型柠檬酸提取工艺，不断发展和完善各种分离技术手段，促进分离技术相互交融和补充。同时加大新设备的研究，实现传统产业的全面升级改造。构建生产企业清洁生产工艺的小的闭路循环，将抗污染材料领域的最新研究成果引入发酵行业的膜分离技术中，制成高效抗污染分离膜，如超滤、纳滤、反渗透、电渗析用的离子交换膜等，可使各种膜分离技术真正替代传统分离提取技术，实现清洁生产。

柠檬酸产业提取技术单项指标的优劣已难以决定某项技术水平的高低，需要着眼生产全局，整体把握柠檬酸制造的经济、环境和质量要求，研发创建整体最优的柠檬酸提取工艺路线，以及为实现这一工艺路线的关键技术，最终形成柠檬酸制造的无废低耗生产，这是柠檬酸提取技术发展的重要方向。

第三节　乳酸工业下游分离技术

一、乳酸产业概述

瑞典化学家 Sheele 于 1780 年首先从发酵酸乳中发现了乳酸；1841 年，Boutron 和 Fremy 利用自然发酵法从发酵乳中提取乳酸；1881 年，Charles E. Avery 公司开始利用纯种发酵生产乳酸，从此走上了工业化生产乳酸的道路。目前，工业生产乳酸有化学合成和微生物发酵法两种，由于化学合成乳酸采用有毒的乙醛、氢氰酸为原料，考虑到安全和环保因素，因此世界上逐步以微生物发酵法取代了化学合成法。全球乳酸生产企业主要集中在美国、中国、泰国及日本等。20 世纪 80 年代，我国有 50 多家小乳酸厂，随着市场竞争逐渐淘汰至 10 家左右，年产能合计约 20 万 t。近两年，随着聚乳酸生产技术的进步及下游应用领域开拓所带来的巨大市场空间，行业内企业及新进入者开始看好乳酸行业未来发展前景，先后投资建厂扩大乳酸产能，目前国内乳酸产能约在30 万 t。

乳酸主要应用于食品、医药、制革、化工等领域。近年来，随着可生物降解的高分子材料——聚乳酸的发展，乳酸的应用也得到了快速扩展。北美洲是世界上最大的乳酸消费市场，占世界乳酸消费量的 48%，该市场乳酸主要的用途为生产聚乳酸，其次为食品和饮料的应用。亚洲作为世界第二大乳酸消费市场，传统食品和饮料的应用仍是驱动乳酸消费增长的主要动力，工业和聚乳酸的生产也占据一定的消费比例。在我国，随着乳酸及其衍生物的应用领域不断扩大和消费量的增加，乳酸的需求量也开始不断增加。据调查，消费市场的扩大使得乳酸的需求量以每年 7%～9%的速度增加，其中食品工业领域消耗的乳酸最多，占需求量的 53%以上，部分用于医药、农畜等行业，特别是顺应环保理念的聚乳酸的生产更是刺激了其原料乳酸需求量的增长。2008 年，我国乳酸表观消费量为 3.48 万 t，2018 年增长到 8.38 万 t。需求量增加的同时，我国乳酸年产量也在不断增加，2018 年乳酸年产量为 12.1 万 t，10 年间增长将近 2 倍。

目前，全球对乳酸及其衍生物的开发力度还在逐年加大，其研发方向为低成本、高收率、高品质和无污染。随着新的发酵技术和分离技术不断涌现，乳酸生产的技术不断更新，这极大地推动了乳酸行业的发展，将大大提高乳酸的发酵转化率和产品质量，降低副产物生成和环境污染，具有很好的发展前景。

二、乳酸的性质

乳酸（lactic acid），化学名为 2-羟基丙酸、α-羟基丙酸或丙醇酸，其化学式为 $C_3H_6O_3$，分子量为 90.08，25℃时，密度为 1.206。乳酸含有一个中性碳原子，具有旋光性，左旋性乳酸称为L-乳酸，熔点为 25～26℃，右旋性乳酸称为 D-乳酸，外消旋乳酸称为 DL-乳酸，其中 L-乳酸可以被人体吸收和代谢。乳酸无气味，具有吸湿性，药品级一般为无色液体，食品级为无色或浅黄色液体，溶于水、乙醇和甘油，不溶于氯仿、二硫化碳和石油醚。常压下加热分解，浓缩至 50%（m/V）时，10%～15%乳酸以乳酸酐形式存在。人和动物体内只有代谢 L-乳酸的酶，若过量摄入D-乳酸或 DL-乳酸，血液中 D-乳酸浓度上升，从而导致身体、代谢机能紊乱，严重者还会出现中毒症状。

乳酸分子结构中含有一个羟基和一个羧基，因此它可以参与许多反应，如氧化反应、还原反应、缩合反应和酯化反应等，它是化学工业中重要的平台原料，除制成乳酸盐、乳酸酯外，经催化可以生成乙醛、丙二醇、丙烯酸、戊二酮等重要化工原料。

三、乳酸分离提取工艺技术

乳酸发酵液中含有菌体、残糖、蛋白质、色素、胶体、有机杂酸、无机盐等多种杂质，它们主要来源于原材料和未消耗的营养盐或发酵的中间副产物。所以从乳酸发酵液中提取高质量的乳酸是比较困难的。从乳酸发酵液中提取乳酸的方法主要有钙盐法、锌盐法、溶剂萃取法、电渗析法、酯化水解法等单一或复合手段。

（一）钙盐法

目前国内外 L-乳酸生产的提取工艺多用钙盐法。其流程如图 11-17 所示，成熟的发酵液经升温、碱化处理后除去菌体、蛋白质等胶体杂质。将得到的乳酸钙料液适当浓缩，在一定条件下结晶，再用离心机分离除去母液，并洗去残留的母液和一些蛋白质、糖类及色素，得到乳酸钙的白色晶体。加热溶解晶体，用硫酸进行酸解，加入适量的活性炭进行脱色，分离除去 $CaSO_4$ 及活性炭滤渣，得到粗乳酸溶液。再用阴阳离子交换树脂处理浓缩后的粗乳酸液以除去 Cl^-、SO_4^{2-}、Ca^{2+} 和 Fe^{3+} 等阴阳离子，经离子交换处理过的乳酸溶液再经浓缩至浓度 80% 以上，即成为成品乳酸，具体操作如图 11-17 所示。

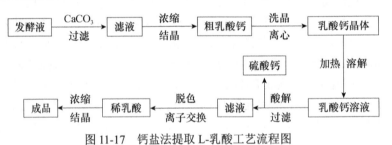

图 11-17　钙盐法提取 L-乳酸工艺流程图

1. 发酵液的预处理　乳酸发酵完成后，一般是在发酵液中添加过量的 $CaCO_3$，发酵液中的乳酸与 $CaCO_3$ 反应，生成 5 个水的水合型乳酸钙。发酵液中存在大量的杂质，因此发酵终了时，发酵醪液会变黏稠。当发酵后期，乳酸菌活动减弱，发酵温度开始下降时，要及时将罐温升至 90～100℃，并加入石灰乳，调 pH 至 9.5～10.0，搅匀后，静置 4～6h，使菌体、蛋白质（变性絮凝）等悬浮物下沉。然后放出上清液，在沉渣中加入等量的硫酸钙作助滤剂，在 70～80℃下经压滤后得到滤液。再将上述清液和滤液混合，加 1.5%～2.0% 的活性炭，于 60～70℃进行脱色，过滤得到乳酸清液。

2. 乳酸结晶与洗涤　将预处理得到的乳酸清液在真空度为 10～15mmHg[①]下进行水浴真空浓缩，当出现浆状体时，停止浓缩。向容器中加入洗晶溶剂，体积约为 80% 发酵液体积，然后边搅拌边加热至 70℃左右，使晶体完全溶解，得较为澄清的乳酸钙溶液，静置后，除去下层沉淀，并让其自然冷却结晶。经抽滤得到洁白乳酸钙晶体，滤液为含色素的溶剂，可回收利用。向晶体中再加入与前次等体积的溶剂，洗涤晶体，洗涤所用的溶剂可在下一批发酵液中加以回用。

3. 乳酸晶体的酸化与纯化　晶体经洗涤后，在容器中加入水，加热搅拌使晶体溶解，同时加入浓硫酸进行酸化，硫酸的加入量可根据化学反应进行计算，与晶体中所含钙摩尔数相同。酸解

---

① 1mmHg≈133.32Pa。

后进行抽滤得粗乳酸，并用水洗涤硫酸钙，此洗涤水可为下批酸化回用；粗乳酸用 0.2%的活性炭脱色得清亮的乳酸溶液，并用水洗涤滤渣，所得洗涤水留为下批产品酸化用。将酸化所得清亮的乳酸溶液，分别通过 732 型阳离子和 701 型阴离子交换树脂，除去杂质离子得纯净的乳酸溶液。

4. 乳酸的浓缩与结晶　　纯净乳酸溶液在真空度为 10～15mmHg 的控温水浴中进行真空浓缩后得到 L-乳酸产品。在静置降温结晶时，由于乳酸钙有固化特性，易成大块固体，包裹着残糖及色素、胶体等杂质，洗不干净，影响后续精制提取。

钙盐法具有易于控制、工艺成熟的优点，但同时其单元操作多，劳动强度大，环境污染严重，硫酸及活性炭的用量大，副产物 $CaSO_4$ 量大，特别是产品得率低，国内一般厂家的乳酸得率仅为 40%～45%。江苏省微生物研究所曹本昌等采用了一种新工艺，在原有工艺的基础上省去结晶、洗晶和复溶等工序，大大降低了劳动强度和生产成本，并使产品的得率提高至 70%左右。该新工艺现已在许多工厂使用，但改进后的工艺仍然存在产品存放时不够稳定的缺点，可能是发酵液中的一些残糖或还原性物质难以除尽所致。

（二）锌盐法

1. 工艺流程　　发酵液经碳酸钙处理后，用硫酸锌将乳酸钙溶液中的乳酸根离子置换，生成乳酸锌，乳酸锌溶液经硫化氢置换后，再经浓缩、结晶析出乳酸晶体，采用此工艺提取乳酸，总提取率可达 60%～65%。其化学反应机制如下。

$$(C_3H_5O_3)_2Ca + ZnSO_4 \longrightarrow (C_3H_5O_3)_2Zn + CaSO_4 \downarrow$$

$$(C_3H_5O_3)_2Zn + H_2S \longrightarrow 2C_3H_6O_3 + ZnS \downarrow$$

乳酸钙的锌盐法提取工艺流程如图 11-18 所示。

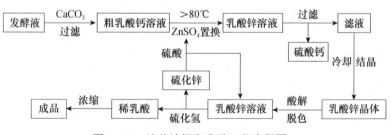

图 11-18　锌盐法提取乳酸工艺流程图

2. 工艺要点　　乳酸钙的锌盐法提取工艺要点如下。

1）发酵液中加入碳酸钙获得粗乳酸钙，具体操作与钙盐法提取乳酸中"发酵液的预处理"一致。

2）在粗乳酸钙中加入硫酸锌，维持 80℃以上进行反应，生成乳酸锌和硫酸钙。乳酸锌呈片状结晶，有利于纯化。

3）加热过滤除硫酸钙，然后冷却结晶。

4）乳酸锌晶体经溶解脱色后，通入硫化氢置换乳酸。

5）生成的硫化锌沉淀可加硫酸再生成硫酸锌和硫化氢重复使用。

（三）溶剂萃取法

1. 工艺原理　　萃取技术是依据相似相溶的原理，用与水互不相溶的溶剂直接萃取乳酸，或使加入的溶剂与乳酸形成复合物进行反应萃取，被萃入有机相的乳酸需被反萃回水相或通过蒸

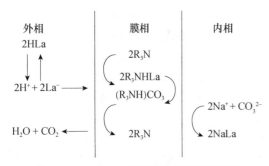

外相	膜相	内相
2HLa	2R₃N	

图 11-19　Alamine 336 液膜萃取乳酸原理

馏除去有机溶剂，将乳酸分离。乳酸萃取中常用的溶剂是异丙醚，适用于粗原料乳酸发酵。但异丙醚对乳酸的分配系数令人不满意，萃取率偏低。液膜萃取法是乳酸提取的一种新的萃取方法，以 Alamine 336（三辛胺和三癸胺的混合物）为载体，加入一定量的表面活性剂 Span-80，溶于正庚烷和石蜡的混合溶剂中，组成乳状液膜萃取乳酸，膜内相为 Na_2CO_3 溶液。其萃取原理如图 11-19 所示。

2. 工艺过程　　载体和乳酸形成特定的载体-乳酸复合物后，被有机相萃取，再用水、稀盐酸、稀硫酸或 NaOH 溶液反萃取，即可获得纯净的稀乳酸液，经真空浓缩后即成为成品乳酸。目前国外较大型的乳酸厂家均采用有机溶剂萃取方式提取乳酸，以 L-乳酸发酵液为对象，以正丁醇为萃取剂，在 pH 为 2.0、温度为 25℃、n（乳酸）：n（正丁醇）＝1∶1、乳酸在发酵液中的质量分数为 30%时，经 3 次萃取后，最终的萃取率可达到 75.7%。萃取完成后，不需要将乳酸进行反萃取，可将所得到的正丁醇-乳酸的混合体系作为底物进行酯化反应，生成乳酸丁酯，从而避开提取纯乳酸的精细操作要求。

发酵与萃取耦合的原位分离技术是目前报道最先进的发酵提取技术，在发酵的同时通过添加萃取剂将乳酸从发酵体系中萃取出来，在简化了发酵过程的同时消除了产物抑制，提高了发酵转化率。但一般萃取剂大多具有一定的毒性，影响发酵菌种的活性，且生产过程不易控制，该技术目前仅停留在实验室阶段。从乳酸发酵结束后的发酵液中萃取乳酸是现在研究最热的提取技术之一，萃取剂采用正丁醇、三正辛基氧化磷、磷酸三丁酯及胺类物质等均已有报道，但存在收率低、萃取剂残留等问题，特别是这些报道的反萃取过程不能直接得到乳酸，只能得到乳酸盐或者乳酸衍生物，致使该技术难以工业化应用。目前有研究采用复合萃取剂提取乳酸酸解料液中的乳酸，反萃取通过热水可以直接提取出乳酸，该技术若能成功实施工业化，将是我国乳酸提取技术的一大进步。尽管萃取技术提取的乳酸成品质量与分子蒸馏、色谱分离及结晶分离等技术有些差距，但它以乳酸酸解料液进行，具有无可比拟的成本优势。应用萃取技术的关键是寻找无毒、高效、可实现温差反萃、经济可行的萃取剂，以及高效地从有机相中直接分离出乳酸。

萃取法不影响产品的热稳定性，且能耗低、选择性高，已被广泛应用于生物分离领域。萃取法提取乳酸可与发酵过程同步进行，减少了副产物 $CaSO_4$ 对环境的污染，节省了化工原料。

（四）电渗析法

1. 分离原理　　电渗析法是利用离子交换膜和直流电场的作用实现发酵液中阴、阳离子的定向移动，从而达到分离电解质与非电解质、浓缩乳酸盐的目的。分离时，阳离子交换膜因电离出阳离子而带负电荷，溶液中的阳离子则可以在膜上发生交换，在电场推动下，通过阳离子交换膜运动，直到阴离子交换膜（带正电荷）时被截留。反之，阴离子交换膜可以让阴离子进行交换和穿过，直到被阳离子膜截留。电渗析法是在离子交换技术与膜技术基础上发展起来的，与离子交换不同的是，电渗析依靠电场的推动力，并且用具有选择性透过作用的离子交换膜代替了离子交换树脂。这种离子交换膜的选择作用包括孔隙选择和电荷选择两个方面。孔隙选择相当于半透膜，而电荷选择则类似于离子交换作用。电渗析系统主要由电渗析装置、发酵罐、pH 控制器、直流电源、循环泵、精密过滤装置、浓缩液贮存罐等组成（图 11-20）。目前，电渗析法在乳酸工业的分离提取应用中，主要有与发酵耦合的电渗析发酵和乳酸盐的电渗析转酸两方面。

2．工艺过程

1）利用海藻酸钙包埋法固定米根霉发酵生产 L-乳酸，在三相流化床电渗析发酵反应器中，流化床反应器中的发酵液随气体一起进入缓冲罐，缓冲罐内装有填料，会将游离菌丝截留，发酵液静置后一部分返回反应器，另一部分流入电渗析器，分离出部分乳酸后返回缓冲罐。该法的优点在于既可防止菌丝堵塞电渗析器造成膜污染，又可解决米根霉发酵中菌丝缠绕结团的问题。

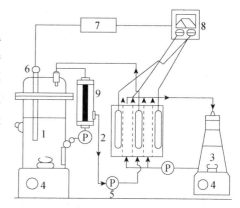

图 11-20　电渗析装置（李维平，2010）

1．发酵罐；2．电渗析装置；3．浓缩液贮存槽；4．磁力搅拌器；5．循环泵；6．pH 电极；7．pH 控制系统；8．直流电源；9．过滤装置

2）在双极膜电渗析中，电渗析过程受电流、乳酸钠和 NaOH 初始浓度影响很大。有研究表明，在分批操作中，选择 25A 的电流，乳酸钠和 NaOH 初始浓度分别为 0.7mol/L 和 0.1mol/L 时能达到最好的生产效果。在双极膜电渗析中乳酸钠转化为乳酸，并得到纯度比较高的 NaOH。在 95%乳酸钠转化率条件下，电渗析的能耗为 2.5～3.0kW/kg，电流效率在 60%左右，乳酸的回收率可以达到 90%。

3）利用乳酸菌发酵生产乳酸时，在电渗析发酵连续生产过程中，高浓度乳酸菌对膜的吸附有限制作用。乳酸菌会逐渐吸附在阴离子膜上，导致电渗析电阻增大、效率下降。pH 控制装置控制发酵液的 pH，直流电源转换器控制电渗析装置，随着乳酸离子从培养液向浓缩液贮存罐移动，罐内 pH 发生改变，当 pH 超过设定值时，转换器自动切断电源。这样发酵液中的乳酸会连续不断地被分离除去，使培养液中的乳酸浓度保持低水平。同时，某些带负电荷的离子，特别是磷酸根离子，也会被除去。所以将磷酸供给泵的电源和 pH 控制装置相连接，向培养基中添加 NaOH，控制发酵液 pH 在 6.0 左右。

4）用离子交换膜电渗析从乳酸钠中制备乳酸时，用三室的电渗析器在外加硫酸的条件下将乳酸钠转化为乳酸，回收率和电流效率都在 90%以上，能耗 0.7kW/kg 左右。电渗析过程中采用高浓度的乳酸钠能降低过程的能耗；使用 JCM/JA M-I 膜得到高的乳酸回收率；脱色对电渗析过程影响不大。与双极膜电渗析法相比，离子交换膜电渗析法的主要优点是膜成本低、效率高、能耗低。

5）电渗析法可以有效地脱除色素、无机盐等，但是对各种杂酸的脱除率不高，还需通过离子交换树脂进一步提纯乳酸。

电渗析法可与发酵同时进行，不用添加中和剂就可控制发酵液的 pH，能够得到纯度较高的产品，回收率较高，不会对料液产生二次污染，也不会产生任何酸碱废液。缺点就是能耗高，微生物细胞会逐渐附着到阴离子膜上，导致膜电阻增大，电渗析效率下降，但该技术仍具有较好的发展前景和工业化应用的空间。

（五）酯化水解法

1．分离原理　乳酸的酯化水解法是一种更为有效的提取纯化技术。其原理是乳酸或乳酸钙在有催化剂存在的条件下，易与低级醇（甲醇、乙醇等）形成乳酸甲酯或乳酸乙酯，这些酯的沸点远远低于乳酸，因此很容易通过减压蒸馏分离，经水解回收提纯后得到乳酸。其反应方程式如下：

酯化反应：$CH_3CH(OH)COOH + RCH_2OH \Longleftrightarrow CH_3CH(OH)COOCH_2R + H_2O$

水解反应：$CH_3CH(OH)COOCH_2R + H_2O \Longleftrightarrow CH_3CH(OH)COOH + RCH_2OH$

该工艺中，释放出的甲醇或乙醇可重复回收利用。稀乳酸经浓缩蒸发可制成纯度高、耐热性好的乳酸（纯度≥95%，耐热温度≥195℃）。其中乳酸和乙醇为原料，浓硫酸作为催化剂，用苯、甲苯作为带水剂除去反应中的水来直接酯化合成乳酸乙酯。

2. 工艺流程　　具体工艺流程如下。

1）将乳酸（含量在80%左右）和乙醇（92%~95%）按一定配比混合。

2）加入浓硫酸作催化剂。

3）加入大量的苯作为脱水剂，在酯化塔内加热回流酯化。

4）由苯、乙醇、水三者形成三元共沸物而将原料中及酯化过程中生成的水除去，以提高乳酸的成酯率。

5）酯化结束后，回收部分乙醇和苯的混合物。

6）在精馏塔内进行加热常压精馏，取147~157℃馏分作为乳酸乙酯产品。

以 SO_4^{2-}-Fe_3O_4/ZrO_2 为催化剂，对乳酸和乙醇在精馏塔内酯化反应的催化精馏过程进行研究，得到的适宜工艺条件为：醇酸比为4:1，回流比为1:1，乳酸进料量为0.65mol/h，乳酸乙酯一次循环收率可达到51.64%。

酯化法不需要在高温条件下进行，乳酸不会发生分解，产品稳定性好，对设备要求不高，一次性投资低，因此具有广阔的应用前景。

四、乳酸精制技术

乳酸溶液的浓缩精制分为两个过程。第一，在较低的真空度下浓缩。在单效蒸发器内，抽真空至80kPa，浓缩至600g/kg，即达到工业用标准。若生产药典级或食用级乳酸，即先将溶液浓缩至500g/kg左右后，再用活性炭进行二次脱色。同时，对重金属离子、砷、硫酸根等进行检验，如不符合要求，需重复前述方法再次净化。第二，在较高的真空度下浓缩。将溶液浓缩至90%，泵入贮罐中，最后再用耐酸容器包装出厂。乳酸的精制方法如下。

（一）普通减压蒸馏法

蒸馏是提纯乳酸的最基本、最原始的方法，要得到高纯度的乳酸，可通过蒸馏方法把乳酸蒸馏出来。乳酸属热敏性物质，在常压下沸点190℃，在此温度下，乳酸会完全分解，加热到140℃以上时，发生分解和聚合反应，要使其无明显的分解，蒸馏温度不得超过130℃。因此需要把蒸馏的压力降得很低，使沸点低于分解温度，则可以使乳酸蒸馏出来。

普通的减压蒸馏处理乳酸工艺理论成熟，在低压下反复分馏可以得到结晶乳酸。但是由于普通的减压蒸馏系统难以达到较高的真空度，因此对设备要求较高，且在蒸馏过程中乳酸容易分解，一般乳酸生产不采用。蒸馏出的乳酸，耐热性不好，乳酸收率也不高。这与蒸馏设备中蒸发液体的静态压力小、蒸馏过程的停留时间过长，以及受热不均匀容易导致局部过热有关。局部的过热及可能出现的短暂高温，致使蒸出液中含有乳酸的分解物，在残留液中有较多的乳酸聚合物，导致产品的热稳定性不好，收率和纯度不高。

（二）分子蒸馏法

分子蒸馏是一项较新的尚未广泛应用于产业化生产的分离技术，能解决大量常规蒸馏技术所不能解决的问题。分子蒸馏是一种特殊的液液分离技术，能在极高真空下操作，依据分子运动平均自由程的差别，实现非平衡连续蒸馏过程，能使液体在远低于其常压沸点的温度下被分离，特别适用于高沸点、热敏性及易氧化物系的分离。目前河南金丹乳酸科技股份有限公司已经成功实现分子蒸馏工业化生产乳酸，其设备的极限真空度达到绝对压力 10Pa（负载时的真空度），整体设备达到小于 10Pa·L/s 的泄漏率（相当于整套装置每小时只吸入 4.2g 的空气）。分子蒸馏技术分离乳酸工艺简单、步骤少、产品纯度高，但一次性投资比较大。

五、乳酸产业提取技术发展方向

随着食品、医药、化工、新材料等行业对乳酸产品的品质要求越来越高，尤其是聚乳酸材料的应用和发展，对其单体原料乳酸的品质提出了更高的要求，乳酸行业迫切需要对产品的提取和精制技术进行更新换代。寻求更为经济、有效的乳酸提取和精制方法，提高产品的质量，降低生产成本，适应大规模生产需要，已成为我国乳酸行业中迫切需要解决的问题。尽管目前很多新技术还处于研发阶段，需要不断完善和改进，但随着研究的不断深入和提高，高质量、高收率、低物耗、低能耗、无污染的乳酸提取和精制技术必将得到广泛应用。

第四节　抗生素工业下游分离技术

一、抗生素产业概述

1929 年，英国人弗莱明在培养葡萄球菌时，发现从空气中落到培养基上的一种青霉菌能抑制其周围的葡萄球菌生长。他进一步研究发现青霉菌分泌一种抗菌物质，能抑制葡萄球菌生长，于是把它命名为青霉素。他没有进行动物试验，青霉素也没有用于临床。直到 1940 年，牛津大学研究小组提出"青霉素是一种化学治疗剂"，才将它应用于临床。同年，瓦克斯曼发现链霉素，由此，抗生素时代开始。之后，陆续发现了许多抗生素，成功地治疗了肺炎、结核等传染病，使人类寿命显著提高。美国制药企业于 1942 年开始对青霉素进行大批量生产。到了 1943 年，制药公司已经发现了批量生产青霉素的方法，在军方的大力支持下，青霉素终于开始走上了工业化生产的道路。此后 30 年间，发现的抗生素有数千种，有上百种被广泛应用，抗生素已经成为一个独立的工业部门。

我国的抗生素工业是在非常薄弱的化学制药工业的基础上发展起来的。新中国成立后，上海成立"上海青霉素实验所"，开始了青霉素的国产化试制。1951 年 4 月试制成功第一支国产青霉素针剂，结束了中国无抗生素的历史。1953 年 7 月 28 日，实现了中国第一个抗生素——青霉素的工业化，结束了中国依赖国外进口"盘尼西林"的局面。第一个五年计划期间，又重点建设了以生产抗生素为主的华北制药厂，投产了青霉素、链霉素、土霉素和红霉素等品种，以后又相继地建立了上海第四制药厂、大连制药厂和福州抗菌素厂等一批生产抗生素的新厂，至今抗生素厂已遍及全国，生产的抗生素品种逐渐增加。

新中国成立 70 年来，我国抗生素产业经历了从无到有、从小到大的发展历程，涌现出了一批优秀的抗生素制药企业，产业规模已居于世界首位。据统计，中国抗生素目前总生产量占世界总生产量的 46%，居世界首位。中国销售排名前 50 位的药物中，抗生素占 14 席，前 10 位中，抗生素占据 5 席，药品份额保持在 25%～30%。

近几年，随着我国产业升级，环保力度加大，我国抗生素类产量供给增长缓慢，产能增长速度较慢。但观察国内市场，现阶段，中国已成为全球抗生素产量最大的国家，尤其在一些原料药的生产方面，中国拥有绝对优势。但是我国的抗生素产业还存在着很多问题。其主要问题是技术水平较为低下，与国际先进水平相比仍存在不小的差距。事实上，我国用于大规模工业生产的生产菌株，如青霉素、红霉素、头孢菌素、阿维菌素、泰乐菌素、黄霉素的生产用菌和各种高水准的基因工程产品几乎全部以高价从国外引进，并由于缺乏进一步的改造和提高，技术指标正逐渐落后。

数字资源
11-1

中国抗生素产业集中于低端的原料药，抗生素原料药的出口是中国医药产业出口的重要组成部分，虽然中国抗生素产业规模已经成为世界前列，在产能、产量等规模指标上取得了国际比较优势，但这些比较优势主要来自中国包括人力、土地、能源、环境等资源性预支和透支。随着资源、能源和环保压力的增大，抗生素产业只有依靠技术创新来寻求一条可持续性发展道路，只有持续加强抗生素的研发力度和自主创新能力，提升抗生素产业的总体水平，才能最终完成从"中国制造"转向"中国创造"的艰巨任务。

二、抗生素的分类

抗生素是一类由微生物（包括细菌、真菌、放线菌属）或高等动植物在生活过程中所产生的具有抗病原体或其他活性的次级代谢产物，是能干扰其他活细胞发育功能的化学物质。现临床常用的抗生素有微生物发酵液中的提取物，以及用化学方法合成或半合成的化合物，目前已知天然抗生素不下万种。抗生素的性质复杂，种类繁多，用途多样，一般以生物来源、作用对象、作用机制、化学结构作为抗生素的分类依据，本章主要以化学结构分类进行介绍。

（一）β-内酰胺类抗生素

β-内酰胺类抗生素是指分子中含有 β-内酰胺环的抗生素，是最大的一类抗生素，临床应用最多，主要有青霉素类、头孢菌素类、头霉素类（甲氧头孢）、碳青霉烯类、单环 β-内酰胺类。这类抗生素具有很强的抗菌活性，可以通过抑制 D-丙氨酰-D-丙氨酸转肽酶（黏肽转肽酶）而抑制细菌细胞壁的主要组分——黏肽的合成。当细菌细胞壁缺失或不完整时，细胞不能定形和承受细胞内的高渗透压，引起溶菌而死亡。而人体细胞没有细胞壁，药物对人体细胞不起作用，即此类抗生素对人体没有影响。因此，β-内酰胺类药物是毒性很小的抗生素，具有很大的发展潜力。

（二）大环内酯类抗生素

大环内酯类抗生素仅次于 β-内酰胺及氨基糖苷类抗生素，在临床上占有较重要的地位。它们的基本结构特点都是以一个大环内酯为母体，通常为 14～16 元环。在大环上通过羟基，以苷键与 1～3 个去氧氨基糖缩合成碱性苷。主要包括红霉素、白霉素、竹桃霉素、麦迪霉素、螺旋霉素、交沙霉素及半合成的罗红霉素、阿奇霉素、克拉霉素等。

这类抗生素具有一些共同的化学特点，一般均为无色的碱性化合物，易溶于有机溶剂。可与酸成盐，其盐易溶于水。其化学性质不稳定，在酸性条件下易发生苷键的水解，遇碱内酯环则易破裂。从生物活性看，大环内酯类抗生素一般只是抑菌，不杀菌，通过阻断转肽作用或 mRNA 转录而抑制细菌的蛋白质合成。但对 β-内酰胺类抗生素无效的支原体、衣原体、弯曲菌等有特效，是治疗军团菌病的首选药，还可以治疗艾滋病患者的弓形虫感染。除抗菌作用外，还发现了具有新生理活性的大环内酯，如抗寄生虫、抗病毒、抗肿瘤、酶抑制剂等作用。大环内酯类抗生素的另一特点是虽然血药浓度不高，但组织分布和细胞内移行性良好，因此临床上应用比较广泛。

（三）四环素类抗生素

四环素类药物是由放线菌产生的一类口服的广谱抗生素，其化学结构中都含有一个并四苯的母核，主要包括四环素、土霉素、金霉素及它们的衍生物。四环素类药物主要通过抑制核糖蛋白质的合成来抑制细菌生长，对革兰氏阴性菌和革兰氏阳性菌，包括厌氧菌有效。该类药物毒性较小，极少发生过敏反应。

目前研究制备的四环素族衍生物约有 1000 个，但临床上所使用的只有不到 10 种。第一个四环素类抗生素是 1948 年从金黄色链霉菌分离得到的金霉素，20 世纪 50 年代，相继发展了土霉素、四环素及地美环素，都属于天然产物类，这是第一代四环素类药物。20 世纪 50 年代后期，得到6-去甲基-6-脱氧四环素，其细菌学及药物代谢动力学性质有明显的改变。在临床应用中发现天然四环素类药物易产生耐药性，化学结构不够稳定。为了提高抗菌效力，降低副作用，需要对天然四环素进行必要的结构改造。

（四）氨基糖苷类抗生素

氨基糖苷类抗生素是由氨基糖（单糖或双糖）与氨基环醇连接形成的苷类抗生素。由于含有氨基和其他碱性基团，因此显碱性，多为极性化合物，可形成结晶性硫酸盐或盐酸盐。水溶性较大，胃肠道不易吸收，一般需注射给药。氨基糖苷类抗生素抗菌谱广，抗菌活性强，是临床上使用较多的一类。按作用可分为四类，分别是具有抗结核作用的药物链霉素和卡那霉素 A；具抗铜绿假单胞菌活性的庆大霉素、妥布霉素、西索米星和半合成品阿米卡星、地贝卡星和异帕米星；具有特定用途的如新霉素 B（局部用药）和巴龙霉素（肠道用药）；抗革兰氏阴性菌、阳性菌的如核糖霉素、卡那霉素 B。

氨基糖苷类抗生素的抗菌作用机制主要是作用于细菌的核糖体上，抑制了细菌蛋白质的生物合成而呈现杀菌作用。氨基糖苷类抗生素进入细菌体后，与 30S 亚基的蛋白质结合，引起 tRNA在翻译 mRNA 上的密码时出错，合成无功能的蛋白质，抑制了细菌生长。氨基糖苷类抗生素对细菌静止期细胞的杀灭作用也较强。

（五）多烯大环类抗生素

多烯大环类抗生素又称多烯大环内酯类抗生素，其化学结构特征是不仅有大环内酯，而且在内酯中尚存有共轭双键，主要有制霉菌素、两性霉素 B、曲古霉素、戊霉素等。多烯大环内酯类抗生素是一类重要的抗真菌药物，这类抗生素部分还具有抗细菌、抗病毒及免疫刺激活性，被广泛用于治疗局部的和全身性的真菌感染，同时还在食品行业中作为防腐剂使用。所有的多烯大环内酯类抗生素，都具有一个大环内酯和一系列的共轭双键。另外，依据多烯大环内酯类抗生素是否含有糖基，可以将其分为糖基化多烯大环内酯类抗生素和非糖基化多烯大环内酯类抗生素。糖基化多烯大环内酯类抗生素还具有环外的羧基和一个特殊的糖基基团。

（六）喹诺酮类抗生素

喹诺酮类抗生素是人工合成的含 4-喹诺酮基本结构的抗菌药。喹诺酮类以细菌的 DNA 为靶，阻碍 DNA 回旋酶，进一步造成细菌 DNA 的不可逆损害，达到抗菌效果。属于这类抗生素的有诺氟沙星、氧氟沙星、环丙沙星、氟罗沙星等。此类药物对多种革兰氏阴性菌有杀菌作用，广泛用于泌尿生殖系统疾病、胃肠疾病，以及呼吸道、皮肤组织的革兰氏阴性细菌感染的治疗。

（七）多肽类抗生素

多肽类抗生素是由多种氨基酸经肽键缩合成线状、环状或带侧链的环状多肽类化合物。属于这类抗生素的有多黏菌素、放线菌素、杆菌肽、短杆菌肽、卷须霉素等。此类抗生素首先影响敏感细菌的外膜。药物的环形多肽部分的氨基与细菌外膜脂多糖的2价阳离子结合点产生静电相互作用，使外膜的完整性破坏，药物的脂肪酸部分得以穿透外膜，进而使胞质膜的渗透性增加，导致胞质内的磷酸、核苷等小分子外逸，引起细胞功能障碍以致死亡。由于革兰氏阳性菌外面有一层厚的细胞壁，可阻止药物进入细菌体内，故此类抗生素对其无作用。

三、抗生素分离提取工艺技术

抗生素的生产方法较多，可以利用化学合成，也可以从动植物体内进行分离提取，但是绝大多数抗生素是利用微生物发酵法进行生产，然后从发酵液中提取出目的抗生素。目前，国内抗生素生产采用的提取方法主要有吸附法、溶剂萃取法、离子交换法和沉淀法等，其中应用最多的为溶剂萃取法，其次为离子交换法。不同种类的抗生素其提取精制方法不同，使用不同的提取方法，抗生素的收率也不同，因此选择合适的方法进行分离提取抗生素至关重要，下面介绍几种常见的抗生素分离提取方法。

（一）青霉素提取工艺技术

1. 青霉素的性质 青霉素又称青霉素 G 或苄青霉素，是一种重要的抗生素，不溶于水，易溶于有机溶剂，分子式为 $C_{16}H_{18}N_2O_4S$。青霉素钠盐或钾盐均为白色结晶性粉末，无臭，有吸湿性，易溶于水、生理盐水或葡萄糖溶液中，微溶于乙醇，且易失效。不溶于脂肪油或液状石蜡。遇酸、碱、氧化剂、重金属等也易失效。水溶液极不稳定，干粉密封于小瓶内保存，临用前配制溶液。适用于葡萄球菌、链球菌、肺炎球菌、淋球菌、脑膜炎球菌等所引起的感染性疾病。工业生产以培养青霉菌的发酵液经提炼、精制、干燥而得。

2. 青霉素的提取方法 青霉素属 β-内酰胺类抗生素，提取方法有溶剂萃取法、沉淀法与离子交换法等，本节仅介绍溶剂萃取法。

（1）工艺流程 青霉素的 pK_a 为 2.7，且耐酸性能好。在较低的 pH 时，大部分青霉素以未解离酸分子形式存在，在水中溶解度较低但易溶于有机溶剂，因此可用溶剂萃取法提取青霉素。溶剂萃取法提取青霉素的工艺流程如图 11-21 所示。

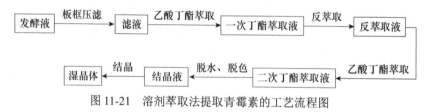

图 11-21 溶剂萃取法提取青霉素的工艺流程图

（2）工艺要点

1）发酵液的预处理。发酵结束后，发酵液中因含有大量杂质，如高价无机离子（Ca^{2+}、Mg^{2+}、Fe^{3+}）、菌丝、未用完的培养基、菌体代谢产物和蛋白质等，因此必须对其进行预处理，其目的在于浓缩目的产物，去除大部分杂质，利于后续的分离纯化过程，是进行分离纯化的第一个工序。将发酵液泵入贮存罐，迅速冷却至 0℃以下，这是因为青霉素在常温时稳定性差，细菌繁殖也较快，容易导致青霉素被破坏。青霉菌菌丝较粗，比较容易过滤，因此，可采用鼓式过滤机或板框式压滤机进行过滤。为提高过滤效果，一般对 30%体积的发酵液进行中性回流过滤，以利用其菌丝体作为助滤剂，其他发酵液采用 10%H_2SO_4酸化至 pH（5.0±0.1），以使蛋白质与菌体发生凝聚，容易过滤。过滤效率一般在 90% 左右。

2）萃取与反萃取。萃取技术是利用青霉素在不同的 pH 条件下以不同的化学状态（游离态酸或盐）存在时，在水及水互不相溶的溶剂中溶解度不同的特性，使抗生素从一种液相（如发酵滤液）转移到另一种液相（如有机溶剂）中去，以达到浓缩和提纯的目的。青霉素分子结构中有一个酸性基团（羧基），青霉素的 pK_a 为 2.75，所以将青霉素 G 的水溶液酸化至 pH 2.0 左右，青霉素即成游离酸。

生产上一般采用二级逆流萃取，浓缩比为 1.5～2.5，乙酸丁酯为萃取剂，用量为滤液体积的 25%～30%。萃取必须在酸性条件下进行才能使青霉素转移到有机相，但青霉素在酸性条件下容易水解，生成青霉素酸，因此选择合适的 pH 非常重要，一般采用 $10\%H_2SO_4$ 将滤液的 pH 调节至 1.8～2.2，这样既可保证收率，又可减少对青霉素的破坏。酸化时速度应快些，数秒钟液体充分混合后应立即分离，使青霉素游离酸尽快地转移到乙酸丁酯中，这是因为青霉素游离酸在丁酯中比在水中要稳定得多。

青霉素从乙酸丁酯相反萃取到水相时，pH 在 6.8～7.2 比较适宜，因为中性条件下青霉素以成盐的形式溶于水中，转移较完全，如果碱性过强，则易发生碱性水解，而且杂质也易转到水相中，产品质量也较差。为了避免 pH 波动，工业上采用硫酸盐、碳酸盐缓冲液进行反萃。青霉素在中性条件下比较稳定，碱化速度可放慢些，以两相能分离得清楚为原则。反萃取时，分配系数较大，浓缩比可高些，一般为 3～5。萃取与反萃取可反复多次进行，最后得到浓度与纯度较高的乙酸丁酯萃取液。萃取总收率在 85% 左右。

在萃取过程中，青霉素的降解受温度、酸度影响很大，这是决定操作工艺条件的主要因素，许多学者对其进行了研究，已详细考察了不同 pH 条件下水溶液的温度对青霉素降解半衰期的影响。他们认为，青霉素的稳定区间是 pH 5～8，在 pH 6.0 最为稳定，在酸性或碱性条件下降解都很快。在 pH 一定的条件下，温度越低青霉素越稳定。因此工厂都采用低温操作，萃取在 pH 2.0、温度 5℃ 下进行。但是这既增加了能耗，也增加了乳化的可能性。另外，青霉素在乙酸丁酯中却很稳定。据报道，室温下，其半衰期达 75h 以上。在半衰期不变的情况下，pH 越高，允许的操作温度也越高。也就是说，只要能提高操作 pH，就可以在较高温度下进行萃取操作。工厂采用的操作条件下半衰期只有 2h，如果其操作 pH 提高，就可以在常温下操作。

3）脱水脱色。向乙酸丁酯萃取液中加入 0.3% 的活性炭，充分搅拌进行脱色，10min 后压滤，滤液在 −15～−10℃ 进行冷冻脱水至含水量 0.9% 以下，然后进行板框压滤得澄清的乙酸丁酯结晶液。

4）结晶。萃取液一般通过结晶提纯。青霉素钾盐在乙酸丁酯中溶解度很小，在二次丁酯萃取液中加入乙酸钾-乙醇溶液，青霉素钾盐就结晶析出。然后采用重结晶方法，进一步提高纯度，将钾盐溶于 KOH 溶液，调 pH 至中性，加无水丁醇，在真空条件下，共沸蒸馏结晶得纯品。

直接结晶：在 2 次乙酸丁酯萃取液中加乙酸钠-乙醇溶液反应，得到结晶钠盐。加乙酸钾-乙醇溶液，得到青霉素钾盐。

共沸蒸馏结晶：萃取液再用 0.5mol/L NaOH 萃取，调 pH 至 6.4～6.8 得到钠盐水浓缩液。加 2.5 倍体积丁醇，16～26℃，0.67～1.3kPa 下蒸馏，水和丁醇形成共沸物而蒸出。钠盐结晶析出，结晶经过洗涤、干燥后，得到青霉素产品。

（二）红霉素提取工艺技术

1. 红霉素的性质　　红霉素是 1952 年临床上第一个使用的大环内酯类抗生素，是由红色链霉菌生产的，成品为白色或微红色结晶性粉末，无臭，味苦。微有吸湿性，易溶于甲醇、乙醇或丙酮，微溶于水。水合物的熔点为 135～140℃，无水物熔点为 190～193℃。比旋度为 −78°～−71°（20mg/mL 无水乙醇）。干燥状态时稳定，水溶液在中性或微碱性时稳定，pH 6 以下易破坏，红霉素迅速失去活性，主要原因是经历了一个分子内的环合成及水解反应。

2. 红霉素的提取方法　红霉素属于大环内酯类抗生素，提取方法主要有溶剂萃取法、离子交换法、大网格树脂吸附法和膜过滤法 4 种。目前国内外主要采用溶剂萃取法和大网格树脂吸附法，下面重点介绍溶剂萃取法。

（1）工艺流程　红霉素是一种碱性抗生素，在不同 pH 下能溶解在不同溶剂中，因此，可采用乙酸丁酯在水溶液中反复萃取，以达到提纯和浓缩的目的，最后在含有红霉素 27 万～30 万 U/mL 的丁酯溶液中进行冷冻结晶，即制得红霉素碱成品。溶剂萃取法提取红霉素的工艺流程如图 11-22 所示。

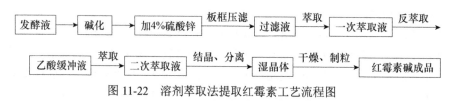

图 11-22　溶剂萃取法提取红霉素工艺流程图

（2）工艺要点

1）发酵液的预处理和过滤。发酵液成分复杂，除含有低浓度（约 0.8%）的红霉素外，还含有菌丝体、残余培养基及各种代谢产物。为减轻乳化现象，发酵液预处理时尽可能除去蛋白质等易引起乳化效应的物质。一般采用 3%～5%（m/V）的硫酸锌来沉淀蛋白质，并促使菌丝结团加快过滤速度。由于硫酸锌呈酸性，为了防止红霉素在酸性下破坏，需用 NaOH 调 pH 至 7.2～7.8，同时控制加料速度并开始搅拌，防止局部过酸。

2）第一次乙酸丁酯萃取。一般采用乙酸丁酯对预处理后的发酵液作二级逆流萃取，将红霉素转移至有机相。pH 是影响红霉素质量与收率的重要因素，pH 高些，对提取有利，但 pH 过高，会引起红霉素的碱性破坏，并使乳化严重；pH 过低，对萃取不利，影响收率。pH 控制在 10±0.5 范围较适宜，一级萃取 pH 10～10.2，二级萃取 pH 10.4～10.6。为减轻乳化现象，可选用合适的去乳化剂，如十二烷基磺酸钠（SDS）。由于红霉素在水中溶解度以 55℃ 时为最小，因此，当红霉素从水相转入有机相时，可适当加温至 30～32℃，以减少红霉素在水相中的溶解度，有利于萃取。

3）乙酸缓冲液反萃取。采用乙酸缓冲液作二级逆流反萃取可将红霉素从一次乙酸丁酯萃取液转移至水相。反萃取的 pH 对收率和产品质量都有直接影响，一般 pH 控制在 4.9±0.3，若 pH 偏高对红霉素稳定性有好处，但萃取不完全，影响收率；若 pH 偏低，对萃取有利，但红霉素不稳定，易发生酸性水解。因此，当红霉素转入乙酸缓冲液后，要立刻用 10%NaOH 调 pH 至 7～8，并加入适量乙酸丁酯。

4）第二次乙酸丁酯萃取。为提高成品纯度，还需采用乙酸丁酯进行第二次萃取。常用的萃取工艺为三级错流萃取，pH 分别控制为 9.8～10、10.1～10.3、10.4～10.6。为减少红霉素在水相中的溶解度，提高萃取度，一般在 38～40℃ 进行萃取。

5）结晶、干燥。向二次乙酸丁酯萃取液中加入 10%（V/V）的丙酮，于 −5℃ 下静置 24～36h 进行结晶，结晶液离心过滤，用蒸馏水洗涤 1～2 次，于 70～80℃、20mmHg 的真空下干燥 20h，得到红霉素碱成品。

（三）四环素提取工艺技术

1. 四环素的性质　　四环素，分子式 $C_{22}H_{24}N_2O_8$，分子量 444.45，是四环素族抗生素中最基本的化合物，本身及其盐类都是黄色或淡黄色的晶体，在干燥状态下极为稳定。除金霉素外，其他的四环素族的水溶液都相当稳定。四环素族能溶于稀酸、稀碱等，微溶于水，溶于乙醇和丙酮，但不溶于醚及石油醚，pI 为 5.4。味苦，熔点 170～175℃（分解）。在空气中稳定，但易吸收水分，受强日光照射变色。四环素和四环素的盐酸盐（即盐酸四环素）均在市场广泛应用，对多数革兰氏阳性与阴性菌有抑制作用，高浓度有杀菌作用，并能抑制立克次体、沙眼病毒等，对革兰氏阴性杆菌作用较好。

2. 四环素的提取方法　　四环素类抗生素的提取可以采用沉淀法、溶剂萃取法或离子交换法。本节将对盐酸四环素和四环素碱的沉淀提取方法进行介绍。

（1）工艺流程　　四环素碱提取的工艺流程如图 11-23 所示。

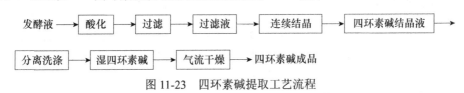

图 11-23　四环素碱提取工艺流程

盐酸四环素提取的工艺流程如图 11-24 所示。

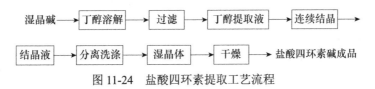

图 11-24　盐酸四环素提取工艺流程

（2）工艺要点

1）发酵液预处理。由于四环素能和钙、镁等金属离子、某些季铵盐、碱等形成复合物，积聚在菌丝中，因此，发酵结束后应首先对发酵液进行酸化处理，使菌丝中的复合物释放出来，以保证产品收率和质量。盐酸、硫酸、草酸、磷酸等均可作为酸化剂，但以草酸最好。因为草酸与钙离子反应析出的草酸钙，能促进蛋白质的凝结，提高滤液质量，同时还可减轻钙离子对四环素碱收率的影响。另外，草酸属于弱酸，比盐酸、硫酸等对设备腐蚀性小。但草酸价格较贵，并能促使差向四环素等异构物的产生，因此在采用草酸作酸化剂时，必须在 15℃ 以下，尽量缩短操作时间，以减少差向异构化；同时尽可能对草酸进行回收，重复利用。草酸的添加量对产品得率影响很大。草酸添加少，发酵液 pH 过高，对四环素释放不利，而且会促进差向四环素的产生；若添加量过多，发酵液 pH 过低，四环素的稳定性差，影响成品质量，而且增加成本，因此一般控制在 pH 1.6～1.9。

发酵液中铁离子等无机离子和蛋白质对直接沉淀法提取四环素有不利影响。铁离子能和四环素类抗生素形成螯合物，用离子交换法提取时，铁是高价离子，会降低树脂的吸附量。因此，可向发酵液中加入亚铁氰化钾，与铁离子生成盐沉淀，达到去除铁离子的目的。蛋白质的存在不利于发酵液的过滤与澄清，要除去蛋白质，可加入亚铁氰化钾和硫酸锌，依靠它们的协同作用凝固蛋白质。将发酵液控制在较低温度，加入草酸、亚铁氰化钾和硫酸锌后，经板框压滤得澄清滤液即可进行提取。

为提高四环素滤液的色泽和质量，可采用 122-2 树脂对滤液进行脱色，以进一步去除色素和有机杂质。122-2 树脂在酸性滤液中不能发生电离及离子交换作用，但能生成氢键，能吸附溶液中的铁离子、色素及其他有机杂质。

2）沉淀结晶。向上述酸性滤液中加入碱化剂调节 pH 至等电点，使四环素直接从滤液中结晶出来。生产上多采用氨水（内含 2%～3%NaHSO$_3$ 或 Na$_2$CO$_3$ 及尿素等）作为碱化剂，因为其碱性适中，价格便宜，又能起到抗氧化脱色作用。pH 对结晶的产量和质量都有很大的影响，生产上一般控制在 pH 4.8 左右，稍低于四环素等电点。结晶液可采用甩滤的方法进行固液分离，结晶进行水洗后再甩干，然后进行气流干燥，一般控制进风温度为 120～130℃，出风温度为 70～80℃。向四环素碱中加入 10 倍量的含 3%HCl 的丁醇，于 8～12℃溶解过滤，得到四环素的丁醇提取液，升温至 36～40℃，保温 1h，然后冷却至 30℃，搅拌 5h 进行结晶，采用过滤法分离出盐酸四环素晶体。

（四）链霉素提取工艺技术

1. 链霉素的性质　　链霉素是一种氨基糖苷类抗生素，1940 年从链丝菌中首次发现。主要用于抗结核，市场常见药品是硫酸链霉素。链霉素为白色无定形粉末，有吸湿性。易溶于水，不溶于大多数有机溶剂，强酸、强碱条件下不稳定。硫酸链霉素制剂外观为黄色粉末，密度为 0.38g/L，pH 1.5～3.5，易溶于水，呈微酸性，在中性和酸性条件下稳定，碱性条件下易失效。链霉素分子中的链霉糖经水解生成麦芽酚，与 Fe^{3+} 反应生成紫红色络合物，这是链霉素的特有反应，既可用于链霉素的鉴别又可进行含量测定。

2. 链霉素的提取方法

（1）工艺流程　　链霉素的提取方法有活性炭吸附法、沉淀法与离子交换法，其中离子交换法是目前应用最广泛的方法。

链霉素盐在水溶液中以三价阳离子的形式存在，可采用钠型羧基阳离子树脂进行交换吸附，用稀硫酸进行洗脱。洗脱液中除含有链霉胍外，还含有 1%左右的灰分等杂质。采用高交联氢型磺酸树脂脱盐可除去大部分杂质，得到精制液。再经两次活性炭处理、低温蒸发浓缩和两次活性炭脱色得到成品浓缩液，最后进行喷雾干燥，得到硫酸链霉素。离子交换法提取链霉素的工艺流程如图 11-25 所示。

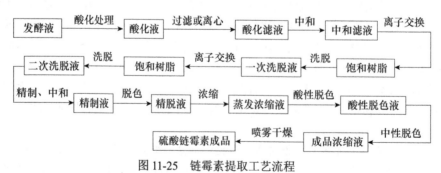

图 11-25　链霉素提取工艺流程

（2）工艺要点

1）发酵液预处理。发酵结束时，可用草酸等酸化剂进行短时间酸化处理，目的是使与菌丝体相结合的部分链霉素完全释放出来。酸化前，将发酵液稀释 1～2 倍，使发酵单位降至 6000U/mL 左右，然后加入草酸，调 pH 至 2.8～3.2，再通入蒸汽加热至 70～75℃，迅速冷却，使蛋白质发生凝聚，以利于固液分离，得到澄清的酸化滤洗液。固液分离可采用板框压滤或固体排出式离心机。加入草酸也可以与发酵液中的 Ca^{2+} 形成草酸钙沉淀，将其除去，以减轻对离子交换吸附的影响。当酸化滤洗液冷却到15℃以下时，用10%NaOH将滤液调pH至6.7~7.2。经过上述酸化、加热、分离、冷却、中和等处理，可以去除发酵液中的大量菌丝体、蛋白质和碱土金属等杂质，保证后续工艺的顺利进行。

2）吸附与洗脱。在中性溶液中链霉素保持三价阳离子存在，可用阳离子交换树脂进行吸附。生产上都用钠型羧酸树脂来提取链霉素，因为磺基树脂对链霉素的亲和力太强，不易洗脱，而羧基树脂对链霉素的吸附能力较弱，用酸很易洗下来，但不可采用氢型羟基树脂，因为其在中性条件下不解离。目前国内一般采用弱酸110或101×4树脂。吸附的方式有两种，即正吸附和反吸附，正吸附是中和滤液由上而下通过离子交换罐，反吸附则相反。为吸附更加完全，生产上一般采用多级串联吸附。依据原液流向，吸附罐分别称一级罐、二级罐、三级罐等，应使最后一级吸附罐流出液中效价单位在300U/mL以下，方可放入下水道。当一级罐流出液效价单位达到该罐进入液效价单位85%左右时，即已饱和，然后进行解吸。而后将二级升为一级罐，三级罐升为二级罐，依此类推，最后补上一新罐，继续吸附。待洗脱的罐先用软水彻底洗涤至洗水澄清，然后用5%~6%的硫酸洗脱。为提高洗脱液的纯度，可将洗脱液进行第二次离子交换处理，具体工艺同上。为了提高洗脱液的浓度，可采用三罐串联解吸，并控制好解吸的速度（一般为吸附速度的1/15~1/10）。

3）精制。洗脱液中尚含有无机和有机杂质，这些杂质对产品质量影响很大，特别是与链霉素理化性质近似的一些有机阳离子杂质毒性较大，如链霉胍、二链霉胺、杂质1号（由链霉胍和双氢链霉糖两部分所组成的糖苷）等，采用羧酸型阳离子交换树脂难以排除，致使洗脱液中链霉素含量只能达到75%~90%。另外，无机阳离子杂质和有机小分子杂质也影响产品质量，因此，必须进行精制。

可采用高交联度的氢型磺酸树脂（1×14）进行精制。该树脂的结构紧密，金属小离子可以自由地扩散到孔隙度很小的树脂内部与阳离子交换，而有机大离子就难于扩散到树脂内部进行交换。用这种树脂精制后，精制液中仍有残余色素、热原、蛋白质、Fe^{3+} 等杂质，尚需进一步用活性炭脱色，采用硫酸调pH至4.3~5.0，加入2%~3%的活性炭进行脱色，过滤后上清液透光度达90%以上，即为精脱液。

精脱液于35℃、20mmHg下进行薄膜蒸发，浓缩至24万~36万U/mL，以适应喷雾干燥的要求。由于蒸发后浓度提高，加上热破坏因素，透光度下降，甚至可能产生其他杂质。为确保成品质量，需进一步除去某些色素、热原和少量催化破坏链霉素的金属离子，改善成品色级及稳定性。生产上常采用二次脱色工艺，首先采用硫酸调pH 2.5，加入2%~3%的活性炭进行酸性脱色，过滤，得到酸性脱色液。酸性脱色液采用Ca（OH）$_2$调pH 5.5~6.0，加入1.2%~2.0%活性炭进行酸性脱色，过滤，得到成品浓缩液。然后经无菌过滤后送入喷雾塔进行干燥，一般进风温度为120~135℃。

（五）林可霉素提取工艺技术

1. 林可霉素的性质　　林可霉素的商品名为洁霉素，为白色结晶性粉末，略微有微臭或特殊臭，味苦。在水或甲醇中易溶，在乙醇中略溶。其10%水溶液的pH为3.0~5.5，其熔点在145~147℃。在水溶液中性质稳定，在室温条件下保存2年而不失活性，干品更加稳定，70℃保存6个月而不失活性。对阳光和空气稳定，当温度在50~150℃失去结晶水，温度高于200℃发生分解反应，可以治疗肺炎双球菌、链球菌、葡萄球菌引起的皮肤、呼吸道、软组织的感染。

2. 林可霉素的提取方法

（1）工艺流程　　根据林可霉素的理化性质，可以采用溶剂萃取法、吸附法或离子交换法等提取方法。目前，工业上大多数采用溶剂萃取法，提取工艺主要分为发酵液预处理及过滤、提取、精制三大步骤，溶剂萃取法工艺流程如图11-26所示。

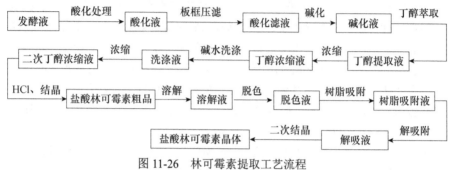

图11-26　林可霉素提取工艺流程

（2）工艺要点

1）预处理和过滤。发酵液一般采用草酸酸化，酸化pH为3.0左右，既能除去发酵液中的钙离子，析出的草酸钙也能促使蛋白质凝固，有利于提高过滤速度和减轻溶剂萃取时的乳化现象。酸化时适当升温有利于草酸的溶解，还能加快过滤速度，生产上一般控制在40～50℃。预处理后，采用硅藻土作助滤剂，经过滤得到澄清的滤液，然后进行提取。

林可霉素的盐易溶于水，而游离碱在许多有机溶剂中溶解度很大，因此可采用溶剂萃取法进行提取，将林可霉素在碱性条件下转入有机溶剂中，然后再反萃取到酸性水相。丁醇、二氯乙烷、氯仿、乙酸丁酯等均可作为林可霉素的萃取剂，其中丁醇萃取效果最好。

2）提取精制。丁醇萃取前，需将发酵滤液的pH调至10左右，此时林可霉素在丁醇和水之间的分配系数达到最大值。反萃取前，应进行浓缩和洗涤，通常采用真空薄膜浓缩的方式提高萃取液的浓度，浓缩温度不宜太高，一般为60℃左右，真空度9.3kPa以上。由于萃取液中色素等杂质易溶于水，故采用水洗涤去除部分色素，洗涤水必须用NaOH调节pH 8以上，因为在碱性条件下，林可霉素游离碱在水中溶解度很小，可减少损失。

林可霉素的碱性基团pK_a值较小，当它以游离碱分子形式存在时，极性较弱，水中溶解度小，因此也可采用吸附法进行提取，即依靠范德瓦耳斯力，林可霉素以游离分子状态吸附到吸附剂表面。现在生产上普遍采用大网格吸附树脂作吸附剂，其优点是大大减少了有机溶剂的耗量，设备简单，投资少，成本低，成品质量高。吸附时发酵液适宜的pH为9.0～10.0（pH＞pK_a）。由于吸附力是分子之间的范德瓦耳斯力，吸附容量随pH升高而增大。可以采用易溶解林可霉素的有机溶剂或水与有机溶剂的混合液，如低级醇、低级酮和氯代低级烷烃等作为洗脱剂。甲乙酮和丙酮是较好的洗脱剂。

四、抗生素产业提取技术发展方向

传统提取抗生素的方法，使得抗生素在漫长的提取过程中易变性失活，因此，开发新型节能、不破坏产品结构、污染少而又操作简单迅速的分离提纯技术势在必行。近些年出现的双水相萃取技术、反胶团技术及膜分离技术在抗生素提取工业中都是颇具应用前景的现代分离技术。但双水相萃取技术同样存在着如难以应用于使用高盐浓度的亲和分离过程等一些缺点，这制约着其大规模的发展应用。由于其具有明显的优点，如易于放大、能耗小、易于连续化操作、操作条件温和等，因而其应用前景非常广阔。同时，反胶束萃取技术也已在理论和实践中证明分离提取抗生素的可行性。对于膜分离技术提取抗生素，在提高膜的稳定性、抗污染性、延长使用寿命方面的研究取得了很大进展。相信随着研究的深入及技术难关的不断攻克，在提高产品质量，降低生产成本，减少环境污染的同时，会开发出安全、无毒、高效、具有市场竞争力的新型抗生素提取技术。

第五节　酶制剂工业下游分离技术

一、酶制剂产业概述

酶作为商品生产已有 100 多年历史，早在 1833 年还没出现"酶"名称之前已有人用乙醇沉淀出麦芽淀粉酶，叫 Diastase，可使 2000 倍淀粉液化而用于棉布退浆。微生物酶的生产是于 1884 年日本人 Takamine 首先开发的，他在美国开 Takamine 制药厂生产高峰淀粉酶，用于棉布退浆和用作消化剂。此后在欧洲、美国和日本先后建立了一些酶制剂工厂，生产动植物酶，如胰酶、胃蛋白酶、木瓜酶、麦芽淀粉酶及真菌细菌淀粉酶等少数品种，其应用范围还限于作为消化剂、制革工业脱灰软化剂和棉布退浆剂等。20 世纪 50 年代前，酶制剂工业没什么惊人发展，直到 60 年代随着发酵技术和菌种选育技术的进步，日本酶法生产葡萄糖获得成功，70 年代酶法生产果葡糖浆又获成功，带动了淀粉深加工工业的兴起。工业酶开始大量需要，使酶制剂工业出现重大转机。工业上使用酶带来了许多的好处，如节约成本、改善品质、减少环境污染等，因而引起人们广泛重视。80 年代以后，遗传工程被广泛用于产酶菌种的改良，酶制剂工业产量大大增加，年产约 75 000t，产值约 6 亿美元。进入 90 年代后，市场上对酶制剂的需求进一步增强，产业用酶品种和产量也逐步增加，一批新的酶制剂厂也在世界各地兴建。进入 21 世纪，酶制剂工业已成为国民经济的一门重要高科技产业。

欧洲是酶制剂产业最发达的地区，时至今日，酶工程技术在欧洲仍占主导地位。目前在世界上有影响的酶制剂厂主要集中在欧洲国家，有丹麦的 Novo Nordisk（诺和诺德）公司，荷兰的 Glist-Brocades（简称 GB）公司、芬兰的 Cultor（科特）公司，德国的 Bayer（拜尔）公司，比利时的 Sovay（苏尔威）公司等。此外，美国的 Genencor（杰能科）公司在世界上也很有影响力。世界上两大酶制剂生产公司分别为丹麦的 Novo Nordisk 公司和美国的 Genencor 公司，在世界酶制剂市场上占有绝大多数的份额，其中 Genencor 公司占 20%份额，而 Novo Nordisk 公司占有大约 40%的份额。近年来，日本的酶制剂工业及酶工程产品发展很快，应用基因工程技术生产的酶制剂占市场的份额也很大。

我国在 1965 年成立了无锡酶制剂厂，这是我国第一家酶制剂厂。当时总产量只有 10t，品种只有普通淀粉酶。自改革开放以来，我国酶制剂产品的生产量以每年 20%以上的速度增长，生产规模、产品种类和应用领域正在逐步扩大，生产企业也遍布全国。据中国发酵工业协会统计，我国酶制剂生产企业 200 多家，共有生产能力 70 多万 t。产品以糖化酶、α-淀粉酶、蛋白酶为主，三种产品的年产量占据总生产量的 95%以上，此外还有果胶酶、β-葡聚糖酶、纤维素酶、碱性脂肪酶、α-乙酰乳酸脱羧酶、植酸酶、木聚糖酶等。我国酶制剂产品主要应用于酿酒、淀粉糖、洗涤剂、纺织、皮革、饲料等行业，随着经济的发展，酶制剂产品在各行业所占比例逐渐增大（图 11-27）。同时，发酵自动化控制技术、超滤膜后处理技术、无菌技术、保存技术等先进生产技术在酶制剂工业中的应用也逐渐普及，产品品种和规格多样化，液体酶、复合酶替代固体酶和

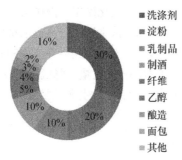

图 11-27　酶制剂在各行业中所占的比例

■ 洗涤剂
■ 淀粉
■ 乳制品
■ 制酒
■ 纤维
■ 乙醇
■ 酿造
■ 面包
■ 其他

单一酶，占据了市场主流。

酶制剂推动了发酵工业和相关行业的发展，并产生了巨大的经济和社会效益，创造工业附加值数千亿元。然而我国酶制剂工业与国外先进国家相比尚有差距，国内酶制剂公司的各项生产技术水平与国外相比较为落后。大多数工厂还沿用硫酸铵盐析工艺或发酵液直接喷雾干燥工艺。这造成了资源的严重浪费、产品纯度低、产品质量低下等严重后果。虽然国内企业在近几年已改进了一些生产技术，但就总体来看还是面临着诸多不合理之处。这就导致国内企业生产出的酶制剂产品的产量和质量都远远低于国外企业。因此，酶制剂工厂自身必须加大研究投入，发展核心技术，进一步完成降低成本、优质低耗、安全清洁生产、达标排放的目标，使我国酶制剂在发展中更健全、更优越、更安全，使我国酶制剂产业站在世界酶制剂之前列，为人类做出更大贡献。

二、酶的提取与分离纯化技术

（一）酶的提取技术

酶的提取是指在一定条件下，用合适的溶剂处理含酶原料，使其中的酶蛋白分子溶解到提取液中的过程，也称为酶的抽提。酶提取时首先应根据酶的特性和溶解性质，选择适当的提取液。大多数酶能溶于水，可用水、稀酸、稀碱或稀盐溶液提取。有些酶与脂质结合或含有较多的非极性基团，则可用有机溶剂提取。在提取过程中要注意控制好温度、pH 等各种条件，这样可提高酶的提取率，同时避免提取过程中酶的失活。酶的主要提取方法如表 11-4 所示。

表 11-4　酶的主要提取方法

提取方法	使用溶剂（溶液）	提取对象
盐溶液提取	0.02～0.05mol/L 的盐溶液	在低浓度盐溶液中溶解度较大的酶
酸溶液提取	pH 2～6 的水溶液	在稀酸溶液中溶解度大且稳定性较好的酶
有机溶剂提取	可与水混溶的有机溶剂	与脂质结合牢固或含有较多非极性基团的酶
碱溶液提取	pH 8～12 的水溶液	在稀碱溶液中溶解度大且稳定性较好的酶

1．盐溶液提取法　　在低浓度盐存在的条件下，酶的溶解度随盐浓度的升高而增加，这称为盐溶现象。当盐浓度达到某一界限后，酶的溶解度随盐浓度升高而降低，这称为盐析现象。利用这个原理进行提取酶蛋白的方法就是盐溶液提取法。

一般采用稀盐溶液进行酶的提取，盐浓度为 0.02～0.50mol/L。例如，用固体发酵法生产 α-淀粉酶、糖化酶、蛋白酶、纤维素酶等胞外水溶酶时，常采用 0.15mol/L 的氯化钠溶液或 0.02～0.05mol/L 的磷酸缓冲液提取。酵母乙醇脱氢酶用 0.50mol/L 的磷酸氢二钠溶液提取，葡萄糖-6-磷酸脱氢酶用 0.10mol/L 的碳酸钠溶液提取，枯草芽孢杆菌碱性磷酸酶用 0.10mol/L 的氯化镁溶液提取等。

2．稀酸稀碱溶液提取法　　有些酶在酸性范围内溶解度较大，而有些酶在碱性范围内溶解度较大，且稳定性较好，宜用稀酸或稀碱溶液提取。例如，从胰中提取胰蛋白酶和胰凝乳蛋白酶，采用 0.12mol/L 的硫酸溶液进行提取；细菌 L-天冬酰胺酶则采用 pH 11.0～12.5 的碱溶液提取。

3．有机溶剂提取法　　有些与脂质结合比较牢固或分子中含有较多非极性基团的酶蛋白，不溶于水、稀酸、稀碱或稀盐溶液，需用有机溶剂提取。常用的有机溶剂是与水能混溶的乙醇、丙酮、丁醇等。其中丁醇对脂蛋白的解离能力较强，提取效果较好，已成功地用于琥珀酸脱氢酶、细胞色素氧化酶、胆碱酯酶等的提取。在核酸类酶的提取中，可以采用苯酚水溶液。

（二）酶的过滤技术

过滤是发酵工业中常见的单元操作，其原理是悬浮液通过过滤介质时，固态颗粒被截留，溶液通过，从而达到分离的目的。过滤方法很多，包括重力过滤、板框压滤、真空转鼓过滤、离心过滤、澄清过滤和微孔膜过滤等。在酶制剂生产中，最常用的过滤方法有离心过滤、板框压滤和微孔膜过滤。

离心过滤的分离效率相对较低，滤液的澄清度差，一般只适合于固形物含量较多且固体颗粒较大的场合。在酶制剂生产中主要用于初步过滤。板框式压滤机是一种传统的过滤设备，比较适合于固体含量较高的悬浮液的分离。在酶制剂生产中除用于过滤沉淀分离后的悬浮液外，还常用于澄清和除菌过滤。微孔膜过滤简称微滤，微孔膜截留的物质颗粒直径为 $0.1\sim10\mu m$，主要用于分离细菌、细胞碎片等光学显微镜可看到的颗粒物质。在酶制剂生产中，微滤常用于液体酶制剂的除菌、细胞碎片分离或作为板框过滤后上清液的二级分离。

（三）酶的分离技术

1. 沉淀分离　　沉淀分离是通过改变某些条件或添加某些物质，使溶液中某种溶质的溶解度降低，从液相中沉淀析出，达到与其他溶质的分离。沉淀分离具有成本低、得率高和操作简单等优点，是酶制剂工业最常用的分离方法之一。沉淀分离的方法有许多种，包括盐析法、有机溶剂法、等电点沉淀法、非离子型聚合物沉淀法、复合物沉淀法和选择变性沉淀法等。在酶制剂生产中应用最广的是盐析法，其次是有机溶剂法，等电点沉淀法常与盐析法和有机溶剂法等一起使用，而非离子型聚合物沉淀法是发展较快的一种沉淀法，比较适合于生物大分子的沉淀分离。由于价格较高，主要用于附加值较高的酶制剂产品的分离与纯化。

2. 色谱分离　　色谱分离是一种物理分离方法，也称为层析分离或色层分离。它利用多组分混合物中各组分在两相（固定相和流动相）中物理化学性质（如吸附力、迁移率、分子形状和大小、分子亲和力、分配系数等）的不同达到分离的目的。层析分离具有分离效率高、应用范围广、选择性强和分离速率快等优点，是医用和试剂用酶制剂最常用的分离纯化方法，在实验室和工业化生产中均广泛应用。可用于酶分离纯化的层析方法有许多，最常用的有吸附层析、离子交换层析、凝胶层析和亲和层析等。

3. 电泳分离　　电泳指带电粒子在电场中向着与其本身所带电荷相反的电极移动的过程。不同物质，由于所带电荷的性质、数量和颗粒的大小与形状不同，因而在一定的电场中它们移动的方向和移动的速率也不同，因此它们得以分离。在酶工程领域，电泳分离技术主要用于酶制剂纯度鉴定、酶分子量测定和小批量试剂用酶的分离纯化。常用的电泳分离技术有凝胶电泳、薄层电泳和等电聚焦电泳等。

4. 萃取分离　　萃取分离是利用物质在两相中的溶解度不同而使其分离的技术。萃取分离中的两相一般为互不相溶的两个液相，有时也可采用其他流体如超临界流体。按照两相的组成不同，萃取可以分为有机溶剂萃取、双水相萃取、超临界萃取和反胶束萃取等。

（四）酶的结晶技术

结晶是溶质以晶体形式从溶液中析出的过程。酶的结晶是酶分离纯化的一种主要方法之一，它不仅可为酶学研究提供适合的酶样品，而且为大规模生产高纯度的酶制剂创造了条件。要使酶从酶液中结晶析出，必须预先把酶液经过一定程度的分离纯化。若酶纯度太低，则无法结晶析出。一般来说，酶液中酶的纯度应在50%以上，方有可能进行结晶，总的趋势是酶的纯度越高，酶的结晶就越容易。不同的酶能够结晶所要求达到的酶纯度不同，有的酶纯度达50%就能结晶，有的酶在纯度很高时也很难析出结晶。此外，酶的结晶并非达到绝对纯化，只是达到相当的纯度。为了获得较高纯度的酶，有时需要经过多次重结晶。酶结晶的方法有多种，常见的有盐析结晶法、有机溶剂结晶法、透析结晶法和等电点结晶法等。

（五）酶的浓缩技术

浓缩是低浓度酶液中除去部分水或其他溶剂而成为高浓度酶液的过程。发酵液经过滤或离心分离后，酶存在于滤液中，由于滤液体积大、酶的浓度较低，需经进一步浓缩减少体积。酶液浓缩的方法很多，如前所述大多数纯化酶的操作（如沉淀、层析、过滤等）都有浓缩酶的作用，下面对目前酶制剂行业常用的超滤浓缩和蒸发浓缩做简要介绍。

1．超滤浓缩　　超滤是借助超滤膜将较大分子的物质截留，使其与较小分子和溶剂分离的技术。在超滤过程中，大分子物质由于大于膜孔被截留，小分子物质和溶剂一同透过膜孔渗出，从而得以浓缩和分离。

超滤膜截留的大分子物质为1～20nm，可对酶、蛋白质、噬菌体、病毒、核酸、疫苗、多糖等大分子物质进行浓缩、提纯和分级。在酶制剂生产中，超滤不仅可使酶液浓缩，还可使酶液得以部分分离纯化，目前在糖化酶、液化酶（淀粉酶）等液体酶制剂的生产中被广泛应用。

2．蒸发浓缩　　蒸发浓缩是通过加热或减压的方法使溶液中的部分溶剂汽化蒸发，溶液得以浓缩的过程。由于酶在高温下不稳定，容易变性失活，所以酶液的蒸发浓缩一般都采用真空浓缩，其酶液温度一般控制在60℃以下。

影响蒸发速率的因素有很多，除溶剂和溶液的特性外，主要影响因素有温度、真空度、蒸发面积等。一般来说，在不影响酶稳定性的前提下，适当提高温度、降低压力和增大液体的蒸发面积都可提高蒸发速率。

蒸发装置有许多种，在酶制剂行业使用广泛的是真空薄膜蒸发器。真空薄膜蒸发器能使液体形成液膜，蒸发面积大，可在很短时间内迅速蒸发而达到浓缩效果，可连续操作，酶的活力损失较少。真空薄膜蒸发器有多种类型，如升膜式、降膜式、刮板式和离心式等，可根据酶和溶液的特性选择使用。

（六）酶的干燥技术

干燥是利用热能除去固体、半固体或浓缩液中的水分或其他溶剂，以获得含水分较少固体的过程。干燥过程中，水或其他溶剂首先从物料表面蒸发，随后物料内部的水分子扩散到表面继续蒸发。因此，干燥速率与蒸发面积成正比，增大蒸发面积，有利于干燥。此外在不影响物料稳定性的条件下，适当提高温度、降低压力、加快空气流速等都可使干燥速率提高。但是干燥速率并非越快越好，而是要控制在一定的范围内。这样可避免表面失水太快而黏结形成硬壳，影响蒸发效果。在固体酶制剂的生产中，为了提高产品的稳定性，使其易于保存、运输和使用方便，一般应将水分干燥至8%以下。

干燥的方法很多，常用的有真空干燥、真空冷冻干燥、喷雾干燥、气流干燥、沸腾干燥和吸附干燥等。

1. 真空干燥　真空干燥是在密闭的干燥器中进行的，干燥器与真空装置相连。操作时，一边抽真空一边加热，使酶制剂在较低的温度下蒸发干燥。汽化产生的水蒸气（溶剂蒸气）在进入真空泵之前，通过冷凝装置凝结收集。采用真空干燥后，可适当降低干燥温度，比较适合于对热敏感酶制剂产品的干燥。为防止酶失活，酶液真空干燥的温度一般控制在60℃以下。

2. 真空冷冻干燥　真空冷冻干燥是先将待干物料降温至冰点以下，使水分冻结成冰，然后在低温下抽真空，使冰直接升华为气体，而使物料得以干燥。真空冷冻干燥特别适合于对热敏感物料的干燥，可用于各种酶制剂样品的制备，但由于设备投资大、能耗及操作费用高，一般仅用于规模小、附加值高的酶制剂的生产。

3. 喷雾干燥　喷雾干燥是液态物料通过喷雾装置喷成直径为几十微米的雾滴，分散于热气流之中，水分迅速蒸发而使物料成为粉末状的干燥制品。喷雾干燥时，由于液体分散成小雾滴，表面积很大，水分蒸发迅速，只需几秒至数十秒钟的时间即可使物料干燥。一般来说，酶制剂产品采用喷雾干燥时有较大的失活，要注意控制好气流进口温度和干燥速率，减少酶在干燥过程中的变性失活。对温度敏感的酶不宜采用喷雾干燥。

4. 气流干燥　气流干燥是用热空气与粉状或颗粒状湿物料在流动过程中充分接触，气体与固体物料之间进行传热与传质，从而使湿物料达到干燥的目的。气流干燥设备简单，干燥速率快，一般不适合黏性物料的干燥。用于酶制剂的干燥时，一般需掺入黏性小、对酶活性有保护作用的填充料。此外，由于干燥时间短，产品水分不易控制，因此在酶制剂生产中气流干燥通常被用作一级干燥。

5. 沸腾干燥　沸腾干燥是利用热空气流体使孔板上的粒状物料呈流化沸腾状态，水分迅速汽化达到干燥目的。在干燥过程中，上升气流的速率与颗粒的沉降速率大致相等，颗粒在气体中呈悬浮状态，并且在流动层中自由转动，流动层犹如正在沸腾。

沸腾干燥有多种形式，有立式和卧式、单层和多层之分。在单层中又可分为单室和多室。间歇操作时通常称为沸腾床干燥器，连续操作时则称为流化床干燥器。此外还有沸腾造粒干燥器，可以看作是沸腾干燥与喷雾干燥的结合。

沸腾干燥具有传热传质及干燥速率快、产品质量易于控制等优点，特别是其气流温度和物料温度较易控制的特点比较适合于热敏物料的干燥，在大规模固体酶制剂生产中最为常用。

6. 吸附干燥　吸附干燥是在密闭的容器中用各种干燥剂吸收物料中的水分，达到干燥的目的。常用的吸附剂有硅胶、无水氯化钙、氧化钙、无水硫酸钙、五氧化二磷及各种铝硅酸盐的结晶等，可以根据需要选择使用。

三、工业用酶下游工艺技术

工业用酶的生产方法主要是微生物固体发酵法或液体深层发酵法，发酵完成后，将酶从固体发酵曲或液体发酵液等其他含酶原料中提取出来，再与杂质分开，而获得所要求的酶制品。酶制剂提取工艺流程图如图11-28所示。

（一）淀粉酶的提取工艺技术

1. 淀粉酶简介　淀粉酶是发酵工业生产常用的酶制剂之一，是能够将淀粉和糖原水解的酶类的总称，广泛应用于食品、发酵、饲料、粮食加工、纺织、造纸、轻化工业、医药和临床分析等领域。根据其水解机制的不同可分为α-淀粉酶、β-淀粉酶、异淀粉酶和葡萄糖淀粉酶。α-淀粉酶在动物、植物及微生物中广泛存在，在发酵工业中最常用，能够切断直链淀粉分子中的α-1，

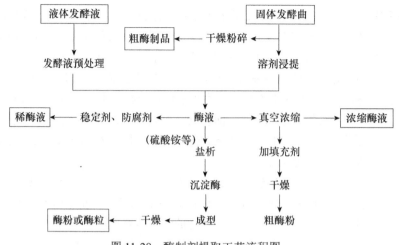

图 11-28　酶制剂提取工艺流程图

4 糖苷键，使淀粉转变为小分子量的糊精和寡聚糖等，但不能切断支链淀粉中的 α-1,6 糖苷键；β-淀粉酶存在于大麦、小麦、甘薯、大豆等高等植物及细菌、霉菌中，可以从葡聚糖的非还原性末端逐次以麦芽糖为单位切断 α-1,4 糖苷键，水解产物主要为 β-型麦芽糖；异淀粉酶又称淀粉 α-1,6 葡萄糖苷酶，作用于支链淀粉分子分支点处的 α-1,6 糖苷键，将支链淀粉的整个侧链切下变成直链淀粉，主要存在于芽孢杆菌、兼气杆菌及某些假单孢杆菌中。异淀粉酶与 α-淀粉酶、β-淀粉酶及糖化酶等协同作用，可将淀粉水解为麦芽低聚糖和液体葡萄糖等产品。

　　纯化的 α-淀粉酶在 pH 5～8 稳定，pH 4 以下易失活，酶活性的最适 pH 为 5～6。温度在 50℃ 以上容易失活，但是有钙离子存在时，酶的热稳定性增加，芽孢杆菌的 α-淀粉酶内热性较强，枯草芽孢杆菌 α-淀粉酶作用的最适 pH 为 5～7，70℃ 下也不易失活。α-淀粉酶的耐热性还受底物的影响，在高浓度的淀粉浆中，枯草芽孢杆菌 α-淀粉酶最适温度由 70℃ 增加到 85～90℃。

　　2. 淀粉酶提取方法　　霉菌的 α-淀粉酶大多采用固体曲法生产，细菌 α-淀粉酶则以液体深层发酵为主。不同的生产方法，α-淀粉酶的提取方法也不一样，工业中常用的方法有盐析法、溶剂沉淀法和吸附法等。

　　（1）工艺流程　　枯草芽孢杆菌 BF7658 菌株培养得到的 α-淀粉酶，通过硫酸铵沉淀超滤浓缩等操作，获得该酶的纯样品，具体工艺流程如图 11-29 所示。

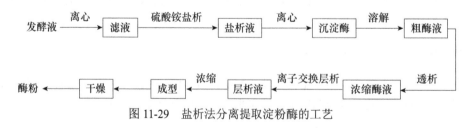

图 11-29　盐析法分离提取淀粉酶的工艺

　　（2）工艺要点

　　1）热处理。工业上发酵结束后，首先在发酵液中边加入 0.8%（m/V）无水 CaCl$_2$，边搅拌，然后升温至 50～55℃，保温 0.5h，冷却至 35～38℃，并调 pH 6.7～6.8，加（NH$_4$）$_2$SO$_4$ 或 Na$_2$SO$_4$ 盐析，静置数小时，即可压滤收集酶饼。

　　2）盐析。热处理后可以直接加中性盐盐析，也可以将发酵液经压滤除去菌体和培养基残渣后再盐析。第一种方法得率较高，含杂质较多，后面的方法得率较低。食品工业用酶以除菌盐析为佳。BF7658 淀粉酶（NH$_4$）$_2$SO$_4$ 盐析时，滤液 pH 为 6.7～7.8，温度控制在 35～38℃，盐析前测 pH，用石灰水、稀碱或稀氨水调节。（NH$_4$）$_2$SO$_4$ 用量为 40%～42%，通常为帮助盐溶并使沉淀颗粒不致过细，需以 50～80r/min 的速度搅拌。加完（NH$_4$）$_2$SO$_4$ 后，静置数小时，即可压滤收集酶饼。

（NH$_4$）$_2$SO$_4$ 的浓度、酶液的浓度和 pH 都对盐析效果有影响，甚至 α-淀粉酶来源或菌种不同，对（NH$_4$）$_2$SO$_4$ 浓度的要求也不同。控制好（NH$_4$）$_2$SO$_4$ 浓度还可减少使淀粉酶制剂失活的蛋白酶量。

3）干燥。滤饼一般先经烘房干燥，再用气流干燥而得成品。有条件的生产厂，采用喷雾干燥，即将发酵液加（NH$_4$）$_2$SO$_4$ 后，泵入干燥设备的高位槽，再进入料液位槽，滤去大颗粒后，泵入离心盘喷成雾状，遇热空气进行热交换。干燥后的酶粉尘降至干燥塔底及分离器底部由出粉闸门取出。干燥塔内的温度一般维持在 84～86℃，热风温度 130～150℃，塔内空气流速约 0.25m/s，物料在塔内降落时间为 15～20s，即可获得酶制剂粗品。

4）精制。生产食品级产品需要进行提取和精制处理。提取精制设备是板框式压滤机和超滤器。使用板框式压滤机除去发酵液中的菌体和杂质，得到较纯的酶液滤饼，含水量要求小于 45%，含酶小于 100U。将得到的酶液再进行防腐和调配处理便成为产品。

（二）脂肪酶提取工艺技术

1. 脂肪酶简介 脂肪酶是分解脂肪为甘油和脂肪酸的酶，又称三酰基甘油酰基水解酶。脂肪酶是工业酶制剂的重要品种之一，主要应用于食品、制革、医药、饲料、洗涤、油脂化工等传统工业领域。脂肪酶在动物、植物和微生物中广泛存在。微生物脂肪酶种类多，具有比动植物脂肪酶更广的作用温度范围及对底物的专一性，便于进行工业生产和获得高纯度制剂，再加上微生物脂肪酶在酶理论研究及实际应用中的重要性，因此其是工业用脂肪酶的重要来源，自 20 世纪初首次发现以来，便得到广泛研究和应用。

2. 脂肪酶的提取方法

脂肪酶的提取也采用其他酶通用的方法，如用硫酸铵盐析后烘干，低温下用乙醇、丙酮等有机溶剂沉淀，然后冷冻干燥。进一步精制用硫酸铵及丙酮分级沉淀、活性炭脱色、调 pH 沉淀杂蛋白、磷酸钙吸附等。近年来普遍采用柱层析来提纯，如用 Sephadex 凝胶过滤达到分级分离、浓缩、去杂、脱盐等。

脂肪酶分离纯化的过程一般包括预纯化和层析分离两个过程。预纯化过程包括细胞破碎（胞内脂肪酶）、离心或过滤去除菌丝体、超滤浓缩酶液、硫酸铵盐析或有机溶剂萃取等步骤。预纯化过程之后，一般再用层析方法进一步分离以获得高纯度的脂肪酶。层析方法包括离子交换层析、凝胶过滤层析、亲和层析等。一般用酶活回收率、比活力和纯化倍数等指标来衡量脂肪酶分离纯化的程度。固体曲发酵法生产脂肪酶的提取工艺如图 11-30 所示。

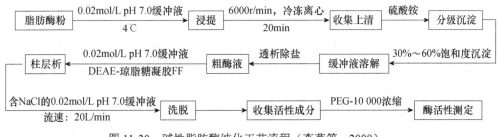

图 11-30 碱性脂肪酶纯化工艺流程（李燕等，2008）

（三）蛋白酶提取工艺技术

1. 蛋白酶简介　　蛋白酶是指催化蛋白质肽键断裂，降解为蛋白胨、多肽及游离氨基酸的一群酶类，存在于动植物及微生物细胞内。广泛用于皮革、毛皮、毛纺、丝绸、医药、食品、酿造等行业。按其作用形式可分为肽链内切酶、肽链外切酶。在蛋白酶的生产应用中，按其作用条件分为酸性蛋白酶（如凝乳酶）和中性蛋白酶。蛋白酶在工业上有不同的用途，如丝绸脱胶、皮革工业中脱毛、软化皮板、水解蛋白质注射液的生产及啤酒澄清等。蛋白酶对所作用的反应底物有严格的选择性，一种蛋白酶仅能作用于蛋白质分子中一定的肽键，如胰蛋白酶催化水解碱性氨基酸所形成的肽键。

2. 蛋白酶的提取方法　　工业上使用的蛋白酶比较粗糙，通常是将麸曲或发酵液通过离心或过滤去除菌体和培养基等不溶性杂质，用薄膜蒸发器低温真空浓缩，加硫酸铵或硫酸钠盐析，或在 0℃左右低温下加入大约 2 倍容量的乙醇或丙酮、异丙醇等使其沉淀，经离心或过滤，将酶沉淀收集后，于 40℃以下真空低温干燥，磨粉后加入缓冲剂、稳定剂及填料，做成标准规格的商品。由于酶回收工序多，损耗一般在 20%～40%，因此也有将发酵液浓缩到规定活性以后，再加入防腐剂、稳定剂做成液体酶。这种液状酶在阴凉处贮藏数月或一年尚不致严重失活。浓缩酶液还可以吸附于木屑等惰性材料而干燥。酶活性高的麸曲，也可以干燥后粉碎，直接作为工业用酶制剂。具体工艺流程可参考盐析法分离提取淀粉酶的工艺。

（1）发酵液的预处理　　工业生产上，通常采用板框式压滤机将酶从发酵液中分离出来。过滤机的原理是利用过滤介质涤纶布对酶颗粒的阻拦作用，在过滤介质两边压力差的推动下，使酶与液体分离。

（2）酶的提取　　在预处理后的发酵液里，搅拌并匀速加入硫酸铵，使硫酸铵饱和度至 55%，此时 90%～94%的酶蛋白即可沉淀析出，再加入 1%硅藻土使酶蛋白快速过滤、风干，制得优质工业酶制剂。盐析法沉淀的缺点是要耗用大量硫酸铵。为了减少硫酸铵的使用量，提取工艺也可采用喷雾造粒法。

（四）辅酶 Q10 提取工艺技术

1. 辅酶 Q10 简介　　辅酶 Q10（简称 CoQ10）又称为泛醌，为脂溶性醌类化合物，其侧链含有 10 个类异戊二烯基。CoQ10 是一种黄色或淡黄色结晶，在光照条件下不稳定，生成微红色物质，在碱性条件下不稳定易降解，对酸性、高温和氧化性环境稳定。在氯仿、丙酮、乙酸乙酯、正己烷、石油醚等弱极性溶剂中溶解度较大，微溶于乙醇，不溶于甲醇、水，熔点 49℃，无臭无味。CoQ10 是人体血液中必需的一种物质，在人体细胞内与线粒体内膜结合，是呼吸链中重要的递氢体。它具有抗氧化、消除自由基、提高机体免疫力等功能，近年来已广泛应用于各类心脏病、糖尿病、癌症、急慢性肝炎、帕金森病等疾病的治疗。CoQ10 广泛存在于动物、植物、微生物体内，生产方法有动植物组织提取法、化学合成法、微生物发酵法三种。化学合成法合成条件苛刻，步骤繁多，所以目前使用具有很大的局限性。动物组织中 CoQ10 含量低，主要从动物新鲜肝中提取，因此原料来源受限制，产品成本高、价格昂贵，规模化生产受到了一定阻碍，且每千克新鲜猪心的收率仅为 75mg。目前，国内主要采用微生物发酵法。

2. 辅酶 Q10 的提取方法　　微生物发酵后的产物中富含辅酶 Q10，首先需要将其提取出来。生产中常用的方法有皂化法、溶剂萃取法、超声提取法、超临界萃取法等，也有将其他提取方法和这些方法结合的应用，下面仅介绍溶剂萃取法。

微生物中的 CoQ10 存在于线粒体和胞质中。CoQ10 的化学本质是类异戊二烯醌，可溶于脂溶性溶剂，所以可用酯性溶剂进行萃取，其工艺流程如图 11-31 所示。

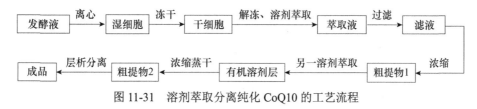

图 11-31　溶剂萃取分离纯化 CoQ10 的工艺流程

实际操作中因生产菌种的不同，有时不需要离心。把有机溶剂直接加入含有 CoQ10 的发酵液中萃取，有机提取液可为某一种脂性溶剂，也可为一定比例的混合液。常用的有机溶剂有乙烷、丙酮、石油醚、丙醇、甲醇、乙腈等。有研究表明，甲醇-轻石油醚提取效果最好。提取后，残渣再用提取液洗涤两次，使提取完全。若是酵母或真菌，因其细胞壁特殊，可适当加些碱，帮助充分提取。CoQ10 易被氧化，所以提取过程要快，尽量避免接触氧化剂和强酸碱。若两次萃取过程所用提取剂相同，二次萃取液可不必蒸干，直接加水进行冲洗，除去粗提物中的水溶性成分，并可加少量盐，有助于水溶性成分溶解。二次萃取时，可加入重金属离子等变性剂，以除去蛋白质等有机大分子。纯化溶剂必须是脂溶性，最好与层析过程中的洗脱液相匹配。若粗提物 2 纯度＞85%，可直接加入乙醇等溶剂，静置过夜，便可得到 CoQ10 的纯品。色谱分离是获得纯品的最好方法，其中以 SiO_2 凝胶柱层析为最佳。层析洗脱液中加入乙醇等溶剂便可得到 CoQ10 结晶。

四、酶制剂产业发展方向

酶制剂产业经历了半个多世纪的起步和迅速成长之后，现已形成一个富有活力的高新技术产业，保持持续高速度发展。近些年国际酶制剂产业的生产技术发生了根本性的变化，以基因工程和蛋白质工程为代表的分子生物学技术的不断进步和成熟，以及对各个应用行业的引入和实践，将酶制剂工业带入了全新的发展阶段，不仅向"高档次、高活性、高质量、高水平"方向发展，而且向专用酶制剂和特种复合酶制剂发展，向新的更广泛的领域发展。当然，酶制剂工厂自身必须加大研发投入，开发新的生产技术、新的分离纯化技术，进一步降低成本、节约能耗、安全清洁生产，才能使我国酶制剂产业站在世界前列。

小　结

谷氨酸属于氨基酸的一种，柠檬酸和乳酸都属于有机酸，它们在医药、食品加工、日用化工、保健品等领域应用最为广泛。不论是氨基酸还是有机酸产业，产品的下游提取工艺及其技术对各自的生产成本、质量和环境等因素的影响最为重要。目前，氨基酸和有机酸工业中，下游的提取方法主要有等电点法、离子交换法、金属盐法、膜过滤法、电渗析法、溶剂萃取法、吸附法等。每种方法都有各自的优缺点，在生产中常将以上方法结合使用。谷氨酸分离提取主要使用等电点-离子交换法，金属盐法被国内柠檬酸生产厂家普遍采用，钙盐法在乳酸分离提取中的应用最为广泛。抗生素产业规模庞大，种类众多，生产采用的提取方法主要有活性炭吸附法、溶剂萃取法、离子交换法和沉淀法等，其中应用最多的为溶剂萃取法，其次为离子交换法。不同种类的抗生素其提取精制方法也不同，使用不同的提取方法，抗生素的收率也不同，因此选择合适的方法进行分离提取抗生素至关重要。酶制剂产业是一个富有活力的高新技术产业，酶提取是一种常见的生物技术，它通过利用酶的特殊性质，将特定的生物大分子从混合物中分离出来，用于生产和研究。酶提取的主要方法包括盐溶液提取法、有机溶剂提取法和稀酸稀碱提取法等，不同的酶，使用的分离提取方法也不同。

思 考 题

1. 工业中谷氨酸分离提取方法有哪些？各有什么特点？
2. 金属盐法提取谷氨酸时，影响谷氨酸成盐的因素有哪些？
3. 工业中柠檬酸的分离提取方法有哪些？每种方法的原理是什么？
4. 简述钙盐法提取乳酸的一般工艺流程。
5. 依据化学结构的不同，抗生素可分为几类？
6. 简述青霉素的提取工艺流程。
7. 酶的分离技术有哪些？每种方法的原理是什么？
8. 试述在酶制剂工业中，酶制剂分离提取的一般工艺流程。

主要参考文献

常琴琴，王苗，李志洲. 2011. 发酵法提取柠檬酸的工艺研究. 化工技术与开发，40（2）：28-30.

郭勇. 2009. 酶工程. 2版. 北京：科学出版社.

黄钰琴，王力仪，单体中. 2024. 谷氨酸的生理功能及其在畜禽生产中的应用研究进展. 动物营养学报，36（2）：757-768.

黄钰清. 2017. 辅酶Q10提取分离工艺研究. 杭州：浙江大学硕士学位论文.

李维平. 2010. 生物工艺学. 北京：科学出版社.

李晓永，王均成. 2019. 超滤膜过滤在味精母液处理工艺中的应用. 发酵科技通讯，48（4）：229-233.

李学朋，陈久洲，张东旭，等. 2022. L-谷氨酸生产关键技术创新与产业化应用. 生物工程学报，38（11）：4343-4351.

李燕，连毅，陈义伦，等. 2008. 根霉ZM-10脂肪酶部分纯化及酶学性质研究. 食品科学，（3）：314-317.

刘乘龙，张建华，王正伟，等. 2008. 等电结晶谷氨酸溶解度及晶体沉降特性对提取收率的影响. 食品与发酵工业，34（11）：6-9.

刘春阳，叶强. 2022. 聚乳酸产业发展机遇与挑战. 当代石油石化，30（1）：22-27.

逯家富. 2006. 发酵产品生产实训. 北京：科学出版社.

路敏. 2006. 离子交换法分离提取发酵液中柠檬酸的研究. 南宁：广西大学硕士学位论文.

罗迎娣，郭正恩，袁琳，等. 2008. 我国乳酸工业面临的发展机遇和挑战. 河南化工，（7）：11-15.

毛忠贵. 2013. 生物工程下游技术. 北京：科学出版社.

彭超，姚福伟，朱威宇，等. 2023. 柠檬酸发酵产业的市场分析与生产现状. 当代化工，52（9）：2196-2200.

彭跃莲，姚仕仲，纪树兰，等. 2002. 从柠檬酸发酵液中提取柠檬酸的方法. 北京工业大学学报，（1）：46-51.

邵文尧，陈亚兰，陈成泉. 2009. 膜分离技术在谷氨酸分离与浓缩中的应用. 陕西科技大学学报（自然科学版），27（6）：50-53.

申高忠，王怡明，王芳，等. 2023. 乳酸的发展现状、应用与挑战. 当代化工研究，（9）：6-8.

王传荣. 2010. 发酵食品生产技术. 北京：科学出版社.

王海霞，王文芹. 2007. 谷氨酸变晶生产工艺简介. 发酵科技通讯，（3）：9.

王正祥. 2021. 我国聚乳酸产业发展现状与对策研究. 中国工程科学，23（6）：155-166.

吴慧昊. 2010. 乳酸及其衍生物国内外发展现状及应用研究. 西北民族大学学报（自然科学版），31（2）：

67-70，73.

吴蓉蓉，龙超. 2010. 超滤膜过滤在味精生产中的应用. 发酵科技通讯，39（1）：33-34.

夏未铭，罗合春. 2006. 药物化学. 北京：科学出版社.

许彬. 2006. 酯化法精制乳酸工艺研究. 合肥：合肥工业大学硕士学位论文.

杨鹏波. 2017. 基于沉淀置换的发酵法生产有机酸的清洁工艺过程. 北京：中国科学院大学（中国科学院过程工程研究所）.

张建华. 2012. 谷氨酸双结晶高效提取工艺关键技术的研究与集成. 无锡：江南大学博士学位论文.

张建华，杨玉岭，孙付保，等. 2009. 谷氨酸提取产业现状及无废化发展方向. 生物加工过程，7（6）：1-7.

周伟. 2009. 味精工业手册（第二版）已正式出版. 发酵科技通讯，38（2）：49.